大数据创新人才培养系列

大数据技术
原理与应用 第3版

概念、存储、处理、分析与应用

PRINCIPLES AND APPLICATIONS OF
BIG DATA TECHNOLOGY (3RD)

◎ 林子雨 编著

人民邮电出版社
北京

图书在版编目（CIP）数据

大数据技术原理与应用：概念、存储、处理、分析
与应用 / 林子雨编著. -- 3版. -- 北京：人民邮电出
版社，2021.1（2024.3重印）
（大数据创新人才培养系列）
ISBN 978-7-115-54405-6

Ⅰ. ①大… Ⅱ. ①林… Ⅲ. ①数据处理 Ⅳ.
①TP274

中国版本图书馆CIP数据核字(2020)第119885号

内 容 提 要

本书系统介绍大数据的相关知识，分为大数据基础篇、大数据存储与管理篇、大数据处理与分析
篇、大数据应用篇。全书共 17 章，内容包含大数据概述、大数据处理架构 Hadoop、分布式文件系统
HDFS、分布式数据库 HBase、NoSQL 数据库、云数据库、MapReduce、Hadoop 再探讨、数据仓库 Hive、
Spark、流计算、Flink、图计算、数据可视化，以及大数据在互联网领域、生物医学领域的应用和大数
据的其他应用。本书在 Hadoop、HDFS、HBase、MapReduce、Hive、Spark 和 Flink 等相关章安排了
入门级的实验，以便读者能更好地学习和掌握大数据的关键技术。

本书可以作为高等院校大数据、计算机、信息管理等相关专业的大数据课程教材，也可供相关技
术人员参考。

- ◆ 编　著　林子雨
　　责任编辑　邹文波
　　责任印制　王　郁　陈　犇
- ◆ 人民邮电出版社出版发行　　北京市丰台区成寿寺路 11 号
　　邮编　100164　　电子邮件　315@ptpress.com.cn
　　网址　https://www.ptpress.com.cn
　　涿州市京南印刷厂印刷
- ◆ 开本：787×1092　1/16
　　印张：21.5　　　　　　　　　　2021 年 1 月第 3 版
　　字数：558 千字　　　　　　　　2024 年 3 月河北第 12 次印刷

定价：59.80 元

读者服务热线：(010)81055256　印装质量热线：(010)81055316
反盗版热线：(010)81055315
广告经营许可证：京东市监广登字 20170147 号

前 言
（第 3 版）

《大数据技术原理与应用（第 2 版）》于 2017 年 1 月出版。在过去的 3 年里，大数据技术又获得了新的发展，开源流计算框架 Flink 迅速崛起，在市场上和 Spark 展开了激烈的角逐。与此同时，Hadoop、HBase 和 Spark 也在不断更新升级，一些编程接口发生了变化。因此，为适应大数据技术的新发展，继续保持本书的先进性和实用性，我们及时进行了补充和修订。

在结构上，本书依然分为四篇，包括大数据基础篇、大数据存储与管理篇、大数据处理与分析篇和大数据应用篇。

在大数据基础篇中，第 1 章介绍大数据的基本概念和应用领域，并阐述大数据与云计算、物联网的相互关系；第 2 章介绍大数据处理架构 Hadoop，并把 Hadoop 版本升级到 3.0。

在大数据存储与管理篇中，第 3 章介绍分布式文件系统 HDFS，在编程实践部分根据 3.0 版本的 HDFS 进行修订；第 4 章介绍分布式数据库 HBase，在编程实践部分根据 HBase 2.0 版本的 API 进行修订；第 5 章介绍 NoSQL 数据库，并增加实验内容；第 6 章介绍云数据库，并删除阿里云 RDS 的实践内容和相关实验。

在大数据处理与分析篇中，第 7 章介绍分布式并行编程模型 MapReduce；第 8 章对 Hadoop 进行再探讨，介绍 Hadoop 的发展演化和一些新特性；第 9 章介绍基于 Hadoop 的数据仓库 Hive，该章为本书新增内容，很多大数据教师建议增加此章内容；第 10 章介绍当前比较热门的、基于内存的分布式计算框架 Spark，并把 Spark 版本升级到 2.4.0；第 11 章介绍流计算以及开源流计算框架 Storm；第 12 章介绍开源流处理框架 Flink，该章为本书新增内容，从而使本书能够反映当前最热门的新兴大数据技术；第 13 章介绍典型的大数据分析技术——图计算；最后在第 14 章简单介绍可视化技术。

在大数据应用篇中，用 3 章（第 15 章～第 17 章）内容介绍大数据在互联网、生物医学领域的应用和其他的典型应用。

本书是厦门大学计算机科学系大数据课程的配套教材，根据近几年的教学实践，建议安排 32 学时的理论课，16 个教学周，每周 2 学时。每章的具体学时分配如下：第 1、3、4、5、8、9、11、12、13、15 章每章安排 2 学时；第 2、7、10 章每章安排 4 学时；第 6、14、16、17 章这 4 章内容由学生自学完成。已经建设大数据教学实验室的高校，可以增加 16 学时的上机实践课。

本书自 2015 年 7 月第 1 版出版以来，得到了越来越多高校一线大数据课程教师的肯定，目前已经成为众多国内高校的大数据课程开课教材。在本书的使用过程中，很多老师给我们团队反馈了大量宝贵的意见、建议以及教学过程中遇到的困惑。比如如何根据自己高校的课时安排，合理选取部分教材章节作为课程内容，如何搭建上机实验环境（采用分布式还是伪分布式），是否要在教学环节一直使用最新版本的大数据软件，如何实现不同大数据课程之间的有序衔接，采用什么样的编程语言等。我们团队在自己实际教学经验的基础上，积极为大家答疑解惑，并把相关信息及时发布到教材官网。同时，我们也建立了"大数据课程教师交流群"（QQ群号：461510122），为全国高校大数据一线教师提供在线的沟通交流平台。很多老师都发扬了互帮互助的精神，在群里分享经验、解答问题。

为了更好地使用本书开展大数据教学，笔者为本书编写了配套的实验手册《大数据基础编程、实验和案例教程（第2版）》（注意，不是第3版）。该实验手册侧重于介绍大数据软件的安装、使用和基础编程方法，并提供了大量实验和案例。大数据软件大多是开源软件，安装过程一般比较复杂，也很耗费时间。为了尽量减少读者搭建大数据实验环境时的障碍，笔者在实验手册中详细写出了各种大数据软件的安装过程，可以确保读者顺利完成大数据实验环境搭建。

本书官方网站是 http://dblab.xmu.edu.cn/post/bigdata3/，免费提供了全部配套资源的在线浏览和下载，并接受错误反馈和发布勘误信息。同时，在学习大数据课程的过程中，欢迎读者访问厦门大学数据库实验室建设的国内首个高校大数据课程公共服务平台（http://dblab.xmu.edu.cn/post/bigdata-teaching-platform/），该平台为教师教学和学生学习大数据课程提供教学大纲、讲义PPT、学习指南、备课指南、实验指南、上机习题、授课视频、技术资料等，提供全方位、一站式免费服务。

本书由林子雨执笔。在编写第3版过程中，厦门大学计算机科学系硕士研究生程璐、林哲、郑宛玉、陈杰祥、陈绍纬、周伟敬等同学做了大量辅助性工作，在此，向他们表示衷心的感谢。

二十大报告明确提出要加快建设数字中国，大数据技术处于快速发展和变革之中，推动多领域、多行业技术革新，我们应当勇担数字中国主力军，踏实学习，扎实工作，为实现中华民族伟大复兴奋进新征程、建功新时代。我们厦门大学数据库实验室团队会持续跟踪大数据技术发展趋势，努力保持本书内容的新颖性，并把一些较新的教学内容及时发布到本书官网。书中难免存在不足之处，望广大读者不吝赐教。

林子雨

2020年10月于厦门大学计算机科学系数据库实验室

目 录

第一篇　大数据基础

第三篇　大数据处理与分析

第四篇　大数据应用

第一篇
大数据基础

本篇内容

本篇介绍大数据（Big Data）的基本概念、影响和应用领域，并阐述大数据与云计算、物联网的相互关系，还介绍大数据处理架构 Hadoop。由于 Hadoop 已经成为应用最广泛的大数据技术的处理架构，因此本书的大数据相关技术主要围绕 Hadoop 展开，包括 Hadoop、MapReduce、HDFS 和 HBase 等。本篇内容是学习后续内容的基础。

本篇包括 2 章。第 1 章介绍大数据的概念和应用，分析大数据、云计算和物联网的相互关系等；第 2 章介绍大数据处理架构 Hadoop。

知识地图

重点与难点

重点为理解大数据的概念，大数据对科学研究、思维方式和社会发展的影响，以及大数据处理架构 Hadoop。难点为掌握 Hadoop 的安装与使用方法。

第1章
大数据概述

大数据时代悄然来临，带来了信息技术发展的巨大变革，并深刻影响着社会生产和人民生活的方方面面。全球范围内，世界各国政府均高度重视大数据技术的研究和产业发展，纷纷把大数据上升为国家战略加以重点推进。企业和学术机构纷纷加大技术、资金和人员投入力度，加强对大数据关键技术的研发与应用，以期在"第三次信息化浪潮"中占得先机、引领市场。大数据已经不是"镜中花、水中月"，它的影响力和作用力正迅速触及社会的每个角落，所到之处，或是颠覆，或是提升，都让人们深切感受到了大数据实实在在的威力。

对一个国家而言，能否紧紧抓住大数据发展机遇，快速形成核心技术和应用参与新一轮的全球化竞争，将直接决定未来若干年世界范围内各国科技力量博弈的格局。二十大报告指出了我国要"推动战略性新兴产业融合集群发展，构建新一代信息技术、人工智能、生物技术、新能源、新材料、高端装备、绿色环保等一批新的增长引擎"的明确发展方向。大数据专业人才的培养是新一轮科技较量的基础，高等院校承担着大数据人才培养的重任，因此，各高等院校非常重视大数据课程的开设，大数据课程已经成为计算机科学与技术专业的重要核心课程。

本章首先介绍大数据的发展历程、基本概念、主要影响、应用领域、关键技术、计算模式和产业发展，并阐述云计算、物联网的概念及其与大数据之间的紧密关系。

1.1 大数据时代

第三次信息化浪潮涌动，大数据时代全面到来。人类社会信息科技的发展为大数据时代的到来提供了技术支撑，而数据产生方式的变革是促进大数据时代到来的至关重要的因素。

1.1.1 第三次信息化浪潮

根据 IBM 前首席执行官郭士纳的观点，IT 领域每隔 15 年就会迎来一次重大变革（见表 1-1）。1980 年前后，个人计算机（PC）开始普及，使得计算机逐渐走入企业和千家万户，大大提高了社会生产力，也使人类迎来了第一次信息化浪潮，Intel、AMD、IBM、苹果、微软、联想等企业是这个时期的标志。随后，在 1995 年前后，人类开始全面进入互联网时代，互联网的普及把世界变成"地球村"，每个人都可以自由遨游于信息的海洋，由此，人类迎来了第二次信息化浪潮。这个时期也缔造了雅虎、谷歌、阿里巴巴、百度等互联网巨头。时隔 15 年，在 2010 年前后，大数据、云计算、物联网的快速发展，拉开了第三次信息化浪潮的大幕，大数据时代的到来，也必将涌现出一批新的市场标杆企业。

表 1-1　三次信息化浪潮

信息化浪潮	发生时间	标志	解决的问题	代表企业
第一次信息化浪潮	1980 年前后	个人计算机	信息处理	Intel、AMD、IBM、苹果、微软、联想、戴尔、惠普等
第二次信息化浪潮	1995 年前后	互联网	信息传输	雅虎、谷歌、阿里巴巴、百度、腾讯等
第三次信息化浪潮	2010 年前后	大数据、云计算和物联网	信息爆炸	亚马逊、谷歌、IBM、VMware、Palantir、Hortonworks、Cloudera、阿里云等

1.1.2　信息科技为大数据时代提供技术支撑

信息科技需要解决信息存储、信息处理和信息传输 3 个核心问题，人类社会在信息科技领域的不断进步，为大数据时代的到来提供了技术支撑。

1. 存储设备容量不断增加

数据被存储在磁盘、磁带、光盘、闪存等各种类型的存储介质中。随着科学技术的不断进步，存储设备的制造工艺不断升级，容量大幅增加，读写速度不断提升，价格却在不断下降（见图 1-1）。

图 1-1　存储设备的价格随时间变化的情况

早期的存储设备容量小、价格高、体积大，例如，IBM 在 1956 年生产的一个早期的商业硬盘，容量只有 5MB，不仅价格昂贵，而且体积有一个冰箱那么大（见图 1-2）。而今天容量为 1TB 的硬盘，大小只有 3.5 英寸（典型外观尺寸为 147mm（长）×102mm（宽）×26mm（高）），读写速度达到 200MB/s，价格仅为 400 元左右。现在，高性能的硬盘存储设备，不仅提供了海量的存储空间，还大大降低了数据存储成本。

与此同时，以闪存为代表的新型存储介质也开始得到大规模的普及和应用。闪存是一种新兴的半导体存储器，从 1989 年诞生第一款闪存产品开始，闪存技术不断获得新的突破，并逐渐在计算机存储产品市场中确立了自己的重要地位。闪存是一种非易失性存储器，即使发生断电也不会丢失数据，可以作为永久性存储设备。闪存还具有体积小、质量轻、能耗低、抗振性好等优良特性。

图 1-2　IBM 在 1956 年生产的一个早期的商业硬盘

闪存芯片可以被封装制作成 SD 卡、U 盘和固态盘等各种存储产品，SD 卡和 U 盘主要用于个人数据存储，固态盘则越来越多地应用于企业级数据存储。通常一个 32GB 的 SD 卡，体积只有 24 mm×32 mm×2.1 mm，质量只有 0.5g。以前 7200 r/min 的硬盘，每秒读写次数（Input/Output Operations Per Second，IOPS）只有 100，传输速率只有 50 MB/s，而现在基于闪存的固态盘，每秒读写次数有几万甚至更多的 IOPS，访问延迟只有几十微秒，允许我们以更快的速度读写数据。

总体而言，数据量和存储设备容量二者之间是相辅相成、互相促进的。一方面，随着数据的不断产生，需要存储的数据量不断增长，人们对存储设备的容量提出了更高的要求，促使存储设备生产商制造更大容量的产品满足市场需求；另一方面，更大容量的存储设备进一步加快了数据量增长的速度。在存储设备价格高企的年代，由于考虑到成本问题，一些不必要或当前不能明显体现价值的数据往往会被丢弃。但是，随着单位存储空间价格的不断降低，人们开始倾向于把更多的数据保存起来，以期在未来某个时刻可以用更先进的数据分析工具从中挖掘价值。

2. CPU 处理能力大幅提升

CPU 处理能力的不断提升也是促使数据量不断增长的重要因素。性能不断提升的 CPU，大大提高了处理数据的能力，使得我们可以更快地处理不断累积的海量数据。从 20 世纪 80 年代至今，CPU 的制造工艺不断提升，晶体管数量不断增加（见图 1-3），运行频率不断提高，核心（Core）数量逐渐增多，而同等价格所能获得的 CPU 处理能力也呈几何级数上升。在过去的 30 多年里，CPU 的处理速度已经从 10 MHz 提高到 3.6 GHz。在 2013 年之前的很长一段时间里，CPU 处理速度的提高一直遵循"摩尔定律"，性能大约每隔 18 个月提高一倍，价格下降一半。

图 1-3　CPU 晶体管数目随时间变化的情况

3. 网络带宽不断增加

1977 年，世界上第一条光纤通信系统在美国芝加哥市投入商用，数据传输速率为 45Mbit/s，从此，人类社会的信息传输速度不断被刷新。进入 21 世纪，世界各国更是纷纷加大宽带网络建设力度，不断扩大网络覆盖范围和传输速度（见图 1-4）。以我国为例，截至 2019 年 12 月底，我国互联网宽带接入端口数量达 9.16 亿个，其中，光纤接入端口占互联网接入端口的比重达 91.3%，光缆线路总长度已达 4750 万公里，相当于在京沪高铁线上往返 1.8 万余次。目前移动通信 4G 基站已接近 520 万个，我国 4G 网络的规模全球第一，并且 4G 的覆盖广度和深度也在快速扩展。与此同时，我国正全面加速 5G 网络建设，截至 2020 年 2 月底，全国建设开通 5G 基站达 16.4 万个，5G 网络建设基础不断夯实。由此可以看出，在大数据时代，信息传输不再遭遇网络发展初期的瓶颈和制约。

图 1-4　网络带宽随时间变化的情况

1.1.3　数据产生方式的变革促成大数据时代的来临

通常，数据是我们通过观察、实验或计算得出的结果。数据和信息是两个不同的概念。信息是较为宏观的，它由数据的有序排列组合而成，传达给读者某个概念、方法等；数据则是构成信息的基本单位，离散的数据几乎没有任何实用价值。

数据有很多种，比如数字、文字、图像、声音等。随着人类社会信息化进程的加快，我们在日常生产和生活中每天都会产生大量的数据，比如商业网站、政务系统、零售系统、办公系统、自动化生产系统等，每时每刻都在产生数据。数据已经渗透到当今每一个行业和业务职能领域，成为重要的生产因素。从创新到所有决策，数据推动着企业的发展，并使得各级组织的运营更为高效，可以这样说，数据将成为每个企业获取核心竞争力的关键因素。数据资源已经和物质资源、人力资源一样成为国家的重要战略资源，影响着国家和社会的安全、稳定与发展，因此，数据也被称为"未来的石油"。

数据产生方式的变革，是促成大数据时代来临的重要因素。总体而言，人类社会的数据产生方式大致经历了 3 个阶段：运营式系统阶段、用户原创内容阶段和感知式系统阶段（见图 1-5）。

1. 运营式系统阶段

人类社会最早大规模管理和使用数据，是从数据库的诞生开始的。大型零售超市销售系统、银行交易系统、股市交易系统、医院医疗系统、企业客户管理系统等大量运营式系统，都是建立在数据库基础之上的，数据库中保存了大量结构化的企业关键信息，用来满足企业各种业务需求。在这个阶段，数据的产生方式是被动的，只有当实际的企业业务发生时，才会产生新的记录并存入数据库。比如，对于股市交易系统而言，只有当发生一笔股票交易时，才会有相关记录生成。

图 1-5　数据产生方式的变革

2. 用户原创内容阶段

互联网的出现，使得数据传播更加快捷，数据传播不需要借助于磁盘、磁带等物理存储介质。网页的出现进一步加速了大量网络内容的产生，从而使得人类社会数据量开始呈现"井喷式"增长。但是，真正的互联网数据爆发产生于以"用户原创内容"为特征的"Web 2.0 时代"。Web 1.0 时代，主要以门户网站为代表，强调内容的组织与提供，大量上网用户本身并不参与内容的产生。而 Web 2.0 技术以 Wiki、微博、微信、抖音等应用所采用的自服务模式为主，强调自服务，大量上网用户本身就是内容的生成者，尤其是随着移动互联网和智能手机终端的普及，人们更是可以随时随地使用手机发微博、传照片等，数据量开始急剧增长。

3. 感知式系统阶段

物联网的发展最终导致了人类社会数据量的第三次跃升。物联网中包含大量传感器，如温度传感器、湿度传感器、压力传感器、位移传感器、光电传感器等，此外，视频监控摄像头也是物联网的重要组成部分。物联网中的这些设备，每时每刻都在自动产生大量数据，与 Web 2.0 时代的人工数据产生方式相比，物联网中的自动数据产生方式，将在短时间内生成更密集、更大量的数据，使得人类社会迅速步入"大数据时代"。

1.1.4　大数据的发展历程

大数据的发展历程总体上可以划分为 3 个重要阶段：萌芽期、成熟期和大规模应用期（见表 1-2）。

表 1-2　　　　　　　　　　　　　　　　大数据发展的 3 个重要阶段

阶段	时间	内容
第一阶段：萌芽期	20 世纪 90 年代～21 世纪初	随着数据挖掘理论和数据库技术的逐步成熟，一批商业智能工具和知识管理技术开始被应用，如数据仓库、专家系统、知识管理系统等
第二阶段：成熟期	21 世纪前 10 年	Web 2.0 应用迅猛发展，非结构化数据大量产生，传统处理方法难以应对，带动了大数据技术的快速突破，大数据解决方案逐渐走向成熟，形成了并行计算与分布式系统两大核心技术，谷歌的 GFS 和 MapReduce 等大数据技术受到追捧，Hadoop 平台开始盛行
第三阶段：大规模应用期	2010 年以后	大数据应用渗透各行各业，数据驱动决策，信息社会智能化程度大幅提高

这里简要回顾一下大数据的发展历程。

- 1980 年，著名未来学家阿尔文·托夫勒在《第三次浪潮》一书中，将大数据热情地赞颂为"第三次浪潮的华彩乐章"。

- 1997 年 10 月，迈克尔·考克斯和大卫·埃尔斯沃思在第八届美国电气和电子工程师学会（IEEE）关于可视化的会议论文集中，发表了《为外存模型可视化而应用控制程序请求页面调度》的文章，这是在美国计算机学会的数字图书馆中第一篇使用"大数据"这一术语的文章。

- 1999 年 10 月，在美国电气和电子工程师学会（IEEE）关于可视化的年会上，设置了名为"自动化或交互：什么更适合大数据？"的专题讨论小组，探讨大数据问题。

- 2001 年 2 月，梅塔集团分析师道格·莱尼发布题为《3D 数据管理：控制数据容量、处理速度及数据种类》的研究报告。10 年后，"3V"（Volume、Variety 和 Velocity）作为定义大数据的 3 个维度而被广泛接受。

- 2005 年 9 月，蒂姆·奥莱利发表了《什么是 Web 2.0》一文，并在文中指出"数据将是下一项技术核心"。

- 2008 年，《自然》杂志推出大数据专刊；计算社区联盟（Computing Community Consortium）发表了报告《大数据计算：在商业、科学和社会领域的革命性突破》，阐述了大数据技术及其面临的一些挑战。

- 2010 年 2 月，肯尼斯·库克尔在《经济学人》上发表了一份关于管理信息的特别报告《数据，无所不在的数据》。

- 2011 年 2 月，《科学》杂志推出专刊《处理数据》，讨论了科学研究中的大数据问题。

- 2011 年，维克托·迈尔·舍恩伯格出版著作《大数据时代：生活、工作与思维的大变革》，引起轰动。

- 2011 年 5 月，麦肯锡全球研究院发布《大数据：下一个具有创新力、竞争力与生产力的前沿领域》，提出"大数据"时代到来。

- 2012 年 3 月，美国奥巴马政府发布了《大数据研究和发展倡议》，正式启动"大数据发展计划"，大数据上升为美国国家发展战略，被视为美国政府继信息高速公路计划之后在信息科学领域的又一重大举措。

- 2013 年 12 月，中国计算机学会发布《中国大数据技术与产业发展白皮书》，系统总结了大数据的核心科学与技术问题，推动了我国大数据学科的建设与发展，并为政府部门提供了战略性的意见与建议。

- 2014 年 5 月，美国政府发布 2014 年全球"大数据"白皮书《大数据：抓住机遇、守护价值》，报告鼓励使用数据来推动社会进步。

- 2015 年 8 月，国务院印发《促进大数据发展行动纲要》，全面推进我国大数据发展和应用，加快建设数据强国。

- 2017 年 1 月，为加快实施国家大数据战略，推动大数据产业健康快速发展，工业和信息化部印发了《大数据产业发展规划（2016—2020 年）》。

- 2017 年 4 月，《大数据安全标准化白皮书（2017）》正式发布，从法规、政策、标准和应用等角度，勾画了我国大数据安全的整体轮廓。

- 2018 年 4 月，首届"数字中国"建设峰会在福建省福州市举行。

1.2　大数据的概念

随着大数据时代的到来，"大数据"已经成为互联网信息技术行业的流行词汇。关于"什么是大数据"这个问题，大家比较认可关于大数据的"4V"说法。大数据的 4 个"V"，或者说是大数据的 4 个特点，包含 4 个层面：数据量大（Volume）、数据类型繁多（Variety）、处理速度快（Velocity）和价值密度低（Value）。

1.2.1　数据量大

人类进入信息社会以后，数据以自然方式增长，其产生不以人的意志而转移。从 1986 年到 2010 年的 20 多年时间里，全球数据量增长了 100 倍，今后的数据量增长速度将更快。我们正生活在一个"数据爆炸"的时代。今天，世界上只有 25% 的设备是联网的，大约 80% 的上网设备是计算机和手机，而在不远的将来，将有更多的用户成为网民，汽车、家用电器、生产机器等各种设备也将接入互联网。随着 Web 2.0 和移动互联网的快速发展，人们已经可以随时随地通过微博、微信等发布各种信息。以后，随着物联网的推广和普及，各种传感器和摄像头将遍布我们工作和生活的各个角落，这些设备每时每刻都在自动产生大量数据。

综上所述，人类社会正经历第二次"数据爆炸"（如果把印刷在纸上的文字和图形也看作数据，那么人类历史上第一次"数据爆炸"发生在造纸术和印刷术发明的时期）。各种数据产生速度之快，产生数量之大，已经远远超出人类可以控制的范围，"数据爆炸"成为大数据时代的鲜明特征。根据著名咨询机构互联网数据中心（Internet Data Center，IDC）做出的估测，人类社会产生的数据一直都在以每年 50% 的速度增长，也就是说，每两年就增加一倍多，这被称为"大数据摩尔定律"。这意味着，人类在最近两年产生的数据量相当于之前产生的全部数据量之和。2020 年，全球总共拥有约 44ZB（数据存储单位之间的换算关系见表 1-3）的数据量，与 2010 年相比，数据量将增长近 40 倍。

表 1-3　　　　　　　　　　　　数据存储单位之间的换算关系

单位	换算关系
Byte（字节）	1 Byte=8 bit
KB（Kilobyte，千字节）	1 KB=1024 Byte
MB（Megabyte，兆字节）	1 MB=1024 KB
GB（Gigabyte，吉字节）	1 GB=1024 MB
TB（Terabyte，太字节）	1 TB=1024 GB
PB（Petabyte，拍字节）	1 PB=1024 TB
EB（Exabyte，艾字节）	1 EB=1024 PB
ZB（Zettabyte，泽字节）	1 ZB=1024 EB

随着数据量的不断增长，数据所蕴含的价值会从量变发展到质变。举例来说，受到照相技术的制约，早期我们只能每分钟拍 1 张，随着照相设备的不断改进，处理速度越来越快，发展到后来，就可以每秒拍 1 张，而当有一天发展到每秒可以拍 10 张以后，就产生了电影。当照片数量的增长带来质变时，照片就发展成了电影。同样的量变到质变，也会发生在数据量的增长过程之中。

1.2.2　数据类型繁多

大数据的数据来源众多，科学研究、企业应用和 Web 应用等都在源源不断地生成新的类型繁多的数据。生物大数据、交通大数据、医疗大数据、电信大数据、电力大数据、金融大数据等，都呈现出"井喷式"增长，所涉及的数据量十分巨大，已经从 TB 级别跃升到 PB 级别。各行各业，每时每刻，都在生成各种不同类型的数据。

（1）消费者大数据。中国移动拥有超过 8 亿的用户，每日新增数据量达到 14TB，累计存储量超过 300PB；阿里巴巴的月活跃用户超过 5 亿，单日新增数据量超过 50TB，累计超过数百 PB；百度月活跃用户近 7 亿，每日处理数据量达到 100PB；腾讯月活跃用户超过 9 亿，数据量每日新增数百 TB，总存储量达到数百 PB；京东每日新增数据量达到 1.5PB，2016 年累计数据量达到 100PB，年增 300%；今日头条日活跃用户近 3000 万，每日处理数据量达到 7.8PB；30%国人吃外卖，周均 3 次，美团用户近 6 亿，每日处理数据量超过 4.2PB；滴滴打车用户超过 4.4 亿，每日新增轨迹数据量达到 70TB，处理数据量超过 4.5PB；我国共享单车市场，拥有近 2 亿用户，超过 700 万辆自行车，每日骑行量超过 3000 万次，每日产生约 30TB 数据；携程旅行网每日线上访问量上亿，每日新增数据量达到 400TB，存储量超过 50PB；小米公司的联网激活用户超过 3 亿，小米云服务数据量达到 200PB。

（2）金融大数据。中国平安有约 8.8 亿客户的脸谱和信用信息，以及近 5000 万个声纹库；中国工商银行拥有约 5.5 亿个人客户，全行数据量超过 60PB；中国建设银行用户超过 5 亿，手机银行用户达到 1.8 亿，网银用户超过 2 亿，数据存储量达到 100PB；中国农业银行拥有约 5.5 亿个人客户，日处理数据达到 1.5TB，数据存储量超过 15PB；中国银行拥有约 5 亿个人客户，手机银行客户达到 1.15 亿，电子渠道业务替代率达到 94%。

（3）医疗大数据。一个人拥有约 10^{14} 个细胞、3×10^9 个碱基对，一次全面的基因测序产生的个人数据量可以达到 100GB～600GB。华大基因公司 2017 年产出的数据量达到 1EB。在医学影像中，一次 3D 核磁共振检查可以产生约 150MB 数据（一张 CT 图像约 150MB）。2015 年，美国平均每家医院需要管理约 665TB 数据，个别医院年增数据量达到 PB 级别。

（4）城市大数据。一个 8Mbit/s 摄像头 1 小时产生的数据量是 3.6GB，1 个月产生数据量约为 2.59TB。很多城市的摄像头多达几十万个，1 个月的数据量达到数百 PB，若需保存 3 个月，则存储的数据量会达到 EB 级别。北京市政府部门数据总量，2011 年达到 63PB，2012 年达到 95PB，2018 年达到数百 PB。全国政府大数据加起来为数百个甚至上千个阿里巴巴大数据的体量。

（5）工业大数据。Rolls Royce 公司对飞机引擎做一次仿真，会产生数十 TB 的数据。一个汽轮机的扇叶在加工中就可以产生约 0.5TB 的数据，扇叶生产每年会收集约 3PB 的数据。叶片运行每日产生约 588GB 的数据。美国通用电气公司在出厂飞机的每个引擎上装 20 个传感器，每个引擎每飞行 1 小时能产生约 20TB 数据并通过卫星回传，使其每天可收集 PB 级数据。清华大学与金风科技共建风电大数据平台，2 万台风机年运维数据量约为 120PB。

综上所述，大数据的数据类型非常丰富，但是，总体而言可以分成两大类，即结构化数据和非结构化数据。其中，前者占 10%左右，主要是指存储在关系数据库中的数据；后者占 90%左右，种类繁多，主要包括邮件、音频、视频、位置信息、链接信息、手机呼叫信息、网络日志等。

如此类型繁多的异构数据，对数据处理和分析技术提出了新的挑战，也带来了新的机遇。传统数据主要存储在关系数据库中，但是，在类似 Web 2.0 等应用领域中，越来越多的数据开始被存储在 NoSQL 数据库中，这就必然要求在集成的过程中进行数据转换，而这种转换的过程是非常复杂和难以管理的。传统的联机分析处理（On Line Analytical Processing，OLAP）和商务智能工具大都面向结构化数据，而在大数据时代，用户友好的、支持非结构化数据分析的商业软件将迎来广阔的市场空间。

1.2.3　处理速度快

大数据时代的数据产生速度非常快。在 Web 2.0 应用领域，在 1 分钟内，新浪微博可以产生 2 万条微博，Twitter 可以产生 10 万条推文，苹果可以产生下载 4.7 万次应用的数据，淘宝可以卖出 6 万件商品，百度可以产生 90 万次搜索查询的数据。大名鼎鼎的大型强子对撞机（Large Hadron Collider，LHC），大约每秒产生 6 亿次的碰撞，每秒生成约 700 MB 的数据，同时有成千上万台计算机在分析这些碰撞。

大数据时代的很多应用都需要基于快速生成的数据给出实时分析结果，用于指导生产和生活实践。因此，数据处理和分析的速度通常要达到秒级响应，这一点和传统的数据挖掘技术有着本质的区别，后者通常不要求给出实时分析结果。

1.2.4　价值密度低

大数据虽然看起来很"美"，但是其数据价值密度远远低于传统关系数据库中的数据。在大数据时代，很多有价值的信息都是分散在海量数据中的。以小区监控视频为例，如果没有意外事件发生，连续不断产生的数据都是没有任何价值的，当发生偷盗等意外情况时，也只有记录了事件过程的那一小段视频有价值。但是，为了能够获得发生偷盗等意外情况时的那一段宝贵的视频，我们不得不投入大量资金购买监控设备、网络设备、存储设备，耗费大量的电能和存储空间，来保存摄像头连续不断传来的监控数据。

如果这个实例还不够典型，那么我们可以想象另一个更大的场景。假设一个电子商务网站希望通过微博数据进行有针对性的营销，为了达到这个目的，就必须构建一个能存储和分析新浪微博数据的大数据平台，使之能够根据用户微博内容进行有针对性的商品需求趋势预测。愿景很美好，但是现实代价很大，这可能需要耗费几百万元构建整个大数据团队和平台，而最终带来的企业销售利润增加额可能会比投入低许多，从这点来说，大数据的价值密度是较低的。

1.3　大数据的影响

大数据对科学研究、思维方式、社会发展、就业市场和人才培养都具有重要而深远的影响。在科学研究方面，大数据使人类科学研究在经历了实验科学、理论科学、计算科学 3 种范式之后，迎来了第 4 种范式——数据密集型科学；在思维方式方面，大数据具有"全样而非抽样、效率而非精确、相关而非因果"三大显著特征，完全颠覆了传统的思维方式；在社会发展方面，大数据决策逐渐成为一种新的决策方式，大数据应用有力促进了信息技术与各行业的深度融合，大数据开发大大推动了新技术和新应用不断涌现；在就业方面，大数据的兴起使得数据科学家成为热门人才；在人才培养方面，大数据的兴起将在很大程度上改变我国高校信息技术相关专业的现有教学和科研体制。

1.3.1　大数据对科学研究的影响

图灵奖获得者、著名数据库专家吉姆·格雷（Jim Gray）博士观察并总结，人类自古以来在科学研究上先后历经了实验科学、理论科学、计算科学和数据密集型科学 4 种范式（见图 1-6），具体如下。

1. 第 1 种范式：实验科学

在最初的科学研究阶段，人类采用实验来解决一些科学问题，著名的比萨斜塔实验就是一个典型实例。1590 年，伽利略在比萨斜塔上做了"两个铁球同时落地"的实验，得出了重量不同的两个铁球同时下落的结论，从此推翻了亚里士多德"物体下落速度和重量成比例"的学说，纠正了这个持续了 1900 年之久的错误结论。

实验科学　　　　理论科学　　　　计算科学　　　　数据密集型科学

图 1-6　科学研究的 4 种范式

2. 第 2 种范式：理论科学

实验科学的研究会受到当时实验条件的限制，难以完成对自然现象更精确的理解。随着科学的进步，人类开始采用数学、几何、物理等理论，构建问题模型和寻找解决方案。比如牛顿第一定律、牛顿第二定律、牛顿第三定律构成了牛顿经典力学的完整体系，奠定了经典力学的概念基础，它的广泛传播和运用对人们的生活和思想产生了重大影响，在很大程度上推动了人类社会的发展。

3. 第 3 种范式：计算科学

1946 年，随着人类历史上第一台通用电子计算机 ENIAC 的诞生，人类社会开始步入计算机时代，科学研究也进入了一个以"计算"为中心的全新时期。在实际应用中，计算科学主要用于对各个科学问题进行计算机模拟和其他形式的计算。通过设计算法并编写相应程序输入计算机运行，人类可以借助于计算机的高速运算能力去解决各种问题。计算机具有存储容量大、运算速度快、精度高、可重复执行等特点，是科学研究的利器，推动了人类社会的飞速发展。

4. 第 4 种范式：数据密集型科学

随着数据的不断累积，其宝贵价值日益得到体现，物联网和云计算的出现，更是促成了事物发展从量到质的转变，使人类社会开启了全新的大数据时代。如今，计算机不仅能做模拟仿真，还能进行分析总结，得到理论。在大数据环境下，一切都以数据为中心，从数据中发现问题、解决问题，真正体现数据的价值。大数据成为科学工作者的宝藏，从数据中可以挖掘未知模式和有价值的信息，服务于生产和生活，推动科技创新和社会进步。虽然第 3 种范式和第 4 种范式都是利用计算机来进行计算，但是二者还是有本质的区别的。在第 3 种范式中，一般是先提出可能的理论，再搜集数据，然后通过计算来验证。而对于第 4 种范式，是先有了大量已知的数据，然后通过计算得出之前未知的理论。

1.3.2 大数据对思维方式的影响

维克托·迈尔·舍恩伯格在《大数据时代：生活、工作与思维的大变革》一书中明确指出，大数据时代最大的转变就是思维方式的 3 种转变：全样而非抽样、效率而非精确、相关而非因果。

1. 全样而非抽样

过去，由于数据存储和处理能力的限制，在科学分析中，通常采用抽样的方法，即从全集数据中抽取一部分样本数据，通过对样本数据的分析来推断全集数据的总体特征。通常，样本数据规模要比全集数据小很多，因此，我们可以在可控的代价内实现数据分析的目的。现在，我们已经迎来大数据时代，大数据技术的核心就是海量数据的存储和处理，分布式文件系统和分布式数据库技术提供了理论上近乎无限的数据存储能力，分布式并行编程框架 MapReduce 提供了强大的海量数据并行处理能力。因此，有了大数据技术的支持，科学分析完全可以直接针对全集数据而不是抽样数据，并且可以在短时间内得到分析结果，速度之快，超乎我们的想象。

2. 效率而非精确

过去，我们在科学分析中采用抽样分析方法，就必须追求分析方法的精确性，因为抽样分析只是针对部分样本的分析，其分析结果被应用到全集数据以后，误差会被放大。这就意味着，抽样分析的微小误差被放大到全集数据以后，可能会变成一个很大的误差。因此，为了保证误差被放大到全集数据时仍然处于可以接受的范围，就必须确保抽样分析结果的精确性。正是由于这个原因，传统的数据分析方法往往更加注重提高算法的精确性，其次才是提高算法效率。现在，大数据时代采用全样分析而不是抽样分析，全样分析结果就不存在误差被放大的问题。因此，追求高精确性已经不是其首要目标。相反，大数据时代数据分析具有"秒级响应"的特征，要求在几秒内就给出针对海量数据的实时分析结果，否则就会丧失数据的价值，因此，数据分析的效率成为关注的核心。

3. 相关而非因果

过去，数据分析的目的有两方面，一方面是解释事物背后的发展机理，比如，一个大型超市在某个地区的连锁店在某个时期内净利润下降很多，这就需要 IT 部门对相关销售数据进行详细分析找出产生该问题的原因；另一方面是预测未来可能发生的事件，比如，通过实时分析微博数据，当发现人们对雾霾的讨论明显增加时，就可以建议销售部门增加口罩的进货量，因为人们关注雾霾的一个直接结果是，大家会想要购买一个口罩来保护自己的身体。不管是哪个目的，其实都反映了一种"因果关系"。但是，在大数据时代，因果关系不再那么重要，人们转而追求"相关性"而非"因果性"。比如，我们去淘宝购物时，当我们购买了一个汽车防盗锁以后，淘宝还会自动提示，与你购买相同物品的其他客户还购买了汽车坐垫。也就是说，淘宝只会告诉我们"购买汽车防盗锁"和"购买汽车坐垫"之间存在相关性，但是并不会告诉我们为什么其他客户购买了汽车防盗锁以后还会购买汽车坐垫。

1.3.3 大数据对社会发展的影响

大数据正在对社会发展产生深远的影响，具体表现在以下几个方面：大数据决策成为一种新的决策方式，大数据应用促进信息技术与各行业的深度融合，大数据开发推动新技术和新应用的不断涌现。

1. 大数据决策成为一种新的决策方式

根据数据制定决策，并非大数据时代所特有。从 20 世纪 90 年代开始，数据仓库和商务智能工具就开始大量用于企业决策。发展到今天，数据仓库已经是一个集成的信息存储仓库，既具备批量和周期性的数据加载能力，也具备数据变化的实时探测、传播和加载能力，并能结合历史数据和实时数据实现查询分析和自动规则触发，从而提供对战略决策（如宏观决策和长远规划等）和战术决策（如实时营销和个性化服务等）的双重支持。但是，数据仓库以关系数据库为基础，无论是在数据类型还是数据量方面都存在较大的限制。现在，大数据决策可以面向类型繁多的、非结构化的海量数据进行决策分析，已经成为受到追捧的全新决策方式。比如，政府部门可以把大数据技术融入"舆情分析"，通过对论坛、微博、微信、社区等多种来源数据进行综合分析，弄清或测验信息中事实和趋势的本质，揭示信息中含有的隐性情报内容，对事物发展做出情报预测，协助实现政府决策，有效应对各种突发事件。

2. 大数据应用促进信息技术与各行业的深度融合

有专家指出，大数据将会在未来 10 年改变几乎每一个行业的业务功能。互联网、银行、保险、交通、材料、能源、服务等行业，不断累积的大数据将加速推进这些行业与信息技术的深度融合，开拓行业发展的新方向。比如，大数据可以帮助快递公司选择运费成本最低的最佳行车路径，协助投资者选择收益最大化的股票投资组合，辅助零售商有效定位目标客户群体，帮助互联网公司实现广告精准投放，还可以让电力公司做好配送电计划确保电网安全等。总之，大数据所触及的每个角落，都会使我们的社会生产和生活发生巨大且深刻的变化。

3. 大数据开发推动新技术和新应用的不断涌现

大数据的应用需求是大数据新技术开发的源泉。在各种应用需求的强烈驱动下，各种突破性的大数据技术将被不断提出并得到广泛应用，数据的能量也将不断得到释放。在不远的将来，原来那些依靠人类自身判断力的应用，将逐渐被各种基于大数据的应用所取代。比如，今天的汽车保险公司，只能凭借少量的车主信息，对客户进行简单类别划分，并根据客户的汽车出险次数给予相应的保费优惠方案，客户选择哪家保险公司都没有太大差别。随着车联网的出现，"汽车大数据"将会深刻改变汽车保险业的商业模式，如果某家商业保险公司能够获取客户车辆的相关细节信息，并利用事先构建的数学模型对客户等级进行更加细致的判定，给予更加个性化的"一对一"优惠方案，那么毫无疑问，这家保险公司将具备明显的市场竞争优势，获得更多客户的青睐。

1.3.4　大数据对就业市场的影响

大数据的兴起使得数据科学家成为热门人才。2010 年的时候，在高科技劳动力市场上还很难见到数据科学家的头衔，但此后，数据科学家逐渐发展为市场上最热门的职位之一，具有广阔的发展前景，并代表着未来的发展方向。

互联网企业和零售、金融类企业都在积极争夺大数据人才，数据科学家成为大数据时代最紧缺的人才。2019 年与 2015 年相比，人工智能和大数据整体的人才需求量增加了 11 倍。国内有大数据专家估算过，5 年内国内的大数据人才缺口会达到 130 万，以大数据应用较多的互联网金融为例，这一行业大数据人才需求量每年增速达到 4 倍，届时，仅互联网金融需要的大数据人才就是现在需求的 4 倍以上。与此同时，大数据人才的薪资水平也在"水涨船高"，根据《2019 年中国 AI&大数据人才就业趋势报告》，北京、上海、深圳、杭州、广州等城市的大数据从业者月薪均超 2 万元。

在过去的很长一段时期内，国内的数据分析主要局限在结构化数据分析方面，较少通过对半结构化和非结构化数据进行分析来捕捉新的市场空间。但是，大数据中包含了大量的非结构化数据，未来将会产生大量针对非结构化数据进行分析的市场需求，因此，未来中国市场对掌握大数据分析专业技能的数据科学家的需求会逐年递增。

尽管有少数人认为未来有更多的数据会采用自动化处理，会逐步降低对数据科学家的需求，但是仍然有更多的人认为，随着数据科学家给企业所带来的商业价值的日益体现，市场对数据科学家的需求会日益增加。

1.3.5 大数据对人才培养的影响

大数据的兴起将在很大程度上改变中国高校信息技术相关专业的现有教学和科研体制。一方面，数据科学家是一个需要掌握统计学、数学、机器学习、可视化、编程等多方面知识的复合型人才，在中国高校现有的学科和专业设置中，上述专业知识分布在数学、统计学和计算机等多个学科中，任何一个学科都只能培养某个方向的专业人才，无法培养全面掌握数据科学相关知识的复合型人才。另一方面，数据科学家需要大数据应用实战环境，在真正的大数据环境中不断学习、实践并融会贯通，将自身专业背景与所在行业业务需求进行深度融合，从数据中发现有价值的信息，但是目前大多数高校还不具备这种培养环境，不仅缺乏大规模基础数据，也缺乏对领域业务需求的理解。鉴于上述两个原因，目前国内的数据科学家人才并不是由高校培养的，而主要是在企业实际应用环境中通过边工作边学习的方式不断成长起来的，其中，互联网领域集中了大多数的数据科学家人才。

在未来5～10年，市场对数据科学家的需求会日益增加，不仅互联网行业需要数据科学家，类似金融、电信这样的传统行业在大数据项目中也需要数据科学家。由于高校目前尚未具备大量培养数据科学家的基础和能力，传统行业的企业很可能会从互联网行业的企业"挖墙脚"，来满足该行业的企业发展对数据分析人才的需求，继而造成用人成本高企，制约企业的成长壮大。因此，高校应该秉承"培养人才、服务社会"的理念，充分发挥科研和教学综合优势，培养一大批具备数据分析基础能力的数据科学家，有效缓解数据科学家的市场缺口，为促进经济社会发展做出更大贡献。目前，国内很多高校开始设立大数据专业或者开设大数据课程，加快推进大数据人才培养体系的建立。2014年，中国科学院大学开设首个"大数据技术与应用"专业方向，面向科研发展及产业实践，培养信息技术与行业需求结合的复合型大数据人才；2014年清华大学成立数据科学研究院，推出多学科交叉培养的大数据硕士项目；2015年10月，复旦大学大数据学院成立，在数学、统计学、计算机、生命科学、医学、经济学、社会学、传播学等多学科交叉融合的基础上，聚焦大数据学科建设、研究应用和复合型人才培养；2016年9月，华东师范大学数据科学与工程学院成立，新设置的本科专业"数据科学与工程"，是华东师范大学除"计算机科学与技术"和"软件工程"以外，第三个与计算机相关的本科专业；厦门大学于2013年开始在研究生层面开设大数据课程，并建设了国内首个高校大数据课程公共服务平台；2016年，北京大学、中南大学、对外经济贸易大学等三所高校成为国内首批获得教育部批准设立"数据科学与大数据技术专业"的本科院校；此后，教育部又于2017年、2018年和2019年分别批准32所、248所和203所本科院校设立数据科学与大数据技术专业。

高校培养数据科学家需要采取"两条腿"走路的策略，即"引进来"和"走出去"。所谓"引进来"，是指高校要加强与企业的紧密合作，从企业引进相关数据，为学生搭建起接近企业实际应用的、仿真的大数据实战环境，让学生有机会理解企业业务需求和数据形式，为开展数据分析奠定基础，同时从企业引进具有丰富实战经验的高级人才，承担起数据科学家相关课程的教学任务，切实提高教学质量、水平和实用性。所谓"走出去"，是指积极鼓励和引导学生走出校园，进入互联网、金融、电信等行业中具备大数据应用环境的企业开展实践活动，同时努力加强产、学、研合作，创造条件让高校教师参与到企业大数据项目中，实现理论知识与实际应用的深层次融合，锻炼高校教师的大数据实战能力，为更好培养数据科学家奠定基础。

在课程体系的设计上，高校应该打破学科界限，设置跨院系、跨学科的"组合课程"，由来自计算机、数学、统计学等不同院系的教师构建联合教学师资力量，多方合作，共同培养具备大数据分析基础能力的数据科学家，使其全面掌握包括数学、统计学、数据分析、商业分析和自然语言处理等在内的系统知识，具有独立获取知识的能力，并具有较强的实践能力和创新意识。

1.4　大数据的应用

大数据无处不在，包括制造、金融、汽车、互联网、餐饮、电信、能源、物流、城市管理、生物医学、体育和娱乐等在内的社会各个行业/领域都已经融入了大数据，表 1-4 是大数据在各个行业/领域的应用情况。本书在第 15～17 章将会详细介绍大数据在互联网、生物医学领域及其他行业/领域的具体应用。

表 1-4　　　　　　　　　　　　　　　　大数据在各个行业/领域的应用情况

行业/领域	大数据的应用
制造	利用工业大数据提升制造业水平，包括产品故障诊断与预测、分析工艺流程、改进生产工艺、优化生产过程能耗、工业供应链分析与优化、生产计划与排程
金融	大数据在高频交易、社交情绪分析和信贷风险分析三大金融创新领域发挥重要作用
汽车	利用大数据和物联网技术实现的无人驾驶汽车，在不远的未来将走入我们的日常生活
互联网	借助大数据技术，可以分析客户行为，进行商品推荐和有针对性广告投放
餐饮	利用大数据实现餐饮 O2O 模式，彻底改变传统餐饮经营方式
电信	利用大数据技术实现客户离网分析，及时掌握客户离网倾向，出台客户挽留措施
能源	随着智能电网的发展，电力公司可以掌握海量的用户用电信息，利用大数据技术分析用户用电模式，可以改进电网运行，合理地设计电力需求响应系统，确保电网运行安全
物流	利用大数据优化物流网络，提高物流效率，降低物流成本
城市管理	可以利用大数据实现智能交通、环保监测、城市规划和智能安防
生物医学	大数据可以帮助我们实现流行病预测、智慧医疗、健康管理，还可以帮助我们解读 DNA，了解更多的生命奥秘
体育和娱乐	大数据可以帮助我们训练球队，预测比赛结果，以及决定投拍哪种题材的影视作品
安全领域	政府可以利用大数据技术构建起强大的国家安全保障体系，企业可以利用大数据抵御网络攻击，警察可以借助大数据来预防犯罪
个人生活	大数据还可以应用于个人生活，利用与每个人相关联的"个人大数据"，分析个人生活行为习惯，为其提供更加周到的个性化服务

1.5 大数据关键技术

当人们谈到大数据时，往往并非仅指数据本身，而是数据和大数据技术这二者的综合。所谓大数据技术，是指伴随着大数据的采集、存储、分析和结果呈现的相关技术，是使用非传统的工具来对大量的结构化、半结构化和非结构化数据进行处理，从而获得分析和预测结果的一系列数据处理和分析技术。

讨论大数据技术时，需要首先了解大数据的基本处理流程，主要包括数据采集、存储、分析和结果呈现等环节。数据无处不在，互联网网站、政务系统、零售系统、办公系统、自动化生产系统、监控摄像头、传感器等，每时每刻都在产生数据。这些分散在各处的数据，需要采用相应的设备或软件进行采集。采集到的数据通常无法直接用于后续的数据分析，因为对于来源众多、类型多样的数据而言，数据缺失和语义模糊等问题是不可避免的，因而必须采取相应措施有效解决这些问题，这就需要一个被称为"数据预处理"的过程，把数据变成一个可用的状态。数据经过预处理以后，会被存放到文件系统或数据库系统中进行存储与管理，然后采用数据挖掘工具对数据进行处理与分析，最后采用可视化工具为用户呈现结果。在整个数据处理过程中，还必须注意数据安全和隐私保护问题。

因此，从数据分析全流程的角度，大数据技术主要包括数据采集与预处理、数据存储和管理、数据处理与分析、数据安全和隐私保护等几个层面的内容，具体见表1-5。

表 1-5   大数据技术的不同层面及其功能

大数据技术层面	功能
数据采集与预处理	利用 ETL 工具将分布在异构数据源中的数据，如关系数据、平面数据文件等，抽取到临时中间层后进行清洗、转换、集成，最后加载到数据仓库或数据集市中，成为联机分析处理、数据挖掘的基础；也可以利用日志采集工具（如 Flume、Kafka 等）把实时采集的数据作为流计算系统的输入，进行实时处理分析
数据存储和管理	利用分布式文件系统、数据仓库、关系数据库、NoSQL 数据库、云数据库等，实现对结构化、半结构化和非结构化海量数据的存储和管理
数据处理与分析	利用分布式并行编程模型和计算框架，结合机器学习和数据挖掘算法，实现对海量数据的处理和分析；对分析结果进行可视化呈现，帮助人们更好地理解数据、分析数据
数据安全和隐私保护	在从大数据中挖掘潜在的巨大商业价值和学术价值的同时，构建数据安全体系和隐私数据保护体系，有效保护数据安全和个人隐私

需要指出的是，大数据技术是许多技术的一个集合体，这些技术也并非全部都是新生事物，诸如关系数据库、数据仓库、数据采集、ETL、OLAP、数据挖掘、数据隐私和安全、数据可视化等技术是已经发展多年的技术，在大数据时代得到不断补充、完善、提高后又有了新的升华，也可以视为大数据技术的一个组成部分。对于这些技术，除了数据可视化技术以外，我们将不做介绍，本书重点阐述近些年新发展起来的大数据核心技术，包括分布式并行编程、分布式文件系统、分布式数据库、NoSQL 数据库、云数据库、流计算、图计算等。

1.6　大数据计算模式

MapReduce 是大家熟悉的大数据处理技术，当人们提到大数据时就会很自然地想到 MapReduce，可见其影响力之广。实际上，大数据处理的问题复杂多样，单一的计算模式是无法满足不同类型的计算需求的，MapReduce 其实只是大数据计算模式中的一种，它代表了针对大规模数据的批量处理技术，除此以外，还有批处理计算、流计算、图计算、查询分析计算等多种大数据计算模式（见表 1-6）。

表 1-6　　　　　　　　　　　　大数据计算模式及其代表产品

大数据计算模式	解决问题	代表产品
批处理计算	针对大规模数据的批量处理	MapReduce、Spark 等
流计算	针对流数据的实时计算	Flink、Storm、S4、Flume、Streams、Puma、DStream、Super Mario、银河流数据处理平台等
图计算	针对大规模图结构数据的处理	Pregel、GraphX、Giraph、PowerGraph、Hama、Golden Orb 等
查询分析计算	大规模数据的存储管理和查询分析	Dremel、Hive、Cassandra、Impala 等

1.6.1　批处理计算

批处理计算主要解决针对大规模数据的批量处理，也是我们日常数据分析工作中非常常见的一类数据处理需求。MapReduce 是最具有代表性和影响力的大数据批处理技术，可以并行执行大规模数据处理任务，用于大规模数据集（大于 1 TB）的并行运算。MapReduce 极大地方便了分布式编程工作，它将复杂的、运行于大规模集群上的并行计算过程高度地抽象为两个函数——Map 和 Reduce，编程人员在不会分布式并行编程的情况下，也可以很容易地将自己的程序运行在分布式系统上，完成海量数据集的计算。

Spark 是一个针对超大数据集合的低延迟的集群分布式计算系统，比 MapReduce 快许多。Spark 启用了内存分布数据集，除了能够提供交互式查询外，还可以优化迭代工作负载。在 MapReduce 中，数据流从一个稳定的来源进行一系列加工处理后，流出到一个稳定的文件系统（如 HDFS）。而 Spark 使用内存替代 HDFS 或本地磁盘来存储中间结果，因此 Spark 要比 MapReduce 的速度快许多。

1.6.2　流计算

流数据也是大数据分析中的重要数据类型。流数据（或数据流）是指在时间分布和数量上无限的一系列动态数据集合体，数据的价值随着时间的流逝而降低，因此必须采用实时计算的方式给出秒级响应。流计算可以实时处理来自不同数据源的、连续到达的流数据，经过实时分析处理，给出有价值的分析结果。目前业内已涌现出许多的流计算框架与平台，第一类是商业级的流计算平台，包括 IBM InfoSphere Streams 和 IBM StreamBase 等；第二类是开源流计算框架，包括 Twitter Storm、Yahoo! S4（Simple Scalable Streaming System）、Spark Streaming、Flink 等；第三类是公司为支持自身业务开发的流计算框架，如百度开发了通用实时流数据计算系统 DStream，淘宝开发了通用流数据实时计算系统——银河流数据处理平台。

1.6.3　图计算

在大数据时代，许多大数据都是以大规模图或网络的形式呈现的，如社交网络、传染病传播途径、交通事故对路网的影响等。此外，许多非图结构的大数据也常常会被转换为图模型后再进行处理分析。MapReduce 作为单输入、两阶段、粗粒度数据并行的分布式计算框架，在表达多迭代、稀疏结构和细粒度数据时，往往显得力不从心，不适合用来解决大规模图计算问题。因此，针对大型图的计算，需要采用图计算模式，目前已经出现了不少相关图计算产品。比如谷歌公司的 Pregel 就是一个用于分布式图计算的计算框架，主要用于 PageRank 计算、最短路径和图遍历等。其他代表性的图计算产品还包括 Spark 生态系统中的 GraphX、Flink 生态系统中的 Gelly、图数据处理系统 PowerGraph 等。

1.6.4　查询分析计算

针对超大规模数据的存储管理和查询分析，需要提供实时或准实时的响应，才能很好地满足企业经营管理需求。谷歌公司开发的 Dremel 是一种可扩展的、交互式的实时查询系统，用于只读嵌套数据的分析。通过结合多级树状执行过程和列式数据结构，它能做到几秒内完成对万亿张表的聚合查询。系统可以扩展到成千上万的 CPU 上，满足谷歌上万用户操作 PB 级的数据，并且可以在 2～3s 内完成 PB 级别数据的查询。此外，Cloudera 公司参考 Dremel 系统开发了实时查询引擎 Impala，它提供结构化查询语言（Structure Query Language，SQL）语义，能快速查询存储在 Hadoop 的 HDFS 和 HBase 中的 PB 级大数据。

1.7　大数据产业

大数据产业是指一切与支撑大数据组织管理和价值发现相关的企业经济活动的集合。大数据产业包括 IT 基础设施层、数据源层、数据管理层、数据分析层、数据平台层和数据应用层，具体见表 1-7。

表 1-7　　　　　　　　　　　大数据产业的各个层次及其包含内容

产业层次	包含内容
IT 基础设施层	包括提供硬件、软件、网络等基础设施以及提供咨询、规划和系统集成服务的企业，比如提供数据中心解决方案的 IBM、惠普和戴尔等，提供存储解决方案的 EMC，提供虚拟化管理软件的微软、思杰、SUN、Red Hat 等
数据源层	大数据生态圈里的数据提供者，是生物（生物信息学领域的各类研究机构）大数据、交通（交通主管部门）大数据、医疗（各大医院、体检机构）大数据、政务（政府部门）大数据、电商（淘宝、天猫、苏宁云商、京东等电商）大数据、社交网络（微博、微信等）大数据、搜索引擎（百度、谷歌等）大数据等各种数据的来源
数据管理层	包括数据抽取、转换、存储和管理等服务的各类企业或产品，如分布式文件系统（如 Hadoop 的 HDFS 和谷歌的 GFS）、ETL 工具（Informatica、Datastage、Kettle 等）、数据库和数据仓库（Oracle、MySQL、SQL Server、HBase、GreenPlum 等）

续表

产业层次	包含内容
数据分析层	包括提供分布式计算、数据挖掘、统计分析等服务的各类企业或产品，如分布式计算框架 MapReduce、统计分析软件 SPSS 和 SAS、数据挖掘工具 Weka、数据可视化工具 Tableau、BI 工具（MicroStrategy、Cognos、BO）等
数据平台层	包括提供数据分享平台、数据分析平台、数据租售平台等服务的企业或产品，如阿里巴巴、谷歌、中国电信、百度等
数据应用层	提供智能交通、智慧医疗、智能物流、智能电网等行业应用的企业、机构或政府部门，如交通主管部门、各大医疗机构、菜鸟网络、国家电网等

　　近些年，我国一些地方政府也在积极尝试以"大数据产业园"为依托，加快发展本地的大数据产业。大数据产业园是大数据产业的聚集区或大数据技术的产业化项目孵化区，是大数据企业的孵化平台以及大数据企业走向产业化道路的集中区域。陕西西咸新区沣西新城已在信息产业园中规划了国内首家以大数据处理与服务为特色的产业园区；重庆市政府出台的《重庆市大数据行动计划》中明确提出，重庆市将打造 2~3 个大数据产业示范园区，培育 10 家核心龙头企业、500 家大数据应用和服务企业，引进和培养 1000 名大数据产业高端人才，形成 500 亿元大数据产业规模，建成国内重要的大数据产业基地；位于福建省泉州市安溪县龙门镇的中国国际信息技术（福建）产业园（见图 1-7），于 2015 年 5 月建成投入运营，是福建省第一个大数据产业园区，致力于构建以国际最高等级第三方数据中心为核心，以信息技术服务外包为主的绿色生态产业链，打造集数据中心、安全管理、云服务、电子商务、数字金融、信息技术教育、国际交流、投融资环境等功能为一体，覆盖福建、辐射海西的国际一流高科技信息技术产业园区。

图 1-7　中国国际信息技术（福建）产业园实景

1.8　大数据与云计算、物联网

　　大数据、云计算和物联网代表了 IT 领域最新的技术发展趋势，三者相辅相成，既有联系又有区别。为了更好地理解三者之间的紧密关系，下面将首先简要介绍云计算和物联网的概念，再分析大数据、云计算和物联网的区别与联系。

1.8.1　云计算

1. 云计算的概念

云计算实现了通过网络提供可伸缩的、廉价的分布式计算能力，用户只需要在具备网络接入条件的地方，就可以随时随地获得所需的各种 IT 资源。云计算代表了以虚拟化技术为核心、以低成本为目标的、动态可扩展的网络应用基础设施，是近年来最有代表性的网络计算技术与模式。

云计算包括 3 种典型的服务模式（见图 1-8），即基础设施即服务（Infrastructure as a Service，IaaS）、平台即服务（Platform as a Service，PaaS）和软件即服务（Software as a Service，SaaS）。IaaS 将基础设施（计算资源和存储）作为服务出租，PaaS 把平台作为服务出租，SaaS 把软件作为服务出租。

云计算包括公有云、私有云和混合云 3 种类型（见图 1-8）。公有云面向所有用户提供服务，只要是注册付费的用户都可以使用，比如阿里云和 Amazon AWS；私有云只为特定用户提供服务，比如大型企业出于安全考虑自建的云环境，只为企业内部提供服务；混合云综合了公有云和私有云的特点，因为对于一些企业而言，一方面出于安全考虑需要把数据放在私有云中，另一方面又希望可以获得公有云的计算资源，为了获得最佳的效果，就可以把公有云和私有云进行混合搭配使用。

图 1-8　云计算的服务模式和类型

可以采用云计算管理软件来构建云环境（公有云或私有云），OpenStack 就是一种非常流行的构建云环境的开源软件。OpenStack 管理的资源不是单机的而是一个分布的系统，它把分布的计算、存储、网络、设备、资源组织起来，形成一个完整的云计算系统，帮助服务商和企业内部实现类似于 Amazon EC2 和 S3 的云基础架构服务。

2. 云计算的关键技术

云计算的关键技术包括虚拟化、分布式存储、分布式计算、多租户等。

（1）虚拟化

虚拟化技术是云计算基础架构的基石，是指将一台计算机虚拟为多台逻辑计算机，在一台计算机上同时运行多台逻辑计算机，每台逻辑计算机可运行不同的操作系统，并且应用程序都可以在相互独立的空间内运行而互不影响，从而显著提高计算机的工作效率。

虚拟化的资源可以是硬件（如服务器、磁盘和网络），也可以是软件。以服务器虚拟化为例，它将服务器物理资源抽象成逻辑资源，让一台服务器变成几台甚至上百台相互隔离的虚拟服务器，不再受限于物理上的界限，而是让 CPU、内存、磁盘、I/O 等硬件变成可以动态管理的"资源池"，从而提高资源的利用率，简化系统管理，实现服务器整合，让 IT 对业务的变化更具适应力。

Hyper-V、VMware、KVM、VirtualBox、Xen、QEMU 等都是非常典型的虚拟化平台。Hyper-V 是微软公司的一款虚拟化产品，旨在为用户提供效益更高的虚拟化基础设施软件，从而为用户降低运作成本，提高硬件利用率，优化基础设施，提高服务器的可用性。VMware 是全球桌面到数据中心虚拟化解决方案的领导厂商。

近年来发展起来的容器技术（如 Docker），是不同于 VMware 等传统虚拟化技术的一种新型轻量级虚拟化技术（也被称为"容器型虚拟化技术"）。与 VMware 等传统虚拟化技术相比，Docker 具有启动速度快、资源利用率高、性能开销小等优点，受到业界青睐，并得到了越来越广泛的应用。

（2）分布式存储

面对"数据爆炸"的时代，集中式存储已经无法满足海量数据的存储需求，分布式存储应运而生。Google 文件系统（Google File System，GFS）是谷歌公司推出的一款分布式文件系统，可以满足大型、分布式、对大量数据进行访问的应用的需求。GFS 具有很好的硬件容错性，可以把数据存储到成百上千台服务器上面，并在硬件出错的情况下尽量保证数据的完整性。GFS 还支持GB 或者 TB 级别超大文件的存储，一个大文件会被分成许多块，分散存储在由数百台机器组成的集群里。Hadoop 分布式文件系统（Hadoop Distributed File System，HDFS）是对 GFS 的开源实现，它采用了更加简单的"一次写入、多次读取"文件模型，文件一旦创建、写入并关闭了，之后就只能对它执行读取操作，而不能执行任何修改操作；同时，HDFS 是基于 Java 实现的，具有强大的跨平台兼容性，只要是 JDK 支持的平台都可以兼容。

谷歌公司后来又以 GFS 为基础开发了分布式数据管理系统 BigTable，它是一个稀疏、分布、持续多维度的排序映射数组，适合于非结构化数据存储的数据库，具有高可靠性、高性能、可伸缩等特点，可在廉价 PC 服务器上搭建起大规模存储集群。HBase 是针对 BigTable 的开源实现。

（3）分布式计算

面对海量的数据，传统的单指令单数据流顺序执行的方式已经无法满足快速处理数据的要求；同时，我们也不能寄希望于通过硬件性能的不断提升来满足这种需求，因为晶体管电路已经逐渐接近其物理上的性能极限，摩尔定律已经开始慢慢失效，CPU 性能很难每隔 18 个月翻一番。在这样的大背景下，谷歌公司提出了并行编程模型 MapReduce，让任何人都可以在短时间内迅速获得海量计算能力，它允许开发者在不具备并行开发经验的前提下也能够开发出分布式的并行程序，并让其同时运行在数百台机器上，在短时间内完成海量数据的计算。MapReduce 将复杂的、运行于大规模集群上的并行计算过程抽象为两个函数——Map 和 Reduce，并把一个大数据集切分成多个小的数据集，分布到不同的机器上进行并行处理，极大提高数据处理速度，可以有效满足许多应用对海量数据的批量处理需求。Hadoop 开源实现了 MapReduce 编程框架，被广泛应用于分布式计算。

（4）多租户

多租户技术目的在于使大量用户能够共享同一堆栈的软硬件资源，每个用户按需使用资源，能够对软件服务进行客户化配置，而不影响其他用户的使用。多租户技术的核心包括数据隔离、客户化配置、架构扩展和性能定制。

3. 云计算数据中心

云计算数据中心的机房有一整套复杂的设施，包括刀片服务器、宽带网络连接、环境控制设备、监控设备以及各种安全装置等（见图 1-9）。数据中心是云计算的重要载体，为云计算提供计算、存储、带宽等各种硬件资源，为各种平台和应用提供运行支撑环境。

图 1-9　云计算数据中心的机房

谷歌、微软、IBM、惠普、戴尔等国际 IT 巨头，纷纷投入巨资在全球范围内大量修建数据中心，旨在掌握云计算发展的主导权。我国政府和企业也都在加大力度建设云计算数据中心。内蒙古提出了"西数东输"发展战略，即把本地的数据中心通过网络提供给其他省份用户使用。福建省泉州市安溪县的中国国际信息技术（福建）产业园的数据中心，是福建省重点建设的两大数据中心之一，按照国际上最高的 T4 等级标准设计和施工，可提供 T2~T4 等级服务，总建筑面积 6.7 万 m^2，可安装 4500 个标准机柜，可容纳 5 万台以上的服务器。阿里巴巴集团公司在甘肃玉门建设的数据中心，是我国第一个绿色环保的数据中心，电力全部来自风力，用祁连山融化的雪水平衡数据中心产生的热量。贵州被公认为我国南方最适合建设数据中心的地方，作为中国首个国家大数据综合试验区，贵州省大数据产业得到了快速的发展，全球前十互联网企业有 8 家在中国发展，其中 7 家将数据中心落户贵州。

4. 云计算的应用

云计算在电子政务、教育、企业、医疗等领域的应用不断深化，对提高政府服务水平、促进产业转型升级和培育发展新兴产业等都起到了关键的作用。政务云上可以部署公共安全管理、容灾备份、城市管理、应急管理、智能交通、社会保障等应用，通过集约化建设、管理和运行，可以实现信息资源整合和政务资源共享，推动政务管理创新，加快向服务型政府转型。教育云可以有效整合幼儿教育、中小学教育、高等教育，以及继续教育等优质教育资源，逐步实现教育信息共享、教育资源共享及教育资源深度挖掘等目标。中小企业云能够让企业以低廉的成本建立财务、供应链、客户关系等管理应用系统，大大降低企业信息化门槛，迅速提升企业信息化水平，增强企业市场竞争力。医疗云可以推动医院与医院、医院与社区、医院与急救中心、医院与家庭之间服务共享，并形成一套全新的医疗健康服务系统，从而有效地提高医疗保健的质量。

5. 云计算产业

云计算产业作为战略性新兴产业，近些年得到了迅速发展，形成了成熟的产业链结构（见图 1-10），产业涵盖硬件与设备制造、基础设施运营、软件与解决方案供应商、基础设施即服务、平台即服务、软件即服务、终端设备、云计算交付/咨询/认证、云安全等环节。

图 1-10　云计算产业链

硬件与设备制造环节包括了绝大部分传统硬件制造商，这些厂商都已经在某种形式上支持虚拟化和云计算，主要包括 Intel、AMD、Cisco、SUN 等。基础设施运营环节包括数据中心运营商、网络运营商、移动通信运营商等。软件与解决方案供应商主要以虚拟化管理软件为主，包括 IBM、微软、思杰、SUN、Red Hat 等。IaaS 将基础设施（计算和存储等资源）作为服务出租，向客户出售服务器、存储和网络设备、带宽等基础设施资源，厂商主要包括 Amazon、

Rackspace、Gogrid、Grid Player 等。PaaS 把平台（包括应用设计、应用开发、应用测试、应用托管等）作为服务出租，厂商主要包括谷歌、微软、新浪、阿里巴巴等。SaaS 则把软件作为服务出租，向用户提供各种应用，厂商主要包括 Salesforce、谷歌等。云计算交付/咨询/认证环节包括了三大交付以及咨询认证服务商，这些服务商已经支持绝大多数形式的云计算咨询及认证服务，主要包括 IBM、微软、Oracle、思杰等。云安全旨在为各类云用户提供高可信的安全保障，厂商主要包括 IBM、OpenStack 等。

1.8.2 物联网

物联网是新一代信息技术的重要组成部分，具有广泛的用途，同时和云计算、大数据有着千丝万缕的联系。

1. 物联网的概念

物联网是物物相连的互联网，是互联网的延伸，它利用局部网络或互联网等通信技术把传感器、控制器、计算机、人员和物等通过新的方式连在一起，形成人与物、物与物相连，实现信息化和远程管理控制。

从技术架构上来看，物联网可分为四层（见图 1-11）：感知层、网络层、处理层和应用层。每层的具体功能如表 1-8 所示。

图 1-11 物联网技术架构

表 1-8 物联网各个层次的功能

层次	功能
感知层	如果把物联网系统比喻为人体，那么感知层就好比人体的神经末梢，用来感知物理世界，采集来自物理世界的各种信息。这个层包含了大量的传感器，如温度传感器、湿度传感器、应力传感器、加速度传感器、重力传感器、气体浓度传感器、土壤盐分传感器、二维码标签、射频识别（Radio Frequency Identification，RFID）标签和读写器、摄像头、GPS 设备等
网络层	相当于人体的神经中枢，起到信息传输的作用。网络层包含各种类型的网络，如互联网、移动通信网络、卫星通信网络等
处理层	相当于人体的大脑，起到存储和处理的作用，包括数据存储、管理和分析平台
应用层	直接面向用户，满足各种应用需求，如智能交通、智慧农业、智慧医疗、智能工业等

下面给出一个简单的智能公交实例来加深读者对物联网概念的理解。目前，很多城市居民的智能手机中都安装了"掌上公交"App，可以用手机随时随地查询每辆公交车的当前到达位置信息，这就是一种非常典型的物联网应用。在智能公交应用中，每辆公交车都安装了 GPS（或北斗）定位系统和 4G/5G 网络传输模块，在车辆行驶过程中，GPS（或北斗）定位系统会实时采集公交车当前到达位置信息，并通过车上的 4G/5G 网络传输模块发送给车辆附近的移动通信基站，经由电信运营商的 4G/5G 移动通信网络传送到智能公交指挥调度中心的数据处理平台，平台再把公交车位置数据发送给智能手机用户，用户的"掌上公交"App 就会显示出公交车的当前位置信息。这个应用实现了"物与物的相连"，即把公交车和手机这两个物体连接在一起，让手机可以实时获得公交车的位置信息。进一步讲，这个应用实际上也实现了"物和人的连接"，让手机用户可以实时获得公交车位置信息。在这个应用中，安装在公交车上的 GPS（或北斗）定位设备属于物联网的感知层；安装在公交车上的 4G/5G 网络传输模块以及电信运营商的 4G/5G 移动通信网络属于物联网的网络层；智能公交指挥调度中心的数据处理平台属于物联网的处理层；智能手机上安装的"掌上公交"App 属于物联网的应用层。

2. 物联网关键技术

物联网是物与物相连的网络，通过为物体加装二维码、RFID 标签、传感器等，就可以实现物体身份唯一标识和各种信息的采集，再结合各种类型网络连接，就可以实现人和物、物和物之间的信息交换。因此，物联网中的关键技术包括识别和感知技术（二维码、RFID、传感器等）、网络与通信技术、数据挖掘与融合技术等。

（1）识别和感知技术

二维码是物联网中一种很重要的自动识别技术，是在一维码基础上扩展出来的条码技术。二维码包括堆叠式/行排式二维码和矩阵式二维码，后者较为常见。图 1-12 所示的矩阵式二维码在一个矩形空间中通过黑、白像素在矩阵中的不同分布进行编码。在矩阵相应元素位置上，用点（方点、圆点或其他形状）出现表示二进制"1"，点不出现表示二进制的"0"，点的排列组合确定了矩阵式二维码所代表的意义。二维码具有信息容量大、编码范围广、容错能力强、译码可靠性高、成本低、易制作等良好特性，已经得到了广泛的应用。

图 1-12　矩阵式二维码

RFID 技术用于静止或移动物体的无接触自动识别，具有全天候、无接触、可同时实现多个物体自动识别等特点。RFID 技术在生产和生活中得到了广泛的应用，大大推动了物联网的发展，我们平时使用的公交卡、门禁卡、校园卡等都嵌入了 RFID 芯片，可以实现迅速、便捷的数据交换。从结构上讲，RFID 可看作一种简单的无线通信系统，由 RFID 标签和 RFID 读写器两个部分组成。RFID 标签是由天线、耦合元件、芯片组成的，是一个能够传输信息、回复信息的电子模块；RFID 读写器也是由天线、耦合元件、芯片组成的，用来读取（有时也可以写入）RFID 标签中的信息。RFID 技术使用 RFID 读写器及可附着于目标物的 RFID 标签，利用频率信号将信息由 RFID 标签传送至 RFID 读写器。以公交卡为例，市民持有的公交卡就是一个 RFID 标签（见图 1-13），公交车上安装的刷卡设备就是 RFID 读写器，当我们执行刷卡动作时，就完成了一次 RFID 标签和 RFID 读写器之间的非接触式通信和数据交换。

传感器是一种能感受规定的被测量件并按照一定的规律（数学函数法则）转换成可用信号的器件或装置，具有微型化、数字化、智能化、网络化等特点。人类需要借助于耳朵、鼻子、眼睛等感觉器官感受外部物理世界，类似地，物联网也需要借助于传感器实现对物理世界的感知。物联网中常见的传感器类型有光敏传感器、声敏传感器、气敏传感器、化学传感器、压敏传感器、温敏传感器、流体传感器等（见图 1-14），可以用来模仿人类的视觉、听觉、嗅觉、味觉和触觉。

图 1-13　采用 RFID 芯片的公交卡

图 1-14　不同类型的传感器

（2）网络与通信技术

物联网中的网络与通信技术包括短距离无线通信技术和远程通信技术。短距离无线通信技术包括 Zigbee、NFC、蓝牙、Wi-Fi、RFID 等。远程通信技术包括互联网、2G/3G/4G/5G 移动通信网络、卫星通信网络等。

（3）数据挖掘与融合技术

物联网中存在大量数据来源、各种异构网络和不同类型系统，如此大量的不同类型数据，如何实现有效整合、处理和挖掘，是物联网处理层需要解决的关键技术问题。今天，云计算和大数据技术的出现，为物联网数据存储、处理和分析提供了强大的技术支撑，海量物联网数据可以借助庞大的云计算基础设施实现廉价存储，利用大数据技术实现快速处理和分析，满足各种实际应用需求。

3. 物联网的应用

物联网已经广泛应用于智能交通、智慧医疗、智能家居、环保监测、智能安防、智能物流、智能电网、智慧农业、智能工业等领域，对国民经济与社会发展起到了重要的推动作用，具体如下。

- 智能交通。利用 RFID、摄像头、线圈、导航设备等物联网技术构建的智能交通系统，可以让人们随时随地通过智能手机、大屏幕、电子站牌等方式，了解城市各条道路的交通状况、所有停车场的车位情况、每辆公交车的当前到达位置等信息，合理安排行程，提高出行效率。
- 智慧医疗。医生利用平板电脑、智能手机等手持设备，通过无线网络，可以随时连接访问各种诊疗仪器，实时掌握每个病人的各项生理指标，科学、合理地制订诊疗方案，甚至可以支持远程诊疗。
- 智能家居。利用物联网技术可以提升家居安全性、便利性、舒适性、艺术性，并创建环保节能的居住环境。比如可以在工作单位通过智能手机远程开启家里的电饭煲、空调、门锁、监控、窗帘和电灯等，家里的窗帘和电灯也可以根据时间和光线变化自动开启和关闭。

- 环保监测。在重点区域放置监控摄像头或水质土壤成分检测仪器，相关数据可以实时传输到监控中心，出现问题时实时发出警报。

- 智能安防。采用红外线、监控摄像头、RFID等物联网设备，可以实现小区出入口智能识别和控制、意外情况自动识别和报警、安保巡逻智能化管理等功能。

- 智能物流。利用集成智能化技术，可以使物流系统模仿人的智能，具有思维、感知、学习、推理判断和自行解决物流中某些问题的能力（如选择最佳行车路线，选择最佳包裹装车方案），从而实现物流资源优化调度和有效配置，提升物流系统效率。

- 智能电网。通过智能电表，不仅可以免去抄表工的大量工作，还可以实时获得用户用电信息，提前预测用电高峰期和低谷期，为合理设计电力需求响应系统提供依据。

- 智慧农业。利用温度传感器、湿度传感器和光线传感器，可以实时获得种植大棚内的农作物生长环境信息，远程控制大棚遮光板、通风口、喷水口的开启和关闭，让农作物始终处于最优生长环境，提高农作物产量和品质。

- 智能工业。将具有环境感知能力的各类终端、基于泛在技术的计算模式、移动通信技术等不断融入工业生产的各个环节，可以大幅提高制造效率，改善产品质量，降低产品成本和资源消耗，将传统工业提升到智能化的新阶段。

4. 物联网产业链

完整的物联网产业链主要包括核心感应器件提供商、感知层末端设备提供商、网络运营商、软件与行业解决方案提供商、系统集成商、运营及服务提供商等（见图 1-15），具体如下。

- 核心感应器件提供商。提供二维码、RFID标签及读写器、传感器、智能仪器仪表等物联网核心感应器件。

- 感知层末端设备提供商。提供射频识别设备、传感系统及设备、智能控制系统及设备、GPS设备、末端网络产品等。

- 网络运营商。包括电信网络运营商、广电网络运营商、互联网运营商、卫星网络运营商和其他网络运营商等。

- 软件与行业解决方案提供商。提供微操作系统、中间件、解决方案等。

- 系统集成商。提供行业应用集成服务。

- 运营及服务提供商。提供行业物联网运营及服务。

图 1-15　物联网产业链

1.8.3　大数据与云计算、物联网的关系

大数据、云计算和物联网代表了 IT 领域最新的技术发展趋势，三者既有区别又有联系。云计算最初主要包含了两类内容：一类是以谷歌公司的 GFS 和 MapReduce 为代表的大规模分布式并行计算技术；另一类是以亚马逊公司的虚拟机和对象存储为代表的"按需租用"的商业模式。但是，随着大数据概念的提出，云计算中的分布式计算技术开始更多地被列入大数据技术，而人们提到云计算时，更多指的是底层基础 IT 资源的整合优化，以及以服务的方式提供 IT 资源的商业模式（如 IaaS、PaaS、SaaS）。从云计算和大数据概念的诞生到现在，二者之间的关系非常微妙，既密不可分，又千差万别。因此，我们不能把云计算和大数据割裂开来作为截然不同的两类技术来看待。此外，物联网也是和云计算、大数据相伴相生的技术。下面总结一下三者的联系与区别（见图 1-16）。

图 1-16　大数据、云计算和物联网三者之间的关系与区别

第一，大数据、云计算和物联网的区别。大数据侧重于对海量数据的存储、处理与分析，从海量数据中发现价值，服务于生产和生活；云计算旨在整合和优化各种 IT 资源，并通过网络以服务的方式廉价地提供给用户；物联网的发展目标是实现"物物相连"，应用创新是物联网发展的核心。

第二，大数据、云计算和物联网的联系。从整体上看，大数据、云计算和物联网这三者是相辅相成的。大数据根植于云计算，大数据分析的很多技术都来自云计算，云计算的分布式数据存储和管理系统（包括分布式文件系统和分布式数据库系统）提供了海量数据的存储和管理能力，分布式并行处理框架 MapReduce 提供了海量数据分析能力。没有这些云计算技术作为支撑，大数据分析就无从谈起。反之，大数据为云计算提供了"用武之地"，没有大数据这个"练兵场"，云计算技术再先进，也不能发挥它的应用价值。物联网的传感器源源不断产生的大量数据，构成了大数据的重要数据来源，没有物联网的飞速发展，就不会带来数据产生方式的变革，即由人工产生阶段转向自动产生阶段，大数据时代也不会这么快就到来。同时，物联网需要借助云计算和大数据技术，实现物联网大数据的存储、分析和处理。

可以说，云计算、大数据和物联网三者已经彼此渗透、相互融合，在很多应用场合都可以同时看到三者的身影。在未来，三者会继续相互促进、相互影响，更好地服务于社会生产和生活的各个领域。

1.9　本章小结

本章介绍了大数据技术的发展历程，并指出信息科技的不断进步为大数据时代提供了技术支撑，数据产生方式的变革促成了大数据时代的来临。

大数据具有数据量大、数据类型繁多、处理速度快、价值密度低等特点，统称"4V"。

大数据对科学研究、思维方式、社会发展、就业市场和人才培养等方面都产生了重要的影响，深刻理解大数据的这些影响，有助于我们更好地把握学习和应用大数据的方向。

大数据在制造、金融、汽车、互联网、餐饮、电信、能源、物流、城市管理、生物医学、体育和娱乐等在内的社会各个行业/领域都得到了广泛的应用，深刻地改变着我们的社会生产和日常生活。

大数据并非单一的数据或技术，而是数据和大数据技术的综合体。大数据技术主要包括数据采集、数据存储和管理、数据处理与分析、数据安全和隐私保护等几个层面的内容。

大数据产业包括IT基础设施层、数据源层、数据管理层、数据分析层、数据平台层和数据应用层，在不同层面都已经形成了一批引领市场的技术和企业。

本章最后介绍了云计算和物联网的概念和关键技术，并阐述了大数据、云计算和物联网三者之间的区别与联系。

1.10　习题

1. 试述信息技术发展史上的3次信息化浪潮及其具体内容。
2. 试述数据产生方式经历的几个阶段。
3. 试述大数据的4个基本特征。
4. 试述大数据时代的"数据爆炸"特性。
5. 科学研究经历了哪4个阶段？
6. 试述大数据对思维方式的重要影响。
7. 大数据决策与传统的基于数据仓库的决策有什么区别？
8. 举例说明大数据的具体应用。
9. 举例说明大数据的关键技术。
10. 大数据产业包含哪些层面？
11. 给出以下术语的定义：云计算、物联网。
12. 详细阐述大数据、云计算和物联网三者之间的区别与联系。

第 2 章
大数据处理架构 Hadoop

Hadoop 是一个开源的、可运行于大规模集群上的分布式计算平台，它实现了 MapReduce 计算模型和分布式文件系统 HDFS 等功能，在业内得到了广泛的应用，同时也成为大数据的代名词。借助于 Hadoop，程序员可以轻松地编写分布式并行程序，并将其运行于计算机集群上，完成海量数据的存储与处理分析。

本章将介绍 Hadoop 的发展简史、重要特性和应用现状，并详细介绍 Hadoop 生态系统及其各个组件，最后，演示如何在 Linux 操作系统下安装和配置 Hadoop。

2.1 概述

本节简要介绍 Hadoop 的发展简史、特性、应用现状和版本等。

2.1.1 Hadoop 简介

Hadoop 是 Apache 软件基金会旗下的一个开源分布式计算平台，为用户提供系统底层细节透明的分布式基础架构。Hadoop 是基于 Java 语言开发的，具有很好的跨平台特性，并且可以部署在廉价的计算机集群中。Hadoop 的核心是 Hadoop 分布式文件系统（Hadoop Distributed File System，HDFS）和 MapReduce。HDFS 是针对谷歌文件系统（Google File System，GFS）的开源实现，是面向普通硬件环境的分布式文件系统，具有较高的读写速度、很好的容错性和可伸缩性，支持大规模数据的分布式存储，其冗余数据存储的方式很好地保证了数据的安全性。MapReduce 是针对谷歌 MapReduce 的开源实现，允许用户在不了解分布式系统底层细节的情况下开发并行应用程序，采用 MapReduce 来整合分布式文件系统上的数据，可保证分析和处理数据的高效性。借助于 Hadoop，程序员可以轻松地编写分布式并行程序，将其运行于廉价计算机集群上，完成海量数据的存储与计算。

Hadoop 被公认为行业大数据标准开源软件，在分布式环境下提供了海量数据的处理能力。几乎所有主流厂商都围绕 Hadoop 提供开发工具、开源软件、商业化工具和技术服务，如谷歌、雅虎、微软、思科、淘宝等都支持 Hadoop。

2.1.2 Hadoop 的发展简史

Hadoop 这个名称朗朗上口，至于为什么要取这样一个名字，其实并没有深奥的道理，只是追求名称简短、容易发音和记忆而已。很显然，小孩子是这方面的高手，大名鼎鼎的 "Google" 就是小孩子给取的名字，Hadoop 同样如此，它是小孩子给"一头吃饱了的棕黄色大象"取的名字（见图 2-1）。Hadoop 后来的很多子项目和模块的命名方式都沿用了这种风格，如 Pig 和 Hive 等。

图 2-1　Hadoop 的标志

　　Hadoop 最初是由 Apache Lucene 项目的创始人 Doug Cutting 开发的文本搜索库。Hadoop 源自 2002 年的 Apache Nutch 项目——一个开源的网络搜索引擎，并且也是 Apache Lucene 项目的一部分。在 2002 年的时候，Apache Nutch 项目遇到了棘手的难题，该搜索引擎框架无法扩展到拥有数十亿网页的网络。而就在一年以后的 2003 年，谷歌公司发布了分布式文件系统 GFS 方面的论文，可以解决大规模数据存储的问题。于是，在 2004 年，Apache Nutch 项目模仿 GFS 开发了自己的分布式文件系统（Nutch Distributed File System，NDFS），也就是 HDFS 的前身。

　　2004 年，谷歌公司又发表了另一篇具有深远影响的论文，阐述了 MapReduce 分布式编程思想。2005 年，Apache Nutch 开源实现了谷歌的 MapReduce。到了 2006 年 2 月，Apache Nutch 中的 NDFS 和 MapReduce 开始独立出来，成为 Apache Lucene 项目的一个子项目，称为 Hadoop，同时 Doug Cutting 加盟雅虎公司。2008 年 1 月，Hadoop 正式成为 Apache 顶级项目，Hadoop 也逐渐开始被雅虎之外的其他公司使用。2008 年 4 月，Hadoop 打破世界纪录，成为最快排序 1 TB 数据的系统，它采用一个由 910 个节点构成的集群进行运算，排序时间只用了 209 秒。在 2009 年 5 月，Hadoop 更是把 1 TB 数据排序时间缩短到 62 秒。Hadoop 从此声名大噪，迅速发展成为大数据时代最具影响力的开源分布式开发平台，并成为事实上的大数据处理标准。

2.1.3　Hadoop 的特性

　　Hadoop 是一个能够对大量数据进行分布式处理的软件框架，并且是以一种可靠、高效、可伸缩的方式进行处理的，它具有以下几个方面的特性。

- 高可靠性。采用冗余数据存储方式，即使一个副本发生故障，其他副本也可以保证正常对外提供服务。
- 高效性。作为并行分布式计算平台，Hadoop 采用分布式存储和分布式处理两大核心技术，能够高效地处理 PB 级数据。
- 高可扩展性。Hadoop 的设计目标是可以高效稳定地运行在廉价的计算机集群上，可以扩展到数以千计的计算机节点上。
- 高容错性。采用冗余数据存储方式，自动保存数据的多个副本，并且能够自动将失败的任务进行重新分配。
- 成本低。Hadoop 采用廉价的计算机集群，成本比较低，普通用户也很容易用自己的 PC 搭建 Hadoop 运行环境。
- 运行在 Linux 操作系统上。Hadoop 是基于 Java 开发的，可以较好地运行在 Linux 操作系统上。
- 支持多种编程语言。Hadoop 上的应用程序也可以使用其他语言编写，如 C++。

2.1.4　Hadoop 的应用现状

　　Hadoop 凭借其突出的优势，已经在各个领域得到了广泛的应用，而互联网领域是其应用的主阵地。

　　2007 年，雅虎公司在 Sunnyvale 总部建立了 M45——一个包含了 4000 个处理器和 1.5 PB 容量的 Hadoop 集群系统。此后，包括卡内基梅隆大学、加州大学伯克利分校、康奈尔大学和马萨诸塞大学阿默斯特分校、斯坦福大学、华盛顿大学、密歇根大学、普渡大学等 12 所大学加入该集群系统的研究，推动了开放平台下的开放源码发布。

国内采用 Hadoop 的公司主要有百度、淘宝、网易、华为、中国移动等，其中，淘宝的 Hadoop 集群比较大。据悉，淘宝 Hadoop 集群拥有 2860 个节点，清一色基于英特尔处理器的 x86 服务器，其总存储容量达到 50PB，实际使用容量超过 40PB，日均作业数高达 15 万，服务于阿里巴巴集团各部门，数据源于各部门产品的线上数据库（Oracle、MySQL）备份、系统日志以及爬虫数据等，每天在 Hadoop 集群运行各种 MapReduce 任务，如数据魔方、量子统计、推荐系统、排行榜等。

作为全球最大的中文搜索引擎公司，百度对海量数据的存储和处理要求是非常高的。因此，百度选择了 Hadoop，主要用于日志的存储和统计、网页数据的分析和挖掘、商业分析、在线数据反馈、网页聚类等。百度公司目前拥有 3 个 Hadoop 集群，计算机节点数量在 700 个左右，并且规模还在不断增加中，每天运行的 MapReduce 任务在 3000 个左右，处理数据约 120 TB/天。

华为是 Hadoop 的使用者，也是 Hadoop 技术的重要推动者。由雅虎成立的 Hadoop 公司 Hortonworks 曾经发布一份报告，用来说明各个公司对 Hadoop 发展的贡献。其中，华为公司在 Hadoop 重要贡献公司名单内，排在谷歌和思科公司的前面，说明华为公司也在积极参与开源社区的建设。

2.1.5　Hadoop 的版本

Apache Hadoop 版本分为三代，分别是 Hadoop 1.0、Hadoop 2.0 和 Hadoop 3.0。第一代 Hadoop 包含 0.20.x、0.21.x 和 0.22.x 三大版本，其中，0.20.x 最后演化成 1.0.x，变成了稳定版，而 0.21.x 和 0.22.x 增加了 HDFS HA 等重要的新特性。第二代 Hadoop 包含 0.23.x 和 2.x 两大版本，它们完全不同于 Hadoop 1.0，是一套全新的架构，均包含 HDFS Federation 和 YARN(Yet Another Resource Negotiator) 两个系统。Hadoop 2.0 是基于 JDK 1.7 开发的，而 JDK 1.7 在 2015 年 4 月已停止更新，于是 Hadoop 社区基于 JDK1.8 重新发布了一个新的 Hadoop 版本，也就是 Hadoop 3.0。因此，到了 Hadoop 3.0 以后，JDK 版本的最低依赖从 1.7 变成了 1.8。Hadoop 3.0 中引入了一些重要的功能和优化，包括 HDFS 可擦除编码、多名称节点支持、任务级别的 MapReduce 本地优化、基于 cgroup 的内存和磁盘 IO 隔离等。

除了免费开源的 Apache Hadoop 以外，还有一些商业公司推出的 Hadoop 的发行版。2008 年，Cloudera 成为第一个 Hadoop 商业化公司，并在 2009 年推出第一个 Hadoop 发行版。此后，很多大公司也加入了使 Hadoop 产品化的行列，比如 MapR、Hortonworks、星环等。2018 年 10 月，Cloudera 和 Hortonworks 宣布合并。一般而言，商业化公司推出的 Hadoop 发行版也是以 Apache Hadoop 为基础，但是前者比后者具有更好的易用性、更多的功能以及更高的性能。

2.2　Hadoop 生态系统

经过多年的发展，Hadoop 生态系统不断完善和成熟，目前已经包含了多个子项目（见图 2-2）。除了核心的 HDFS 和 MapReduce 以外，Hadoop 生态系统还包括 ZooKeeper、HBase、Hive、Pig、

Mahout、Flume、Sqoop、Ambari 等功能组件。需要说明的是，Hadoop 2.0 中新增了一些重要的组件，即 HDFS HA 和分布式资源调度管理框架 YARN 等，但是为了循序渐进地理解 Hadoop，在这里暂时不讨论这些新特性，在系统学习完 MapReduce 相关内容后，在第 8 章中我们将会详细讨论从 Hadoop 1.0 到 Hadoop 2.0 的特性变化。

图 2-2　Hadoop 生态系统

2.2.1　HDFS

Hadoop 分布式文件系统是 Hadoop 项目的两大核心之一，是针对谷歌文件系统的开源实现。HDFS 具有处理超大数据、流式处理、可以运行在廉价商用服务器上等优点。HDFS 在设计之初就是要运行在廉价的大型服务器集群上，因此在设计上就把硬件故障作为一种常态来考虑，实现在部分硬件发生故障的情况下仍然能够保证文件系统的整体可用性和可靠性。HDFS 放宽了一部分可移植操作系统接口（Portable Operating System Interface，POSIX）约束，从而实现以流的形式访问文件系统中的数据。HDFS 在访问应用程序数据时，可以具有很高的吞吐率，因此对于超大数据集的应用程序而言，选择 HDFS 作为底层数据存储系统是较好的选择。

2.2.2　HBase

HBase 是一个提供高可靠性、高性能、可伸缩、实时读写、分布式的列式数据库，一般采用 HDFS 作为其底层数据存储系统。HBase 是针对谷歌 BigTable 的开源实现，二者都采用了相同的数据模型，具有强大的非结构化数据存储能力。HBase 与传统关系数据库的一个重要区别是，前者采用基于列的存储，后者采用基于行的存储。HBase 具有良好的横向扩展能力，可以通过不断增加廉价的商用服务器来提高存储能力。

2.2.3　MapReduce

Hadoop MapReduce 是针对谷歌 MapReduce 的开源实现。MapReduce 是一种编程模型，用于大规模数据集（大于 1 TB）的并行运算，它将复杂的、运行于大规模集群上的并行计算过程高度地抽象为两个函数——Map 和 Reduce，并且允许用户在不了解分布式系统底层细节的情况下开发并行应用程序，并将其运行于廉价的计算机集群上，完成海量数据的处理。通俗地说，MapReduce 的核心思想就是"分而治之"，它把输入的数据集切分为若干独立的数据块，分发给一个主节点管理下的各个分节点来共同并行完成；最后，通过整合各个节点的中间结果得到最终结果。

2.2.4　Hive

Hive 是一个基于 Hadoop 的数据仓库工具，可以用于对 Hadoop 文件中的数据集进行数据整理、特殊查询和分析存储。Hive 的学习门槛较低，因为它提供了类似于关系数据库 SQL 的查询语言——HiveQL，可以通过 HiveQL 语句快速实现简单的 MapReduce 任务，Hive 自身可以将 HiveQL 语句转换为 MapReduce 任务运行，而不必开发专门的 MapReduce 应用，因而十分适合数据仓库的统计分析。

2.2.5　Pig

Pig 是一种数据流语言和运行环境，适合于使用 Hadoop 和 MapReduce 平台来查询大型半结构化数据集。虽然编写 MapReduce 应用程序不是十分复杂，但毕竟也是需要一定的开发经验的。Pig 的出现大大简化了 Hadoop 常见的工作任务，它在 MapReduce 的基础上创建了更简单抽象的过程语言，为 Hadoop 应用程序提供了一种更加接近结构查询语言的接口。Pig 是一种相对简单的语言，它可以执行语句，因此当我们需要从大型数据集中搜索满足某个给定搜索条件的记录时，采用 Pig 要比 MapReduce 具有明显的优势，前者只需要编写一个简单的脚本在集群中自动并行处理与分发，后者则需要编写一个单独的 MapReduce 应用程序。

2.2.6　Mahout

Mahout 是 Apache 软件基金会旗下的一个开源项目，提供一些可扩展的机器学习领域经典算法的实现，旨在帮助开发人员更加方便快捷地创建智能应用程序。Mahout 包含许多实现，如聚类、分类、推荐过滤、频繁子项挖掘等。此外，通过使用 Apache Hadoop 库，Mahout 可以有效地扩展到云中。

2.2.7　ZooKeeper

ZooKeeper 是针对谷歌 Chubby 的一个开源实现，是高效和可靠的协同工作系统，提供分布式锁之类的基本服务（如统一命名服务、状态同步服务、集群管理、分布式应用配置项的管理等），用于构建分布式应用，减轻分布式应用程序所承担的协调任务。ZooKeeper 使用 Java 编写，很容易编程接入，它使用了一个和文件树结构相似的数据模型，可以使用 Java 或者 C 来进行编程接入。

2.2.8　Flume

Flume 是 Cloudera 提供的一个高可用的、高可靠的、分布式的海量日志采集、聚合和传输的系统。Flume 支持在日志系统中定制各类数据发送方，用于收集数据；同时，Flume 提供对数据进行简单处理并写到各种数据接收方的能力。

2.2.9　Sqoop

Sqoop 是 SQL-to-Hadoop 的缩写，主要用来在 Hadoop 和关系数据库之间交换数据，可以改进数据的互操作性。通过 Sqoop 可以方便地将数据从 MySQL、Oracle、PostgreSQL 等关系数据库中导入 Hadoop（可以导入 HDFS、HBase 或 Hive），或者将数据从 Hadoop 导出到关系数据库，使传统关系数据库和 Hadoop 之间的数据迁移变得非常方便。Sqoop 主要通过 Java 数据库连接（Java DataBase Connectivity，JDBC）和关系数据库进行交互，理论上，支持 JDBC 的关系数据库都可以使 Sqoop 和 Hadoop 进行数据交互。Sqoop 是专门为大数据集设计的，支持增量更新，可以将新记录添加到最近一次导出的数据源上，或者指定上次修改的时间戳。

2.2.10　Ambari

Apache Ambari 是一种基于 Web 的工具，支持 Apache Hadoop 集群的安装、部署、配置和管理。Ambari 目前已支持大多数 Hadoop 组件，包括 HDFS、MapReduce、Hive、Pig、HBase、ZooKeeper、Sqoop 等。

2.3　Hadoop 的安装与使用

在开始具体操作之前，首先需要选择一个合适的操作系统。尽管 Hadoop 本身可以运行在 Linux、Windows 以及其他一些类 UNIX 操作系统（如 FreeBSD、OpenBSD、Solaris 等）之上，但是 Hadoop 官方真正支持的操作系统只有 Linux。这就导致其他平台在运行 Hadoop 时，往往需要安装很多其他的包来提供一些 Linux 操作系统的功能，以配合 Hadoop 的执行。例如，Windows 操作系统在运行 Hadoop 时，需要安装 Cygwin 等软件。我们这里选择 Linux 作为平台，来演示在计算机上如何安装 Hadoop、运行程序并得到最终结果。当然，其他平台仍然可以作为开发平台使用。对于正在使用 Windows 操作系统的用户，可以通过在 Windows 操作系统中安装 Linux 虚拟机的方式完成实验。在 Linux 发行版本的选择上，我们倾向于使用企业级的、稳定的操作系统作为实验的系统环境，同时，考虑到易用性以及是否免费等方面的问题，我们排除了 openSUSE 和 Red Hat 等发行版，最终选择免费的 Ubuntu 桌面版作为推荐的操作系统，读者可以到网络上下载 Ubuntu 操作系统镜像文件（http://www.ubuntu.org.cn/download/desktop）进行安装。关于 Hadoop 上机实践的更多细节内容，可以参见本书官网（http://dblab.xmu.edu.cn/post/bigdata3/）的"教材配套大数据软件安装和编程实践指南"。

Hadoop 基本安装配置主要包括以下 6 个步骤。

（1）创建 Hadoop 用户。

（2）更新 apt 和安装 Vim 编辑器。

（3）安装 SSH 和配置 SSH 无密码登录。

（4）安装 Java 环境。

（5）安装单机 Hadoop。

（6）Hadoop 伪分布式安装。

下面将分别介绍每个步骤的具体实现方法，这里使用的操作系统是 Ubuntu 18.04（也可以使用 Ubuntu 16.04），Hadoop 版本为 3.1.3。

2.3.1　创建 Hadoop 用户

为了方便操作，这里需要在 Ubuntu 操作系统中创建一个名为"hadoop"的用户来运行程序。

这样可以使不同用户之间有明确的权限区别，同时，也可以使针对 Hadoop 用户的配置操作不影响其他用户的使用。实际上，对于一些大的软件（如 MySQL），我们在企业中也常为其单独创建一个用户。

创建用户的命令如下：

```
$sudo useradd -m hadoop -s /bin/bash
```

接着使用如下命令设置密码，为了方便记忆，可以把密码简单设置为"hadoop"，按提示输入两次密码：

```
$sudo passwd hadoop
```

然后为 hadoop 用户增加管理员权限，这样可以方便部署，避免一些比较棘手的权限问题：

```
$sudo adduser hadoop sudo
```

2.3.2　更新 apt 和安装 Vim 编辑器

用 hadoop 用户登录 Ubuntu 操作系统后，需要首先更新一下 apt，从而确保后续可以顺利安装一些软件。命令如下：

```
$sudo apt-get update
```

在 Ubuntu 操作系统中，可以使用 Vim 编辑器来创建文件和修改文件。执行如下命令安装 Vim 编辑器：

```
$sudo apt-get install vim
```

安装软件时若需要确认，在提示处输入 y 即可。

2.3.3　安装 SSH 和配置 SSH 无密码登录

对于 Hadoop 的伪分布式和完全分布式而言，Hadoop 名称节点（NameNode）需要启动集群中所有机器的 Hadoop 守护进程，这个过程可以通过 SSH 登录来实现。Hadoop 并没有提供 SSH 输入密码登录的形式，因此，为了能够顺利登录每台机器，需要将所有机器配置为名称节点可以无密码登录它们。

为了实现 SSH 无密码登录，需要在 Ubuntu 操作系统上安装 SSH 服务端和客户端。Ubuntu 操作系统默认已安装了 SSH 客户端，因此这里只需要安装 SSH 服务端，命令如下：

```
$sudo apt-get install openssh-server
```

安装以后，可以使用如下命令登录本机：

```
$ssh localhost
```

出现提示后，输入"yes"，并输入密码，就可以登录到本机了。但是，这样登录是需要每次都输入密码的，因此，我们需要配置成 SSH 无密码登录。

退出刚才的 SSH 登录，然后利用 ssh-keygen 生成密钥，并将密钥加入授权，具体命令如下：

```
$exit
$cd  ~/.ssh/
$ssh-keygen -t rsa
$cat ./id_rsa.pub >> ./authorized_keys
```

此时再用 ssh localhost 命令，无须输入密码就可以直接登录了。对于 Ubuntu 操作系统而言，到这里 SSH 就配置好了。

2.3.4　安装 Java 环境

由于 Hadoop 本身是使用 Java 编写的，因此，Hadoop 的开发和运行都需要 Java 的支持，对于 Hadoop 3.1.3 而言，其要求使用 JDK 1.8 或者更新的版本。

访问 Oracle 官网下载 JDK 1.8 安装包。这里假设下载得到的 JDK 安装文件为 jdk-8u162-linux-x64.tar.gz，并且保存在 Ubuntu 操作系统的 "/home/hadoop/Downloads/" 目录下。

执行如下命令创建 "/usr/lib/jvm" 目录来存放 JDK 文件：

```
$cd /usr/lib
$sudo mkdir jvm #创建/usr/lib/jvm目录来存放JDK文件
```

执行如下命令对安装文件进行解压缩：

```
$cd    ~ #进入hadoop用户的主目录
$cd Downloads
$sudo tar -zxvf ./jdk-8u162-linux-x64.tar.gz -C /usr/lib/jvm
```

下面继续执行如下命令，设置环境变量：

```
$vim   ~/.bashrc
```

上面命令使用 Vim 编辑器打开了 "hadoop" 这个用户的环境变量配置文件，请在这个文件的开头位置，添加如下几行内容：

```
export JAVA_HOME=/usr/lib/jvm/jdk1.8.0_162
export JRE_HOME=${JAVA_HOME}/jre
export CLASSPATH=.:${JAVA_HOME}/lib:${JRE_HOME}/lib
export PATH=${JAVA_HOME}/bin:$PATH
```

保存.bashrc 文件并退出 Vim 编辑器。然后，继续执行如下命令让.bashrc 文件的配置立即生效：

```
$source   ~/.bashrc
```

这时，可以使用如下命令查看是否安装成功：

```
$java -version
```

如果屏幕上能显示如下返回信息，则说明安装成功：

```
java version "1.8.0_162"
Java(TM) SE Runtime Environment (build 1.8.0_162-b12)
Java HotSpot(TM) 64-Bit Server VM (build 25.162-b12, mixed mode)
```

2.3.5　安装单机 Hadoop

在采用单机模式时，Hadoop 只在一台机器上运行，存储采用本地文件系统，没有采用分布式文件系统 HDFS。这里使用的 Hadoop 版本为 3.1.3，下载地址为 http://hadoop.apache.org/releases.html#Download，在页面中选择 hadoop-3.1.3.tar.gz 进行下载即可。这里假设安装文件被保存到了 Ubuntu 操作系统的 "~/Downloads" 目录下，可以执行如下命令进行安装：

```
$sudo tar -zxf   ~/Downloads/hadoop-3.1.3.tar.gz -C /usr/local
$cd /usr/local/
```

```
$sudo mv ./hadoop-3.1.3/ ./hadoop        # 将目录名称修改为 hadoop
$sudo chown -R hadoop ./hadoop           # 修改目录权限
```

然后，可以运行如下命令查看 Hadoop 的版本信息：

```
$./bin/hadoop version
```

此时，屏幕上会显示如下提示信息：

```
Hadoop 3.1.3
......
This command was run using /usr/local/hadoop/share/hadoop/common/hadoop-common-
3.1.3.jar
```

Hadoop 文档中还附带了一些例子供我们测试，现在可以运行 Grep 实例来检测一下 Hadoop 是否安装成功。

首先，在 Hadoop 安装目录下新建 input 目录，用来存放输入数据，命令如下：

```
$cd /usr/local/hadoop
$mkdir input
```

然后，将"/usr/local/hadoop/etc/hadoop"目录下的配置文件复制到 input 目录，命令如下：

```
$cp ./etc/hadoop/*.xml ./input
```

接下来，执行如下代码运行 Grep 实例：

```
$./bin/hadoop jar /usr/local/hadoop/share/hadoop/mapreduce/hadoop-mapreduce-examples-
3.1.3.jar grep ./input ./output 'dfs[a-z.]+'
```

最后，可以执行以下命令查看输出数据：

```
$cat ./output/*
```

运行上面命令后，可以得到以下结果：

```
1       dfsadmin
1       dfs.replication
1       dfs.namenode.name.dir
1       dfs.datanode.data.dir
```

2.3.6　Hadoop 伪分布式安装

在分布式安装时，Hadoop 存储采用分布式文件系统 HDFS，而且，HDFS 的名称节点和数据节点位于集群的不同机器上。伪分布式安装是指在一台机器上模拟一个小的集群，但是集群中只有一个节点。在采用伪分布式模式时，Hadoop 的存储采用分布式文件系统 HDFS，但是，HDFS 的名称节点和数据节点都在同一台机器上。需要说明的是，在一台机器上也是可以实现完全分布式安装的（而不是伪分布式）。只要在一台机器上安装多个 Linux 虚拟机，使每个 Linux 虚拟机成为一个节点，就可以实现 Hadoop 的完全分布式安装。这里只介绍伪分布式安装，完全分布式安装方法可以参考本书官网的"教材配套大数据软件安装和编程实践指南"。

当 Hadoop 应用于集群时，不论是伪分布式还是真正的分布式运行，都需要通过配置文件对各组件的协同工作进行设置。对于伪分布式配置，我们需要修改 core-site.xml 和 hdfs-site.xml 这两个文件。

修改后的 core-site.xml 文件的内容如下：

```
<configuration>
    <property>
```

```
        <name>hadoop.tmp.dir</name>
        <value>file:/usr/local/hadoop/tmp</value>
        <description>Abase for other temporary directories.</description>
    </property>
    <property>
        <name>fs.defaultFS</name>
        <value>hdfs://localhost:9000</value>
    </property>
</configuration>
```

可以看出，core-site.xml 配置文件的格式十分简单，<name>标签代表了配置项的名字，<value>标签设置的是配置的值。对于 core-site.xml 文件，我们只需要在其中指定 HDFS 的地址和端口号。端口号按照官方文档设置为 9000 即可。

修改后的 hdfs-site.xml 文件的内容如下：

```
<configuration>
    <property>
        <name>dfs.replication</name>
        <value>1</value>
    </property>
    <property>
        <name>dfs.namenode.name.dir</name>
        <value>file:/usr/local/hadoop/tmp/dfs/name</value>
    </property>
    <property>
        <name>dfs.datanode.data.dir</name>
        <value>file:/usr/local/hadoop/tmp/dfs/data</value>
    </property>
</configuration>
```

对于 hdfs-site.xml 文件，这里设置 replication 值为 1，这也是 Hadoop 运行的默认最小值，它限制了 HDFS 中同一份数据的副本数量。由于这里采用伪分布式，集群中只有一个节点，因此副本数量 replication 的值也只能设置为 1。

在配置完成后，首先需要初始化文件系统，由于 Hadoop 的很多工作是在自带的 HDFS 上完成的，因此，需要将文件系统初始化之后才能进一步执行计算任务。执行初始化的命令如下：

```
$cd /usr/local/hadoop
$./bin/hdfs namenode -format
```

执行结果如下：

```
2020-01-08 15:31:31,560 INFO namenode.NameNode: STARTUP_MSG:
/************************************************************

STARTUP_MSG: Starting NameNode
STARTUP_MSG:   host = hadoop/127.0.1.1
STARTUP_MSG:   args = [-format]
STARTUP_MSG:   version = 3.1.3
************************************************************/
......
2020-01-08 15:31:35,677 INFO common.Storage: Storage directory /usr/local/hadoop/tmp/
dfs/name has been successfully formatted.
......
/************************************************************
```

```
SHUTDOWN_MSG: Shutting down NameNode at hadoop/127.0.1.1
*****************************************************************/
```

文件系统初始化成功以后，可以用如下命令启动 HDFS：

```
$cd /usr/local/hadoop
$./sbin/start-dfs.sh
```

根据启动过程中屏幕上出现的提示信息可以知道，启动过程的所有启动信息都写入了对应的日志文件。如果出现启动错误，则可以在日志中查看错误原因。

启动之后，可以输入 jps 指令查看所有的 Java 进程。如果 HDFS 启动成功，可以得到如下类似结果：

```
$jps
8885 jps
8072 NameNode
8412 SecondaryNameNode
8223 DataNode
```

此时，可以访问 Web 页面（http://localhost:9870）来查看 Hadoop 的信息。

接下来，执行如下命令，在 HDFS 中创建 hadoop 用户的用户目录：

```
$cd /usr/local/hadoop
$./bin/hdfs dfs -mkdir -p /user/hadoop
```

然后，在 HDFS 的"/user/hadoop"目录下创建 input 目录，命令如下：

```
$./bin/hdfs dfs -mkdir input
```

现在，需要将"/usr/local/hadoop/etc/hadoop"目录下的本地文本文件（配置文件）"上传"到分布式文件系统 HDFS 中的"/user/hadoop/input"目录下。当然，这里的"上传"并不意味着数据通过网络传输。实际上，在伪分布式 Hadoop 环境下，本地的"/usr/local/hadoop/etc/hadoop"目录和 HDFS 中的"/user/hadoop/input"目录都在同一台机器上，并不需要通过网络传输数据。可以执行如下命令实现文件"上传"：

```
$./bin/hdfs dfs -put ./etc/hadoop/*.xml input
```

接着，运行如下命令来执行测试样例程序 Grep：

```
$./bin/hadoop jar /usr/local/hadoop/share/hadoop/mapreduce/hadoop-mapreduce-examples-
3.1.3.jar grep input output 'dfs[a-z.]+'
```

在计算完成后，系统会自动在 HDFS 中生成"/user/hadoop/output"目录来存储计算结果。可以输入如下命令查看最终结果：

```
$./bin/hdfs dfs -cat output/*
```

运行上面命令后，可以得到以下结果：

```
1    dfsadmin
1    dfs.replication
1    dfs.namenode.name.dir
1    dfs.datanode.data.dir
```

最后需要指出的是，当需要重新运行程序时，首先应将 HDFS 中的 output 目录删除，然后运行程序。删除 output 目录的命令如下：

```
$./bin/hdfs dfs -rm -r output
```

需要停止运行 HDFS 时，可以执行如下命令：

```
$cd /usr/local/hadoop
$./sbin/stop-dfs.sh
```

2.4 本章小结

Hadoop 被视为事实上的大数据处理标准，本章介绍了 Hadoop 的发展历程，并阐述了 Hadoop 的高可靠性、高效性、高可扩展性、高容错性、成本低、运行在 Linux 操作系统上、支持多种编程语言等特性。

Hadoop 目前已经在各个领域得到了广泛的应用，如雅虎、百度、淘宝、网易等公司都建立了自己的 Hadoop 集群。

经过多年发展，Hadoop 生态系统已经变得非常成熟和完善，包括 ZooKeeper、HDFS、HBase、MapReduce、Hive、Pig 等子项目，其中 HDFS 和 MapReduce 是 Hadoop 的两大核心组件。

本章最后介绍了如何在 Linux 操作系统下完成 Hadoop 的安装和使用，该部分是后续实践环节的基础。

2.5 习题

1. 试述 Hadoop 和谷歌的 MapReduce、GFS 等技术之间的关系。
2. 试述 Hadoop 具有哪些特性。
3. 试述 Hadoop 在各个领域的应用情况。
4. 试述 Hadoop 生态系统以及每个部分的具体功能。
5. 配置 Hadoop 时，Java 的路径 JAVA_HOME 是在哪一个配置文件中进行设置的？
6. 所有节点的 HDFS 路径是通过 fs.default.name 来设置的，请问它是在哪个配置文件中设置的？
7. 试列举单机模式和伪分布模式的异同点。
8. Hadoop 伪分布式运行启动后所具有的进程都有哪些？
9. 如果具备集群实验条件，请尝试按照 Hadoop 官方文档搭建全分布式的 Hadoop 集群环境。

实验 1 熟悉常用的 Linux 操作和 Hadoop 操作

一、实验目的

（1）掌握 Linux 虚拟机的安装方法。Hadoop 在 Linux 操作系统上运行可以发挥最佳性能。鉴于目前很多读者正在使用 Windows 操作系统，因此，为了完成本书的后续实验，这里有必要通过本实验让读者掌握在 Windows 操作系统上搭建 Linux 虚拟机的方法。

（2）掌握一些常用的 Linux 命令。本书中的所有实验都在 Linux 操作系统中完成，因此，需要读者熟悉一些常用的 Linux 命令。

（3）掌握 Hadoop 的伪分布式安装方法。很多读者并不具备集群环境，而 Hadoop 操作需要在一台机器上模拟一个小的集群，因此，需要通过本实验让读者掌握在单机上进行 Hadoop 的伪分布式安装方法。

（4）掌握 Hadoop 的常用操作。熟悉使用一些基本的 Shell 命令对 Hadoop 进行操作，包括创建目录、复制文件、查看文件等。

二、实验平台

- 操作系统：Windows 操作系统或者 Ubuntu 操作系统（推荐）。
- 虚拟机软件：推荐使用的开源虚拟机软件为 VirtualBox。VirtualBox 是一款功能强大的免费虚拟机软件，不仅具有鲜明的特色、优异的性能，而且简单易用，可虚拟的操作系统包括 Windows、macOS、Linux、OpenBSD、Solaris、IBM OS2，甚至 Android 4.0 操作系统等。读者可以在 Windows 操作系统上安装 VirtualBox 软件，然后在 VirtualBox 上安装并且运行 Linux 操作系统。本次实验默认的 Linux 发行版为 Ubuntu 18.04（或 Ubuntu 16.04）。
- Hadoop 版本：3.1.3。

三、实验内容和要求

1. 安装 Linux 虚拟机

如果读者正在使用 Linux 操作系统，可以跳过本步，不需要下载相关软件，也不需要安装 Linux 虚拟机；如果读者正在使用 Windows 操作系统，则需要在 Windows 操作系统上安装 Linux 虚拟机，这里就需要下载 VirtualBox 软件和 Ubuntu 18.04（或 Ubuntu 16.04）镜像文件。

VirtualBox 软件的下载地址：https://www.virtualbox.org/wiki/Downloads。

Ubuntu 18.04 的镜像文件下载地址：https://ubuntu.com/download/desktop。

Ubuntu 16.04 的镜像文件下载地址：https://www.ubuntu.org.cn/download/ubuntu-kylin。

首先，在 Windows 系统上安装虚拟机软件 VirtualBox；其次，在虚拟机软件 VirtualBox 上安装 Ubuntu 18.04（或 Ubuntu 16.04）操作系统。具体安装方法，可以参考网络资料，也可以参考本书官网（http://dblab.xmu.edu.cn/post/bigdata3/）的"教材配套大数据软件安装和编程实践指南"栏目。

2. 熟悉常用的 Linux 命令

（1）cd 命令：切换目录。

① 切换到目录"/usr/local"。

② 切换到当前目录的上一级目录。

③ 切换到当前登录 Linux 操作系统的用户的自己的主文件夹。

（2）ls 命令：查看文件与目录。

查看目录"/usr"下的所有文件和目录。

（3）mkdir 命令：新建目录。

① 进入"/tmp"目录，创建一个名为"a"的目录，并查看"/tmp"目录下已经存在哪些目录。

② 进入"/tmp"目录，创建目录"a1/a2/a3/a4"。

（4）rmdir 命令：删除空的目录。

① 将上面创建的目录 a（在"/tmp"目录下面）删除。

② 删除上面创建的目录"a1/a2/a3/a4"（在"/tmp"目录下面），然后查看"/tmp"目录下面

存在哪些目录。

（5）cp 命令：复制文件或目录。

① 将当前用户的主文件夹下的文件.bashrc 复制到目录 "/usr" 下，并重命名为 bashrc1。

② 在目录 "/tmp" 下新建目录 test，再把这个目录复制到 "/usr" 目录下。

（6）mv 命令：移动文件与目录，或更名。

① 将 "/usr" 目录下的文件 bashrc1 移动到 "/usr/test" 目录下。

② 将 "/usr" 目录下的 test 目录重命名为 test2。

（7）rm 命令：移除文件或目录。

① 将 "/usr/test2" 目录下的 bashrc1 文件删除。

② 将 "/usr" 目录下的 test2 目录删除。

（8）cat 命令：查看文件内容。

查看当前用户主文件夹下的.bashrc 文件内容。

（9）tac 命令：反向查看文件内容。

反向查看当前用户主文件夹下的.bashrc 文件的内容。

（10）more 命令：一页一页翻动查看。

翻页查看当前用户主文件夹下的.bashrc 文件的内容。

（11）head 命令：取出前面几行。

① 查看当前用户主文件夹下.bashrc 文件内容前 20 行。

② 查看当前用户主文件夹下.bashrc 文件内容，后面 50 行不显示，只显示前面几行。

（12）tail 命令：取出后面几行。

① 查看当前用户主文件夹下.bashrc 文件内容最后 20 行。

② 查看当前用户主文件夹下.bashrc 文件内容，并且只列出 50 行以后的数据。

（13）touch 命令：修改文件时间或创建新文件。

① 在 "/tmp" 目录下创建一个空文件 hello，并查看文件时间。

② 修改 hello 文件，将文件时间修改为 5 天前。

（14）chown 命令：修改文件所有者权限。

将 hello 文件所有者改为 root，并查看属性。

（15）find 命令：文件查找。

找出主文件夹下文件名为.bashrc 的文件。

（16）tar 命令：压缩命令。

① 在根目录 "/" 下新建文件夹 test，然后在根目录 "/" 下打包成 test.tar.gz。

② 把上面的 test.tar.gz 压缩包，解压缩到 "/tmp" 目录。

（17）grep 命令：查找字符串。

从 "～/.bashrc" 文件中查找字符串'examples'。

（18）配置环境变量。

① 请在 "～/.bashrc" 中设置，配置 Java 环境变量。

② 查看 JAVA_HOME 变量的值。

3. 进行 Hadoop 伪分布式安装

访问 Hadoop 官网（https://hadoop.apache.org/），下载 Hadoop 安装文件 hadoop-3.1.3.tar.gz。在 Linux 虚拟机环境下完成 Hadoop 伪分布式环境的搭建，并运行 Hadoop 自带的 WordCount 实例检

测是否运行正常。具体安装方法可以参考网络资料，也可以参考本书官网的"教材配套大数据软件安装和编程实践指南"。

4．熟悉常用的 Hadoop 操作

（1）使用 Hadoop 用户登录 Linux 操作系统，启动 Hadoop（Hadoop 的安装目录为"/usr/local/hadoop"），为 Hadoop 用户在 HDFS 中创建用户目录"/user/hadoop"。

（2）接着在 HDFS 的目录"/user/hadoop"下，创建 test 文件夹，并查看文件列表。

（3）将 Linux 操作系统本地的"～/.bashrc"文件上传到 HDFS 的 test 文件夹中，并查看 test。

（4）将 HDFS test 文件夹复制到 Linux 操作系统本地文件系统的"/usr/local/hadoop"目录下。

四、实验报告

"大数据技术原理与应用"课程实验报告

题目：		姓名：		日期：

实验环境：

实验内容与完成情况：

出现的问题：

解决方案（列出遇到的问题和解决办法，列出没有解决的问题）：

第二篇
大数据存储与管理

本篇内容

本篇介绍大数据存储与管理相关技术的概念与原理，包括 Hadoop 分布式文件系统（HDFS）、分布式数据库（HBase）、NoSQL 数据库和云数据库。HDFS 提供了在廉价服务器集群中进行大规模分布式文件存储的能力。HBase 是一个高可靠、高性能、面向列、可伸缩的分布式数据库，主要用来存储非结构化和半结构化的松散数据。NoSQL 数据库可以支持超大规模数据存储，灵活的数据模型可以很好地支持 Web 2.0 应用，具有强大的横向扩展能力，可以有效弥补传统关系数据库的不足。云数据库是部署在云计算环境中的虚拟化数据库，可以将用户从烦琐的数据库硬件定制中解放出来，同时让用户拥有强大的数据库扩展能力，满足不同类型用户的数据存储需求。需要特别指出的是，虽然云数据库在概念上更偏向于云计算的范畴，但是云计算和大数据是密不可分的两种技术，不能割裂看待，而且了解云数据库有助于拓展对大数据存储和管理方式的认识，因此本篇内容介绍了云数据库的概念和相关产品。

本篇包括 4 章。第 3 章介绍分布式文件系统 HDFS，第 4 章介绍分布式数据库 HBase，第 5 章介绍 NoSQL 数据库，第 6 章介绍云数据库。

知识地图

重点与难点

重点为掌握分布式文件系统和分布式数据库的实现原理和应用方法。难点为理解 HDFS 的存储原理、HBase 的实现原理与运行机制。

第 3 章
分布式文件系统 HDFS

大数据时代必须解决海量数据的高效存储问题，为此，谷歌公司开发了分布式文件系统，通过网络实现文件在多台机器上的分布式存储，较好地满足了大规模数据存储的需求。Hadoop 分布式文件系统是针对 GFS 的开源实现，它是 Hadoop 两大核心组成部分之一，提供了在廉价服务器集群中进行大规模分布式文件存储的能力。HDFS 具有很好的容错能力，并且兼容廉价的硬件设备，因此可以以较低的成本利用现有机器实现大流量和大数据量的读写。

本章首先介绍分布式文件系统的基本概念、结构和设计需求，然后介绍 HDFS，详细阐述它的重要概念、体系结构、存储原理和读写过程，最后介绍一些 HDFS 编程实践方面的知识。

3.1　分布式文件系统

相对于传统的本地文件系统而言，分布式文件系统（Distributed File System）是一种通过网络实现文件在多台主机上进行分布式存储的文件系统。分布式文件系统的设计一般采用“客户机/服务器”（Client/Server）模式，客户端以特定的通信协议通过网络与服务器建立连接，提出文件访问请求，客户端和服务器可以通过设置访问权来限制请求方对底层数据存储块的访问。

目前，已得到广泛应用的分布式文件系统主要包括 GFS 和 HDFS 等，后者是针对前者的开源实现。

3.1.1　计算机集群结构

普通的文件系统只需要单个计算机节点就可以完成文件的存储和处理，单个计算机节点由处理器、内存、高速缓存和本地磁盘构成。

分布式文件系统把文件分布存储到多个计算机节点上，成千上万的计算机节点构成计算机集群。与之前使用多个处理器和专用高级硬件的并行化处理装置不同的是，目前的分布式文件系统所采用的计算机集群都是由普通硬件构成的，这就大大降低了硬件上的开销。

计算机集群的基本架构如图 3-1 所示。集群中的计算机节点存放在机架（Rack）上，每个机架可以存放 8~64 个节点，同一机架上的不同节点之间通过网络互连（常采用吉比特以太网），多个不同机架之间采用另一级网络或交换机互连。

图 3-1　计算机集群的基本架构

3.1.2　分布式文件系统的结构

在我们所熟悉的 Windows、Linux 等操作系统中，文件系统一般会把磁盘空间划分为每 512Byte 一组，称为"磁盘块"，它是文件系统进行读写操作的最小单位，文件系统的块（Block）通常是磁盘块的整数倍，即每次读写的数据量必须是磁盘块大小的整数倍。

与普通文件系统类似，分布式文件系统也采用了块的概念，文件被分成若干个块进行存储，块是数据读写的基本单元，只不过分布式文件系统的块要比操作系统中的块大很多。比如 HDFS 默认的一个块的大小是 64 MB。与普通文件不同的是，在分布式文件系统中，如果一个文件小于一个数据块的大小，它并不占用整个数据块的存储空间。

分布式文件系统在物理结构上是由计算机集群中的多个节点构成的，如图 3-2 所示。这些节点分为两类：一类叫"主节点"（Master Node），或者被称为"名称节点"（NameNode）；另一类叫"从节点"（Slave Node），或者被称为"数据节点"（DataNode）。名称节点负责文件和目录的创建、删除和重命名等，同时管理着数据节点和文件块的映射关系，因此客户端只有访问名称节点才能找到请求的文件块所在的位置，进而到相应位置读取所需文件块。数据节点负责数据的存储和读取，在存储时，由名称节点分配存储位置，然后由客户端把数据直接写入相应数据节点；在读取时，客户端从名称节点获得数据节点和文件块的映射关系，然后就可以到相应位置访问文件块。数据节点也要根据名称节点的命令创建、删除和复制数据块。

图 3-2　分布式文件系统的物理结构

计算机集群中的节点可能发生故障，因此为了保证数据的完整性，分布式文件系统通常采用多副本存储。文件块会被复制为多个副本，存储在不同的节点上，而且存储同一文件块的不同副本的各个节点会分布在不同的机架上。这样，在单个节点出现故障时，就可以快速调用副本重启单个节点上的计算过程，而不用重启整个计算过程，整个机架出现故障时也不会丢失所有文件块。文件块的大小和副本个数通常可以由用户指定。

分布式文件系统是针对大规模数据存储而设计的，主要用于处理大规模文件，如 TB 级文件。处理规模过小的文件不仅无法充分发挥其优势，而且会严重影响系统的扩展和性能。

3.1.3　分布式文件系统的设计需求

分布式文件系统的设计需求主要包括透明性、并发控制、文件复制、硬件和操作系统的异构性、可伸缩性、容错以及安全需求等。但是，在具体实现中，不同产品实现的级别和方式都有所不同。表 3-1 给出了分布式文件系统的设计需求、具体含义，以及 HDFS 对这些指标的实现情况。

表 3-1　　分布式文件系统的设计需求、具体含义，以及 HDFS 对这些指标的实现情况

设计需求	具体含义	HDFS 的实现情况
透明性	具备访问透明性、位置透明性、性能和伸缩透明性。访问透明性是指用户不需要专门区分哪些是本地文件，哪些是远程文件，用户能够通过相同的操作来访问本地文件和远程文件资源。位置透明性是指在不改变路径名的前提下，不管文件副本数量和实际存储位置发生何种变化，对用户而言都是透明的，用户不会感受到这种变化，只需要使用相同的路径名就始终可以访问同一个文件。性能和伸缩透明性是指系统中节点的增加或减少以及性能的变化对用户而言是透明的，用户感受不到什么时候一个节点加入或退出了	只能提供一定程度的访问透明性，完全支持位置透明性、性能和伸缩透明性
并发控制	客户端对文件的读写不应该影响其他客户端对同一个文件的读写	机制非常简单，任何时间都只允许有一个程序写入某个文件
文件复制	一个文件可以拥有在不同位置的多个副本	HDFS 采用了多副本机制
硬件和操作系统的异构性	可以在不同的操作系统和计算机上实现同样的客户端和服务器端程序	采用 Java 语言开发，具有很好的跨平台能力
可伸缩性	支持节点的动态加入或退出	建立在大规模廉价机器上的分布式文件系统集群，具有很好的可伸缩性
容错	保证文件服务在客户端或者服务端出现问题的时候能正常使用	具有多副本机制和故障自动检测、恢复机制
安全	保障系统的安全性	安全性较弱

3.2　HDFS 简介

HDFS 开源实现了 GFS 的基本思想。HDFS 原来是 Apache Nutch 搜索引擎的一部分，后来独立出来作为一个 Apache 子项目，并和 MapReduce 一起成为 Hadoop 的核心组成部分。HDFS 支持

流数据读取和处理超大规模文件，并能够运行在由廉价的普通机器组成的集群上，这主要得益于 HDFS 在设计之初就充分考虑了实际应用环境的特点，那就是，硬件出错在普通服务器集群中是一种常态，而不是异常。因此，HDFS 在设计上采取了多种机制保证在硬件出错的环境中实现数据的完整性。总体而言，HDFS 要实现以下目标。

- 兼容廉价的硬件设备。在成百上千台廉价服务器中存储数据，常会出现节点失效的情况，因此 HDFS 设计了快速检测硬件故障和进行自动恢复的机制，可以实现持续监视、错误检查、容错处理和自动恢复，从而在硬件出错的情况下也能实现数据的完整性。

- 流数据读写。普通文件系统主要用于随机读写以及与用户进行交互，HDFS 则是为了满足批量数据处理的要求而设计的，因此为了提高数据吞吐率，HDFS 放松了一些 POSIX 的要求，从而能够以流式方式来访问文件系统数据。

- 大数据集。HDFS 中的文件通常可以达到 GB 甚至 TB 级别，一个数百台机器组成的集群可以支持千万级别这样的文件。

- 简单的文件模型。HDFS 采用了"一次写入、多次读取"的简单文件模型，文件一旦完成写入，关闭后就无法再次写入，只能被读取。

- 强大的跨平台兼容性。HDFS 是采用 Java 语言实现的，具有很好的跨平台兼容性，支持 Java 虚拟机（Java Virtual Machine，JVM）的机器都可以运行 HDFS。

HDFS 特殊的设计，在实现上述优良特性的同时，也使自身具有一些应用局限性，主要包括以下几个方面。

- 不适合低延迟数据访问。HDFS 主要是面向大规模数据批量处理而设计的，采用流式数据读取，具有很高的数据吞吐率，但是，这也意味着较高的延迟。因此，HDFS 不适合用在需要较低延迟（如数十毫秒）的应用场合。对于低延时要求的应用程序而言，HBase 是一个更好的选择。

- 无法高效存储大量小文件。小文件是指文件大小小于一个块的文件。HDFS 无法高效存储和处理大量小文件，过多小文件会给系统扩展性和性能带来诸多问题。首先，HDFS 采用名称节点来管理文件系统的元数据，这些元数据被保存在内存中，从而使客户端可以快速获取文件实际存储位置。通常，每个文件、目录和块大约占 150Byte，如果有 1000 万个文件，每个文件对应一个块，那么，名称节点至少要消耗 3 GB 的内存来保存这些元数据信息。很显然，这时元数据检索的效率就比较低了，需要花费较多的时间找到一个文件的实际存储位置。而且，如果继续扩展到数十亿个文件，名称节点保存元数据所需要的内存空间就会大大增加，以现有的硬件水平，是无法在内存中保存如此大量的元数据的。其次，用 MapReduce 处理大量小文件时，会产生过多的 Map 任务，进程管理开销会大大增加，因此处理大量小文件的速度远远低于处理同等规模的大文件的速度。再次，访问大量小文件的速度远远低于访问几个大文件的速度，因为访问大量小文件，需要不断从一个数据节点跳到另一个数据节点，严重影响性能。

- 不支持多用户写入及任意修改文件。HDFS 只允许一个文件有一个写入者，不允许多个用户对同一个文件执行写操作，而且只允许对文件执行追加操作，不能执行随机写操作。

3.3　HDFS 的相关概念

本节介绍 HDFS 中的相关概念，包括块、名称节点和数据节点、第二名称节点。

3.3.1 块

在传统的文件系统中，为了提高磁盘读写效率，一般以数据块为单位，而不是以字节为单位。比如机械式硬盘（磁盘的一种）包含了磁头和转动部件，在读取数据时有一个寻道的过程，通过转动盘片和移动磁头的位置，找到数据在机械式硬盘中的存储位置，才能进行读写。在 I/O 开销中，机械式硬盘的寻址时间是最耗时的部分，一旦找到第一条记录，剩下的顺序读取效率是非常高的。因此，以块为单位读写数据，可以把磁盘寻道时间分摊到大量数据中。

HDFS 也同样采用了块的概念，默认的一个块大小是 64 MB。在 HDFS 中的文件会被拆分成多个块，每个块作为独立的单元进行存储。我们所熟悉的普通文件系统的块一般只有几千字节，可以看出，HDFS 在块的大小的设计上明显要大于普通文件系统。HDFS 这么做，是为了最小化寻址开销。HDFS 寻址开销不仅包括磁盘寻道开销，还包括数据块的定位开销。当客户端需要访问一个文件时，首先从名称节点获得组成这个文件的数据块的位置列表，然后根据位置列表获取实际存储各个数据块的数据节点的位置，最后数据节点根据数据块信息在本地 Linux 文件系统中找到对应的文件，并把数据返回给客户端。设计一个比较大的块，可以把上述寻址开销分摊到较多的数据中，降低了单位数据的寻址开销。因此，HDFS 在文件块大小设置上要远远大于普通文件系统，以期在处理大规模文件时能够获得更好的性能。当然，块的大小也不宜设置过大，因为通常 MapReduce 中的 Map 任务一次只处理一个块中的数据，如果启动的任务太少，就会降低作业并行处理速度。

HDFS 采用抽象的块概念可以带来以下几个明显的好处。

- 支持大规模文件存储。文件以块为单位进行存储，一个大规模文件可以被拆分成若干个文件块，不同的文件块可以被分发到不同的节点上，因此一个文件的大小不会受到单个节点的存储容量的限制，可以远远大于网络中任意节点的存储容量。

- 简化系统设计。首先，HDFS 采用块概念大大简化了存储管理，因为文件块大小是固定的，这样就可以很容易计算出一个节点可以存储多少文件块；其次，这方便了元数据的管理，元数据不需要和文件块一起存储，可以由其他系统负责管理元数据。

- 适合数据备份。每个文件块都可以冗余存储到多个节点上，大大提高了系统的容错性和可用性。

3.3.2 名称节点和数据节点

在 HDFS 中，名称节点负责管理分布式文件系统的命名空间（Namespace），保存了两个核心的数据结构（见图 3-3），即 FsImage 和 EditLog。FsImage 用于维护文件系统树以及文件树中所有的文件和文件夹的元数据，操作日志文件 EditLog 中记录了所有针对文件的创建、删除、重命名等操作。名称节点记录了每个文件中各个块所在的数据节点的位置信息，但是并不持久化地存储这些信息，而是在系统每次启动时扫描所有数据节点并重构，得到这些信息。

名称节点在启动时，会将 FsImage 的内容加载到内存当中，然后执行 EditLog 文件中的各项操作，使内存中的元数据保持最新。这个操作完成以后，就会创建一个新的 FsImage 文件和一个空的 EditLog 文件。名称节点启动成功并进入正常运行状态以后，HDFS 中的更新操作都会被写入 EditLog，而不是直接被写入 FsImage。这是因为对于分布式文件系统而言，FsImage 文件通常都很庞大（一般都是 GB 级别以上），如果所有的更新操作都直接在 FsImage 文件中进行，那么系统的运行速度会变得非常缓慢。相对而言，EditLog 通常都要远远小于 FsImage，更新操作写入

EditLog 是非常高效的。名称节点在启动的过程中处于"安全模式",只能对外提供读操作,无法提供写操作。启动过程结束后,系统就会退出安全模式,进入正常运行状态,对外提供读写操作。

图 3-3　名称节点的数据结构

数据节点(DataNode)是分布式文件系统 HDFS 的工作节点,负责数据的存储和读取,会根据客户端或者名称节点的调度来进行数据的存储和检索,并且向名称节点定期发送自己所存储的块的列表信息。每个数据节点中的数据会被保存在各自节点的本地 Linux 文件系统中。

3.3.3　第二名称节点

在名称节点运行期间,HDFS 会不断产生更新操作,这些更新操作直接被写入 EditLog 文件,因此 EditLog 文件也会逐渐变大。在名称节点运行期间,不断变大的 EditLog 文件通常对于系统性能不会产生显著影响,但是当名称节点重启时,需要将 FsImage 加载到内存中,然后逐条执行 EditLog 中的记录,使 FsImage 保持最新。可想而知,如果 EditLog 很大,就会导致整个过程变得非常缓慢,使名称节点在启动过程中长期处于"安全模式",无法正常对外提供写操作,影响用户的使用。

为了有效解决 EditLog 逐渐变大带来的问题,HDFS 在设计中采用了第二名称节点(Secondary NameNode)。第二名称节点是 HDFS 架构的一个重要组成部分,具有两个方面的功能:首先,它可以完成 EditLog 与 FsImage 的合并操作,减小 EditLog 文件大小,缩短名称节点重启时间;其次,它可以作为名称节点的"检查点",保存名称节点中的元数据信息。具体如下。

(1)EditLog 与 FsImage 的合并操作。每隔一段时间,第二名称节点会和名称节点通信,请求其停止使用 EditLog 文件(这里假设这个时刻为 t_1),如图 3-4 所示,暂时将新到达的写操作添加到一个新的文件 EditLog.new 中。然后,第二名称节点把名称节点中的 FsImage 文件和 EditLog 文件拉回本地,再加载到内存中;对二者执行合并操作,即在内存中逐条执行 EditLog 中的操作,使 FsImage 保持最新。合并结束后,第二名称节点会把合并后得到的最新的 FsImage.ckpt 文件发送到名称节点。名称节点收到后,会用最新的 FsImage.ckpt 文件去替换旧的 FsImage 文件,同时用 EditLog.new 文件去替换 EditLog 文件(这里假设这个时刻为 t_2),从而减小了 EditLog 文件的大小。

(2)作为名称节点的"检查点"。从上面的合并过程可以看出,第二名称节点会定期和名称节点通信,从名称节点获取 FsImage 文件和 EditLog 文件,执行合并操作得到新的 FsImage.ckpt 文件。从这个角度来讲,第二名称节点相当于为名称节点设置了一个"检查点",周期性地备份名称节点中的元数据信息,当名称节点发生故障时,就可以用第二名称节点中记录的元数据信息进行系统恢复。但是,在第二名称节点上合并操作得到的新的 FsImage 文件是合并操作发生时(即 t_1

时刻）HDFS 记录的元数据信息，并没有包含 t_1 时刻和 t_2 时刻期间发生的更新操作。如果名称节点在 t_1 时刻和 t_2 时刻期间发生故障，系统就会丢失部分元数据信息，在 HDFS 的设计中，也并不支持把系统直接切换到第二名称节点。因此从这个角度来讲，第二名称节点只是起到了名称节点的"检查点"作用，并不能起到"热备份"作用。即使有了第二名称节点的存在，当名称节点发生故障时，系统还是有可能会丢失部分元数据信息的。

图 3-4　第二名称节点工作过程示意

3.4　HDFS 体系结构

本节首先简要介绍 HDFS 的体系结构，然后介绍 HDFS 的命名空间管理、通信协议、客户端，最后指出 HDFS 体系结构的局限性。

3.4.1　概述

HDFS 采用了主从（Master/Slave）结构模型，一个 HDFS 集群包括一个名称节点和若干个数据节点（见图 3-5）。名称节点作为中心服务器，负责管理文件系统的命名空间及客户端对文件的访问。集群中的数据节点一般是一个节点运行一个数据节点进程，负责处理文件系统客户端的读/写请求，在名称节点的统一调度下进行数据块的创建、删除和复制等操作。每个数据节点的数据实际上是保存在本地 Linux 文件系统中的。每个数据节点会周期性地向名称节点发送"心跳"信息，报告自己的状态，没有按时发送心跳信息的数据节点会被标记为"死机"，不会再给它分配任何 I/O 请求。

图 3-5　HDFS 的体系结构

　　用户在使用 HDFS 时，仍然可以像在普通文件系统中那样，使用文件名去存储和访问文件。实际上，在系统内部，一个文件会被切分成若干个数据块，这些数据块被分布存储到若干个数据节点上。当客户端需要访问一个文件时，首先把文件名发送给名称节点，名称节点根据文件名找到对应的数据块（一个文件可能包括多个数据块），再根据每个数据块信息找到实际存储各个数据块的数据节点的位置，并把数据节点位置发送给客户端，最后客户端直接访问这些数据节点获取数据。在整个访问过程中，名称节点并不参与数据的传输。这种设计方式，使得一个文件的数据能够在不同的数据节点上实现并发访问，大大提高数据访问速度。

　　HDFS 采用 Java 语言开发，因此任何支持 JVM 的机器都可以部署名称节点和数据节点。在实际部署时，通常在集群中选择一台性能较好的机器作为名称节点，其他机器作为数据节点。当然，一台机器可以运行任意多个数据节点，甚至名称节点和数据节点也可以放在一台机器上运行，不过，很少在正式部署中采用这种模式。HDFS 集群中只有唯一一个名称节点，该节点负责所有元数据的管理，这种设计大大简化了分布式文件系统的结构，可以保证数据不会脱离名称节点的控制，同时，用户数据也永远不会经过名称节点，这大大减轻了中心服务器的负担，方便了数据管理。

3.4.2　HDFS 命名空间管理

　　HDFS 的命名空间包含目录、文件和块。命名空间管理是指命名空间支持对 HDFS 中的目录、文件和块做类似文件系统的创建、修改、删除等基本操作。在当前的 HDFS 体系结构中，整个 HDFS 集群只有一个命名空间，并且只有唯一一个名称节点，该节点负责对这个命名空间进行管理。

　　HDFS 使用的是传统的分级文件体系，因此用户可以像使用普通文件系统一样，创建、删除目录和文件，在目录间转移文件、重命名文件等。但是，HDFS 还没有实现磁盘配额和文件访问权限等功能，也不支持文件的硬连接和软连接（快捷方式）。

3.4.3　通信协议

　　HDFS 是一个部署在集群上的分布式文件系统，因此很多数据需要通过网络进行传输。所有的 HDFS 通信协议都是构建在 TCP/IP 基础之上的。客户端通过一个可配置的端口向名称节点主动发起 TCP 连接，并使用客户端协议与名称节点进行交互。名称节点和数据节点之间则使用数据节点协议进行交互。客户端与数据节点的交互通过远程过程调用（Remote Procedure Call，RPC）来实现。在设计上，名称节点不会主动发起 RPC，而是响应来自客户端和数据节点的 RPC 请求。

3.4.4　客户端

客户端是用户操作 HDFS 最常用的方式，HDFS 在部署时都提供了客户端。不过需要说明的是，严格来说，客户端并不算是 HDFS 的一部分。客户端可以支持打开、读取、写入等常见的操作，并且提供了类似 Shell 的命令行方式来访问 HDFS 中的数据（见 3.7.1 小节）。此外，HDFS 也提供了 Java API，作为应用程序访问文件系统的客户端编程接口（见 3.7.3 小节）。

3.4.5　HDFS 体系结构的局限性

HDFS 只设置唯一一个名称节点，这样做虽然大大简化了系统设计，但也带来了一些明显的局限性，具体如下。

（1）命名空间的限制。名称节点是保存在内存中的，因此名称节点能够容纳对象（文件、块）的个数会受到内存空间大小的限制。

（2）性能的瓶颈。整个分布式文件系统的吞吐量受限于单个名称节点的吞吐量。

（3）隔离问题。由于集群中只有一个名称节点，只有一个命名空间，因此无法对不同应用程序进行隔离。

（4）集群的可用性。一旦这个唯一的名称节点发生故障，会导致整个集群变得不可用。

3.5　HDFS 的存储原理

本节介绍 HDFS 的存储原理，包括数据的冗余存储、数据存取策略、数据错误与恢复。

3.5.1　数据的冗余存储

作为一个分布式文件系统，为了保证系统的容错性和可用性，HDFS 采用了多副本方式对数据进行冗余存储，通常一个数据块的多个副本会被分布到不同的数据节点上。如图 3-6 所示，数据块 1 被分别存放到数据节点 A 和 C 上，数据块 2 被存放在数据节点 A 和 B 上等。这种多副本方式具有以下 3 个优点。

图 3-6　HDFS 数据块多副本存储

（1）加快数据传输速度。当多个客户端需要同时访问同一个文件时，可以让各个客户端分别从不同的数据块副本中读取数据，这就大大加快了数据传输速度。

（2）容易检查数据错误。HDFS 的数据节点之间通过网络传输数据，采用多个副本可以很容易判断数据传输是否出错。

（3）保证数据的可靠性。即使某个数据节点出现故障失效，也不会造成数据丢失。

3.5.2　数据存取策略

数据存取策略包括数据存放、数据读取和数据复制等方面，它在很大程度上会影响到整个分布式文件系统的读写性能，是分布式文件系统的核心内容。

1. 数据存放

为了提高数据的可靠性与系统的可用性，以及充分利用网络带宽，HDFS 采用了以机架（Rack）为基础的数据存放策略。一个 HDFS 集群通常包含多个机架，不同机架之间的数据通信需要经过交换机或者路由器，同一个机架中不同机器之间的通信则不需要经过交换机和路由器，这意味着同一个机架中不同机器之间的通信要比不同机架之间机器的通信带宽大。

HDFS 默认每个数据节点都在不同的机架上，这种方法会存在一个缺点，那就是写入数据的时候不能充分利用同一机架内部机器之间的带宽。但是，与这个缺点相比，这种方法也带来了更多很显著的优点：首先，可以获得很高的数据可靠性，即使一个机架发生故障，位于其他机架上的数据副本仍然是可用的；其次，可以在多个机架上并行读取数据，大大提高数据读取速度；最后，可以更容易地实现系统内部负载均衡和错误处理。

HDFS 默认的冗余复制因子是 3，每一个文件块会被同时保存到 3 个地方，其中，有两个副本放在同一个机架的不同机器上面，第 3 个副本放在不同机架的机器上面，这样既可以保证机架发生异常时的数据恢复，也可以提高数据读写性能。一般而言，HDFS 副本的放置策略如下（见图 3-7）。

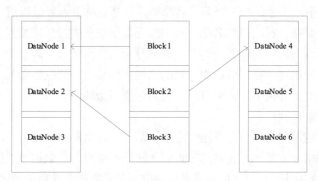

图 3-7　HDFS 副本的放置策略

（1）如果是在集群内发起写操作请求，则把第 1 个副本放置在发起写操作请求的数据节点上，实现就近写入数据。如果是在集群外发起写操作请求，则从集群内部挑选一台磁盘空间较为充足、CPU 不太忙的数据节点，作为第 1 个副本的存放地。

（2）第 2 个副本会被放置在与第 1 个副本不同的机架的数据节点上。

（3）第 3 个副本会被放置在与第 1 个副本相同的机架的其他节点上。

（4）如果还有更多的副本，则继续从集群中随机选择数据节点进行存放。

2. 数据读取

HDFS 提供了一个 API 可以确定一个数据节点所属的机架 ID，客户端也可以调用 API 获取自已所属的机架 ID。当客户端读取数据时，从名称节点获得数据块不同副本的存放位置列表，列表中包含了副本所在的数据节点，可以调用 API 来确定客户端和这些数据节点所属的机架 ID。当发现某个数据块副本对应的机架 ID 和客户端对应的机架 ID 相同时，就优先选择该副本读取数据，如果没有发现，就随机选择一个副本读取数据。

3．数据复制

HDFS 的数据复制采用了流水线复制的策略，大大提高了数据复制过程的效率。当客户端要往 HDFS 中写入一个文件时，这个文件会首先被写入本地，并被切分成若干个块，每个块的大小是由 HDFS 的设定值来决定的。每个块都向 HDFS 集群中的名称节点发起写请求，名称节点会根据系统中各个数据节点的使用情况，选择一个数据节点列表返回给客户端，然后客户端就把数据首先写入列表中的第 1 个数据节点，同时把列表传给第 1 个数据节点，当第 1 个数据节点接收到 4 KB 数据的时候，写入本地，并且向列表中的第 2 个数据节点发起连接请求，把自己已经接收到的 4 KB 数据和列表传给第 2 个数据节点。当第 2 个数据节点接收到 4 KB 数据的时候，写入本地，并且向列表中的第 3 个数据节点发起连接请求，依此类推，列表中的多个数据节点形成一条数据复制的流水线。最后，当文件写完的时候，数据复制也同时完成。

3.5.3 数据错误与恢复

HDFS 具有较高的容错性，可以兼容廉价的硬件设备，它把硬件出错看成一种常态，而不是异常，并设计了相应的机制检测数据错误和进行自动恢复，主要包括以下 3 种情形。

1．名称节点出错

名称节点保存了所有的元数据信息，其中最核心的两大文件是 FsImage 和 EditLog，如果这两个文件发生损坏，那么整个 HDFS 实例将失效。Hadoop 采用两种机制来确保名称节点的安全：一是把名称节点上的元数据信息同步存储到其他文件系统，比如远程挂载的网络文件系统（Network File System，NFS）中；二是运行一个第二名称节点，当名称节点死机以后，可以把运行第二名称节点作为一种弥补措施，利用第二名称节点中的元数据信息进行系统恢复，但是从前面对第二名称节点的介绍中可以看出，这样做仍然会丢失部分数据。因此，一般会把上述两种方式结合使用，当名称节点发生死机时，首先到远程挂载的网络文件系统中获取备份的元数据信息，放到第二名称节点上进行恢复，并把第二名称节点作为名称节点来使用。

2．数据节点出错

每个数据节点会定期向名称节点发送"心跳"信息，向名称节点报告自己的状态。当数据节点发生故障，或者网络发生断网时，名称节点就无法收到来自一些数据节点的"心跳"信息，这时这些数据节点就会被标记为"死机"，节点上面的所有数据都会被标记为"不可读"，名称节点也不会再给它们发送任何 I/O 请求。这时，有可能出现一种情形，即由于一些数据节点的不可用，会导致一些数据块的副本数量小于冗余因子。名称节点会定期检查这种情况，一旦发现某个数据块的副本数量小于冗余因子，就会启动数据冗余复制，为它生成新的副本。HDFS 与其他分布式文件系统的最大区别就是可以调整冗余数据的位置。

3．数据出错

网络传输和磁盘错误等因素都会造成数据错误。客户端在读取数据后，会采用 MD5 和 SHA-1 对数据块进行校验，以确定读取正确的数据。在文件被创建时，客户端就会对每一个文件块进行信息摘录，并把这些信息写入同一个路径的隐藏文件里面。当客户端读取文件的时候，会先读取该信息文件，然后利用该信息文件对每个读取的数据块进行校验。如果校验出错，客户端就会请求到另外一个数据节点读取该文件块，并且向名称节点报告这个文件块有错误，名称节点会定期检查并且重新复制这个块。

3.6　HDFS 的数据读写过程

在介绍 HDFS 的数据读写过程之前，需要简单介绍一下相关的类。FileSystem 是一个通用文件系统的抽象基类，可以被分布式文件系统继承，所有可能使用 Hadoop 文件系统的代码都要使用到这个类。Hadoop 为 FileSystem 这个抽象类提供了多种具体的实现，DistributedFileSystem 就是 FileSystem 在 HDFS 中的实现。FileSystem 的 open()方法返回的是一个输入流 FSDataInputStream 对象，在 HDFS 中具体的输入流就是 DFSInputStream；FileSystem 中的 create()方法返回的是一个输出流 FSDataOutputStream 对象，在 HDFS 中具体的输出流就是 DFSOutputStream。

3.6.1　读数据的过程

客户端连续调用 open()、read()、close()读取数据时，HDFS 内部的执行过程如下（见图 3-8）。

图 3-8　HDFS 读数据的过程

（1）客户端通过 FileSystem.open()打开文件，相应地，在 HDFS 中 DistributedFileSystem 具体实现了 FileSystem。因此，调用 open()方法后，DistributedFileSystem 会创建输入流 FSData InputStream，对于 HDFS 而言，具体的输入流就是 DFSInputStream。

（2）在 DFSInputStream 的构造函数中，输入流通过 ClientProtocal.getBlockLocations()远程调用名称节点，获得文件开始部分数据块的保存位置。对于该数据块，名称节点返回保存该数据块的所有数据节点的地址，同时根据距离客户端的远近对数据节点进行排序；然后，DistributedFileSystem 会利用 DFSInputStream 来实例化 FSDataInputStream，并返回给客户端，同时返回数据块的数据节点地址。

（3）获得输入流 FSDataInputStream 后，客户端调用 read()方法开始读取数据。输入流根据前面的排序结果，选择距离客户端最近的数据节点建立连接并读取数据。

（4）数据从该数据节点读到客户端；当该数据块读取完毕时，FSDataInputStream 关闭和该数据节点的连接。

（5）输入流通过 getBlockLocations()方法查找下一个数据块（如果客户端缓存中已经包含了该数据块的位置信息，就不需要调用该方法）。

（6）找到该数据块的最佳数据节点，读取数据。

（7）当客户端读取完数据的时候，调用 FSDataInputStream 的 close()方法，关闭输入流。

需要注意的是，在读取数据的过程中，如果客户端与数据节点通信时出现错误，就会尝试连接包含此数据块的下一个数据节点。

3.6.2 写数据的过程

客户端向 HDFS 写数据是一个复杂的过程，这里介绍一下在不发生任何异常的情况下，客户端连续调用 create()、write()和 close()时，HDFS 内部的执行过程（见图 3-9）。

图 3-9　HDFS 写数据的过程

（1）客户端通过 FileSystem.create()创建文件，相应地，在 HDFS 中 Distributed FileSystem 具体实现了 FileSystem。因此，调用 create ()方法后，DistributedFileSystem 会创建输出流 FSDataOutputStream，对于 HDFS 而言，具体的输出流就是 DFSOutputStream。

（2）然后，DistributedFileSystem 通过 RPC 远程调用名称节点，在文件系统的命名空间中创建一个新的文件。名称节点会执行一些检查，比如文件是否已经存在，客户端是否有权限创建文件等。检查通过之后，名称节点会构造一个新文件，并添加文件信息。远程方法调用结束后，DistributedFileSystem 会利用 DFSOutputStream 来实例化 FSDataOutputStream，并返回给客户端，客户端使用这个输出流写入数据。

（3）获得输出流 FSDataOutputStream 以后，客户端调用输出流的 write()方法向 HDFS 中对应的文件写入数据。

（4）客户端向输出流 FSDataOutputStream 中写入的数据会首先被分成一个个的分包，这些分包被放入 DFSOutputStream 对象的内部队列。输出流 FSDataOutputStream 会向名称节点申请保存文件和副本数据块的若干个数据节点，这些数据节点形成一个数据流管道。队列中的分包最后被打包成数据包，发往数据流管道中的第 1 个数据节点，第 1 个数据节点将数据包发送给第 2 个数据节点，第 2 个数据节点将数据包发送给第 3 个数据节点，这样，数据包会流经管道上的各个数据节点（即 3.5.2 节介绍的流水线复制策略）。

（5）因为各个数据节点位于不同的机器上，数据需要通过网络发送。因此，为了保证所有数据节点的数据都是准确的，接收到数据的数据节点要向发送者发送"确认包"（ACK Packet）。确认包沿着数据流管道逆流而上，从数据流管道依次经过各个数据节点并最终发往客户端，当客户端收到应答时，它将对应的分包从内部队列移除。不断执行（3）～（5）步，直到数据全部写完。

（6）客户端调用 close()方法关闭输出流，此时开始，客户端不会再向输出流中写入数据，所以，当 DFSOutputStream 对象内部队列中的分包都收到应答以后，就可以使用 ClientProtocol.
complete()方法通知名称节点关闭文件，完成一次正常的写文件过程。

3.7　HDFS 编程实践

本节介绍 Linux 操作系统中关于 HDFS 文件操作的常用 Shell 命令，利用 Web 页面查看和管理 Hadoop 文件系统，以及利用 Hadoop 提供的 Java API 进行基本的文件操作。更多上机操作实践细节内容可以参见本书官网（http://dblab.xmu.edu.cn/post/bigdata3/）的 "教材配套大数据软件安装和编程实践指南"。这里采用的 Hadoop 版本为 3.1.3。

3.7.1　HDFS 常用命令

在 Linux 终端窗口，我们可以利用 Shell 命令对 Hadoop 进行操作。利用这些命令可以完成 HDFS 中文档的上传、下载、复制、查看文件信息、格式化名称节点等操作。关于 HDFS 的 Shell 命令有一个统一的格式：

```
hadoop command [genericOptions] [commandOptions]
```

HDFS 有很多命令，其中 fs 命令可以说是 HDFS 最常用的命令，利用 fs 命令可以查看 HDFS 的目录结构、上传和下载数据、创建文件等。该命令的用法如下：

```
hadoop fs [genericOptions] [commandOptions]
```

具体如下。

- hadoop fs -ls <path>。显示<path>指定的文件的详细信息。
- hadoop fs -ls -R <path>。ls 命令的递归版本。
- hadoop fs -cat <path>。将<path>指定的文件的内容输出到标准输出（stdout）。
- hadoop fs -chgrp [-R] group <path>。将<path>指定的文件所属的组改为 group，使用-R 对<path>指定的文件夹内的文件进行递归操作。这个命令只适用于超级用户。
- hadoop fs -chown [-R] [owner] [: [group]] <path>。改变<path>指定的文件所有者，-R 用于递归改变文件夹内的文件所有者。这个命令只适用于超级用户。
- hadoop fs -chmod [-R] <mode>　<path>。将<path>指定的文件的权限更改为<mode>。这个命令只适用于超级用户和文件所有者。
- hadoop fs -tail [-f] <path>。将<path>指定的文件最后 1KB 的内容输出到标准输出（stdout）上，-f 选项用于持续检测新添加到文件中的内容。
- hadoop fs -stat [format] <path>。以指定的格式返回<path>指定的文件的相关信息。当不指定 format 的时候，返回文件<path>的创建日期。
- hadoop fs -touchz <path>。创建一个<path>指定的空文件。
- hadoop fs -mkdir [-p] <paths>。创建<paths>指定的一个或多个文件夹，-p 选项用于递归创建子文件夹。
- hadoop fs -copyFromLocal <localsrc>　<dst>。将本地源文件<localsrc>复制到路径<dst>指定的文件或文件夹中。

- hadoop fs -copyToLocal [-ignorecrc] [-crc] <target> <localdst>。将目标文件<target>复制到本地文件或文件夹<localdst>中，可用-ignorecrc 选项复制 CRC 校验失败的文件，使用-crc 选项复制文件以及 CRC 信息。
- hadoop fs -cp <src> <dst>。将文件从源路径<src>复制到目标路径<dst>。
- hadoop fs -du <path>。显示<path>指定的文件或文件夹中所有文件的大小。
- hadoop fs -expunge。清空回收站，请参考 HDFS 官方文档以获取更多关于回收站特性的信息。
- hadoop fs -get [-ignorecrc] [-crc] <src> <localdst>。复制<src>指定的文件到本地文件系统<localdst>指定的文件或文件夹，可用-ignorecrc 选项复制 CRC 校验失败的文件，使用-crc 选项复制文件以及 CRC 信息。
- hadoop fs -getmerge [-nl] <src> <localdst>。对<src>指定的源目录中的所有文件进行合并，写入<localdst>指定的本地文件。-nl 是可选的，用于指定在每个文件结尾添加一个换行符。
- hadoop fs -put <localsrc> <dst>。从本地文件系统中复制<localsrc>指定的单个或多个源文件到<dst>指定的目标文件系统中，也支持从标准输入（stdin）中读取输入并写入目标文件系统。
- hadoop fs -moveFromLocal <localsrc> <dst>。与 put 命令功能相同，但是文件上传结束后会从本地文件系统中删除<localsrc>指定的文件。
- hadoop fs -mv <src> <dest>。将文件从源路径<src>移动到目标路径<dst>。
- hadoop fs -rm <path>。删除<path>指定的文件，只删除非空目录和文件。
- hadoop fs -rm -r <path>。删除<path>指定的文件夹及其下的所有文件，-r 选项表示递归删除子目录。
- hadoop fs -setrep [-R] <path>。改变<path>指定的文件的副本系数，-R 选项用于递归改变目录下所有文件的副本系数。
- hadoop fs -test -[ezd] <path>。检查<path>指定的文件或文件夹的相关信息。不同选项的作用如下。
① -e 检查文件是否存在，如果存在则返回 0，否则返回 1。
② -z 检查文件是否是 0 字节，如果是则返回 0，否则返回 1。
③ -d 如果路径是个目录，则返回 1，否则返回 0。
- hadoop fs -text <path>。将<path>指定的文件输出为文本格式，文件的格式也允许是 zip 和 TextRecordInputStream 等。

3.7.2 HDFS 的 Web 页面

在配置好 Hadoop 集群之后，可以通过浏览器登录 "http://[NameNodeIP]:9870" 访问 HDFS，其中，[NameNodeIP]表示名称节点的 IP 地址。例如我们在本地机器上完成 Hadoop 伪分布式安装后，可以登录 "http://localhost:9870" 来查看文件系统信息（见图 3-10）。

通过该 Web 页面，我们可以查看当前文件系统中各个节点的分布信息，浏览名称节点上的存储、登录等日志，以及下载某个数据节点上某个文件。该 Web 页面的所有功能都能通过 Hadoop 提供的 Shell 命令或者 Java API 来等价实现。例如通过 Web 页面中的 "Browse the filesystem" 查看目录，查看结果如图 3-11 所示。我们也可以通过如下命令实现同样的功能：

```
$hadoop fs -ls /
```

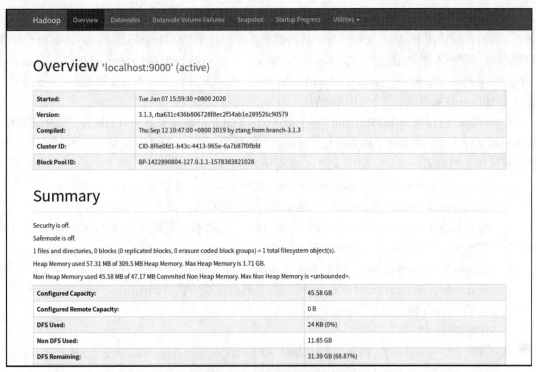

图 3-10　显示 HDFS 信息的 Web 页面

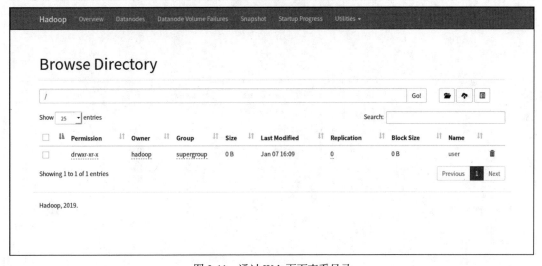

图 3-11　通过 Web 页面查看目录

3.7.3　HDFS 常用 Java API 及应用实例

Hadoop 主要是使用 Java 语言编写实现的，Hadoop 不同的文件系统之间通过调用 Java API 进行交互。上面介绍的 Shell 命令，本质上就是 Java API 的应用。这里将介绍 HDFS 中进行文件上传、复制、下载等操作常用的 Java API 及其编程实例。

1. 常用 Java API 介绍

HDFS 编程的主要 Java API 如下。

- org.apache.hadoop.fs.FileSystem。一个通用文件系统的抽象基类，可以被分布式文件系统继承。所有可能使用 Hadoop 文件系统的代码都要使用到这个类。Hadoop 为 FileSystem 这个抽象类提供了多种具体的实现，如 LocalFileSystem、DistributedFileSystem、HftpFileSystem、HsftpFileSystem、HarFileSystem、KosmosFileSystem、FtpFileSystem 和 NativeS3FileSystem 等（可参见《Hadoop 权威指南》了解更多的信息）。

- org.apache.hadoop.fs.FileStatus。一个接口，用于向客户端展示系统中文件和目录的元数据，具体包括文件大小、块大小、副本信息、所有者、修改时间等，可通过 FileSystem.listStatus()方法获得具体的实例对象。

- org.apache.hadoop.fs.FSDataInputStream。文件输入流，用于读取 Hadoop 文件。

- org.apache.hadoop.fs.FSDataOutputStream。文件输出流，用于写 Hadoop 文件。

- org.apache.hadoop.conf.Configuration。访问配置项。所有的配置项的值，如果在 core-site.xml 中有对应的配置，则以 core-site.xml 为准。

- org.apache.hadoop.fs.Path。用于表示 Hadoop 文件系统中的一个文件或者一个目录的路径。

- org.apache.hadoop.fs.PathFilter。一个接口，通过实现方法 PathFilter.accept(Path path)来判定是否接收路径 path 表示的文件或目录。

2. 应用实例

接下来通过一个简单的实例介绍上述 Java API 的使用方法。图 3-12 显示了 HDFS 中路径为 "http://localhost:9870/explorer.html#/user/hadoop" 的目录中所有的文件信息。

Browse Directory

/user/hadoop								Go!

Show 25 entries   Search:

	Permission	Owner	Group	Size	Last Modified	Replication	Block Size	Name	
☐	-rw-r--r--	hadoop	supergroup	13 B	Jan 08 09:20	1	128 MB	file1.txt	🗑
☐	-rw-r--r--	hadoop	supergroup	12 B	Jan 08 09:21	1	128 MB	file2.txt	🗑
☐	-rw-r--r--	hadoop	supergroup	12 B	Jan 08 09:21	1	128 MB	file3.txt	🗑
☐	-rw-r--r--	hadoop	supergroup	10 B	Jan 08 09:21	1	128 MB	file4.abc	🗑
☐	-rw-r--r--	hadoop	supergroup	10 B	Jan 08 09:22	1	128 MB	file5.abc	🗑

Showing 1 to 5 of 5 entries   Previous 1 Next

Hadoop, 2019.

图 3-12　目录中所有的文件信息

对于该目录下的所有文件，我们将执行以下操作。

首先，从该目录中过滤出所有扩展名不为 ".abc" 的文件。

然后，对过滤之后的文件进行读取。

最后，将这些文件的内容合并到文件 "hdfs://localhost:9000/user/hadoop/merge.txt" 中。

上述操作的具体实现过程如下。

（1）定义过滤器，我们将过滤掉扩展名为 ".abc" 的文件，这里通过实现接口 org.apache.hadoop.

fs.PathFilter 中的方法 accept(Path path)，对 path 指代的文件进行过滤。

（2）利用 FileSystem.listStatus(Path path, PathFilter filter)方法获得目录 path 中所有文件经过过滤器 filter 过滤后的状态对象数组。

（3）利用 FileSystem.open(Path path)方法获得与路径 path 相关的 FSDataInputStream 对象，并利用该对象读取文件的内容。

（4）利用 FileSystem.create(Path path)方法获得与路径 path 相关的 FSDataOutputStream 对象，并利用该对象将字节数组输出到文件。

（5）利用 FileSystem.get(URI uri, Configuration conf)方法，根据资源表示符 uri 和文件系统配置信息 conf 获得对应的文件系统。

上述操作的具体代码如下：

```java
import java.io.IOException;
import java.io.PrintStream;
import java.net.URI;

import org.apache.hadoop.conf.Configuration;
import org.apache.hadoop.fs.*;
/**
 * 过滤掉文件名满足特定条件的文件
 */
class MyPathFilter implements PathFilter {
    String reg = null;
    MyPathFilter(String reg) {
        this.reg = reg;
    }
    public boolean accept(Path path) {
        if (!(path.toString().matches(reg)))
            return true;
        return false;
    }
}
/***
 * 利用 FSDataOutputStream 和 FSDataInputStream 合并 HDFS 中的文件
 */
public class MergeFile {
    Path inputPath = null; //待合并的文件所在的目录的路径
    Path outputPath = null; //输出文件的路径
    public MergeFile(String input, String output) {
        this.inputPath = new Path(input);
        this.outputPath = new Path(output);
    }
    public void doMerge() throws IOException {
        Configuration conf = new Configuration();
        conf.set("fs.defaultFS","hdfs://localhost:9000");
        conf.set("fs.hdfs.impl","org.apache.hadoop.hdfs.DistributedFileSystem");
        FileSystem fsSource = FileSystem.get(URI.create(inputPath.toString()), conf);
        FileSystem fsDst = FileSystem.get(URI.create(outputPath.toString()), conf);
        //下面过滤掉输入目录中扩展名为.abc 的文件
        FileStatus[] sourceStatus = fsSource.listStatus(inputPath,
```

```
            new MyPathFilter(".*\\.abc"));
    FSDataOutputStream fsdos = fsDst.create(outputPath);
    PrintStream ps = new PrintStream(System.out);
    //下面分别读取过滤之后的每个文件的内容，并输出到同一个文件中
    for (FileStatus sta : sourceStatus) {
        //下面输出扩展名不为.abc的文件的路径、文件大小
        System.out.print("路径：" + sta.getPath() + "    文件大小：" + sta.getLen()
                        + "   权限：" + sta.getPermission() + "   内容：");
        FSDataInputStream fsdis = fsSource.open(sta.getPath());
        byte[] data = new byte[1024];
        int read = -1;
        while ((read = fsdis.read(data)) > 0) {
            ps.write(data, 0, read);
            fsdos.write(data, 0, read);
        }
        fsdis.close();
    }
    ps.close();
    fsdos.close();
}
public static void main(String[] args) throws IOException {
    MergeFile merge = new MergeFile(
            "hdfs://localhost:9000/user/hadoop/",
            "hdfs://localhost:9000/user/hadoop/merge.txt");
    merge.doMerge();
}
}
```

上述代码的具体调试和运行过程，可以参考本书官网（http://dblab.xmu.edu.cn/post/bigdata3/）的"教材配套大数据软件安装和编程实践指南"。

运行上述代码后，可以在 Web 页面中登录"http://localhost:9870/"查看文件系统。可以发现，目录"/user/hadoop"中存在一个文件"merge.txt"；或者，在 Linux 终端窗口输入命令"hadoop fs -ls /user/hadoop"，也可以发现 merge.txt 这个文件。

3.8　本章小结

分布式文件系统是大数据时代解决大规模数据存储问题的有效解决方案，HDFS 开源实现了GFS，可以利用由廉价硬件设备构成的计算机集群实现海量数据的分布式存储。

HDFS 具有兼容廉价的硬件设备、流数据读写、大数据集、简单的文件模型、强大的跨平台兼容性等特点。但是也要注意到，HDFS 也有自身的局限性，比如不适合低延迟数据访问、无法高效存储大量小文件和不支持多用户写入及任意修改文件等。

块是 HDFS 的核心概念，一个大的文件会被拆分成很多个块。HDFS 采用抽象的块概念，具有支持大规模文件存储、简化系统设计、适合数据备份等优点。

HDFS 采用了主从（Master/Slave）结构模型，一个 HDFS 集群包括一个名称节点和若干个数据节点。名称节点负责管理分布式文件系统的命名空间；数据节点是分布式文件系统 HDFS 的工作节点，负责数据的存储和读取。

HDFS 采用了冗余数据存储，增强了数据可靠性，加快了数据传输速度。HDFS 还采用了相应的数据存放、数据读取和数据复制策略，来提升系统整体读写响应性能。HDFS 把硬件出错看成一种常态，设计了错误恢复机制。

本章最后介绍了 HDFS 的数据读写过程，以及 HDFS 编程实践方面的相关知识。

3.9 习题

1. 试述分布式文件系统设计的需求。
2. 分布式文件系统是如何实现较高水平扩展的？
3. 试述 HDFS 中的块和普通文件系统中的块的区别。
4. 试述 HDFS 中的名称节点和数据节点的具体功能。
5. 在分布式文件系统中，中心节点的设计至关重要，请阐述 HDFS 是如何减轻中心节点的负担的。
6. HDFS 只设置唯一一个名称节点，在简化系统设计的同时也带来了一些明显的局限性，请阐述局限性具体表现在哪些方面。
7. 试述 HDFS 的冗余数据保存策略。
8. 数据复制主要在数据写入和数据恢复的时候发生，HDFS 数据复制使用流水线复制的策略，请阐述该策略的细节。
9. 试述 HDFS 是如何探测错误发生以及如何进行恢复的。
10. 请阐述 HDFS 在不发生故障的情况下读文件的过程。
11. 请阐述 HDFS 在不发生故障的情况下写文件的过程。

实验 2　熟悉常用的 HDFS 操作

一、实验目的

（1）理解 HDFS 在 Hadoop 体系结构中的角色。
（2）熟练使用 HDFS 操作常用的 Shell 命令。
（3）熟悉 HDFS 操作常用的 Java API。

二、实验平台

- 操作系统：Ubuntu 18.04（或 Ubuntu 16.04）。
- Hadoop 版本：3.1.3。
- JDK 版本：1.8。
- Java IDE：Eclipse。

三、实验内容和要求

（1）编程实现以下指定功能，并利用 Hadoop 提供的 Shell 命令完成相同的任务。

① 向 HDFS 中上传任意文本文件，如果指定的文件在 HDFS 中已经存在，由用户指定是追加到原有文件末尾还是覆盖原有的文件。

② 从 HDFS 中下载指定文件，如果本地文件与要下载的文件名称相同，则自动对下载的文件重命名。

③ 将 HDFS 中指定文件的内容输出到终端。

④ 显示 HDFS 中指定的文件读写权限、大小、创建时间、路径等信息。

⑤ 给定 HDFS 中某一个目录，输出该目录下的所有文件的读写权限、大小、创建时间、路径等信息，如果该文件是目录，则递归输出该目录下所有文件相关信息。

⑥ 提供一个 HDFS 中的文件的路径，对该文件进行创建和删除操作。如果文件所在目录不存在，则自动创建目录。

⑦ 提供一个 HDFS 的目录的路径，对该目录进行创建和删除操作。创建目录时，如果目录文件所在目录不存在则自动创建相应目录；删除目录时，由用户指定当该目录不为空时是否还删除该目录。

⑧ 向 HDFS 中指定的文件追加内容，由用户指定将内容追加到原有文件的开头或结尾。

⑨ 删除 HDFS 中指定的文件。

⑩ 在 HDFS 中将文件从源路径移动到目的路径。

（2）编程实现一个类"MyFSDataInputStream"，该类继承"org.apache.hadoop.fs.FSDataInputStream"，要求如下。

① 实现按行读取 HDFS 中指定文件的方法"readLine()"，如果读到文件末尾，则返回空，否则返回文件一行的文本。

② 实现缓存功能，即利用"MyFSDataInputStream"读取若干字节数据时，首先查找缓存，如果缓存中有所需数据，则直接由缓存提供，否则从 HDFS 中读取数据。

（3）查看 Java 帮助手册或其他资料，用"java.net.URL"和"org.apache.hadoop.fs.FsURLStreamHandlerFactory"编程来输出 HDFS 中指定文件的文本到终端中。

四、实验报告

"大数据技术原理与应用"课程实验报告

题目：		姓名：		日期：	
实验环境：					
实验内容与完成情况：					
出现的问题：					
解决方案（列出遇到的问题和解决办法，列出没有解决的问题）：					

第4章
分布式数据库 HBase

HBase 是针对谷歌 BigTable 的开源实现，是一个高可靠、高性能、面向列、可伸缩的分布式数据库，主要用来存储非结构化和半结构化的松散数据。HBase 可以支持超大规模数据存储，它可以通过水平扩展的方式，利用廉价计算机集群处理由超过 10 亿行数据和数百万列元素组成的数据表。

本章首先介绍 HBase 的由来及其与传统关系数据库的区别，其次介绍 HBase 访问接口、数据模型、实现原理和运行机制，并在最后介绍 HBase 编程实践方面的知识。

4.1　概述

HBase 是谷歌 BigTable 的开源实现，因此，本节首先对 BigTable 作简要介绍，然后介绍 HBase 及其和 BigTable 的关系，最后对 HBase 和传统关系数据库进行对比分析。

4.1.1　从 BigTable 说起

BigTable 是一个分布式存储系统，利用谷歌提出的 MapReduce 分布式并行计算模型来处理海量数据，使用谷歌分布式文件系统 GFS 作为其底层数据存储方式，并采用 Chubby 提供协同管理服务，可以扩展到 PB 级别的数据和上千台机器，具备广泛应用性、可扩展性、高性能和高可用性等特点。从 2005 年 4 月开始，BigTable 已经在谷歌的实际生产系统中使用，谷歌的许多项目都存储在 BigTable 中，包括搜索、地图、财经、打印、社交网站 Orkut、视频共享网站 YouTube 和博客网站 Blogger 等。这些应用无论在数据量方面（从 URL 到网页到卫星图像），还是在延迟需求方面（从后端批量处理到实时数据服务），都对 BigTable 提出了截然不同的需求。尽管这些应用的需求大不相同，但是 BigTable 依然能够为所有谷歌产品提供一个灵活的、高性能的解决方案。当用户的资源需求随着时间变化时，只需要简单地往系统中添加机器，就可以实现服务器集群的扩展。

总的来说，BigTable 具备以下特性：支持大规模海量数据，分布式并发数据处理效率极高，易于扩展且支持动态伸缩，适用于廉价设备，适合读操作不适合写操作。

4.1.2　HBase 简介

图 4-1 描述了 Hadoop 生态系统中 HBase 与其他部分的关系。HBase 利用 Hadoop MapReduce 来处理 HBase 中的海量数据，实现高性能计算；利用 ZooKeeper 作为协同服务，实现稳定服务和

失败恢复；使用 HDFS 作为高可靠的底层存储，利用廉价集群提供海量数据存储能力。当然，HBase 也可以直接使用本地文件系统而不用 HDFS 作为底层数据存储方式。不过，为了提高数据可靠性和系统的健壮性，发挥 HBase 处理大数据量等功能，一般都使用 HDFS 作为 HBase 的底层数据存储系统。此外，为了方便在 HBase 上进行数据处理，Sqoop 为 HBase 提供了高效、便捷的关系数据库管理系统（Relational DataBase Management System，RDBMS）数据导入功能，Pig 和 Hive 为 HBase 提供了高层语言支持。HBase 是 BigTable 的开源实现，HBase 和 BigTable 的底层技术对应关系见表 4-1。

图 4-1　Hadoop 生态系统中 HBase 与其他部分的关系

表 4-1　　　　　　　　　　　HBase 和 BigTable 的底层技术对应关系

项目	BigTable	HBase
文件存储系统	GFS	HDFS
海量数据处理	MapReduce	Hadoop MapReduce
协同服务管理	Chubby	ZooKeeper

4.1.3　HBase 与传统关系数据库的对比分析

关系数据库从 20 世纪 70 年代发展到今天，已经是一种非常成熟、稳定的数据库管理系统，通常具备的功能包括面向磁盘的存储和索引结构、多线程访问、基于锁的同步访问机制、基于日志记录的恢复机制和事务机制等。

但是，随着 Web 2.0 应用的不断发展，传统的关系数据库已经无法满足 Web 2.0 的需求，无论在数据高并发方面，还是在高可扩展性和高可用性方面，传统的关系数据库都显得力不从心，关系数据库的关键特性——完善的事务机制和高效的查询机制，在 Web 2.0 时代也成为"鸡肋"。包括 HBase 在内的非关系数据库的出现，有效弥补了传统关系数据库的缺陷，在 Web 2.0 应用中被大量使用（本书第 5 章 NoSQL 数据库部分将会详细介绍非关系数据库和传统关系数据库的区别）。

HBase 与传统的关系数据库的区别主要体现在以下几个方面。

- 数据类型。关系数据库采用关系模型，具有丰富的数据类型和存储方式。HBase 则采用了更加简单的数据模型，它把数据存储为未经解释的字符串，用户可以把不同格式的结构化数据和非结构化数据都序列化成字符串保存到 HBase 中，用户需要自己编写程序把字符串解析成不同的数据类型。

- 数据操作。关系数据库中提供了丰富的操作，如插入、删除、更新、查询等，其中会涉及复杂的多表连接，通常借助于多个表之间的主外键关联来实现。HBase 提供的操作则不存在复杂的表与表之间的关系，只有简单的插入、查询、删除、清空等。因为 HBase 在设计上避免了复杂的表与表之间的关系，通常只采用单表的主键查询，所以它无法实现像关系数据库中那样的表与表之间的连接操作。

- 存储模式。关系数据库是基于行模式存储的，元组或行会被连续地存储在磁盘页中。在读取数据时，需要顺序扫描每个元组，然后从中筛选出查询所需要的属性。如果每个元组只有少量属性的值对于查询是有用的，那么基于行模式存储就会浪费许多磁盘空间和内存带宽。HBase 是基于列存储的，每个列族都由几个文件保存，不同列族的文件是分离的，它的优点是：可以降低 I/O 开销，支持大量并发用户查询（因为仅需要处理可以回答这些查询的列，而不需要处理与查询无关的大量数据行）；同一个列族中的数据会被一起压缩（由于同一列族内的数据相似度较高，因此可以获得较高的数据压缩比）。

- 数据索引。关系数据库通常可以针对不同列构建复杂的多个索引，以提高数据访问性能。与关系数据库不同的是，HBase 只有一个索引——行键，通过巧妙的设计，HBase 中的所有访问方法，或者通过行键访问，或者通过行键扫描，从而使得整个系统不会慢下来。由于 HBase 位于 Hadoop 框架之上，因此可以使用 Hadoop MapReduce 来快速、高效地生成索引表。

- 数据维护。在关系数据库中，更新操作会用最新的当前值去替换记录中原来的"旧"值，旧值被覆盖后就不会存在。而在 HBase 中执行更新操作时，并不会删除数据的旧的版本，而是生成一个新的版本，旧的版本仍然保留。

- 可伸缩性。关系数据库很难实现横向扩展，纵向扩展的空间也比较有限。相反，HBase 和 BigTable 这些分布式数据库就是为了实现灵活的横向扩展而开发的，因此能够轻易地通过在集群中增加或者减少硬件数量来实现性能的伸缩。

但是，相对关系数据库，HBase 也有自身的局限性，如 HBase 不支持事务，因此无法实现跨行的原子性。

4.2　HBase 访问接口

HBase 提供了 Native Java API、HBase Shell、Thrift Gateway、REST Gateway、Pig、Hive 等多种访问方式，表 4-2 给出了 HBase 访问接口的类型、特点和使用场合。

表 4-2　　　　　　　　　　　　HBase 访问接口的类型、特点和使用场合

类型	特点	使用场合
Native Java API	常规和高效的访问方式	适合 Hadoop MapReduce 作业并行批处理 HBase 表数据
HBase Shell	HBase 的命令行工具，最简单的接口	适合 HBase 管理
Thrift Gateway	利用 Thrift 序列化技术，支持 C++、PHP、Python 等多种语言	适合其他异构系统在线访问 HBase 表数据
REST Gateway	解除语言限制	支持 REST 风格的 HTTP API 访问 HBase
Pig	使用 Pig Latin 流式编程语言来处理 HBase 中的数据	适合做数据统计
Hive	简单	当需要以类似 SQL 的方式来访问 HBase 的时候

4.3　HBase 数据模型

数据模型是一个数据库产品的核心，本节介绍 HBase 列族数据模型，包括表、行键、列族、列限定符、单元格、时间戳等概念，并阐述 HBase 数据库的概念视图和物理视图的差别等。

4.3.1　数据模型概述

HBase 是一个稀疏、多维度、排序的映射表，这张表的索引包括行键、列族、列限定符和时间戳。每个值是一个未经解释的字符串，没有数据类型。用户在表中存储数据，每一行都有一个可排序的行键和任意多的列。表在水平方向由一个或者多个列族组成，一个列族中可以包含任意多个列，同一个列族里面的数据存储在一起。列族支持动态扩展，可以很轻松地添加一个列族或列，无须预先定义列的数量以及类型，所有列均以字符串形式存储，用户需要自行进行数据类型转换。由于同一张表里面的每一行数据都可以有截然不同的列，因此对于整个映射表的每行数据而言，有些列的值是空的，所以说 HBase 是稀疏的。

在 HBase 中执行更新操作时，并不会删除数据的旧的版本，而是生成一个新的版本，旧的版本仍然保留，HBase 可以对允许保留的版本的数量进行设置。客户端可以选择获取距离某个时间最近的版本，或者一次获取所有版本。如果在查询的时候不提供时间戳，那么会返回距离现在最近的那一个版本的数据，因为在存储的时候，数据会按照时间戳排序。HBase 提供了两种数据版本回收方式：一是保存数据的最后 n 个版本；二是保存最近一段时间内的版本（如最近 7 天）。

4.3.2　数据模型的相关概念

HBase 实际上就是一个稀疏、多维、持久化存储的映射表，它采用行键（Row Key）、列族（Column Family）、列限定符（Column Qualifier）和时间戳（Timestamp）进行索引，每个值都是未经解释的字节数组 byte[]。下面具体介绍 HBase 数据模型的相关概念。

1. 表

HBase 采用表来组织数据，表由行和列组成，列划分为若干个列族。

2. 行键

每个 HBase 表都由若干行组成，每个行由行键（Row Key）来标识。访问表中的行只有 3 种方式：通过单个行键访问；通过一个行键的区间来访问；全表扫描。行键可以是任意字符串（最大长度是 64 KB，实际应用中长度一般为 10~100 Byte）。在 HBase 内部，行键保存为字节数组。存储时，数据按照行键的字典序存储。在设计行键时，要充分考虑这个特性，将经常一起读取的行存储在一起。

3. 列族

一个 HBase 表被分组成许多"列族"的集合，它是基本的访问控制单元。列族需要在表创建时就定义好，数量不能太多（HBase 的一些缺陷使得列族的数量只限于几十个），而且不能频繁修改。存储在一个列族当中的所有数据，通常都属于同一种数据类型，这通常意味着数据具有较高的压缩率。表中的每个列都归属于某个列族，数据可以被存放到列族的某个列下面，但是在把数据存放到这个列族的某个列下面之前，必须首先创建这个列族。在创建完列族以后，就可以使用同一个列族当中的列。列名都以列族作为前缀。例如，courses:history 和 courses:math 这两个列都属于 courses 这个列族。在 HBase 中，访问控制、磁盘和内存的使用统计都是在列族层面进行的。实际应用中，我们可以借助列族上的控制权限帮助实现特定的目的。比如，我们可以允许一些应用能够向表中添加新的数据，而另一些应用只被允许浏览数据。HBase 列族还可以被配置成支持不同类型的访问模式。比如，一个列族也可以被设置成放入内存当中，以消耗内存为代价，从而换取更好的响应性能。

4．列限定符

列族里的数据通过列限定符（或列）来定位。列限定符不用事先定义，也不需要在不同行之间保持一致。列限定符没有数据类型，总被视为字节数组 byte[]。

5．单元格

在 HBase 表中，通过行键、列族和列限定符确定一个"单元格"（Cell）。单元格中存储的数据没有数据类型，总被视为字节数组 byte[]。每个单元格中可以保存一个数据的多个版本，每个版本对应一个不同的时间戳。

6．时间戳

每个单元格都保存着同一份数据的多个版本，这些版本采用时间戳进行索引。每次对一个单元格执行操作（新建、修改、删除）时，HBase 都会隐式地自动生成并存储一个时间戳。时间戳一般是 64 位整型数据，可以由用户自己赋值（自己生成唯一时间戳可以避免应用程序中出现数据版本冲突），也可以由 HBase 在数据写入时自动赋值。一个单元格的不同版本根据时间戳降序存储，这样，最新的版本可以被最先读取。

下面以一个实例来阐释 HBase 的数据模型。图 4-2 是一张用来存储学生信息的 HBase 表，学号作为行键来唯一标识每个学生，表中设计了列族 Info 来保存学生相关信息，列族 Info 中包含 3 个列——name、major 和 email，分别用来保存学生的姓名、专业和电子邮件信息。学号为"201505003"的学生存在两个版本的电子邮件地址，时间戳分别为 ts1=1174184619081 和 ts2=1174184620720，时间戳较大的版本的数据是最新的数据。

图 4-2　HBase 数据模型的一个实例

4.3.3　数据坐标

HBase 使用坐标来定位表中的数据，也就是说，每个值都通过坐标来访问。对于我们熟悉的关系数据库而言，数据定位可以理解为采用"二维坐标"，即根据行和列就可以确定表中一个具体的值。但是，HBase 中需要根据行键、列族、列限定符和时间戳来确定一个单元格，因此可以视为一个"四维坐标"，即 ["行键","列族","列限定符","时间戳"]。

例如，在图 4-2 中，由行键"201505003"、列族"Info"、列限定符"email"和时间戳"1174184619081"（ts1）这 4 个坐标值确定的单元格["201505003", "Info", "email", "1174184619081"]，里面存储的值是"xie@qq.com"；由行键"201505003"、列族"Info"、列限定符"email"和时间戳"1174184620720"（ts2）这 4 个坐标值确定的单元格["201505003", "Info", "email", "1174184620720"]，里面存储的值是"you@163.com"。

如果把所有坐标看成一个整体，视为"键"，把四维坐标对应的单元格中的数据视为"值"，那么，HBase 可以看成一个键值数据库（见表 4-3）。

表 4-3   HBase 可以被视为一个键值数据库

键	值
["201505003", "Info", "email", "1174184619081"]	"xie@qq.com"
["201505003", "Info", "email", "1174184620720"]	"you@163.com"

4.3.4   概念视图

在 HBase 的概念视图中，一个表可以视为一个稀疏、多维的映射关系。表 4-4 就是 HBase 存储数据的概念视图，它是一个存储网页的 HBase 表的片段。行键是一个反向 URL（如 com.baidu.www），之所以这样存放，是因为 HBase 是按照行键的字典序来排序存储数据的，采用反向 URL 的方式，可以让来自同一个网站的数据内容都保存在相邻的位置，在按照行键的值进行水平分区时，就可以尽量把来自同一个网站的数据划分到同一个分区（Region）中。列族 contents 用来存储网页内容；列族 anchor 包含了任何引用这个页面的锚链接文本。假设百度的主页被厦门大学和北京大学主页同时引用，因此，这里的行包含了名称为"anchor:xmu.edu.cn"和"anchor:pku.edu.cn"的列。可以采用"四维坐标"来定位单元格中的数据，比如在这个实例表中，四维坐标["com.baidu.www","anchor","anchor: xmu.edu.cn"，t5]对应的单元格里存储的数据是"BAIDU"，四维坐标["com.baidu.www","anchor","anchor: pku.edu.cn"，t4]对应的单元格里存储的数据是"BAIDU.com"，四维坐标["com.baidu.www","contents","html"，t3]对应的单元格里存储的数据是网页内容。可以看出，在一个 HBase 表的概念视图中，每个行都包含相同的列族，尽管行不需要在每个列族里存储数据。比如表 4-4 中，前 2 行数据中，列族 contents 的内容为空，后 3 行数据中，列族 anchor 的内容为空。从这个角度来说，HBase 表是一个稀疏的映射关系，即里面存在很多空的单元格。

表 4-4   HBase 存储数据的概念视图

行键	时间戳	列族 contents	列族 anchor
"com.baidu.www"	t5		anchor:xmu.edu.cn="BAIDU"
	t4		anchor:pku.edu.cn="BAIDU.com"
"com.baidu.www"	t3	contents:html="<html>..."	
	t2	contents:html="<html>..."	
	t1	contents:html="<html>..."	

4.3.5　物理视图

从概念视图层面，HBase 中的每个表是由许多行组成的，但是在物理存储层面，它采用基于列的存储方式，而不是像传统关系数据库那样采用基于行的存储方式，这也是 HBase 和传统关系数据库的重要区别。表 4-4 的概念视图在物理存储的时候，会存成表 4-5 中的两个小片段。也就是说，这个 HBase 表会按照 contents 和 anchor 这两个列族分别存放，属于同一个列族的数据保存在一起，同时，和每个列族一起存放的还包括行键和时间戳。

表 4-5　　　　　　　　　　　　　　　　HBase 存储数据的物理视图

列族 contents

行键	时间戳	列族 contents
com.baidu.www	t3	contents:html="<html>..."
	t2	contents:html="<html>..."
	t1	contents:html="<html>..."

列族 anchor

行键	时间戳	列族 anchor
com.baidu.www	t5	anchor:xmu.edu.cn="BAIDU"
	t4	anchor:pku.edu.cn="BAIDU.com"

在表 4-4 的概念视图中，我们可以看到，有些列是空的，即这些列上面不存在值。在物理视图中，这些空的列不会被存储成 null，而是根本就不会被存储，当请求这些空白的单元格的时候，会返回 null 值。

4.3.6　面向列的存储

通过前面的论述，我们已经知道 HBase 是面向列的存储，也就是说，HBase 是一个"列式数据库"。而传统的关系数据库采用的是面向行的存储，被称为"行式数据库"。为了加深对这个问题的认识，下面我们对面向行的存储（行式数据库）和面向列的存储（列式数据库）做一个简单介绍。

简单地说，行式数据库使用行存储模型（N-ary Storage Model，NSM），一个元组（或行）会被连续地存储在磁盘页中，如图 4-3 所示。也就是说，数据是一行一行被存储的，第一行写入磁盘页后，再继续写入第二行，以此类推。在从磁盘中读取数据时，需要从磁盘中顺序扫描每个元组的完整内容，然后从每个元组中筛选出查询所需要的属性。如果每个元组只有少量属性的值对于查询是有用的，那么 NSM 就会浪费许多磁盘空间和内存带宽。

列式数据库采用列存储模型（Decomposition Storage Model，DSM），它是在 1985 年提出来的，目的是最小化无用的 I/O。DSM 采用了不同于 NSM 的思路，对于采用 DSM 的关系数据库，DSM 会对关系进行垂直分解，并为每个属性分配一个子关系。因此，一个具有 n 个属性的关系会被分解成 n 个子关系，每个子关系单独存储，每个子关系只有当其相应的属性被请求时才会被访问。也就是说，DSM 以关系数据库中的属性或列为单位进行存储，关系中多个元组的同一属性值（或同一列值）会被存储在一起，而一个元组中不同属性值通常会被分别存放于不同的磁盘页中。

图 4-3　行式数据库和列式数据库示意

图 4-4 是一个关于行式存储结构和列式存储结构的实例，从中可以看出两种存储方式的具体差别。

图 4-4　行式存储结构和列式存储结构的实例

行式数据库主要适合小批量的数据处理，如联机事务型数据处理，我们平时熟悉的 Oracle 和 MySQL 等关系数据库都属于行式数据库。列式数据库主要适合批量数据处理和即席查询（Ad-Hoc Query）。列式数据库的优点是：可以降低 I/O 开销，支持大量并发用户查询，其数据处理速度比传统方法快 100 倍，因为仅需要处理可以回答这些查询的列，而不是分类整理与特定查询无关的数据行；具有较高的数据压缩比，较传统的行式数据库更加有效，甚至能达到比其高 5 倍的效果。

列式数据库主要用于数据挖掘、决策支持和地理信息系统等查询密集型系统中。因为采用列式数据库一次查询就可以得出结果，而不必每次都要遍历所有的数据库，所以，列式数据库大多应用在人口统计调查、医疗分析等情况中，这种情况需要处理大量的数据，假如采用行式数据库，势必导致消耗的时间被无限延长。

DSM 的缺陷是：执行连接操作时需要昂贵的元组重构代价。因为一个元组的不同属性被分散到不同磁盘页中存储，当需要一个完整的元组时，就要从多个磁盘页中读取相应字段的值来重新组合得到原来的一个元组。对于联机事务型数据而言，处理这些数据需要频繁对一些元组进行修改（如百货商场售出一件衣服后要立即修改库存数据），如果采用 DSM，就会带来高昂的开销。在过去的很多年里，数据库主要应用于联机事务型数据处理。因此，在很长一段时间里，主流商业数据库大都采用了 NSM 而不是 DSM。但是，随着市场需求的变化，分析型应用开始发挥着越来越重要的作用，企业需要分析各种经营数据帮助企业制定决策，而对于分析型应用而言，一般数据被存储后不会发生修改（如数据仓库），因此不会涉及昂贵的元组重构代价。所以，近些年DSM 开始受到青睐，并且出现了一些采用 DSM 的商业产品和学术研究原型系统，如 Sybase IQ、ParAccel、Sand/DNA Analytics、Vertica、InfiniDB、INFOBright、MonetDB 和 LucidDB 等。类似Sybase IQ 和 Vertica 这些商业化的列式数据库，已经可以很好地满足数据仓库等分析型应用的需求，并且可以获得较高的性能。鉴于 DSM 的许多优良特性，HBase 等非关系数据库（或称为 NoSQL数据库）也借鉴了这种面向列的存储格式。

可以看出，如果严格从关系数据库的角度来看，HBase 并不是一个列式存储的数据库，毕竟HBase 是以列族为单位进行分解的（列族当中可以包含多个列），而不是每个列都单独存储，但是HBase 借鉴和利用了磁盘上的这种列存储格式，所以，从这个角度来说，HBase 可以被视为列式数据库。

4.4　HBase 的实现原理

本节介绍 HBase 的实现原理，包括 HBase 的功能组件、表和 Region，以及 Region 的定位。

4.4.1　HBase 的功能组件

HBase 的实现包括 3 个主要的功能组件：库函数，链接到每个客户端；一个 Master 主服务器（也称为 Master）；许多个 Region 服务器。Region 服务器负责存储和维护分配给自己的 Region，处理来自客户端的读写请求。Master 主服务器负责管理和维护 HBase 表的分区信息，比如一个表被分成了哪些 Region，每个 Region 被存放在哪台 Region 服务器上，同时也负责维护 Region 服务器列表。因此，如果 Master 主服务器死机，那么整个系统都会无效。Master 会实时监测集群中的 Region 服务器，把特定的 Region 分配到可用的 Region 服务器上，并确保整个集群内部不同 Region 服务器之间的负载均衡。当某个 Region 服务器因出现故障而失效时，Master 会把该故障服务器上存储的 Region 重新分配给其他可用的 Region 服务器。除此以外，Master 还处理模式变化，如表和列族的创建。

客户端并不是直接从 Master 主服务器上读取数据，而是在获得 Region 的存储位置信息后，直接从 Region 服务器上读取数据。尤其需要指出的是，HBase 客户端并不依赖于 Master 而是借助于 ZooKeeper 来获得 Region 的位置信息的，所以大多数客户端从来不和 Master 主服务器通信，这种设计方式使 Master 的负载很小。

4.4.2 表和 Region

在一个 HBase 中，存储了许多表。对于每个 HBase 表而言，表中的行是根据行键的值的字典序进行维护的，表中包含的行的数量可能非常庞大，无法存储在一台机器上，需要分布存储到多台机器上。因此，需要根据行键的值对表中的行进行分区（见图 4-5）。每个行区间构成一个分区，被称为 "Region"。Region 包含了位于某个值域区间内的所有数据，是负载均衡和数据分发的基本单位。这些 Region 会被分发到不同的 Region 服务器上。

初始时，每个表只包含一个 Region，随着数据的不断插入，Region 会持续增大。当一个 Region 中包含的行数量达到一个阈值时，就会被自动等分成两个新的 Region（见图 4-6），随着表中行的数量继续增加，就会分裂出越来越多的 Region。

图 4-5　一个 HBase 表被划分成多个 Region

图 4-6　一个 Region 会分裂成多个新的 Region

每个 Region 的默认大小是 100～200 MB，是 HBase 中负载均衡和数据分发的基本单位。Master 主服务器会把不同的 Region 分配到不同的 Region 服务器上（见图 4-7），但是同一个 Region 不会被拆分到多个 Region 服务器上。每个 Region 服务器负责管理一个 Region 集合，通常在每个 Region 服务器上会放置 10～1000 个 Region。

图 4-7　不同的 Region 可以分布在不同的 Region 服务器上

4.4.3 Region 的定位

一个 HBase 的表可能非常庞大，会被分裂成很多个 Region，这些 Region 可被分发到不同的 Region 服务器上。因此，必须设计相应的 Region 定位机制，保证客户端知道到可以在哪里找到自己所需要的数据。

每个 Region 都有一个 RegionID 来标识它的唯一性，这样，一个 Region 标识符就可以表示成"表名 + 开始主键 + RegionID"。

有了 Region 标识符，就可以唯一地标识每个 Region。为了定位每个 Region 所在的位置，可以构建一张映射表。映射表的每个条目（或每行）包含两项内容，一个是 Region 标识符，另一个是 Region 服务器标识。这个条目表示 Region 和 Region 服务器之间的对应关系，从而可以知道某个 Region 被保存在哪个 Region 服务器中。这个映射表包含了关于 Region 的元数据（即 Region 和 Region 服务器之间的对应关系），因此也被称为"元数据表"，又名".META.表"。

当一个 HBase 表中的 Region 数量非常庞大的时候，.META.表的条目就会非常多，一个服务器保存不下，也需要分区存储到不同的服务器上，因此.META.表也会被分裂成多个 Region。这时，为了定位这些 Region，就需要构建一个新的映射表，记录所有元数据的具体位置，这个新的映射表就是"根数据表"，又名"-ROOT-表"。-ROOT-表是不能被分割的，永远只存在一个 Region 用于存放-ROOT-表。因此这个用来存放-ROOT-表的唯一一个 Region，它的名字是在程序中被"写死"的，Master 主服务器永远知道它的位置。

综上所述，HBase 使用类似 B+树的三层结构来保存 Region 位置信息（见图 4-8）。表 4-6 给出了 HBase 三层结构中各层次的名称和作用。

图 4-8　HBase 的三层结构

表 4-6　　　　　　　　　　　　HBase 三层结构中各层次的名称和作用

层次	名称	作用
第一层	ZooKeeper 文件	记录了-ROOT-表的位置信息
第二层	-ROOT-表	记录了.META.表的 Region 位置信息，-ROOT-表只能有一个 Region。通过-ROOT-表就可以访问.META.表中的数据
第三层	.META.表	记录了用户数据表的 Region 位置信息，.META.表可以有多个 Region，保存了 HBase 中所有用户数据表的 Region 位置信息

为了加快访问速度，.META.表的全部 Region 都会被保存在内存中。假设.META.表的每行（一个映射条目）在内存中大约占用 1 KB，并且每个 Region 限制为 128 MB，那么，上面的三层结构可以保存的用户数据表的 Region 数目的计算方法是：（-ROOT-表能够寻址的.META.表的 Region 个数）×（每个.META.表的 Region 可以寻址的用户数据表的 Region 个数）。一个-ROOT-表最多只能有一个 Region，也就是最多只能有 128 MB，按照每行（一个映射条目）占用 1 KB 内存计算，128 MB 空间可以容纳 128 MB/1 KB=2^{17}行，也就是说，一个-ROOT-表可以寻址 2^{17} 个.META.表的 Region。同理，每个.META.表的 Region 可以寻址的用户数据表的 Region 数目是 128 MB/1 KB=2^{17}。最终，三层结构可以保存的 Region 数目是(128 MB/1 KB)×(128 MB/1 KB) = 2^{34} 个 Region。

可以看出，这种数量已经可以满足实际应用中的用户数据存储需求。

客户端访问用户数据之前，需要首先访问 ZooKeeper，获取-ROOT-表的位置信息，然后访问 -ROOT-表，获得.META.表的信息，接着访问.META.表，找到所需的 Region 具体位于哪个 Region 服务器，最后才会到该 Region 服务器读取数据。该过程需要多次网络操作，为了加速寻址过程，一般会在客户端把查询过的位置信息缓存起来，这样以后访问相同的数据时，就可以直接从客户端缓存中获取 Region 的位置信息，而不需要每次都经历一个"三级寻址"过程。需要注意的是，随着 HBase 中表的不断更新，Region 的位置信息可能会发生变化，但是客户端缓存并不会自己检测 Region 位置信息是否失效，而是在需要访问数据时，从缓存中获取 Region 位置信息却发现不存在的时候，才会判断出缓存失效。这时，客户端就需要再次经历上述的"三级寻址"过程，重新获取最新的 Region 位置信息去访问数据，并用最新的 Region 位置信息替换缓存中失效的信息。

当一个客户端从 ZooKeeper 服务器上拿到-ROOT-表的地址以后，就可以通过"三级寻址"找到用户数据表所在的 Region 服务器，并直接访问该 Region 服务器获得数据，没有必要再连接 Master 主服务器。因此，Master 主服务器的负载相对就小了很多。

4.5　HBase 运行机制

本节介绍 HBase 运行机制，包括 HBase 系统架构以及 Region 服务器、Store 和 HLog 的工作原理。

4.5.1　HBase 系统架构

HBase 的系统架构如图 4-9 所示，包括客户端、ZooKeeper 服务器、Master 主服务器、Region 服务器。需要说明的是，HBase 一般采用 HDFS 作为底层数据存储系统，因此图 4-9 中加入了 HDFS 和 Hadoop。

图 4-9　HBase 的系统架构

1．客户端

客户端包含访问 HBase 的接口，同时在缓存中维护着已经访问过的 Region 位置信息，用来加快后续数据访问过程。HBase 客户端使用 HBase 的 RPC 机制与 Master 和 Region 服务器进行通信。其中，对于管理类操作，客户端与 Master 进行 RPC；而对于数据读写类操作，客户端会与 Region 服务器进行 RPC。

2. ZooKeeper 服务器

ZooKeeper 服务器并非一台单一的机器，可能是由多台机器构成的集群来提供稳定可靠的协同服务。ZooKeeper 服务器能够很容易地实现集群管理的功能，如果有多台服务器组成一个服务器集群，那么必须有一个"总管"知道当前集群中每台机器的服务状态，一旦某台机器不能提供服务，集群中其他机器必须知道，从而做出调整、重新分配服务策略。同样，当增加集群的服务能力时，就会增加一台或多台服务器，此时也必须让"总管"知道。

在 HBase 服务器集群中，包含了一个 Master 主服务器和多个 Region 服务器。Master 就是这个 HBase 集群的"总管"，它必须知道 Region 服务器的状态。ZooKeeper 服务器就可以轻松做到这一点，每个 Region 服务器都需要到 ZooKeeper 服务器中进行注册，ZooKeeper 服务器会实时监控每个 Region 服务器的状态并通知 Master 主服务器，这样，Master 主服务器就可以通过 ZooKeeper 服务器随时感知到各个 Region 服务器的工作状态。

ZooKeeper 服务器不仅能够帮助维护当前的集群中机器的服务状态，而且能够帮助选出一个"总管"，让这个总管来管理集群。HBase 中可以启动多个 Master，但是 ZooKeeper 服务器可以帮助选举出一个 Master 主服务器作为集群的总管，并保证在任何时刻总有唯一一个 Master 主服务器在运行，这就避免了 Master 主服务器的"单点失效"问题。

ZooKeeper 服务器中保存了-ROOT-表的地址和 Master 主服务器的地址，客户端可以通过访问 ZooKeeper 服务器获得-ROOT-表的地址，并最终通过"三级寻址"找到所需的数据。ZooKeeper 服务器中还存储了 HBase 的模式，包括 Hbase 里有哪些表，每个表有哪些列族。

3. Master 主服务器

Master 主服务器主要负责表和 Region 的管理工作。

- 管理用户对表的增加、删除、修改、查询等操作。
- 实现不同 Region 服务器之间的负载均衡。
- 在 Region 分裂或合并后，负责重新调整 Region 的分布。
- 对发生故障失效的 Region 服务器上的 Region 进行迁移。

客户端访问 HBase 上数据的过程并不需要 Master 主服务器的参与，客户端可以访问 ZooKeeper 服务器获取-ROOT-表的地址，并最终到相应的 Region 服务器进行数据读写，Master 主服务器仅维护着表和 Region 的元数据信息，因此负载很低。

任何时刻，一个 Region 只能分配给一个 Region 服务器。Master 主服务器维护了当前可用的 Region 服务器列表，以及确定当前哪些 Region 分配给哪些 Region 服务器，哪些 Region 还未被分配。当存在未被分配的 Region，并且有一个 Region 服务器上有可用空间时，Master 主服务器就给这个 Region 服务器发送一个请求，把该 Region 分配给它。Region 服务器接收请求并完成数据加载后，就开始负责管理该 Region 对象，并对外提供服务。

4. Region 服务器

Region 服务器是 HBase 中最核心的模块，负责维护分配给自己的 Region，并响应用户的读写请求。HBase 一般采用 HDFS 作为底层存储的文件系统（见图 4-9），因此 Region 服务器需要向 HDFS 中读写数据。采用 HDFS 作为底层存储系统，可以为 HBase 提供可靠稳定的数据存储，HBase 自身并不具备数据复制和维护数据副本的功能，而 HDFS 可以为 HBase 提供这些支持。当然，HBase

也可以不采用 HDFS，而是使用其他任何支持 Hadoop 接口的文件系统作为底层存储文件系统，比如本地文件系统或云计算环境中的 Amazon S3（Simple Storage Service）。

4.5.2　Region 服务器的工作原理

Region 服务器是 HBase 中最核心的模块，图 4-10 描述了 Region 服务器向 HDFS 中读写数据的基本原理。从图中可以看出，Region 服务器内部管理了一系列 Region 对象和一个 HLog 文件。其中 HLog 是磁盘上面的记录文件，它记录着所有的更新操作。每个 Region 对象由多个 Store 组成，每个 Store 对应表中的一个列族的存储。每个 Store 又包含一个 MemStore 和若干个 StoreFile。其中，MemStore 是在内存中的缓存，保存最近更新的数据；StoreFile 是磁盘中的文件，这些文件都是 B 树结构的，方便快速读取。在底层，StoreFile 通过 HDFS 的 HFile 实现，HFile 的数据块通常采用压缩方式存储，压缩之后可以大大减少网络 I/O 和磁盘 I/O。

图 4-10　Region 服务器向 HDFS 中读写数据

1. 用户读写数据的过程

当用户写入数据时，会被分配到相应的 Region 服务器去执行操作。用户数据首先被写入 MemStore 和 HLog 中，当操作写入 HLog 之后，commit() 调用才会将其返回给客户端。

当用户读取数据时，Region 服务器会首先访问 MemStore 缓存，如果数据不在缓存中，才会到磁盘上面的 StoreFile 中去寻找。

2. 缓存的刷新

MemStore 缓存的容量有限，系统会周期性地调用 Region.flushcache() 把 MemStore 缓存里面的内容写到磁盘的 StoreFile 文件中，清空缓存，并在 HLog 文件中写入一个标记，用来表示缓存中的内容已经被写入 StoreFile 文件中。每次缓存刷新操作都会在磁盘上生成一个新的 StoreFile 文件，因此每个 Store 会包含多个 StoreFile 文件。

每个 Region 服务器都有一个自己的 HLog 文件。在启动的时候，每个 Region 服务器都会检查自己的 HLog 文件，确认最近一次执行缓存刷新操作之后是否发生新的写入操作。如果没有更新，说明所有数据已经被永久保存到磁盘的 StoreFile 文件中；如果发现更新，就先把这些更新写入 MemStore，然后刷新缓存，写入磁盘的 StoreFile 文件中。最后，删除旧的 HLog 文件，并开始为用户提供数据访问服务。

3. StoreFile 的合并

每次 MemStore 缓存的刷新操作都会在磁盘上生成一个新的 StoreFile 文件，这样，系统中的每个 Store 就会存在多个 StoreFile 文件。当需要访问某个 Store 中的某个值时，就必须查找所有 StoreFile 文件，非常耗费时间。因此，为了减少查找时间，系统一般会调用 Store.compact() 把多个 StoreFile 文件合并成一个大文件。由于合并操作比较耗费资源，因此只会在 StoreFile 文件的数量达到一个阈值的时候才会触发合并操作。

4.5.3 Store 的工作原理

Region 服务器是 HBase 的核心模块，而 Store 是 Region 服务器的核心。每个 Store 对应了表中的一个列族的存储。每个 Store 包含一个 MemStore 缓存和若干个 StoreFile 文件。

MemStore 是排序的内存缓冲区，当用户写入数据时，系统首先把数据放入 MemStore 缓存，当 MemStore 缓存满时，就会刷新到磁盘中的一个 StoreFile 文件中。随着 StoreFile 文件数量的不断增加，当达到事先设定的数量时，就会触发文件合并操作，多个 StoreFile 文件会被合并成一个大的 StoreFile 文件。当多个 StoreFile 文件合并后，会逐步形成越来越大的 StoreFile 文件，当单个 StoreFile 文件大小超过一定阈值时，就会触发文件分裂操作。同时，当前的一个父 Region 会被分裂成两个子 Region，父 Region 会下线，新分裂出的两个子 Region 会被 Master 主服务器分配到相应的 Region 服务器上。StoreFile 合并和分裂的过程如图 4-11 所示。

图 4-11 StoreFile 合并和分裂的过程

4.5.4 HLog 的工作原理

在分布式环境下，必须考虑到系统出错的情形，比如当 Region 服务器发生故障时，MemStore 缓存中的数据（还没有被写入文件）会全部丢失。因此，HBase 采用 HLog 来保证系统发生故障时能够恢复到正确的状态。

HBase 系统为每个 Region 服务器配置了一个 HLog 文件，它是一种预写式日志（Write Ahead Log），也就是说，用户更新数据必须首先被记入日志才能写入 MemStore 缓存，并且直到 MemStore 缓存内容对应的日志已经被写入磁盘之后，该缓存内容才会被刷新写入磁盘。

ZooKeeper 服务器会实时监测每个 Region 服务器的状态，当某个 Region 服务器发生故障时，ZooKeeper 服务器会通知 Master 主服务器。Master 主服务器首先会处理该故障 Region 服务器上面遗留的 HLog 文件，由于一个 Region 服务器上面可能会维护多个 Region 对象，这些 Region 对象共用一个 HLog 文件，因此这个遗留的 HLog 文件中包含了来自多个 Region 对象的日志记录。系统会根据每条日志记录所属的 Region 对象对 HLog 数据进行拆分，分别放到相应 Region 对象的目录下，然后将失效的 Region 重新分配到可用的 Region 服务器中，并把与该 Region 对象相关的 HLog 日志记录也发送给相应的 Region 服务器。Region 服务器领取分配给自己的 Region 对象以及与之相关的 HLog 日志记录以后，会重新做一遍日志记录中的各种操作，把日志记录中的数据写入 MemStore 缓存，然后刷新到磁盘的 StoreFile 文件中，完成数据恢复。

需要特别指出的是，HBase 系统中，每个 Region 服务器只需要维护一个 HLog 文件，所有 Region 对象共用一个 HLog，而不是每个 Region 对象使用一个 HLog。在这种 Region 对象共用一个 HLog 的方式中，多个 Region 对象的更新操作所发生的日志修改，只需要不断把日志记录追加到单个日志文件中，而不需要同时打开、写入多个日志文件中，因此可以减少磁盘寻址次数，提高对表的写操作性能。这种方式的缺点是，如果一个 Region 服务器发生故障，为了恢复其上的 Region 对象，需要将 Region 服务器上的 HLog 按照其所属的 Region 对象进行拆分，然后分发到其他 Region 服务器上执行恢复操作。

4.6 HBase 编程实践

本节主要介绍 Linux 中关于 HBase 数据库的常用 Shell 命令、数据处理常用的 Java API，以及基于 HBase 的编程实例。更多上机操作实践细节内容，可以参见本书官网（http://dblab.xmu.edu.cn/post/bigdata3/）的"教材配套大数据软件安装和编程实践指南"。需要注意的是，Hadoop 安装以后，只包含 HDFS 和 MapReduce，并不包含 HBase，因此需要在 Hadoop 之上继续安装 HBase，请参照"教材配套大数据软件安装和编程实践指南"完成 HBase 的安装。这里采用的 Hadoop 版本为 3.1.3，HBase 版本为 2.2.2。

4.6.1 HBase 常用的 Shell 命令

HBase 为用户提供了非常方便的 Shell 命令，通过这些命令我们可以很方便地对表、列族、列等进行操作。下面介绍一些常用的 Shell 命令以及具体的操作实例。

首先，我们需要启动 HDFS 和 HBase 进程；然后，在终端输入"hbase shell"命令进入该 Shell 环境，输入"help"，可以查看 HBase 支持的所有 Shell 命令（见表 4-7）。

表 4-7　　　　　　　　　　　　　　　　HBase 相关的 Shell 命令

操作类型	Shell 命令
general	status、version、whoami
ddl	alter、alter_async、alter_status、create、describe、disable、disable_all、drop、drop_all、enable、enable_all、exists、is_disabled、is_enabled、list、show_filters
dml	count、delete、deleteall、get、get_counter、incr、put、scan、truncate、truncate_preserve
tools	assign、balance_switch、balancer、close_region、compact、flush、hlog_roll、major_compact、move、split、unassign、zk_dump
replication	add_peer、disable_peer、enable_peer、list_peers、list_replicated_tables、remove_peer、start_replication、stop_replication
snapshot	clone_snapshot、delete_snapshot、list_snapshots、restore_snapshot、snapshot
security	grant、revoke、user_permission

接下来，我们将详细介绍常用的数据定义语言（Data Definition Language，DDL）和数据操作语言（Data Manipulation Language，DML）命令。对于其他命令，读者可以使用 help 命令来获知该命令的作用及其具体语法，比如使用 "help create" 命令查询 create 的使用方法。

1. create：创建表

① 创建表 t1，列族为 f1，列族版本号为 5，命令如下：

```
hbase>create 't1', {NAME => 'f1', VERSIONS => 5}
```

② 创建表 t1，3 个列族分别为 f1、f2、f3，命令如下：

```
hbase>create 't1', {NAME => 'f1'}, {NAME => 'f2'}, {NAME => 'f3'}
```

或者使用如下等价的命令：

```
hbase>create 't1', 'f1', 'f2', 'f3'
```

③ 创建表 t1，将表依据分割算法 HexStringSplit 分布在 15 个 Region 里，命令如下：

```
hbase>create 't1', 'f1', {NUMREGIONS => 15, SPLITALGO => 'HexStringSplit'}
```

④ 创建表 t1，指定切分点，命令如下：

```
hbase>create 't1', 'f1', {SPLITS => ['10', '20', '30', '40']}
```

2. list：列出 HBase 中所有的表信息

该命令比较简单，这里不做具体说明。

3. put：向表、行、列指定的单元格添加数据

向表 t1 中行 row1 和列 f1:c1 所对应的单元格中添加数据 value1，时间戳为 1421822284898，命令如下：

```
hbase>put 't1', 'row1', 'f1:c1', 'value1', 1421822284898
```

4. get：通过指定表名、行、列、时间戳、时间范围和版本号来获得相应单元格的值

① 获得表 t1、行 r1、列 c1、时间范围为[ts1, ts2]、版本号为 4 的数据，命令如下：

```
hbase>get 't1', 'r1', {COLUMN => 'c1', TIMERANGE => [ts1, ts2], VERSIONS => 4}
```

② 获得表 t1、行 r1、列 c1 和 c2 的数据，命令如下：

```
hbase>get 't1', 'r1', 'c1', 'c2'
```

5. scan：浏览表的相关信息

可以通过 TIMERANGE、FILTER、LIMIT、STARTROW、STOPROW、TIMESTAMP、MAXLENGTH、COLUMNS、CACHE 来限定所需要浏览的数据。

① 浏览表 ".META."、列 info:regioninfo 的数据，命令如下：

```
hbase>scan '.META.', {COLUMNS => 'info:regioninfo'}
```

② 浏览表 t1、列 c1、时间范围为[1303668804, 1303668904]的数据，命令如下：

```
hbase>scan 't1', {COLUMNS => 'c1', TIMERANGE => [1303668804, 1303668904]}
```

6. alter：修改列族模式

① 向表 t1 添加列族 f1，命令如下：

```
hbase>alter 't1', NAME => 'f1'
```

② 删除表 t1 中的列族 f1，命令如下：

```
hbase>alter 't1', NAME => 'f1', METHOD => 'delete'
```

③ 设定表 t1 中列族 f1 最大为 128 MB，命令如下：

```
hbase>alter 't1', METHOD => 'table_att', MAX_FILESIZE => '134217728'
```

上面命令中，"134217728"表示字节数，128 MB 等于 134217728Byte。

7. count：统计表中的行数

比如可以使用如下命令统计表 t1 中的行数：

```
hbase>count 't1'
```

8. describe：显示表的相关信息

比如可以使用如下命令显示表 t1 的信息：

```
hbase>describe 't1'
```

9. enable/disable：使表有效或无效

该命令比较简单，这里不做具体说明。

10. delete：删除指定单元格的数据

删除表 t1、行 r1、列 c1、时间戳为 ts1 的数据，命令如下：

```
hbase>delete 't1', 'r1', 'c1', ts1
```

11. drop：删除表

该命令比较简单，这里不做具体说明。需要指出的是，删除某个表之前，必须先使该表无效。

12. exists：判断表是否存在

该命令比较简单，这里不做具体说明。

13. truncate：使表无效，删除该表，然后重新建立表

该命令比较简单，这里不做具体说明。

14. exit：退出 HBase Shell

该命令比较简单，这里不做具体说明。

15. shutdown：关闭 HBase 集群

该命令比较简单，这里不做具体说明。

16. version：输出 HBase 版本信息

该命令比较简单，这里不做具体说明。

17. status：输出 HBase 集群状态信息

可以通过 summary、simple 或者 detailed 这 3 个参数指定输出信息的详细程度。

输出集群详细状态信息，命令如下：

```
hbase>status 'detailed'
```

4.6.2 HBase 常用的 Java API 及应用实例

现在介绍与 HBase 数据存储管理相关的 Java API（HBase 版本为 2.2.2），主要包括 HBaseConfiguration、TableDescriptor、ColumnFamilyDescriptor、Put、Get、ResultScanner、Result、Scan。下面先介绍这些类和接口的功能与常用方法，然后给出具体的编程实例，从而使大家更好地了解这些类和接口的使用。

1．HBase 常用 Java API

（1）org.apache.hadoop.hbase.client.Admin

Admin 为 Java 接口类型，不可以直接用该接口实例化一个对象，而是必须调用 Connection.getAdmin()方法，返回一个 Admin 的子对象，然后用这个 Admin 接口来操作返回的子对象方法。该接口用于管理 HBase 数据库的表信息，包括创建或删除表、列出表项、使表有效或无效、添加或删除表的列族成员、检查 HBase 的运行状态等，主要方法见表 4-8。

表 4-8　　　　　　　　　　　　　　　Admin 接口的主要方法

返回值	方法
void	addColumnFamily(TableName tableName, ColumnFamilyDescriptor columnFamily) 向一个已存在的表添加列
void	createTable(TableDescriptor desc) 创建表
void	deleteTable(TableName tableName) 删除表
void	disableTable(TableName tableName) 使表无效
void	enableTable(TableName tableName) 使表有效
boolean	tableExists(TableName tableName) 检查表是否存在
TableDescriptor	listTableDescriptors() 列出所有的表项
void	abort(String why, Throwable e) 终止服务器或客户端
boolean	balancer() 调用 balancer 进行负载均衡

（2）org.apache.hadoop.hbase.HBaseConfiguration

该类用于管理 HBase 的配置信息，其主要方法见表 4-9。

表 4-9　　　　　　　　　　　　　　HBaseConfiguration 类的主要方法

返回值	方法
static org.apache.hadoop.conf.Configuration	create() 使用默认的 HBase 配置文件创建 Configuration
static org.apache.hadoop.conf.Configuration	addHBaseResources(org.apache.hadoop.conf.Configuration conf) 向当前 Configuration 添加参数 conf 中的配置信息
static void	merge(org.apache.hadoop.conf.Configuration destConf, org.apache.hadoop.conf.Configuration srcConf) 合并两个 Configuration

（3）org.apache.hadoop.hbase.client.Table

Table 是 Java 接口类型，不可以用 Table 接口直接实例化一个对象，而必须调用 Connection.getTable()返回 Table 的一个子对象，然后调用返回的子对象的成员方法。这个接口用于与 HBase 进行通信。如果多个线程对一个 Table 接口子对象进行 put 或者 delete 操作，则写缓冲器可能会崩溃。因此，在多线程环境下，建议使用 Connection 和 ConnectionFactory。Table 接口的主要方法见表 4-10。

表 4-10 Table 接口的主要方法

返回值	方法
void	close() 释放所有资源，根据缓冲区中数据的变化更新 Table
void	delete(Delete delete) 删除指定的单元格或行
boolean	exists(Get get) 检查 Get 对象指定的列是否存在
Result	get(Get get) 从指定的行的某些单元格中取出相应的值
void	put（Put put） 向表中添加值
ResultScanner	getScanner(byte[] family) || getScanner(byte[] family, byte[] qualifier)　|| getScanner(Scan scan) 获得 ResultScanner 实例
TableDescriptor	getDescriptor() 获得当前表格的 TableDescriptor 实例
TableName	getName() 获得当前表格的名字实例

（4）org.apache.hadoop.hbase.TableDescriptor

TableDescriptor 类包含了 HBase 中表格的详细信息，例如表中的列族、该表的类型（.META.）、该表是否只读、MemStore 的最大空间、Region 什么时候应该分裂等。TableDescriptor 类的主要方法如表 4-11 所示。

表 4-11 TableDescriptor 类的主要方法

返回值	方法
ColumnFamilyDescriptor[]	getColumnFamilies() 返回表中所有的列族的名字
TableName	getTableName() 返回表的名字实例
byte[]	getValue(byte[] key) 获得某个属性的值

（5）org.apache.hadoop.hbase.client.TableDescriptorBuilder

该接口用于构建 TableDescriptorBuilder，其主要方法如表 4-12 所示。

表 4-12 TableDescriptorBuilder 接口的主要方法

返回值	方法
TableDescriptor	build() 构建 TableDescriptor
TableDescriptorBuilder	newBuilder(byte[] name) 构建 TableDescriptorBuilder

返回值	方法
TableDescriptorBuilder	setColumnFamily(ColumnFamilyDescriptor family) 设置某个列族
TableDescriptorBuilder	removeColumnFamily(byte[] name) 删除某个列族
TableDescriptorBuilder	setValue(byte[] key, byte[] value) 设置属性的值

（6）org.apache.hadoop.hbase.client.ColumnFamilyDescriptor

ColumnFamilyDescriptor 类包含了列族的详细信息，例如列族的版本号、压缩设置等。ColumnFamilyDescriptor 通常在添加列族或者创建表的时候使用。列族一旦建立就不能被修改，只能通过删除列族，然后创建新的列族来间接地修改列族。一旦列族被删除，该列族包含的数据也随之被删除。ColumnFamilyDescriptor 类的主要方法如表 4-13 所示。

表 4-13　　　　　　　　　　ColumnFamilyDescriptor 类的主要方法

返回值	方法
byte[]	getName() 获得列族的名字
byte[]	getValue(byte[] key) 获得某列单元格的值

（7）org.apache.hadoop.hbase.client.ColumnFamilyDescriptorBuilder

该接口用于构建 ColumnFamilyDescriptor，其主要方法如表 4-14 所示。

表 4-14　　　　　　　　ColumnFamilyDescriptorBuilder 接口的主要方法

返回值	方法
ColumnFamilyDescriptor	build() 构建 ColumnFamilyDescriptor
ColumnFamilyDescriptorBuilder	newBuilder(byte[] name) 构建 ColumnFamilyDescriptorBuilder
ColumnFamilyDescriptorBuilder	setValue(byte[] key, byte[] value) 设置某列单元格的值

（8）org.apache.hadoop.hbase.client.Put

该类用来对单元格执行添加数据操作。Put 类的主要方法见表 4-15。

表 4-15　　　　　　　　　　　　Put 类的主要方法

返回值	方法
Put	addColumn(byte[] family, byte[] qualifier, byte[] value) 将指定的列族、列限定符、对应的值添加到 Put 实例中
Put	add(Cell cell) 添加特定的键值到此次 Put
Put	setAttribute(String name, byte[] va;ue) 设置属性

（9）org.apache.hadoop.hbase.client.Get

该类用来获取单行的信息。Get 类的主要方法见表 4-16。

表 4-16　　　　　　　　　　　　　　　Get 类的主要方法

返回值	方法
Get	addColumn(byte[] family, byte[] qualifier) 根据列族和列限定符获得对应的列
Get	setFilter(Filter filter) 为获得具体的列，设置相应的过滤器

（10）org.apache.hadoop.hbase.client.Result

该类用于存放 Get 或 Scan 操作后的查询结果，并以<key, value>的格式存储在 map 结构中。该类不是线程安全的。Result 类的主要方法见表 4-17。

表 4-17　　　　　　　　　　　　　　　Result 类的主要方法

返回值	方法
boolean	containsColumn(byte[] family, byte[] qualifier) 检查是否包含列族和列限定符指定的列
List<Cell>	getColumnCells(byte[] family, byte[] qualifier) 获得列族和列限定符指定的列中的所有单元格
NavigableMap<byte[], byte[]>	getFamilyMap(byte[] family) 根据列族获得包含列限定符和值的所有行的键值对
byte[]	getValue(byte[] family, byte[] qualifier) 获得列族和列限定符指定的单元格的最新值

（11）org.apache.hadoop.hbase.client.ResultScanner

该接口是客户端获取值的接口。该接口的主要方法见表 4-18。

表 4-18　　　　　　　　　　　　　　ResultScanner 接口的主要方法

返回值	方法
void	close() 关闭 scanner 并释放相应的资源
Result	next() 获得下一个 Result 实例

（12）org.apache.hadoop.hbase.client.Scan

可以利用 Scan 类来限定需要查找的数据，例如限定版本号、起始行号、终止行号、列族、列限定符、返回值的数量的上限等。Scan 类的主要方法见表 4-19。

表 4-19　　　　　　　　　　　　　　　Scan 类的主要方法

返回值	方法
Scan	addFamily(byte[] family) 限定需要查找的列族
Scan	addColumn(byte[] family, byte[] qualifier) 限定列族和列限定符指定的列

续表

返回值	方法
Scan	readAllVersions()　‖ readVersions(int versions) readAllVersions()表示取所有的版本，readVersions(int versions)只会取特定的版本
Scan	setTimeRange(long minStamp, long maxStamp) 限定最大的时间戳和最小的时间戳，只有在此范围内的单元格才能被获取
Scan	setFilter(Filter filter) 指定 Filter 来过滤掉不需要的数据
Scan	withStartRow(byte[] startRow) 限定开始的行，否则从表头开始
Scan	withStopRow(byte[] stopRow) 限定结束的行（不含此行）
Scan	setBatch(int batch) 限定最多返回的单元格数目。用于防止返回过多的数据，导致 OutofMemory 错误

2．HBase 编程实例

现在通过具体的编程实例来深入学习上述 Java API 的使用方法。实例中需要用到 HBase 的 JAR 包，即导入 HBase 安装目录下的 lib 目录下的所有 JAR 包，注意，此处不需再导入 Hadoop 安装目录下的 JAR 包，这样可以避免由于 Hadoop 和 HBase 的版本冲突而引起的错误。这里采用的 HBase 版本为 2.2.2。

在本实例中，首先创建一个学生信息表 student（其表结构见表 4-20），用来存储学生姓名（姓名作为行键，并且假设姓名不会重复）以及考试成绩，其中，考试成绩是一个列族，分别存储了各个科目的考试成绩。然后，向表 student 中添加数据（见表 4-21）。

表 4-20　　　　　　　　　　学生信息表 student 的表结构

name	score		
	English	Math	Computer

表 4-21　　　　　　　　　　需要添加到 student 表中的数据

name	score		
	English	Math	Computer
zhangsan	69	86	77
Lisi	55	100	88

下面是完成上述基本操作过程的代码框架，其中，ExampleForHBase 类的方法 init()、close()、createTable()、insertData()、getData()的代码细节将在下面逐一给予介绍：

```
import org.apache.hadoop.conf.Configuration;
import org.apache.hadoop.hbase.*;
import org.apache.hadoop.hbase.client.*;
import java.io.IOException;
public class ExampleForHBase {
    public static Configuration configuration; //管理HBase的配置信息
    public static Connection connection;  //管理HBase连接
    public static Admin admin; //管理HBase数据库的表信息
    public static void main(String[] args)throws IOException{
```

```
        init();//建立连接
        createTable();//建表
        insertData();//插入单元格数据
        insertData();//插入单元格数据
        insertData();//插入单元格数据
        getData();//浏览单元格数据
        close();//关闭连接
    }
    public static void init(){……}//建立连接
    public static void close(){……}//关闭连接
    public static void createTable(){……}//创建表
    public static void insertData() {……}//插入数据
    public static void getData(){……}//浏览单元格数据
}
```

（1）建立连接，关闭连接

在操作 HBase 数据库前，首先需要建立连接，具体代码如下：

```
//建立连接
    public static void init(){
        configuration = HBaseConfiguration.create();
        configuration.set("hbase.rootdir","hdfs://localhost:9000/hbase");
        try{
            connection = ConnectionFactory.createConnection(configuration);
            admin = connection.getAdmin();
        }catch (IOException e){
            e.printStackTrace();
        }
    }
```

在上述代码中，configuration 对象用于管理 HBase 的配置信息，这里需要为"hbase.rootdir"这个参数设置具体的值，用于指明 HBase 数据库的存储路径。默认情况下 "hbase.rootdir"指向 /tmp/hbase-${user.name}，这意味着在重启后会丢失数据，因为重启的时候操作系统会清理/tmp 目录。由于本实例中把 HDFS 作为 HBase 的底层存储系统，因此这个参数的值设置为 "hdfs://localhost:9000/hbase"；如果采用单机版 HBase，即不使用 HDFS 作为 HBase 的底层存储方式，而是直接把 HBase 数据存储到本地磁盘中，则需要把这个参数的值设置为 "file:///DIRECTORY/hbase"，其中，DIRECTORY 就是 HBase 数据写入的目录。

HBase 数据库操作结束以后，需要关闭连接，具体代码如下：

```
public static void close(){
        try{
            if(admin != null){
                admin.close();
            }
            if(null != connection){
                connection.close();
            }
        }catch (IOException e){
            e.printStackTrace();
        }
```

```
    }
```

（2）创建表

创建表时，需要给出表名和列族名称，具体代码如下：

```
/*创建表*/
    /**
     * @param myTableName 表名
     * @param colFalimy 列族数组
     * @throws Exception
     */
public static void createTable(String myTableName,String[]colFamily) throws
IOException{
    TableName tableName = TableName.valueOf(myTableName);
        if(admin.tableExists(tableName)){
            System.out.println("talbe exists!");
        }else {
            TableDescriptorBuilder tableDescriptor = TableDescriptorBuilder.
newBuilder(tableName);
            for(String str:colFamily){
                ColumnFamilyDescriptor family =
ColumnFamilyDescriptorBuilder.newBuilder(Bytes.toBytes(str)).build();
                tableDescriptor.setColumnFamily(family);
            }
            admin.createTable(tableDescriptor.build());
        }
    }
```

在上述代码中，为了创建学生信息表 student，需要指定参数 myTableName 为 "student"，colFamily 为 "{"score"}"。上述代码与如下 HBase Shell 命令等效：

```
create 'student', 'score'
```

运行上述代码后，利用 HBase Shell 命令 "list" 和 "describe 'student'"，可以查看创建的表（见图 4-12）以及表的详细信息（见图 4-13）。

图 4-12　创建表结果

图 4-13　表的详细信息

（3）添加数据

HBase 采用 "四维坐标" 定位一个单元格，即行键、列族、列限定符、时间戳，其中时间戳可以在插入数据时由系统自动生成。因此，这里在添加数据时，需要提供行键、列族、列限定符以及数据等信息，具体实现代码如下：

```
/*添加数据*/
/**
```

```
 * @param tableName 表名
 * @param rowKey 行键
 * @param colFamily 列族
 * @param col 列限定符
 * @param val 数据
 * @throws Exception
 */
    public static void insertData(String tableName,String rowKey,String colFamily,
String col,String val) throws IOException {
        Table table = connection.getTable(TableName.valueOf(tableName));
        Put put = new Put(rowKey.getBytes());
        put.addColumn(colFamily.getBytes(),col.getBytes(), val.getBytes());
        table.put(put);
        table.close();
    }
```

添加数据时，需要分别设置参数 tableName、rowKey、colFamily、col、val 的值，然后运行上述代码。例如添加表 4-21 第一行数据时，为 insertData()方法指定相应参数，并运行如下 3 行代码：

```
insertData("student","zhangsan","score","English","69");
insertData("student","zhangsan","score","Math","86");
insertData("student","zhangsan","score","Computer","77");
```

上述代码与如下 HBase Shell 命令等效：

```
put 'student', 'zhangsan', 'score:English', '69'
put 'student', 'zhangsan', 'score:Math', '86'
put 'student', 'zhangsan', 'score:Computer', '77'
```

同理，可以添加表 4-21 的第二行数据，并使用 HBase Shell 命令"scan 'student'"，就可以查看所有插入操作完成之后 student 表中的数据（见图 4-14）。

图 4-14　插入数据后的效果

（4）浏览数据

现在就可以浏览刚才插入的数据了，使用如下代码获取某个单元格的数据：

```
/*获取某单元格数据*/
/**
 * @param tableName 表名
 * @param rowKey 行键
 * @param colFamily 列族
 * @param col 列限定符
 * @throws IOException
 */
    public static void getData(String tableName,String rowKey,String colFamily,String
col)throws  IOException{
        Table table = connection.getTable(TableName.valueOf(tableName));
        Get get = new Get(rowKey.getBytes());
```

```
        get.addColumn(colFamily.getBytes(),col.getBytes());
        Result result = table.get(get);
        System.out.println(new String(result.getValue(colFamily.getBytes(),col==null?
null:col.getBytes())));
        table.close();
    }
```

比如现在要获取姓名为"zhangsan"的"English"科目的数据，就可以在运行上述代码时，指定参数 tableName 为"student"、rowKey 为"zhangsan"、colFamily 为"score"、col 为"English"。代码如下：

```
getData("student", "zhangsan", "score", "English");
```

用 Eclipse 运行后的结果如下：

```
69
```

上述代码与如下 HBase Shell 命令等效：

```
get 'student','zhangsan',{COLUMN=>'score:English'}
```

运行该命令后的效果如图 4-15 所示。

图 4-15　获取某个单元格的数据

（5）代码清单

本实例完整代码如下：

```
import org.apache.hadoop.conf.Configuration;
import org.apache.hadoop.hbase.*;
import org.apache.hadoop.hbase.client.*;
import org.apache.hadoop.hbase.util.Bytes;
import java.io.IOException;
public class ExampleForHBase {
    public static Configuration configuration;
    public static Connection connection;
    public static Admin admin;
    public static void main(String[] args)throws IOException{
        init();
        createTable("student",new String[]{"score"});
        insertData("student","zhangsan","score","English","69");
        insertData("student","zhangsan","score","Math","86");
        insertData("student","zhangsan","score","Computer","77");
        getData("student", "zhangsan", "score","English");
        close();
    }
    //建立连接
    public static void init(){
        configuration = HBaseConfiguration.create();
        configuration.set("hbase.rootdir","hdfs://localhost:9000/hbase");
        try{
            connection = ConnectionFactory.createConnection(configuration);
            admin = connection.getAdmin();
```

```
            }catch (IOException e){
                e.printStackTrace();
            }
        }
        //关闭连接
        public static void close(){
            try{
                if(admin != null){
                    admin.close();
                }
                if(null != connection){
                    connection.close();
                }
            }catch (IOException e){
                e.printStackTrace();
            }
        }
        //建表
        public static void createTable(String myTableName,String[] colFamily)  throws
IOException {
            TableName tableName = TableName.valueOf(myTableName);
            if(admin.tableExists(tableName)){
                System.out.println("talbe is exists!");
            }else {
                TableDescriptorBuilder tableDescriptor = TableDescriptorBuilder.newBuilder
(tableName);
                for(String str:colFamily){
                    ColumnFamilyDescriptor family =
    ColumnFamilyDescriptorBuilder.newBuilder(Bytes.toBytes(str)).build();
                    tableDescriptor.setColumnFamily(family);
                }
                admin.createTable(tableDescriptor.build());
            }
        }
        //插入数据
        public static void insertData(String tableName,String rowKey,String colFamily,
String col,String val) throws IOException {
            Table table = connection.getTable(TableName.valueOf(tableName));
            Put put = new Put(rowKey.getBytes());
            put.addColumn(colFamily.getBytes(),col.getBytes(), val.getBytes());
            table.put(put);
            table.close();
        }
        //浏览数据
        public static void getData(String tableName,String rowKey,String colFamily, String
col)throws  IOException{
            Table table = connection.getTable(TableName.valueOf(tableName));
            Get get = new Get(rowKey.getBytes());
            get.addColumn(colFamily.getBytes(),col.getBytes());
            Result result = table.get(get);
            System.out.println(new String(result.getValue(colFamily.getBytes(),col==null?
null:col.getBytes())));
            table.close();
        }
    }
```

4.7　本章小结

本章详细介绍了 HBase 数据库的知识。HBase 数据库是 BigTable 的开源实现，和 BigTable 一样，支持大规模海量数据，分布式并发数据处理效率极高，易于扩展且支持动态伸缩，适用于廉价硬件设备。

HBase 可以支持 Native Java API、HBase Shell、Thrift Gateway、REST Gateway、Pig、Hive 等多种访问接口，可以根据具体应用场合选择相应的访问方式。

HBase 实际上就是一个稀疏、多维、持久化存储的映射表，它采用行键、列键和时间戳进行索引，每个值都是未经解释的字符串。本章介绍了 HBase 数据在概念视图和物理视图中的差别。

HBase 采用分区存储，一个大的表会被拆分为许多个 Region，这些 Region 会被分发到不同的 Region 服务器上实现分布式存储。

HBase 的系统架构包括客户端、ZooKeeper 服务器、Master 主服务器、Region 服务器。客户端包含访问 HBase 的接口；ZooKeeper 服务器负责提供稳定、可靠的协同服务；Master 主服务器主要负责表和 Region 的管理工作；Region 服务器负责维护分配给自己的 Region，并响应用户的读写请求。

本章最后详细介绍了 HBase 运行机制和编程实践的知识。

4.8　习题

1. 试述在 Hadoop 体系架构中 HBase 与其他组成部分的相互关系。
2. 请阐述 HBase 和 BigTable 的底层技术的对应关系。
3. 请阐述 HBase 和传统关系数据库的区别。
4. HBase 支持哪些类型的访问接口？
5. 请以实例说明 HBase 数据模型。
6. 分别解释 HBase 中行键、列键和时间戳的概念。
7. 请列举实例来阐述 HBase 的概念视图和物理视图的区别。
8. 试述 HBase 各功能组件及其作用。
9. 请阐述 HBase 的数据分区机制。
10. HBase 中的分区是如何定位的？
11. 试述 HBase 的三层结构中各层次的名称和作用。
12. 请阐述在 HBase 三层结构下，客户端是如何访问到数据的。
13. 试述 HBase 系统基本架构及其每个组成部分的作用。
14. 请阐述 Region 服务器向 HDFS 中读写数据的基本原理。
15. 试述 HStore 的工作原理。
16. 试述 HLog 的工作原理。
17. 在 HBase 中，每个 Region 服务器维护一个 HLog，而不是每个 Region 都单独维护一个 HLog。请说明这种做法的优点和缺点。

18. 当一台 Region 服务器意外终止时，Master 如何发现这种意外终止情况？为了恢复这台发生意外的 Region 服务器上的 Region，Master 会做出哪些处理（包括如何使用 HLog 进行恢复）？

19. 请列举几个 HBase 常用的命令，并说明其使用方法。

实验 3　熟悉常用的 HBase 操作

一、实验目的

（1）理解 HBase 在 Hadoop 体系结构中的角色。
（2）熟练使用 HBase 操作常用的 Shell 命令。
（3）熟悉 HBase 操作常用的 Java API。

二、实验平台

- 操作系统：Ubuntu 18.04（或 Ubuntu 16.04）。
- Hadoop 版本：3.1.3。
- HBase 版本：2.2.2。
- JDK 版本：1.8。
- Java IDE：Eclipse。

三、实验内容和要求

（1）编程实现以下指定功能，并用 Hadoop 提供的 HBase Shell 命令完成相同的任务。
① 列出 HBase 所有表的相关信息，如表名、创建时间等。
② 在终端输出指定表的所有记录数据。
③ 向已经创建好的表添加和删除指定的列族或列。
④ 清空指定表的所有记录数据。
⑤ 统计表的行数。

（2）现有以下关系数据库中的表（见表 4-22、表 4-23 和表 4-24），要求将其转换为适合 HBase 存储的表并插入数据。

表 4-22　　　　　　　　　　学生（Student）表

学号（S_No）	姓名（S_Name）	性别（S_Sex）	年龄（S_Age）
2015001	Zhangsan	male	23
2015002	Mary	female	22
2015003	Lisi	male	24

表 4-23　　　　　　　　　　课程（Course）表

课程号（C_No）	课程名（C_Name）	学分（C_Credit）
123001	Math	2.0
123002	Computer Science	5.0
123003	English	3.0

表 4-24　　　　　　　　　　　　　选课（SC）表

学号（SC_Sno）	课程号（SC_Cno）	成绩（SC_Score）
2015001	123001	86
2015001	123003	69
2015002	123002	77
2015002	123003	99
2015003	123001	98
2015003	123002	95

同时，请编程完成以下指定功能。

① createTable(String tableName, String[] fields)。

创建表，参数 tableName 为表的名称，字符串数组 fields 为存储记录各个域名称的数组。要求当 HBase 已经存在名为 tableName 的表的时候，先删除原有的表，再创建新的表。

② addRecord(String tableName, String row, String[] fields, String[] values)。

向表 tableName、行 row（用 S_Name 表示）和字符串数组 fields 指定的单元格中添加对应的数据 values。其中，如果 fields 中每个元素对应的列族下还有相应的列限定符，用"columnFamily:column"表示。例如同时向"Math""Computer Science""English"3 列添加成绩时，字符串数组 fields 为{"Score:Math","Score：Computer Science","Score:English"}，数组 values 存储这 3 门课的成绩。

③ scanColumn(String tableName, String column)。

浏览表 tableName 某一列的数据，如果某一行记录中该列数据不存在，则返回 null。要求当参数 column 为某一列族名称时，如果底下有若干个列限定符，则列出每个列限定符代表的列的数据；当参数 column 为某一列具体名称（如"Score:Math"）时，只需要列出该列的数据。

④ modifyData(String tableName, String row, String column)。

修改表 tableName、行 row（可以用学生姓名 S_Name 表示）、列 column 指定的单元格的数据。

⑤ deleteRow(String tableName, String row)。

删除表 tableName 中 row 指定的行的记录。

四、实验报告

"大数据技术原理与应用"课程实验报告

题目：	姓名：	日期：

实验环境：

实验内容与完成情况：

出现的问题：

解决方案（列出遇到的问题和解决办法，列出没有解决的问题）：

第5章
NoSQL 数据库

传统的关系数据库可以较好地支持结构化数据存储和管理，它以完善的关系代数理论作为基础，具有严格的标准，支持事务 ACID 四性，借助索引机制可以实现高效的查询。因此，关系数据库自从 20 世纪 70 年代诞生以来就一直是数据库领域的主流产品类型。但是，Web 2.0 的迅猛发展以及大数据时代的到来，使关系数据库越来越力不从心。在大数据时代，数据类型繁多，包括结构化数据和各种非结构化数据，其中非结构化数据占这些数据的比例更是高达 90%以上。关系数据库由于数据模型不灵活、水平扩展能力较差等局限性，已经无法满足各种类型的非结构化数据的大规模存储需求。不仅如此，关系数据库引以为豪的一些关键特性，如事务机制和支持复杂查询，在 Web 2.0 时代的很多应用中都成为"鸡肋"。因此，在新的应用需求驱动下，各种新型的 NoSQL 数据库不断涌现，并逐渐获得市场的青睐。

本章首先介绍 NoSQL 兴起的原因，比较 NoSQL 数据库与传统的关系数据库的差异；然后介绍 NoSQL 数据库的四大类型和三大基石；最后简要介绍与 NoSQL 数据库同样受到关注的 NewSQL 数据库。

5.1 NoSQL 简介

NoSQL 是一种不同于关系数据库的数据库管理系统设计方式，是对非关系数据库的统称，它所采用的数据模型并非传统关系数据库的关系模型，而是类似键值、列族、文档等非关系模型。NoSQL 数据库没有固定的表结构，通常也不存在连接操作，也没有严格遵守 ACID 约束。因此，与关系数据库相比，NoSQL 具有灵活的水平可扩展性，可以支持海量数据存储。此外，NoSQL 数据库支持 MapReduce 风格的编程，可以较好地应用于大数据时代的各种数据管理。NoSQL 数据库的出现，一方面弥补了关系数据库在当前商业应用中存在的各种缺陷，另一方面也撼动了关系数据库的传统垄断地位。

当应用场合需要简单的数据模型、灵活性的 IT 系统、较高的数据库性能和较低的数据库一致性时，NoSQL 数据库是一个很好的选择。通常 NoSQL 数据库具有以下 3 个特点。

1. 灵活的可扩展性

传统的关系数据库由于自身设计的局限性，通常很难实现"横向扩展"。当数据库负载大规模增加时，往往需要通过升级硬件来实现"纵向扩展"。但是，当前的计算机硬件制造工艺已经达到一个限度，性能提升的速度开始趋缓，已经远远赶不上数据库系统负载的增加速度，而且配置高端的高性能服务器价格不菲，因此寄希望于通过"纵向扩展"满足实际业务需求，已经变得越来越不现实。相反,"横向扩展"仅需要非常普通且廉价的标准化刀片服务器,不仅具有较高的性价比,也提供了理论上近乎无限的扩展空间。NoSQL 数据库在设计之初就是为了满足"横向扩展"的需求,因此天生具备良好的横向(水平)扩展能力。

2. 灵活的数据模型

关系数据模型是关系数据库的基石,它以完备的关系代数理论为基础,具有规范的定义,遵守各种严格的约束条件。这种做法虽然保证了业务系统对数据一致性的需求,但是过于死板的数据模型,意味着无法满足各种新兴的业务需求。相反,NoSQL 数据库天生就旨在摆脱关系数据库的各种束缚条件,摈弃了流行多年的关系数据模型,转而采用键值、列族等非关系数据模型,允许在一个数据元素里存储不同类型的数据。

3. 与云计算紧密融合

云计算具有很好的水平扩展能力,可以根据资源使用情况进行自由伸缩,各种资源可以动态加入或退出。NoSQL 数据库可以凭借自身良好的横向扩展能力,充分利用云计算基础设施,很好地将数据库融入云计算环境中,构建基于 NoSQL 的云数据库服务。

5.2　NoSQL 兴起的原因

关系数据库是指采用关系数据模型的数据库,最早由图灵奖得主、有"关系数据库之父"之称的埃德加·弗兰克·科德于 1970 年提出。由于具有规范的行和列结构,因此存储在关系数据库中的数据通常也被称为"结构化数据",用来查询和操作关系数据库的语言被称为"结构化查询语言"。由于关系数据库具有完备的数学理论基础、完善的事务管理机制和高效的查询处理引擎,因此在社会生产和生活中得到了广泛的应用,并从 20 世纪 70 年代到 21 世纪前 10 年,一直占据商业数据库应用的主流的位置。目前主流的关系数据库有 Oracle、DB2、SQL Server、Sybase、MySQL 等。

尽管数据库的事务和查询机制较好地满足了银行、电信等各类商业公司的业务数据管理需求,但是随着 Web 2.0 的兴起和大数据时代的到来,关系数据库已经显得越来越力不从心,暴露出越来越多难以克服的缺陷。于是 NoSQL 数据库应运而生,它很好地满足了 Web 2.0 的需求,得到了市场的青睐。

5.2.1　关系数据库无法满足 Web 2.0 的需求

关系数据库已经无法满足 Web 2.0 的需求,主要表现在以下 3 个方面。

1. 无法满足海量数据的管理需求

在 Web 2.0 时代,每个用户都是信息的发布者,用户的购物、社交、搜索等网络行为都会产生大量数据。新浪微博、淘宝、百度等网站,每天生成的数据量十分可观。对于上述网站而言,很快就可以产生超过 10 亿条的记录数据。对于关系数据库来说,在一张有 10 亿条记录数据的表里进行 SQL 查询,效率极其低下,甚至是不可忍受的。

2. 无法满足数据高并发的需求

在 Web 1.0 时代,通常采用动态页面静态化技术,事先访问数据库生成静态页面供浏览者访问,从而保证大规模用户访问时,也能够获得较好的实时响应性能。但是,在 Web 2.0 时代,各种用户信息都在不断地发生变化,购物记录、搜索记录、微博粉丝数等信息都需要实时更新,动态页面静态化技术基本没有用武之地，所有信息都需要动态实时生成，这就会导致高并发的数据库访问，可能产生每秒上万次的读写请求。对于很多关系数据库而言，这都是"难以承受之重"。

3. 无法满足高可扩展性和高可用性的需求

在 Web 2.0 时代，不知名的网站可能一夜爆红，用户迅速增加，已经广为人知的网站也可能因为发布了某些吸引眼球的信息，引来大量用户在短时间内围绕该信息产生大量交流、互动。这些都会导致对数据库读写负荷的急剧增加，需要数据库能够在短时间内迅速提升性能应对突发需求。但遗憾的是，关系数据库通常是难以横向扩展的，没有办法像网页服务器和应用服务器那样简单地通过添加更多的硬件和服务节点来扩展性能和负载能力。

5.2.2　关系数据库的关键特性在 Web 2.0 时代成为"鸡肋"

关系数据库的关键特性包括完善的事务机制和高效的查询机制。关系数据库的事务机制是由 1998 年图灵奖获得者、被誉为"数据库事务处理专家"的詹姆斯·格雷提出的。一个事务具有原子性、一致性、隔离性、持续性等"ACID"四性。有了事务机制，数据库中的各种操作可以保证数据的一致性修改。关系数据库还拥有非常高效的查询处理引擎，可以对查询语句进行语法分析和性能优化，保证查询的高效执行。

但是，关系数据库引以为傲的两个关键特性到了 Web 2.0 时代却成了"鸡肋"，主要表现在以下 3 个方面。

1. Web 2.0 网站系统通常不要求严格的数据库事务

对于许多 Web 2.0 网站而言，数据库事务已经不再那么重要。比如对于微博网站而言，如果一个用户发布微博过程出现错误，可以直接丢弃该信息，而不必像关系数据库那样执行复杂的回滚操作，这样并不会给用户造成什么损失。而且，数据库事务通常有一套复杂的实现机制来保证数据库一致性，这需要大量系统开销。对于包含大量频繁实时读写请求的 Web 2.0 网站而言，实现事务的代价是难以承受的。

2. Web 2.0 并不要求严格的读写实时性

对于关系数据库而言，一旦有一条数据记录成功插入数据库中，就可以立即被查询。这对于银行等金融机构而言，是非常重要的。银行用户肯定不希望自己刚刚存入一笔钱，却无法在系统中立即查询到这笔存款记录。但是，对于 Web 2.0 而言，却没有这种实时读写需求，比如用户的微博粉丝数量增加了 10 个，在几分钟后显示更新的粉丝数量，用户可能也不会察觉。

3. Web 2.0 通常不包含大量复杂的 SQL 查询

复杂的 SQL 查询通常包含多表连接操作。在数据库中，多表连接操作代价高昂，因此各类 SQL 查询处理引擎都设计了十分巧妙的优化机制——通过调整选择、投影、连接等操作的顺序，达到尽早减少参与连接操作的元组数目的目的，从而降低连接代价，提高连接效率。但是，Web 2.0 网站在设计时就已经尽量减少甚至避免这类操作，通常只采用单表的主键查询，因此关系数据库的查询优化机制在 Web 2.0 中难以有所作为。

综上所述，关系数据库凭借自身的独特优势，很好地满足了传统企业的数据管理需求，在数据库这个"江湖"独领风骚 40 余年。但是随着 Web 2.0 时代的到来，各类网站的数据管理需求已经与传统企业大不相同。在这种新的应用背景下，纵使关系数据库使尽浑身解数，也难以满足新时期的要求。于是 NoSQL 数据应运而生，它的出现可以说是 IT 发展的必然。

5.3　NoSQL 与关系数据库的比较

　　表 5-1 给出了 NoSQL 和关系数据库的简单比较，对比指标包括数据库原理、数据规模、数据库模式、查询效率、一致性、数据完整性、扩展性、可用性、标准化、技术支持和可维护性等方面。从表中可以看出，关系数据库的突出优势在于，以完善的关系代数理论作为基础，有严格的标准，支持事务 ACID 四性，借助索引机制可以实现高效的查询，技术成熟，有专业公司的技术支持；其劣势在于，可扩展性较差，无法较好地支持海量数据存储，数据模型过于死板，无法较好地支持 Web 2.0 应用，事务机制影响了系统的整体性能等。NoSQL 数据库的明显优势在于，可以支持超大规模数据存储，其灵活的数据模型可以很好地支持 Web 2.0 应用，具有强大的横向扩展能力等；其劣势在于，缺乏数学理论基础，复杂查询性能不高，一般都不能实现事务强一致性，很难实现数据完整性，技术尚不成熟，缺乏专业团队的技术支持，维护较困难等。

表 5-1　　　　　　　　　　　　　　　　NoSQL 和关系数据库的简单比较

对比指标	NoSQL	关系数据库	备注
数据库原理	部分支持	完全支持	关系数据库有关系代数理论作为基础。 NoSQL 没有统一的理论基础
数据规模	超大	大	关系数据库很难实现横向扩展，纵向扩展的空间也比较有限，性能会随着数据规模的增大而降低。 NoSQL 可以很容易通过添加更多设备来支持更大规模的数据
数据库模式	灵活	固定	关系数据库需要定义数据库模式，严格遵守数据定义和相关约束条件。 NoSQL 不存在数据库模式，可以自由、灵活地定义并存储各种不同类型的数据
查询效率	可以实现高效的简单查询，但是不具备高度结构化查询等特性，复杂查询的性能不尽如人意	快	关系数据库借助于索引机制可以实现快速查询（包括记录查询和范围查询）。 很多 NoSQL 数据库没有面向复杂查询的索引，虽然 NoSQL 可以使用 MapReduce 来加速查询，但是在复杂查询方面的性能仍然不如关系数据库
一致性	弱一致性	强一致性	关系数据库严格遵守事务 ACID 模型，可以保证事务强一致性。 很多 NoSQL 数据库放松了对事务 ACID 四性的要求，而是遵守 BASE 模型，只能保证最终一致性
数据完整性	很难实现	容易实现	任何一个关系数据库都可以很容易实现数据完整性，如通过主键或者非空约束来实现实体完整性，通过主键、外键来实现参照完整性，通过约束或者触发器来实现用户自定义完整性，但是在 NoSQL 数据库无法实现
扩展性	好	一般	关系数据库很难实现横向扩展，纵向扩展的空间也比较有限。 NoSQL 在设计之初就充分考虑了横向扩展的需求，可以很容易通过添加廉价设备实现扩展
可用性	很好	好	关系数据库在任何时候都以保证数据一致性为优先目标，其次才是优化系统性能。随着数据规模的增大，关系数据库为了保证严格的一致性，只能提供相对较弱的可用性。 大多数 NoSQL 都能提供较高的可用性

对比指标	NoSQL	关系数据库	备注
标准化	否	是	关系数据库已经标准化（SQL）。 NoSQL 还没有行业标准，不同的 NoSQL 数据库有不同的查询语言，很难规范应用程序接口
技术支持	低	高	关系数据库经过几十年的发展，已经非常成熟，Oracle 等大型厂商都可以提供很好的技术支持。 NoSQL 在技术支持方面仍然处于起步阶段，还不成熟，缺乏有力的技术支持
可维护性	复杂	复杂	关系数据库需要专门的数据库管理员（DataBase Administrator，DBA）维护 NoSQL 数据库虽然没有关系数据库复杂，但难以维护

分布式数据库公司 VoltDB 的首席技术官、Ingres 和 PostgreSQL 数据库的总设计师 Michael Stonebraker 认为，当今大多数商业数据库软件已经在市场上存在 30 年或更长时间，它们的设计并没有围绕自动化以及事务性环境，同时这些数据库在这几十年中不断发展出的功能并没有想象中的那么好。许多新兴的 NoSQL 数据库的普及，如 MongoDB 和 Cassandra，很好地弥补了传统数据库系统的局限性，但是 NoSQL 没有一个统一的查询语言，这将拖慢 NoSQL 的发展。

通过上述对 NoSQL 数据库和关系数据库的一系列比较可以看出，二者各有优势，也都存在不同层面的缺陷。因此，在实际应用中，二者都可以有各自的目标用户群体和市场空间，不存在一个完全取代另一个的问题。对于关系数据库而言，在一些特定应用领域，其地位和作用仍然无法被取代，银行、超市等领域的业务系统仍然高度依赖于关系数据库来保证数据的一致性。此外，对于一些复杂查询分析型应用而言，基于关系数据库的数据仓库产品，仍然可以获得比基于 NoSQL 数据库更好的性能。比如有研究人员利用基准测试数据集 TPC-H 和 YCSB（Yahoo! Cloud Serving Benchmark），对微软基于 SQL Server 的并行数据仓库产品 PDW（Parallel Data Warehouse）和 Hadoop 平台上的数据仓库产品 Hive（属于 NoSQL）进行了实验比较，实验结果表明 PDW 的性能比 Hive 的性能快 9 倍。对于 NoSQL 数据库而言，Web 2.0 领域是其未来的主战场，Web 2.0 网站系统对于数据一致性要求不高，但是对数据量和并发读写要求较高，NoSQL 数据库可以很好地满足这些应用的需求。在实际应用中，一些公司也会采用混合的方式构建数据库应用，比如亚马逊就使用不同类型的数据库来支撑它的电子商务应用。对于"购物车"这种临时性数据，采用键值存储会更加高效，当前的产品和订单信息则适合存放在关系数据库中，大量的历史订单信息则适合保存在类似 MongoDB 的文档数据库中。

5.4 NoSQL 的四大类型

近些年，NoSQL 数据库发展势头非常迅猛。在四五年时间内，NoSQL 领域就爆炸性地产生了 50～150 个新的数据库。据一项网络调查显示，行业中最需要的开发人员技能前十名依次是 HTML5、MongoDB、iOS、Android、Mobile Apps、Puppet、Hadoop、jQuery、PaaS 和 Social Media。其中，MongoDB（一种文档数据库，属于 NoSQL）的热度甚至位于 iOS 之前，足以看出 NoSQL 的受欢迎程度。感兴趣的读者可以参考《七周七数据库》一书，学习 Riak、Apache HBase、MongoDB、

Apache CouchDB、Neo4j 和 Redis 等 NoSQL 数据库的使用方法。

　　NoSQL 数据库虽然数量众多，但是归结起来，典型的 NoSQL 数据库通常包括键值数据库、列族数据库、文档数据库和图数据库，如图 5-1 所示。

（a）键值数据库　　　　　　　（b）列族数据库

（c）文档数据库　　　　　　　（d）图数据库

图 5-1　不同类型的 NoSQL 数据库

5.4.1　键值数据库

　　键值数据库（Key-Value Database）会使用一个哈希表，这个表中有一个特定的 Key 和一个指针指向特定的 Value。Key 可以用来定位 Value，即存储和检索具体的 Value。Value 对数据库而言是透明不可见的，不能对 Value 进行索引和查询，只能通过 Key 进行查询。Value 可以用来存储任意类型的数据，包括整型、字符型、数组、对象等。在存在大量写操作的情况下，键值数据库可以比关系数据库取得更好的性能。因为，关系数据库需要建立索引来加速查询，当存在大量写操作时，索引会发生频繁更新，由此会产生高昂的索引维护代价。关系数据库通常很难横向扩展，但是键值数据库天生具有良好的伸缩性，理论上几乎可以实现数据量的无限扩容。键值数据库可以进一步划分为内存键值数据库和持久化（Persistent）键值数据库。内存键值数据库把数据保存在内存中，如 Memcached 和 Redis；持久化键值数据库把数据保存在磁盘，如 BerkeleyDB、Voldmort 和 Riak。

　　当然，键值数据库也有自身的局限性，条件查询就是键值数据库的弱项。因此，如果只对部分值进行查询或更新，效率就会比较低下。在使用键值数据库时，应该尽量避免多表关联查询，可以采用双向冗余存储关系来代替表关联，把操作分解成单表操作。此外，键值数据库在发生故障时不支持回滚操作，因此无法支持事务。键值数据库的相关产品、数据模型、典型应用、优点、缺点和使用者见表 5-2。

表 5-2 键值数据库

项目	描述
相关产品	Redis、Riak、SimpleDB、Chordless、Scalaris、Memcached
数据模型	键值对
典型应用	内容缓存，如会话、配置文件、参数、购物车等
优点	扩展性好、灵活性好、大量写操作时性能高
缺点	无法存储结构化信息、条件查询效率较低
使用者	百度云数据库（Redis）、GitHub（Riak）、BestBuy（Riak）、StackOverFlow（Redis）、Instagram（Redis）

5.4.2 列族数据库

列族数据库一般采用列族数据模型，数据库由多个行构成，每行数据包含多个列族，不同的行可以具有不同数量的列族，属于同一列族的数据会被存放在一起。每行数据通过行键进行定位，与这个行键对应的是一个列族。从这个角度来说，列族数据库也可以被视为一个键值数据库。列族可以被配置成支持不同类型的访问模式，一个列族也可以被设置成放入内存，以消耗内存为代价来换取更好的响应性能。列族数据库的相关产品、数据模型、典型应用、优点、缺点和使用者见表 5-3。

表 5-3 列族数据库

项目	描述
相关产品	BigTable、HBase、Cassandra、HadoopDB、GreenPlum、PNUTS
数据模型	列族
典型应用	分布式数据存储与管理
优点	查找速度快、可扩展性强、容易进行分布式扩展、复杂性低
缺点	功能较少，大都不支持强事务一致性
使用者	Ebay（Cassandra）、Instagram（Cassandra）

5.4.3 文档数据库

在文档数据库中，文档是数据库的最小单位。虽然每一种文档数据库的部署有所不同，但是大都假定文档以某种标准化格式封装并对数据进行加密，同时用多种格式进行解码，包括 XML、YAML、JSON 和 BSON 等，或者也可以使用二进制格式进行解码（如 PDF、微软 Office 文档等）。文档数据库通过键来定位一个文档，因此可以看成键值数据库的一个衍生品，而且前者比后者具有更高的查询效率。对于那些可以把输入数据表示成文档的应用而言，文档数据库是非常合适的。一个文档可以包含非常复杂的数据结构，如嵌套对象，并且不需要采用特定的数据模式，每个文档可能具有完全不同的结构。文档数据库既可以根据键（Key）来构建索引，也可以基于文档内容来构建索引。基于文档内容的索引和查询能力，是文档数据库不同于键值数据库的地方。因为在键值数据库中，值（Value）对数据库是透明不可见的，不能根据值来构建索引。文档数据库主要用于存储并检索文档数据，当文档数据需要考虑很多关系和标准化约束，以及需要事务支持时，传统的关系数据库是更好的选择。文档数据库的相关产品、数据模型、典型应用、优点、缺点和使用者见表 5-4。

表 5-4　　　　　　　　　　　　　　　　　文档数据库

项目	描述
相关产品	CouchDB、MongoDB、Terrastore、ThruDB、RavenDB、SisoDB、RaptorDB、CloudKit、Persevere、Jackrabbit
数据模型	版本化的文档
典型应用	存储、索引并管理面向文档的数据或者类似的半结构化数据
优点	性能好、灵活性高、复杂性低、数据结构灵活
缺点	缺乏统一的查询语法
使用者	百度云数据库（MongoDB）、SAP（MongoDB）、Codecademy（MongoDB）、Foursquare（MongoDB）

5.4.4　图数据库

图数据库以图论为基础，一个图是一个数学概念，用来表示一个对象集合，包括顶点以及连接顶点的边。图数据库使用图作为数据模型来存储数据，完全不同于键值、列族和文档数据模型，可以高效地存储不同顶点之间的关系。图数据库专门用于处理具有高度相互关联关系的数据，可以高效地处理实体之间的关系，比较适合于社交网络、模式识别、依赖分析、推荐系统以及路径寻找等问题。有些图数据库（如 Neo4J），完全兼容 ACID。但是，图数据库除了在处理图和关系这些应用领域具有很好的性能以外，在其他领域，其性能不如其他 NoSQL 数据库。图数据库的相关产品、数据模型、典型应用、优点、缺点和使用者见表 5-5。

表 5-5　　　　　　　　　　　　　　　　　图数据库

项目	描述
相关产品	Neo4J、OrientDB、InfoGrid、Infinite Graph、GraphDB
数据模型	图结构
典型应用	应用于大量复杂、互连接、低结构化的图结构场合，如社交网络、推荐系统等
优点	灵活性高、支持复杂的图算法、可用于构建复杂的关系图谱
缺点	复杂性高、只能支持一定的数据规模
使用者	Adobe（Neo4J）、Cisco（Neo4J）

5.5　NoSQL 的三大基石

NoSQL 的三大基石包括 CAP、BASE 和最终一致性。

5.5.1　CAP

2000 年，美国著名科学家 Eric Brewer 教授指出了著名的 CAP 理论，后来美国麻省理工学院（Massachusetts Institute of Techonlogy, MIT）的两位科学家 Seth Gilbert 和 Nancy lynch 证明了 CAP 理论的正确性。CAP 含义如下。

- C（Consistency）：一致性。它是指任何一个读操作总是能够读到之前完成的写操作的结果，也就是在分布式环境中，多点的数据是一致的。

- A（Availability）：可用性。它是指快速获取数据，且在确定的时间内返回操作结果。
- P（Tolerance of Network Partition）：分区容忍性。它是指当出现网络分区的情况时（即系统中的一部分节点无法和其他节点进行通信），分离的系统也能够正常运行。

图 5-2　CAP 理论

CAP 理论（见图 5-2）告诉我们，一个分布式系统不可能同时满足一致性、可用性和分区容忍性这 3 个特性，最多只能同时满足其中 2 个，正所谓"鱼和熊掌不可兼得"。如果追求一致性，就要牺牲可用性，需要处理因为系统不可用而导致的写操作失败的情况；如果要追求可用性，就要预估到可能发生数据不一致的情况，比如系统的读操作可能不能精确地读取写操作写入的最新值。

下面给出一个牺牲一致性来换取可用性的实例。假设分布式环境下存在两个节点 M_1 和 M_2，一个数据 V 的两个副本 V_1 和 V_2 分别保存在 M_1 和 M_2 上，两个副本的值都是 val_0。现在假设有两个进程 P_1 和 P_2 分别对两个副本进行操作，进程 P_1 向节点 M_1 中的副本 V_1 写入新值 val_1，进程 P_2 从节点 M_2 中读取 V 的副本 V_2 的值。

当整个过程完全正常执行时，会按照以下过程进行（见图 5-3）。

（1）进程 P_1 向节点 M_1 的副本 V_1 写入新值 val_1。

（a）初始状态　　　　　　　　　　　　　（b）正常执行过程

（c）更新传播失败时的执行过程

图 5-3　一个牺牲一致性来换取可用性的实例

（2）节点 M_1 向节点 M_2 发送消息 MSG 以更新副本 V_2 值，把副本 V_2 值更新为 val_1。

（3）进程 P_2 在节点 M_2 中读取副本 V_2 的新值 val_1。

但是当网络发生故障时，可能导致节点 M_1 中的消息 MSG 无法发送到节点 M_2，这时，进程 P_2 在节点 M_2 中读取的副本 V_2 的值仍然是旧值 val_0。由此产生了不一致性问题。

从这个实例可以看出，当我们希望两个进程 P_1 和 P_2 都实现高可用性，也就是能够快速访问到需要的数据时，就会牺牲数据一致性。

当处理 CAP 的问题时，可以有以下几个明显的选择，即不同产品在 CAP 理论下有不同的设计原则（见图 5-4）。

图 5-4　不同产品在 CAP 理论下的不同设计原则

（1）CA。也就是强调一致性（C）和可用性（A），放弃分区容忍性（P）。最简单的做法是把所有与事务相关的内容都放到同一台机器上。很显然，这种做法会严重影响系统的可扩展性。传统的关系数据库（MySQL、SQL Server 和 PostgreSQL）都采用了这种设计原则，因此扩展性都比较差。

（2）CP。也就是强调一致性（C）和分区容忍性（P），放弃可用性（A）。当出现网络分区的情况时，受影响的服务需要等待数据一致，因此在等待期间就无法对外提供服务。Neo4J、BigTable 和 HBase 等 NoSQL 数据库都采用了 CP 设计原则。

（3）AP。也就是强调可用性（A）和分区容忍性（P），放弃一致性（C）。允许系统返回不一致的数据。这对于许多 Web 2.0 网站而言是可行的，这些网站的用户首先关注的是网站服务是否可用。当用户需要发布一条微博时，必须能够立即发布，否则，用户就会放弃使用，但是这条微博发布后什么时候能够被其他用户读到，则不是非常重要的问题，不会影响到用户体验。因此，对于 Web 2.0 网站而言，可用性与分区容忍性优先级要高于数据一致性，网站一般会尽量朝着 AP 的方向设计。当然，在采用 AP 设计时，也可以不完全放弃一致性，转而采用最终一致性。DynamoDB、Riak、CouchDB、Cassandra 等 NoSQL 数据库就采用了 AP 设计原则。

5.5.2　BASE

说起 BASE（Basically availble、Soft-state、Eventual consistency），不得不谈到 ACID。一个数据库事务具有 ACID 四性。

- A（Atomicity）：原子性。它是指事务必须是原子工作单元，对于其数据修改，要么全都执行，要么全都不执行。
- C（Consistency）：一致性。它是指事务在完成时，必须使所有的数据都保持一致状态。

- I（Isolation）：隔离性。它是指由并发事务所做的修改必须与任何其他并发事务所做的修改隔离。

- D（Durability）：持久性。它是指事务完成之后，它对于系统的影响是永久性的，该修改即使出现致命的系统故障也将一直保持。

关系数据库系统中设计了复杂的事务管理机制来保证事务在执行过程中严格满足ACID四性要求。关系数据库的事务管理机制较好地满足了银行等领域对数据一致性的要求，因此得到了广泛的商业应用。但是，NoSQL数据库通常应用于Web 2.0网站等场景中，对数据一致性的要求并不是很高，而是强调系统的高可用性，因此为了获得系统的高可用性，可以考虑适当牺牲一致性或分区容忍性。BASE的基本思想就是在这个基础上发展起来的，它完全不同于ACID模型，BASE牺牲了高一致性，从而获得可用性或可靠性，Cassandra系统就是一个很好的实例。有意思的是，单从名字上就可以看出二者有点"水火不容"，BASE的英文意义是碱，而ACID的英文含义是酸。

BASE的基本含义是基本可用（Basically Available）、软状态（Soft-state）和最终一致性（Eventual consistency）。

1. 基本可用

基本可用是指一个分布式系统的一部分发生问题变得不可用时，其他部分仍然可以正常使用，也就是允许分区失败的情形出现。比如一个分布式数据存储系统由10个节点组成，当其中1个节点损坏不可用时，其他9个节点仍然可以正常提供数据访问，那么，就只有10%的数据是不可用的，其余90%的数据都是可用的，这时就可以认为这个分布式数据存储系统"基本可用"。

2. 软状态

"软状态"（Soft-state）是与"硬状态（Hard-state）"相对应的一种提法。数据库保存的数据是"硬状态"时，可以保证数据一致性，即保证数据一直是正确的。"软状态"是指状态可以有一段时间不同步，具有一定的滞后性。假设某个银行中的一个用户A转移资金给另外一个用户B，这个操作通过消息队列来实现解耦，即用户A向发送队列中放入资金，资金到达接收队列后通知用户B取走资金。由于消息传输的延迟，这个过程可能会存在一个短时的不一致性，即用户A已经在队列中放入资金，但是资金还没有到达接收队列，用户B还没拿到资金，导致出现数据不一致状态，即用户A的钱已经减少了，但是用户B的钱并没有相应增加。也就是说，在转账的开始和结束状态之间存在一个滞后时间，在这个滞后时间内，两个用户的资金似乎都消失了，出现了短时的不一致状态。虽然这对用户来说有一个滞后，但是这种滞后是用户可以容忍的，甚至用户根本感知不到，因为两边用户实际上都不知道资金何时到达。当经过短暂延迟后，资金到达接收队列时，就可以通知用户B取走资金，状态最终一致。

3. 最终一致性

一致性的类型包括强一致性和弱一致性，二者的主要区别在于在高并发的数据访问操作下，后续操作是否能够获取最新的数据。对于强一致性而言，当执行完一次更新操作后，后续的其他读操作就可以保证读到更新后的最新数据；反之，如果不能保证后续访问读到的都是更新后的最新数据，那么就是弱一致性。而最终一致性只不过是弱一致性的一种特例，允许后续的访问操作可以暂时读不到更新后的数据，但是经过一段时间之后，用户必须读到更新后的数据。最终一致性也是ACID的最终目的，只要最终数据是一致的就可以了，而不是每时每刻都保持实时一致。

5.5.3 最终一致性

讨论一致性的时候，需要从客户端和服务端两个角度来考虑。从服务端来看，一致性是指更新如何复制分布到整个系统，以保证数据最终一致。从客户端来看，一致性主要指的是在高并发的数据访问操作下，后续操作是否能够获取最新的数据。关系数据库通常实现强一致性，也就是一旦一个更新完成，后续的访问操作都可以立即读取更新过的数据。弱一致性则无法保证后续访问都能够读到更新后的数据。

最终一致性的要求更低，只要经过一段时间后能够访问到更新后的数据即可。也就是说，如果一个操作 OP 往分布式存储系统中写入了一个值，遵循最终一致性的系统可以保证，如果后续访问发生之前没有其他写操作去更新这个值，那么，最终所有后续的访问都可以读取操作 OP 写入的最新值。从 OP 操作完成到后续访问可以最终读取 OP 写入的最新值，这之间的时间间隔称为"不一致性窗口"，如果没有发生系统失败，这个窗口的大小依赖于交互延迟、系统负载和副本个数等因素。

最终一致性根据更新数据后各进程访问到数据的时间和方式的不同，又可以进行如下区分。

* 因果一致性。如果进程 A 通知进程 B 它已更新了一个数据项，那么进程 B 的后续访问将获得进程 A 写入的最新值。而与进程 A 无因果关系的进程 C 的访问，仍然遵守一般的最终一致性规则。

* "读己之所写"一致性。这可以视为因果一致性的一个特例。当进程 A 自己执行一个更新操作之后，它自己总是可以访问到更新过的值，绝不会看到旧值。

* 会话一致性。它把访问存储系统的进程放到会话（Session）的上下文中，只要会话还存在，系统就保证"读己之所写"一致性。如果由于某些失败情形令会话终止，就要建立新的会话，而且系统保证不会延续到新的会话。

* 单调读一致性。如果进程已经看到过数据对象的某个值，那么任何后续访问都不会返回在那个值之前的值。

* 单调写一致性。系统保证来自同一个进程的写操作顺序执行。系统必须保证这种程度的一致性，否则编程难以进行。

5.6　从 NoSQL 到 NewSQL 数据库

NoSQL 数据库可以提供良好的扩展性和灵活性，很好地弥补了传统关系数据库的缺陷，较好地满足了 Web 2.0 应用的需求。但是，NoSQL 数据库也存在自己的不足之处。由于 NoSQL 数据库采用非关系数据模型，因此它不具备高度结构化查询等特性，查询效率尤其是复杂查询效率不如关系数据库，而且不支持事务 ACID 四性。

在这个背景下，近几年，NewSQL 数据库逐渐升温。NewSQL 是对各种新的可扩展、高性能数据库的简称，这类数据库不仅具有 NoSQL 对海量数据的存储管理能力，还保持了传统数据库支持 ACID 和 SQL 等特性。不同的 NewSQL 数据库的内部结构差异很大，但是它们有两个显著的共同特点：都支持关系数据模型；都使用 SQL 作为其主要的接口。

目前，具有代表性的 NewSQL 数据库主要包括 Spanner、Clustrix、GenieDB、ScalArc、Schooner、VoltDB、RethinkDB、ScaleDB、Akiban、CodeFutures、ScaleBase、Translattice、NimbusDB、Drizzle、Tokutek、JustOneDB 等。此外，还有一些在云端提供的 NewSQL 数据库（也就是云数据库，在第 6 章介绍），包括 Amazon RDS、Microsoft SQL Azure、Xeround 和 FathomDB 等。在众多 NewSQL 数据库中，Spanner 备受瞩目。它是一个可扩展、多版本、全球分布式并且支持同步复制的数据

库，是 Google 的第一个可以全球扩展并且支持外部一致性的数据库。Spanner 能做到这些，离不开一个用 GPS 和原子钟实现的时间 API。这个 API 能将数据中心之间的时间同步精确到 10 ms 以内。因此，Spanner 有几个良好的特性：无锁读事务、原子模式修改、读历史数据无阻塞。

一些 NewSQL 数据库比传统的关系数据库具有明显的性能优势。比如 VoltDB 系统使用了 NewSQL 创新的体系架构，释放了主内存运行的数据库中消耗系统资源的缓冲池，在执行交易时可比传统关系数据库快 45 倍。VoltDB 可扩展服务器数量为 39 个，并可以每秒处理 160 万个交易（300 个 CPU 核心），而具备同样处理能力的 Hadoop 需要更多的服务器。

综合来看，大数据时代的到来，引发了数据处理架构的变革，如图 5-5 所示。以前，业界和学术界追求的方向是一种架构支持多类应用（One Size Fits All），包括事务型应用（OLTP 系统）、分析型应用（OLAP、数据仓库）和互联网应用（Web 2.0）。但是，实践证明，这种理想愿景是不可能实现的，不同应用场景的数据管理需求截然不同，一种数据库架构根本无法满足所有场景。因此，到了大数据时代，数据库架构开始向着多元化方向发展，并形成了传统关系数据库（OldSQL）、NoSQL 数据库和 NewSQL 数据库 3 个阵营，三者各有自己的应用场景和发展空间。尤其是传统关系数据库，并没有就此被其他两者完全取代。在基本架构不变的基础上，许多关系数据库产品开始引入内存计算和一体机技术以提升处理性能。在未来一段时间内，3 个阵营共存的局面还将持续，不过有一点是肯定的，那就是传统关系数据库的辉煌时期已经过去了。

图 5-5　大数据引发数据处理架构变革

为了更加清晰地认识传统关系数据库、NoSQL 和 NewSQL 数据库的相关产品，图 5-6 给出了 3 种数据库相关产品的分类情况。

图 5-6　关系数据库、NoSQL 和 NewSQL 数据库相关产品的分类

5.7　本章小结

本章介绍了 NoSQL 数据库的相关知识。NoSQL 数据库较好地满足了大数据时代的各种非结构化数据的存储需求，开始得到越来越广泛的应用。但是，需要指出的是，传统的关系数据库和 NoSQL 数据库各有所长，有各自的市场空间，不存在一方完全取代另一方的问题，在很长的一段时间内，二者会共同存在，满足不同应用的差异化需求。

NoSQL 数据库主要包括键值数据库、列族数据库、文档数据库和图数据库 4 种类型，不同产品都有各自的应用场合。CAP、BASE 和最终一致性是 NoSQL 数据库的三大基石，是理解 NoSQL 数据库的基础。

本章最后介绍了融合传统关系数据库和 NoSQL 数据库优点的 NewSQL 数据库。

5.8　习题

1. 如何准确理解 NoSQL 的含义？
2. 试述关系数据库在哪些方面无法满足 Web 2.0 应用的需求。
3. 为什么说关系数据库的一些关键特性在 Web 2.0 时代成为"鸡肋"？
4. 请比较 NoSQL 数据库和关系数据库的优缺点。
5. 试述 NoSQL 数据库的四大类型。
6. 试述键值数据库、列族数据库、文档数据库和图数据库的适用场合和优缺点。
7. 试述 CAP 理论的具体含义。
8. 请举例说明不同产品在设计时是如何运用 CAP 理论的。
9. 试述数据库的 ACID 四性的含义。
10. 试述 BASE 的具体含义。
11. 请解释软状态、无状态、硬状态的具体含义。
12. 什么是最终一致性？
13. 试述不一致性窗口的含义。
14. 最终一致性根据更新数据后各进程访问到数据的时间和方式的不同，又可以分为哪些不同类型的一致性？
15. 什么是 NewSQL 数据库？
16. 试述 NewSQL 数据库与传统的关系数据库以及 NoSQL 数据库的区别。

实验 4　NoSQL 和关系数据库的操作比较

一、实验目的

（1）理解 4 种数据库（MySQL、HBase、Redis 和 MongoDB）的概念以及不同点。

（2）熟练使用 4 种数据库操作常用的 Shell 命令。

（3）熟悉 4 种数据库操作常用的 Java API。

二、实验平台

- 操作系统：Ubuntu18.04（或 Ubuntu 16.04）。
- Hadoop 版本：3.1.3。
- MySQL 版本：5.6。
- HBase 版本：2.2.2。
- Redis 版本：5.0.7。
- MongoDB 版本：4.2.2。
- JDK 版本：1.8。
- Java IDE：Eclipse。

三、实验步骤

1. MySQL 数据库操作

表 5-6   学生（Student）表

Name	English	Math	Computer
zhangsan	69	86	77
lisi	55	100	88

（1）根据上面给出的 Student 表，在 MySQL 中完成如下操作。

① 在 MySQL 中创建 Student 表，并录入数据。

② 用 SQL 语句输出 Student 表中的所有记录。

③ 查询 zhangsan 的 Computer 成绩。

④ 修改 lisi 的 Math 成绩为 95。

（2）根据上面已经设计出的 Student 表，使用 MySQL 的 Java 客户端编程实现以下操作。

① 向 Student 表中添加如下所示的一条记录。

scofield	45	89	100

② 获取 scofield 的 English 成绩信息。

2. HBase 数据库操作

表 5-7   学生（Student）表

Name	Score		
	English	Math	Computer
zhangsan	69	86	77
lisi	55	100	88

（1）根据上面给出的 Student 表的信息，执行如下操作。

① 用 Hbase Shell 命令创建学生（Student）表。

② 用 scan 命令浏览 Student 表的相关信息。

③ 查询 zhangsan 的 Computer 成绩。

④ 修改 lisi 的 Math 成绩为 95。

（2）根据上面已经设计出的 Student 表，用 HBase API 编程实现以下操作。

① 向 Student 表中添加如下所示的一条记录。

scofield	45	89	100

② 获取 scofield 的 English 成绩信息。

3. Redis 数据库操作

Student 键值对如下：

```
zhangsan:{
          English: 69
          Math: 86
          Computer: 77
}
lisi:{
          English: 55
          Math: 100
          Computer: 88
}
```

（1）根据上面给出的键值对，完成如下操作。

① 用 Redis 的哈希结构设计出 Student 表（键值可以用 student.zhangsan 和 student.lisi 来表示两个键值属于同一个表）。

② 用 hgetall 命令分别输出 zhangsan 和 lisi 的成绩信息。

③ 用 hget 命令查询 zhangsan 的 Computer 成绩。

④ 修改 lisi 的 Math 成绩为 95。

（2）根据已经设计出的 Student 表，用 Redis 的 Java 客户端编程(jedis)，实现如下操作。

① 向 Student 表中添加如下所示的一条记录。

该数据对应的键值对形式如下：

```
scofield:{
          English: 45
          Math: 89
          Computer: 100
}
```

② 获取 scofield 的 English 成绩信息。

4. MongoDB 数据库操作

Student 文档如下：

```
{
    "name": "zhangsan",
    "score": {
        "English": 69,
        "Math": 86,
        "Computer": 77
    }
}
{
    "name": "lisi",
```

```
    "score": {
        "English": 55,
        "Math": 100,
        "Computer": 88
    }
}
```

（1）根据上面给出的文档，完成如下操作。

① 用 MongoDB Shell 设计出 Student 集合。

② 用 find()方法输出两个学生的信息。

③ 用 find()方法查询 zhangsan 的所有成绩(只显示 score 列)。

④ 修改 lisi 的 Math 成绩为 95。

（2）根据上面已经设计出的 Student，用 MongoDB 的 Java 客户端编程，实现如下操作。

① 向 Student 表中添加如下所示的一条记录。

与上述数据对应的文档形式如下：

```
{
    "name": "scofield",
    "score": {
        "English": 45,
        "Math": 89,
        "Computer": 100
    }
}
```

② 获取 Scofield 的所有成绩信息(只显示 score 列)。

四、实验报告

"大数据技术原理与应用"课程实验报告

题目：		姓名：		日期：

实验环境：

实验内容与完成情况：

出现的问题：

解决方案（列出遇到的问题和解决办法，列出没有解决的问题）：

第6章
云数据库

研究机构 IDC 预言，大数据将按照每年 60% 的速度增加，其中包含结构化和非结构化数据。如何方便、快捷、低成本地存储海量数据，是许多企业和机构面临的一个严峻挑战。对此，云数据库是一个非常好的解决方案。目前云服务提供商正通过云技术推出更多可在公有云中托管数据库的方法，将用户从烦琐的数据库硬件定制中解放出来，同时让用户拥有强大的数据库扩展能力，满足海量数据的存储需求。此外，云数据库还能够很好地满足大企业的海量数据存储需求和中小企业的低成本数据存储需求。可以说，在大数据时代，云数据库将成为许多企业存储数据的目的地。

本章首先介绍云数据库的概念、特性及其与其他数据库的关系，然后介绍云数据库的代表性产品和厂商，最后以 UMP 系统为例介绍云数据库系统架构。

6.1　云数据库概述

云计算的发展推动了云数据库的兴起，本节介绍云数据库的概念、特性以及云数据库与其他数据库的关系。

6.1.1　云计算是云数据库兴起的基础

云计算是分布式计算、并行计算、效用计算、网络存储、虚拟化、负载均衡等计算机和网络技术发展融合的产物。云计算是由一系列可以动态升级和被虚拟化的资源组成的，用户无须掌握云计算的技术，只要通过网络就可以访问这些资源。

云计算主要包括 3 种类型，即 IaaS（Infrastructure as a Service）、PaaS（Platform as a Service）和 SaaS（Software as a Service）。以 SaaS 为例，它极大地改变了用户使用软件的方式，用户不再需要购买软件安装到本地计算机上，只要通过网络就可以使用各种软件。SaaS 厂商将应用软件统一部署在自己的服务器上，用户可以在线购买、在线使用、按需付费。成立于 1999 年的 Salesforce 公司，是 SaaS 厂商的先驱，提供 SaaS 云服务，并提出了"终结软件"的口号。在该公司的带动下，其他 SaaS 厂商如雨后春笋般大量涌现。

与传统的软件使用方式相比，云计算这种方式具有明显的优势。传统的软件使用方式和云计算方式的比较如表 6-1 所示。

表 6-1　　　　　　　　　　　传统的软件使用方式和云计算方式的比较

项目	传统的软件使用方式	云计算方式
获得软件的方式	自己投资建设机房，搭建硬件平台，购买软件在本地安装	直接购买云计算厂商的软件服务
使用方式	本地安装，本地使用	软件运行在云计算厂商服务器上，用户在任何有网络接入的地方都可以通过网络使用软件服务
付费方式	需要一次性支付较大的初期投入成本，包括建设机房、配置硬件、购买各种软件（操作系统、杀毒软件、业务软件等）	零成本投入就可以立即获得所需的 IT 资源，只需要为所使用的资源付费，多用多付，少用少付，极其廉价
维护成本	需要自己花钱聘请专业技术人员维护	零成本，所有维护工作由云计算厂商负责
获得 IT 资源的速度	需要耗费较长时间建设机房、购买和安装调试设备和系统	随时可用，购买服务后立即可用
共享方式	自己建设，自给自足	云计算厂商建设好云计算服务平台后，同时为众多用户提供服务
维修速度	出现病毒、系统崩溃等问题时，需要自己聘请 IT 人员维护，很多普通企业的 IT 人员技术能力有限，碰到一些问题甚至需要寻找外援，通常不能立即解决	出现任何系统问题时，云计算厂商都会凭借其专业化团队给出及时的响应，确保云服务的正常使用
资源利用率	利用率较低，投入大量资金建设的 IT 系统，往往只供企业自己使用，当企业不需要那么多 IT 资源时，就会产生资源浪费	利用率较高，每天都可以为大量用户提供服务；当存在闲置资源时，云计算管理系统会自动关闭和退出多余资源；当需要增加资源时，又会自动启动和加入相关资源
企业搬迁时的成本	当企业搬迁时，原来的机房设施就要作废，需要在新地方重新投入较大成本建设机房	企业无论搬迁到哪里，都可以通过网络重新零成本立即获得云计算服务，因为资源在云端，不在用户端，企业搬迁不会影响到 IT 资源的分布
资源可拓展性	企业自己建设的 IT 基础设施的服务能力通常是有上限的，当企业业务量突然增加时，现有的 IT 基础设施无法立即满足需求，就需要花费时间和金钱购买和安装新设备；当业务高峰过去时，多余的设备就会闲置，造成资源浪费	云计算厂商可以为企业提供近乎无限的 IT 资源（存储和计算等资源），企业想用多少都可以立即获得；当企业不使用时，只需退订多余资源，几乎不存在资源闲置问题

6.1.2　云数据库的概念

云数据库是部署在云计算环境中的虚拟化数据库。云数据库是在云计算的大背景下发展起来的一种新兴的共享基础架构的方法，它极大地增强了数据库的存储能力，避免了人员、硬件、软件的重复配置，让软、硬件升级变得更加容易，同时虚拟化了许多后端功能。云数据库具有高可扩展性、高可用性、采用多租形式和支持资源有效分发等特点。

在云数据库中，所有数据库功能都是在云端提供的，客户端可以通过网络远程使用云数据库提供的服务（见图 6-1）。客户端不需要了解云数据库的底层细节，所有的底层硬件都已经被虚拟化，对客户端而言是透明的，客户端就像在使用一个运行在单一服务器上的数据库一样，非常方便、容易，同时可以获得理论上近乎无限的存储和处理能力。

　　需要指出的是，有人认为数据库属于应用基础设施（即中间件），因此把云数据库列入 PaaS 的范畴，也有人认为数据库本身也是一种应用软件，因此把云数据库划入 SaaS。对于这个问题，本书把云数据库划入 SaaS，但同时认为，云数据库到底应该被划入 PaaS 还是 SaaS，这并不是最重要的。实际上，云计算 IaaS、PaaS 和 SaaS 这 3 个层次之间的界限有些时候也不是非常清晰。对于云数据库而言，最重要的就是它允许用户以服务的方式通过网络获得云端的数据库功能。

图 6-1　云数据库示意

6.1.3　云数据库的特性

云数据库具有以下特性。

1. 动态可扩展

理论上，云数据库具有无限可扩展性，可以满足不断增加的数据存储需求。在面对不断变化的条件时，云数据库可以表现出很好的弹性。例如，对于一个从事产品零售的电子商务公司，会存在季节性或突发性的产品需求变化，或者对于类似 Animoto 的网络社区站点，可能会经历一个指数级的用户增长阶段。这时，它们就可以分配额外的数据库存储资源来处理增加的需求，这个过程只需要几分钟。一旦需求过去以后，它们就可以立即释放这些资源。

2. 高可用性

云数据库不存在单点失效问题。如果一个节点失效了，剩余的节点就会接管未完成的事务。而且，在云数据库中，数据通常是冗余存储的，在地理上也是分散的。诸如 Google、Amazon 和 IBM 等大型云计算供应商，具有分布在世界范围内的数据中心，通过在不同地理区间内进行数据复制，可以提供高水平的容错能力。例如，Amazon SimpleDB 会在不同的区域内进行数据复制，这样，即使某个区域内的云设施失效，也可以保证数据继续可用。

3. 较低的使用代价

云数据库厂商通常采用多租户（Multi-tenancy）的形式，同时为多个用户提供服务，这种共享资源的形式对于用户而言可以节省开销，而且用户采用"按需付费"的方式使用云计算环境中的各种软、硬件资源，不会产生不必要的资源浪费。另外，云数据库底层存储通常采用大量廉价的商业服务器，这大大降低了用户开销。腾讯云数据库官方公布的资料显示，当实现类似的数据库性能时，如果采用自己投资自建 MySQL 的方式，则成本为每台服务器每天 50.6 元，实现双机容灾需要 2 台服务器，即成本为每天 101.2 元，平均存储成本是每吉字节每天 0.25 元，平均 1 元可获得的每秒查询率（Query Per Second，QPS）为每秒 24 次；而如果采用腾讯云数据库产品，企业不需要投入任何初期建设成本，每天成本仅为 72 元，平均存储成本为每吉字节每天 0.18 元，平均 1 元可获得的 QPS 为每秒 83 次，相对于自建，云数据库平均 1 元获得的 QPS 提高为原来的 346%，具有极高的性价比。

4. 易用性

使用云数据库的用户不必控制运行原始数据库的机器，也不必了解它身在何处。用户只需要一个有效的连接字符串（URL）就可以开始使用云数据库，而且就像使用本地数据库一样。许多基于 MySQL 的云数据库产品（如腾讯云数据库、阿里云 RDS 等），完全兼容 MySQL 协议，用户可通过基于 MySQL 协议的客户端或者 API 访问实例。用户可无缝地将原有 MySQL 应用迁移到云存储平台，无须进行任何代码改造。

5. 高性能

云数据库采用大型分布式存储服务集群，支撑海量数据访问，多机房自动冗余备份，自动读写分离。

6. 免维护

用户不需要关注后端机器及数据库的稳定性、网络问题、机房灾难、单库压力等各种风险，云数据库服务商提供"7×24h"的专业服务，扩容和迁移对用户透明且不影响服务，并且可以提供全方位、全天候立体式监控，用户无须半夜去处理数据库故障。

7. 安全

云数据库提供数据隔离，不同应用的数据会存在于不同的数据库中而不会相互影响；提供安全性检查，可以及时发现并拒绝恶意攻击性访问；提供数据多点备份，确保不会发生数据丢失。

以腾讯云数据库为例，开发者可快速在腾讯云中申请云服务器实例资源，通过 IP/PORT 直接访问 MySQL 实例，完全无须再安装 MySQL 实例，可以一键迁移原有 SQL 应用到腾讯云平台，这大大节省了人力成本；同时，该云数据库完全兼容 MySQL 协议，可通过基于 MySQL 协议的客户端或 API 便捷地访问实例。此外，腾讯云数据库还采用了大型分布式存储服务集群，支撑海量数据访问，7×24h 的专业存储服务，可以提供高达 99.99%服务可用性的 MySQL 集群服务，并且数据可靠性超过 99.999%。自建数据库和腾讯云数据库的比较见表 6-2。

表 6-2　　　　　　　　　　自建数据库和腾讯云数据库的比较

项目	自建数据库	腾讯云数据库
数据安全性		15 种类型备份数据，保证数据安全
服务可用性		99.99%高可靠性
数据备份		零花费，系统自动多时间点数据备份
维护成本	开发者自行解决，成本较高昂	零成本，专业团队 7×24h 帮助维护
实例扩容		一键式直接扩容，安全可靠
资源利用率		按需申请，资源利用率高达 99.9%
技术支持		专业团队一对一指导、QQ 远程协助开发者

6.1.4　云数据库是个性化数据存储需求的理想选择

在大数据时代，每个企业几乎每天都在产生大量的数据。企业类型不同，对于存储的需求也千差万别，而云数据库可以很好地满足不同企业的个性化存储需求。

首先，云数据库可以满足大企业的海量数据存储需求。云数据库在当前数据爆炸的大数据时代具有广阔的应用前景。传统的关系数据库难以横向扩展，通常无法存储如此海量的数据。因此，具有高可扩展性的云数据库就成为企业海量数据存储管理的很好选择。

其次，云数据库可以满足中小企业的低成本数据存储需求。中小企业在 IT 基础设施方面的投入比较有限，因此非常渴望从第三方方便、快捷、廉价地获得数据库服务。云数据库厂商采用多租户形式同时为多个用户提供服务，降低了单个用户的使用成本，而且用户使用云数据库服务通常按需付费，不会浪费资源造成额外支出。因此，云数据库使用成本很低，对于中小企业而言可以大大降低企业的信息化门槛，让企业在付出较低成本的同时，获得优质的专业级数据库服务，从而有效提升企业信息化水平。

另外，云数据库可以满足企业动态变化的数据存储需求。企业在不同时期需要存储的数据量是不断变化的，有时增加，有时减少。在小规模应用的情况下，系统负载的变化可以由系统空闲的多余资源来处理，但是在大规模应用的情况下，传统的关系数据库由于其伸缩性较差，不仅无法满足应用需求，而且会给企业带来高昂的存储成本和管理开销。而云数据库的良好伸缩性，可以让企业在需求增加时立即获得需要的数据库资源，在需求减少时立即释放多余的数据库资源，较好地满足企业的动态数据存储需求。

当然，并不是说云数据库可以满足个性化数据存储需求，就意味着企业一定要把数据存放到云数据库中。到底选择自建数据库还是选择云数据库，取决于企业自身。对于一些大型企业，目前通常采用自建数据库，一方面是由于企业财力比较雄厚，有内部的 IT 团队负责数据库维护，另一方面数据是现代企业的核心资产，涉及很多高级商业机密，企业出于数据安全考虑，不愿意把内部数据保存在公有云的数据库中，尽管云数据库供应商也会一直强调数据的安全性，但是这依然不能打消企业的顾虑。对于一些财力有限的中小企业而言，IT 预算比较有限，通常不可能投入大量资金建设和维护数据库，企业数据并非特别敏感，因此云数据库这种前期零投入、后期免维护的数据库服务，可以很好地满足他们的需求。

6.1.5　云数据库与其他数据库的关系

关系数据库采用关系数据模型，NoSQL 数据库采用非关系数据模型，二者都属于不同的数据库技术。从数据模型的角度来说，云数据库并非一种全新的数据库技术，而是以服务的方式提供数据库功能的技术。云数据库并没有专属于自己的数据模型，云数据库所采用的数据模型可以是关系数据库所使用的关系模型（如微软的 SQL Azure 云数据库、阿里云 RDS 都采用了关系模型），也可以是 NoSQL 数据库所使用的非关系模型（如 Amazon DynamoDB 云数据库采用的是"键值"存储）。同一个公司也可能提供采用不同数据模型的多种云数据库服务，例如百度云数据库提供了 3 种数据库服务，即分布式关系数据库服务（基于关系数据库 MySQL）、分布式非关系数据库服务（基于文档数据库 MongoDB）、键值型非关系数据库服务（基于键值数据库 Redis）。实际上，许多公司在开发云数据库时，后端数据库都直接使用现有的各种关系数据库或 NoSQL 数据库产品。比如腾讯云数据库采用 MySQL 作为后端数据库，微软的 SQL Azure 云数据库采用 SQL Server 作为后端数据库。从市场的整体应用情况来看，由于 NoSQL 应用对开发者要求较高，而 MySQL 拥有成熟的中间件、运维工具，已经形成一个良性的生态系统等特性，因此从现阶段来看，云数据库的后端数据库以 MySQL 为主、NoSQL 为辅。

在云数据库这种 IT 服务模式出现之前，企业要使用数据库，就需要自建关系数据库或 NoSQL

数据库，它们被称为"自建数据库"。云数据库与这些"自建数据库"最本质的区别在于，云数据库是部署在云端的数据库，采用 SaaS 模式，用户可以通过网络租赁使用数据库服务，在有网络的地方都可以使用，不需要前期投入和后期维护，使用价格比较低廉。云数据库对用户而言是完全透明的，用户根本不知道自己的数据被保存在哪里。云数据库通常采用多租户模式，即多个租户共用一个实例，租户的数据既有隔离又有共享，从而解决了数据存储的问题，同时降低了用户使用数据库的成本。而自建的关系数据库和 NoSQL 数据库本身都没有采用 SaaS 模式，需要用户自己搭建 IT 基础设施和配置数据库，成本相对而言比较高，而且需要自己进行机房维护和数据库故障处理。

6.2　云数据库产品

本节首先概述当前市场上的主流云数据库厂商，然后分别介绍 Amazon、Google、Microsoft 等代表性公司的云数据库产品。

6.2.1　云数据库厂商概述

云数据库厂商主要分为三类。
① 传统的数据库厂商，如 Teradata、Oracle、IBM DB2 和 Microsoft SQL Server 等。
② 涉足数据库市场的云数据库厂商，如 Amazon、Google、Yahoo!、阿里、百度、腾讯等。
③ 新兴厂商，如 Vertica、LongJump 和 EnterpriseDB 等。
市场上常见的云数据库产品见表 6-3。

表 6-3　　　　　　　　　市场上常见的云数据库产品

企业	产品
Amazon	DynamoDB、SimpleDB、RDS
Google	Google Cloud SQL
Microsoft	Microsoft SQL Azure
Oracle	Oracle Cloud
Yahoo!	PNUTS
Vertica	Analytic Database for the Cloud
EnerpriseDB	Postgres Plus in the Cloud
阿里	阿里云 RDS
百度	百度云数据库
腾讯	腾讯云数据库

6.2.2　Amazon 的云数据库产品

Amazon 是云数据库市场的先行者。Amazon 除了提供著名的 S3 存储服务和 EC2 计算服务以外，还提供基于云的数据库服务 SimpleDB 和 DynamoDB。
SimpleDB 是 Amazon 公司开发的一个可供查询的分布式数据存储系统，是 Amazon 网页服务（Amazon Web Service，AWS）上的第一个 NoSQL 数据库服务，集合了 Amazon 的大量 AWS 基础设施。SimpleDB，顾名思义，其目的是作为一个简单的数据库来使用，它的存储元素（属性和值）是由一个 id 字段来确定行的位置。这种结构可以满足用户基本的读、写和查询功能。SimpleDB 提供易用的 API 来快速地存储和访问数据。但是，SimpleDB 不是一个关系数据库，传统的关系数据库采用的是行存储，而 SimpleDB 采用的是"键值"存储，它主要是服务于那些不需要关系数据库的 Web 开发者。但是，SimpleDB 存在一些明显缺陷，如存在单表限制、性能不稳定、只能支持最终一致性等。

DynamoDB 吸收了 SimpleDB 以及其他 NoSQL 数据库设计思想的精华，旨在为要求更高的应用设计，这些应用要求可扩展的数据存储以及更高级的数据管理功能。DynamoDB 采用"键值"存储，其所存储的数据是非结构化数据，不识别任何结构化数据，需要用户自己完成对值的解析。Dynamo 系统中的键（key）不是以字符串的方式进行存储的，而是采用 md5_key（通过 MD5 算法转换后得到）的方式进行存储的，因此它只能根据 key 去访问，不支持查询。DynamoDB 使用固态盘，实现恒定、低延迟的读写时间，旨在扩展大容量的同时维持数据库的一致性，虽然这种性能伴随着更为严格的查询模型。

Amazon 关系数据库服务（Relational Database Service，RDS）是 Amazon 开发的一种 Web 服务，它可以让用户在云环境中建立、操作关系数据库（可以支持 MySQL 和 Oracle 等数据库）。用户只需要关注应用和业务层面的内容，而不需要在烦琐的数据库管理工作上耗费过多的时间。

此外，Amazon 和其他数据库厂商开展了很好的合作，Amazon EC2 应用托管服务已经可以部署很多种数据库产品，包括 SQL Server、Oracle DataBase、MySQL 和 IBM DB2 等主流数据库平台，以及其他一些数据库产品，比如 EnerpriseDB。EC2 是一种可扩展的托管环境，开发者可以在 EC2 环境中开发并托管自己的数据库应用。

6.2.3 Google 的云数据库产品

Google Cloud SQL 是谷歌推出的基于 MySQL 的云数据库，使用 Cloud SQL 的好处显而易见，所有的事务都在云中，并由谷歌管理，用户不需要配置或者排查错误，仅依靠它来开展工作即可。由于数据在谷歌多个数据中心中复制，因此它永远是可用的。谷歌还将提供导入或导出服务，方便用户将数据带进或带出云。谷歌使用用户非常熟悉的 MySQL，带有 JDBC 支持（适用于基于 Java 的 App Engine 应用）和 DB-API 支持（适用于基于 Python 的 App Engine 应用）的传统 MySQL 数据库环境，因此多数应用程序不需过多调试即可运行，数据格式对于大多数开发者和管理员来说也是非常熟悉的。Google Cloud SQL 还有一个好处就是与 Google App Engine 集成。

6.2.4 Microsoft 的云数据库产品

2008 年 3 月，Microsoft（微软）公司通过 SDS（SQL Data Service）提供 SQL Server 的关系数据库功能，这使得微软公司成为云数据库市场上的第一个大型数据库厂商。此后，微软公司对 SDS 功能进行了扩充，并且重新命名为 SQL Azure。微软公司的 Azure 平台提供了一个 Web 服务集合，可以允许用户通过网络在云中创建、查询和使用 SQL Server 数据库，云中的 SQL Server 服务器的位置对于用户而言是透明的。对于云计算而言，这是一个重要的里程碑。SQL Azure 具有以下特性。

① 属于关系数据库。支持使用 Transact-SQL 来管理、创建和操作云数据库。

② 支持存储过程。它的数据类型、存储过程和传统的 SQL Server 具有很大的相似性，因此

应用可以在本地进行开发，然后部署到云平台上。

③ 支持大量数据类型。包含了几乎所有典型的 SQL Server 的数据类型。

④ 支持云中的事务。支持局部事务，但是不支持分布式事务。

SQL Azure 的体系架构中包含了一个虚拟机簇，可以根据工作负载的变化，动态增加或减少虚拟机的数量，如图 6-2 所示。每台 SQL Server 虚拟机（Virtual Machine, VM）都安装了 SQL Server 数据库管理系统，并以关系模型存储数据。通常，一个数据库会被分散存储到 3～5 台 SQL Server VM 中。每台 SQL Server VM 同时安装了 SQL Azure Fabric 和 SQL Azure 管理服务，后者负责数据库的数据复写工作，以保障 SQL Azure 的基本高可用性要求。不同 SQL Server VM 内的 SQL Azure Fabric 和管理服务之间会彼此交换监控信息，以保证整体服务的可监控性。

图 6-2　SQL Azure 的体系架构

6.2.5　其他云数据库产品

Yahoo! PNUTS 是一个为网页应用开发的大规模并行、地理分布式的数据库系统，它是 Yahoo! 云计算平台重要的一部分。Vertica Systems 在 2008 年发布了云数据库。MongoDB 公司的 MongoDB、AppJet 公司的 AppJet 数据库也都提供了相应的云数据库版本。IBM 投资的 EnerpriseDB 也提供了一个运行在 Amazon EC2 上的云数据库。LongJump 是一个与 Salesforce 竞争的新公司，它推出了基于开源数据库 PostgreSQL 的云数据库产品。Intuit QuickBase 也提供了自己的云数据库系列。麻省理工学院研制的 Relational Cloud 可以自动区分负载的类型，并把类型近似的负载分配到同一个数据节点上，而且 Relational Cloud 采用了基于图的数据分区策略，对于复杂的事务型负载也具有很好的可扩展性。此外，它还支持在加密的数据上运行 SQL 查询。阿里云 RDS 是阿里云提供的关系数据库服务，将直接运行于物理服务器上的数据库实例租给用户。百度云数据库可以支持分布式的关系数据库服务（基于 MySQL）、分布式非关系数据库服务（基于 MongoDB）、键值型非关系数据库服务（基于 Redis）。

6.3　云数据库系统架构

不同的云数据库产品采用的系统架构存在很大差异，下面以阿里巴巴核心系统数据库团队开发的 UMP（Unified MySQL Platform）系统为例进行介绍。

6.3.1　UMP 系统概述

UMP 系统是低成本和高性能的 MySQL 云数据库方案，关键模块采用 Erlang 实现。开发者通过网络从平台上申请 MySQL 实例资源，利用平台提供的单一入口来访问数据。UMP 系统把各种服务器资源划分为资源池，并以资源池为单位把资源分配给 MySQL 实例。系统中包含了一系列组件，这些组件协同工作，以对用户透明的形式提供主从热备、数据备份、迁移、容灾、读写分离、分库分表等一系列服务。系统内部将用户划分为 3 种类型，分别是数据量和流量比较小的用户、中等规模用户，以及需要分库分表的用户。多个小规模用户可以共享一个 MySQL 实例，中等规模用户独占一个 MySQL 实例，需要分库分表的用户的多个 MySQL 实例可以共享同一台物理机，UMP 系统通过这些方式实现了资源的虚拟化，降低了整体成本。UMP 系统通过"用 Cgroup 限制 MySQL 进程资源"和"在 Proxy 服务器端限制 QPS"两种方式，实现了资源隔离、按需分配，以及限制 CPU、内存和 I/O 资源；同时，UMP 系统还支持在不影响提供数据服务的前提下根据用户业务的发展进行动态扩容和缩容。UMP 系统还综合运用了 SSL 数据库连接、数据访问 IP 白名单、记录用户操作日志、SQL 拦截等技术，来有效保护用户的数据安全。

总的来说，UMP 系统架构设计遵循了以下原则。

① 保持单一的系统对外入口，并且为系统内部维护单一的资源池。

② 消除单点故障，保证服务的高可用性。

③ 保证系统具有良好的可伸缩性，能够动态地增加、删减计算与存储节点。

④ 保证分配给用户的资源也是弹性可伸缩的，资源之间相互隔离，确保应用和数据的安全。

6.3.2　UMP 系统架构

UMP 系统架构如图 6-3 所示，UMP 系统中的角色包括 Controller 服务器、Web 控制台、Proxy 服务器、Agent 服务器、日志分析服务器、信息统计服务器、愚公系统；依赖的开源组件包括 Mnesia、RabbitMQ、ZooKeeper 和 LVS。

1. Mnesia

Mnesia 是一个分布式数据库管理系统，适合电信及其他需要持续运行和具备软实时特性的 Erlang 应用，是构建电信应用的控制系统平台——开放式电信平台（Open Telecom Platform，OTP）的一部分。Erlang 是一种结构化、动态类型的编程语言，内建并行计算支持，非常适合构建分布式、软实时并行计算系统。使用 Erlang 编写出的应用，在运行时通常由成千上万个轻量级进程组成，并通过消息传递相互通信，Erlang 的进程间上下文切换要比 C 程序高效得多。Mnesia 与 Erlang 编程语言是紧耦合的，其最大的好处是在操作数据时，不会发生由于数据库与编程语言所用的数据格式不同带来阻抗失配问题。Mnesia 支持事务，支持透明的数据分片，利用两阶段锁实现分布式事务，可以线性扩展到至少 50 个节点。Mnesia 的数据库模式（schema）可在运行时动态重配置，表能被迁移或复制到多个节点来改进容错性。Mnesia 的这些特性，使其在开发云数据库时被用来提供分布式数据库服务。

图 6-3　UMP 系统架构

2．RabbitMQ

RabbitMQ 是一个用 Erlang 开发的工业级的消息队列产品（功能类似于 IBM 公司的消息队列产品 IBM WebSphere MQ），作为消息传输中间件来使用，可以实现可靠的消息传送。UMP 集群中各个节点之间的通信，不需要建立专门的连接，都是通过读写队列消息来实现的。

3．ZooKeeper

ZooKeeper 是高效和可靠的协同工作系统，提供分布式锁之类的基本服务（如统一命名服务、状态同步服务、集群管理、分布式应用配置项的管理等），用于构建分布式应用，减轻分布式应用程序所承担的协调任务（关于 ZooKeeper 的工作原理可以参考相关书籍或网络资料）。在 UMP 系统中，ZooKeeper 主要发挥 3 个作用。

（1）作为全局的配置服务器。UMP 系统需要运行多台服务器，它们运行的应用系统的某些配置项是相同的，如果要修改这些相同的配置项，就必须同时到多个服务器上去修改，这样做不仅麻烦，而且容易出错。因此，UMP 系统把这类配置信息完全交给 ZooKeeper 来管理，把配置信息保存在 ZooKeeper 的某个目录节点中，然后在所有需要修改的服务器中对这个目录节点设置监听，也就是监控配置信息的状态，一旦配置信息发生变化，每台服务器就会收到 ZooKeeper 的通知，然后从 ZooKeeper 获取新的配置信息。

（2）提供分布式锁。UMP 集群中部署了多个 Controller 服务器，为了保证系统的正确运行，对于某些操作，在某一时刻，只能由一个服务器执行，而不能由多台服务器同时执行。例如一个 MySQL 实例发生故障后，需要进行主备切换，由另一个正常的服务器来代替当前发生故障的服务器，如果这个时候所有的 Controller 服务器都去跟踪处理并且发起主备切换流程，那么，整个系统就会进入混乱状态。因此，在同一时间，必须从集群的多个 Controller 服务器中选举出一个"总管"，由这个"总管"负责发起各种系统任务。ZooKeeper 的分布式锁功能能够帮助选出一个"总管"，让这个"总管"来管理集群。

（3）监控所有 MySQL 实例。集群中运行 MySQL 实例的服务器发生故障时，必须及时被监听到，然后使用其他正常服务器来替代故障服务器。UMP 系统借助于 ZooKeeper 实现对所有MySQL 实例的监控。每个 MySQL 实例在启动时都会在 ZooKeeper 上创建一个临时类型的目录节点，当某个 MySQL 实例挂掉时，这个临时类型的目录节点也随之被删除，后台监听进程可以捕获到这种变化，从而知道这个 MySQL 实例不再可用。

4．LVS

Linux 虚拟服务器（Linux Virtual Server，LVS），是一个虚拟的服务器集群系统。LVS 采用 IP负载均衡技术和基于内容的请求分发技术。调度器是 LVS 集群系统的唯一入口点。调度器具有很好的吞吐率，将请求均衡地转移到不同的服务器上执行，且调度器自动屏蔽服务器的故障，从而将一组服务器构成一个高性能的、高可用的虚拟服务器。整个服务器集群的结构对客户是透明的，而且无须修改客户端和服务器端的程序。UMP 系统借助于 LVS 来实现集群内部的负载均衡。

5．Controller 服务器

Controller 服务器向 UMP 集群提供各种管理服务，实现集群成员管理、元数据存储、MySQL实例管理、故障恢复、备份、迁移、扩容等功能。Controller 服务器上运行了一组 Mnesia 分布式数据库服务，其中存储了各种系统元数据，主要包括集群成员、用户的配置和状态信息，以及用户名与后端 MySQL 实例地址的映射关系（或称为"路由表"）等。当其他服务器组件需要获取用户数据时，可以向 Controller 服务器发送获取数据请求。为了避免单点故障，保证系统的高可用性，UMP 系统中部署了多台 Controller 服务器，然后由 ZooKeeper 的分布式锁功能来帮助选出一个"总管"，负责各种系统任务的调度和监控。

6．Web 控制台

Web 控制台向用户提供系统管理页面。

7．Proxy 服务器

Proxy 服务器向用户提供访问 MySQL 数据库的服务。它完全实现了 MySQL 协议，用户可以使用已有的 MySQL 客户端连接到 Proxy 服务器，Proxy 服务器通过用户名获取用户的认证信息、资源配额的限制，如 QPS、IOPS、最大连接数等，以及后台 MySQL 实例的地址，然后用户的 SQL查询请求会被转发到相应的 MySQL 实例上。除了数据路由的基本功能外，Proxy 服务器中还实现了很多重要的功能，主要包括屏蔽 MySQL 实例故障、读写分离、分库分表、资源隔离、记录用户访问日志等。

8．Agent 服务器

Agent 服务器部署在运行 MySQL 进程的机器上，用来管理每台物理机上的 MySQL 实例，执行主从切换、创建、删除、备份、迁移等操作，同时还负责收集和分析 MySQL 进程的统计信息、慢查询日志（Slow Query Log）和 bin-log。

9．日志分析服务器

日志分析服务器存储和分析 Proxy 服务器传入的用户访问日志，并支持实时查询一段时间内的慢日志和统计报表。

10. 信息统计服务器

信息统计服务器定期对采集到的用户的连接数、QPS 数值以及 MySQL 实例的进程状态用 RRDtool 进行统计，可以在 Web 页面上可视化展示统计结果，也可以把统计结果作为今后实现弹性的资源分配和自动化的 MySQL 实例迁移的依据。

11. 愚公系统

愚公系统是一个进行增量复制的工具，它结合了全量复制和 bin-log 分析，可以实现在不停机的情况下动态扩容、缩容和迁移。

6.3.3 UMP 系统功能

UMP 系统构建在一个大的集群之上，通过多个组件的协同作业，整个系统实现了对用户透明的容灾、读写分离、分库分表、资源管理、资源调度、资源隔离和数据安全等功能。

1. 容灾

云数据库必须向用户提供一直可用的数据库连接，当 MySQL 实例发生故障时，系统必须自动执行故障恢复，所有故障处理过程对于用户而言是透明的，用户不会感知到后台发生的一切。

为了实现容灾，UMP 系统会为每个用户创建两个 MySQL 实例，一个是主库，一个是从库，而且这两个 MySQL 实例之间互相把对方设置为备份机，任意一个 MySQL 实例上面发生的更新都会复制到对方。同时，Proxy 服务器可以保证只向主库写入数据。

主库和从库的状态是由 ZooKeeper 负责维护的，ZooKeeper 可以实时监听各个 MySQL 实例的状态，一旦主库死机，ZooKeeper 可以立即感知到，并通知 Controller 服务器。Controller 服务器会启动主从切换操作，在路由表中修改用户名与后端 MySQL 实例地址的映射关系，并把主库标记为不可用，同时，借助于消息队列中间件 RabbitMQ 通知所有 Proxy 服务器修改用户名与后端 MySQL 实例地址的映射关系。通过这一系列操作后，主从切换完成，用户名就会被赋予一个新的可以正常使用的 MySQL 实例，而这一切对于用户自己而言是完全透明的。

死机后的主库在进行恢复处理后需要再次上线。在主库死机和故障恢复期间，从库可能已经发生过多次更新。因此，在主库恢复时，会把从库中的这些更新都复制给自己，当主库的数据库状态快要达到和从库一致的状态时，Controller 服务器就会命令从库停止更新，进入不可写状态，禁止用户写入数据，这个时候用户可能感受到短时间的"不可写"。等到主库更新到和从库完全一致的状态时，Controller 服务器就会发起主从切换操作，并在路由表中把主库标记为可用状态，然后通知 Proxy 服务器把写操作切回主库上，用户写操作可以继续执行，再把从库修改为可写状态。

2. 读写分离

由于每个用户都有两个 MySQL 实例，即主库和从库，因此 UMP 系统可以充分利用主从库实现用户读写操作的分离，实现负载均衡。UMP 系统实现了对于用户透明的读写分离功能，当整个功能被开启时，负责向用户提供访问 MySQL 数据库服务的 Proxy 服务器，就会对用户发起的 SQL 语句进行解析。如果该 SQL 语句属于写操作，就直接发送到主库；如果该 SQL 语句属于读操作，就会被均衡地发送到主库和从库上执行。但是，有一种情况可能发生，那就是，用户刚刚写入数据到主库，数据还没有被复制到从库之前，用户就去从库读这个数据，导致用户要么读不到数据，要么读到数据的旧版本。为了避免这种情况的发生，UMP 系统在每次用户写操作发生后都会开启一个计时器，如果用户在计时器开启的 300 ms 内读数据，不管是读刚写入的这些数据还是其他数据，都会被强行分发到主库上去执行读操作。当然，在实际应用中，UMP 系统允许修改 300 ms 这个设定值，但是一般而言，300 ms 已经可以保证数据在写入主库后被复制到从库中。

3. 分库分表

UMP 支持对用户透明的分库分表（Shard / Horizontal Partition），但是用户在创建账号的时候需要指定类型为多实例，并且设置实例的个数，系统会根据用户设置来创建多组 MySQL 实例。除此以外，用户还需要自己设定分库分表规则，如需要确定分区字段，也就是确定根据哪个字段进行分库分表，还要确定分区字段里的值如何映射到不同的 MySQL 实例上。

当采用分库分表时，系统处理用户查询的过程如下：首先，Proxy 服务器解析用户 SQL 语句，提取重写和分发 SQL 语句所需要的信息；其次，对 SQL 语句进行重写，得到多个针对相应 MySQL 实例的子语句，然后把子语句分发到对应的 MySQL 实例上执行；最后，接收来自各个 MySQL 实例的 SQL 语句执行结果，合并得到最终结果。

4. 资源管理

UMP 系统采用资源池机制来管理数据库服务器上的 CPU、内存、磁盘等计算资源，所有的计算资源都放在资源池内进行统一分配，资源池是为 MySQL 实例分配资源的基本单位。整个集群中的所有服务器会根据其机型、所在机房等因素被划分为多个资源池，每台服务器会被加入相应的资源池。对于每个具体的 MySQL 实例，管理员会根据应用部署在哪些机房、需要哪些计算资源等因素，为该 MySQL 实例具体指定主库和从库所在的资源池，然后系统的实例管理服务会本着"负载均衡"的原则，从资源池中选择负载较轻的服务器来创建 MySQL 实例。在资源池划分的基础上，UMP 系统还在每台服务器内部采用 Cgroup 将资源进一步地细化，从而限制每个进程组使用资源的上限，同时保证进程组之间相互隔离。

5. 资源调度

UMP 系统中有 3 种规模的用户，分别是数据量和流量比较小的用户、中等规模用户，以及需要分库分表的用户。多个小规模用户可以共享同一个 MySQL 实例。对于中等规模的用户，每个用户独占一个 MySQL 实例，用户可以根据自己的需求来调整内存空间和磁盘空间，如果用户需要更多的资源，就可以迁移到资源有空闲或者具有更高配置的服务器上。对于分库分表的用户，会占有多个独立的 MySQL 实例，这些实例既可以共存在同一台物理机上，也可以每个实例独占一台物理机。

UMP 系统通过 MySQL 实例的迁移来实现资源调度。借助于阿里巴巴中间件团队开发的愚公系统，UMP 系统可以实现在不停机的情况下动态扩容、缩容和迁移。

6. 资源隔离

当多个用户共享同一个 MySQL 实例或者多个 MySQL 实例共存在同一台物理机上时，为了保护用户应用和数据的安全，必须实现资源隔离，否则，某个用户过多消耗系统资源会严重影响到其他用户的操作性能。UMP 系统采用表 6-4 所示的两种资源隔离方式。

表 6-4　　　　　　　　　　　　UMP 系统采用的两种资源隔离方式

资源隔离方式	应用场合	实现方式
用 Cgroup 限制 MySQL 进程资源	适用于多个 MySQL 实例共享同一台物理机的情况	可以对用户的 MySQL 进程最大可以使用的 CPU 使用率、内存和 IOPS 等进行限制
在 Proxy 服务器端限制 QPS	适用于多个用户共享同一个 MySQL 实例的情况	Controller 服务器监测用户的 MySQL 实例的资源消耗情况，如果明显超出配额，就通知 Proxy 服务器通过增加延迟的方法去限制用户的 QPS，以减少用户对系统资源的消耗

7. 数据安全

数据安全是让用户放心使用云数据库产品的关键，尤其是企业用户，数据库中存放了很多业务数据，有些属于商业机密，一旦泄露，就会给企业造成损失。UMP 系统设计了多种机制来保证数据安全。

（1）SSL 数据库连接。安全套接字协议（Secure Sockets Layer，SSL）是为网络通信提供安全及数据完整性的一种安全协议，它在传输层对网络连接进行加密。Proxy 服务器实现了完整的 MySQL 客户端/服务器协议，可以与客户端之间建立 SSL 数据库连接。

（2）数据访问 IP 白名单。UMP 系统可以把允许访问云数据库的 IP 地址放入"白名单"，只有白名单内的 IP 地址才能访问云数据库，其他 IP 地址的访问都会被拒绝，进一步保证账户安全。

（3）记录用户操作日志。用户的所有操作都会被记录到日志分析服务器，通过检查用户操作记录，可以发现隐藏的安全漏洞。

（4）SQL 拦截。Proxy 服务器可以根据要求拦截多种类型的 SQL 语句，比如全表扫描语句"select *"。

6.4　本章小结

本章介绍了云数据库的相关知识。云数据库是在云计算兴起的大背景下发展起来的，在云端为用户提供数据服务，用户不需要自己投资建设软硬件环境，只需要向云数据库服务供应商购买数据库服务，就可以方便、快捷、低成本地实现数据存储和管理功能。

云数据库具有动态可扩展、高可用性、低成本、易用性、大规模并行处理（Massively Parallel Processing，MPP）等突出优点，是大数据时代企业实现低成本大规模数据存储的理想选择。

云数据库市场有很多代表性的产品可供选择。Amazon 是云数据库市场的先行者，谷歌和微软也开发了自己的云数据库产品，在市场上形成了自己的影响力。

本章最后以 UMP 系统为例，介绍了云数据库的系统架构。

6.5　习题

1. 试述云数据库的概念。
2. 与传统的软件使用方式相比，云计算方式具有哪些明显的优势？
3. 云数据库有哪些特性？
4. 试述云数据库的影响。
5. 举例说明云数据库厂商及其代表性产品。
6. 试述 Microsoft SQL Azure 的体系架构。
7. 试述 UMP 系统的功能。
8. 试述 UMP 系统的组件及其具体作用。
9. 试述 UMP 系统实现主从备份的方法。
10. 试述 UMP 系统读写分离的实现方法。
11. UMP 系统采用哪两种方式实现资源隔离？
12. 试述 UMP 系统中的 3 种规模用户。
13. UMP 系统如何保障数据安全？

第三篇
大数据处理与分析

本篇内容

本篇介绍大数据处理与分析的相关技术。大数据包括静态数据和动态数据（流数据），静态数据适合采用批处理方式，动态数据需要进行实时计算。分布式并行编程框架 MapReduce 可以大幅提高程序性能，实现高效的批量数据处理。Hive 是一个基于 Hadoop 的数据仓库工具，可以用于对存储在 Hadoop 文件中的数据集进行数据整理、特殊查询和分析处理，用户通过编写类似 SQL 语句的 HiveQL 语句就可以运行 MapReduce 任务，不必编写复杂的 MapReduce 应用程序。基于内存的分布式计算框架 Spark，是一个可应用于大规模数据处理的快速、通用引擎，如今是 Apache 软件基金会下的顶级开源项目之一，正以其结构一体化、功能多元化的优势，逐渐成为当今大数据领域最热门的大数据计算平台。流计算框架 Storm 是一个低延迟、可扩展、高可靠的处理引擎，可以有效解决流数据的实时计算问题。Flink 是一种具有代表性的开源流处理架构，具有十分强大的功能，它实现了 Google Dataflow 流计算模型，是一种兼具高吞吐、低延迟和高性能的实时流计算框架，并且同时支持批处理和流处理。大数据中包括很多图结构数据，但是 MapReduce 不适合用来解决大规模图计算问题，因此新的图计算框架应运而生，Pregel 就是其中一种具有代表性的产品。此外，数据可视化是大数据分析的最后环节，也是非常关键的一环，因此本篇简要介绍数据可视化的概念和相关工具。

本篇包括第 7～14 章。第 7 章介绍分布式并行编程框架 MapReduce；第 8 章对 Hadoop 进行再探讨；第 9 章介绍基于 Hadoop 的数据仓库 Hive；第 10 章介绍基于内存的分布式计算框架 Spark；第 11 章介绍流计算和开源流计算框架 Storm；第 12 章介绍开源流处理框架 Flink；第 13 章介绍图计算框架 Pregel；第 14 章简要介绍数据可视化的概念和相关工具。

知识地图

重点与难点

重点为掌握分布式并行编程框架 MapReduce、基于内存的分布式计算框架 Spark、流计算框架 Storm、流处理框架 Flink 和图计算框架 Pregel 的基本原理。难点为理解 MapReduce 的工作流程、Spark 运行原理、Storm 的设计思想、Flink 的编程模型和 Pregel 的计算模型。

第7章
MapReduce

大数据时代除了需要解决大规模数据的高效存储问题，还需要解决大规模数据的高效处理问题。分布式并行编程可以大幅提高程序性能，实现高效的批量数据处理。分布式程序运行在大规模计算机集群上，集群中包括大量廉价服务器，可以并行执行大规模数据处理任务，从而获得海量的计算能力。MapReduce 是一种并行编程模型，用于大规模数据集（大于 1 TB）的并行运算，它将复杂的、运行于大规模集群上的并行计算过程高度抽象为两个函数：Map 和 Reduce。MapReduce 极大地方便了分布式编程工作，编程人员在不会分布式并行编程的情况下，也可以很容易地将自己的程序运行在分布式系统上，完成海量数据集的计算。

本章介绍 MapReduce 模型，阐述其具体工作流程，并以单词统计为实例介绍 MapReduce 程序设计方法，同时还介绍 MapReduce 的具体应用，最后讲解 MapReduce 编程实践。

7.1　概述

本节首先简要介绍分布式并行编程，然后介绍分布式并行编程模型 MapReduce 以及它的核心函数 Map 和 Reduce。

7.1.1　分布式并行编程

在过去的很长一段时间里，CPU 的性能都遵循"摩尔定律"，大约每隔 18 个月性能翻一番。这意味着不需要对程序做任何改变，仅通过使用更高级的 CPU，程序就可以"享受"性能提升。但是，大规模集成电路的制作工艺已经达到一个极限，从 2005 年开始摩尔定律逐渐失效。人们想要提高程序的运行性能，就不能再把希望过多地寄托在性能更高的 CPU 身上。于是，人们开始借助于分布式并行编程来提高程序的性能。分布式程序运行在大规模计算机集群上，集群中包括大量廉价服务器，可以并行执行大规模数据处理任务，从而获得海量的计算能力。

分布式并行编程与传统的程序开发方式有很大的区别。传统的程序都以单指令、单数据流的方式顺序执行，虽然这种方式比较符合人类的思维习惯，但是这种程序的性能受到单台机器性能的限制，可扩展性较差。分布式并行程序可以运行在由大量计算机构成的集群上，从而可以充分利用集群的并行处理能力，同时通过向集群中增加新的计算节点，可以很容易地实现集群计算能力的扩充。

谷歌最先提出分布式并行编程模型 MapReduce，Hadoop MapReduce 是它的开源实现。谷歌的 MapReduce 运行在分布式文件系统 GFS 上。与谷歌类似，Hadoop MapReduce 运行在分布式文件系统 HDFS 上。相对而言，Hadoop MapReduce 要比 Google 的 MapReduce 的使用门槛低很多，程序员即使没有任何分布式程序开发经验，也可以很轻松地开发出分布式程序并部署到计算机集群中。

7.1.2　MapReduce 模型简介

谷歌在 2003—2006 年连续发表了 3 篇很有影响力的文章，分别阐述了 GFS、MapReduce 和 BigTable 的核心思想。其中，MapReduce 是谷歌的核心计算模型。MapReduce 将复杂的、运行于大规模集群上的并行计算过程高度地抽象为两个函数：Map 和 Reduce，这两个函数及其核心思想都源自函数式编程语言。

在 MapReduce 中，一个存储在分布式文件系统中的大规模数据集会被切分成许多独立的小数据集，这些小数据集可以被多个 Map 任务并行处理。MapReduce 框架会为每个 Map 任务输入一个小数据集（分片），Map 任务生成的结果会继续作为 Reduce 任务的输入，最终由 Reduce 任务输出最后结果，并写入分布式文件系统。特别需要注意的是，适合用 MapReduce 来处理的数据集需要满足一个前提条件：待处理的数据集可以分解成许多小的数据集，而且每一个小数据集都可以完全并行地进行处理。

MapReduce 设计的一个理念就是"计算向数据靠拢"，而不是"数据向计算靠拢"。因为移动数据需要大量的网络传输开销，尤其是在大规模数据环境下，这种开销尤为惊人，所以，移动计算要比移动数据更加经济。本着这个理念，在一个集群中，只要有可能，MapReduce 框架就会将 Map 程序就近地在 HDFS 数据所在的节点运行，即将计算节点和存储节点放在一起运行，从而减少节点间的数据移动开销。

Hadoop 框架是用 Java 实现的，但是 MapReduce 应用程序不一定要用 Java 来写。

7.1.3　Map 和 Reduce 函数

MapReduce 模型的核心是 Map 和 Reduce 函数，二者都是由应用程序开发者负责具体实现的。MapReduce 编程之所以比较容易，是因为程序员只需要关注如何实现 Map 和 Reduce 函数，而不需要处理并行编程中的其他各种复杂问题，如分布式存储、工作调度、负载均衡、容错处理、网络通信等，这些问题都会由 MapReduce 框架负责处理。

Map 和 Reduce 函数都是以<key,value>作为输入，按一定的映射规则将其转换成另一个或一批<key,value>进行输出（见表 7-1）。

表 7-1　　　　　　　　　　　　　　　　　　　Map 和 Reduce 函数

函数	输入	输出	说明
Map	$<k_1,v_1>$	List($<k_2,v_2>$)	（1）将小数据集进一步解析成一批<key,value>对，输入 Map 函数中进行处理 （2）每一个输入的$<k_1,v_1>$会输出一批$<k_2,v_2>$，$<k_2,v_2>$是计算的中间结果
Reduce	$<k_2,\text{List}(v_2)>$	$<k_3,v_3>$	输入的中间结果$<k_2,\text{List}(v_2)>$中的 List(v_2)表示一批属于同一个 k_2 的 value

Map 函数的输入来自分布式文件系统的文件块，这些文件块的格式是任意的，可以是文档格式，也可以是二进制格式。文件块是一系列元素的集合，这些元素也是任意类型的，同一个元素不能跨文件块存储。Map 函数将输入的元素转换成<key,value>形式的键值对，键和值的类型也是

任意的，其中，键没有唯一性，不能作为输出的身份标识，即使是同一输入元素，也可通过一个 Map 任务生成具有相同键的多个<key,value>。

　　Reduce 函数的任务就是将输入的一系列具有相同键的键值对以某种方式组合起来，输出处理后的键值对，输出结果会合并成一个文件。用户可以指定 Reduce 任务的个数（如 n 个），并通知实现系统。然后主控进程通常会选择一个 Hash 函数，Map 任务输出的每个键都会经过 Hash 函数计算，并根据哈希结果将该键值对输入相应的 Reduce 任务来处理。例如处理键为 k 的 Reduce 任务的输入形式为$<k,<v_1,v_2,\cdots,v_n>>$，输出为$<k,V>$。

　　下面给出一个简单实例。比如我们想编写一个 MapReduce 程序来统计一个文本文件中每个单词出现的次数，对于表 7-1 中的 Map 函数的输入$<k_1,v_1>$，其具体数据就是<某一行文本在文件中的偏移位置，该行文本的内容>。用户可以自己编写 Map 函数处理过程，读取文件中某一行文本后解析出每个单词，生成一批中间结果<单词,出现次数>，然后把这些中间结果作为 Reduce 函数的输入。Reduce 函数的具体处理过程也是由用户自己编写的，用户可以将相同单词的出现次数进行累加，得到每个单词出现的总次数。

7.2　MapReduce 的工作流程

　　理解 MapReduce 的工作流程，是开展 MapReduce 编程的前提。本节首先给出工作流程概述，并阐述 MapReduce 的各个执行阶段，最后对 MapReduce 的核心环节——Shuffle 过程进行剖析。

7.2.1　工作流程概述

　　大规模数据集的处理包括分布式存储和分布式计算两个核心环节。谷歌用分布式文件系统 GFS 实现分布式数据存储，用 MapReduce 实现分布式计算；而 Hadoop 使用分布式文件系统 HDFS 实现分布式数据存储，用 Hadoop MapReduce 实现分布式计算。MapReduce 的输入和输出都需要借助于分布式文件系统进行存储，这些文件被分布存储到集群中的多个节点上。

　　MapReduce 的核心思想可以用"分而治之"来描述，如图 7-1 所示，也就是把一个大的数据集拆分成多个小数据集在多台机器上并行处理。也就是说，一个大的 MapReduce 作业，首先会被拆分成许多个 Map 任务在多台机器上并行执行，每个 Map 任务通常运行在数据存储的节点上。这样计算和数据就可以放在一起运行，不需要额外的数据传输开销。当 Map 任务结束后，会生成以<key,value>形式的许多中间结果。然后，这些中间结果会被分发到多个 Reduce 任务在多台机器上并行执行，具有相同 key 的<key,value>会被发送到同一个 Reduce 任务，Reduce 任务会对中间结果进行汇总计算得到最后结果，并输出到分布式文件系统。

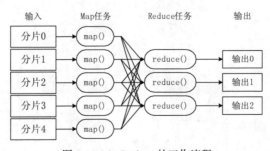

图 7-1　MapReduce 的工作流程

需要指出的是，不同的 Map 任务之间不会进行通信，不同的 Reduce 任务之间也不会发生任何信息交换；用户不能显式地从一台机器向另一台机器发送消息，所有的数据交换都是通过 MapReduce 框架自身去实现的。

在 MapReduce 的整个执行过程中，Map 任务的输入文件、Reduce 任务的处理结果都是保存在分布式文件系统中的，而 Map 任务处理得到的中间结果保存在本地存储中（如磁盘）。另外，只有当 Map 处理全部结束后，Reduce 过程才能开始；只有 Map 才需要考虑数据局部性，实现"计算向数据靠拢"，Reduce 则无须考虑数据局部性。

7.2.2　MapReduce 的各个执行阶段

下面是一个 MapReduce 算法的执行过程。

（1）MapReduce 框架使用 InputFormat 模块做 Map 前的预处理，比如验证输入的格式是否符合输入定义；然后，将输入文件切分为逻辑上的多个 InputSplit。InputSplit 是 MapReduce 对文件进行处理和运算的输入单位，只是一个逻辑概念，每个 InputSplit 并没有对文件进行实际切分，只是记录了要处理的数据的位置和长度。

（2）因为 InputSplit 是逻辑切分而非物理切分，所以还需要通过 RecordReader（RR）根据 InputSplit 中的信息来处理 InputSplit 中的具体记录，加载数据并将其转换为适合 Map 任务读取的键值对，输入给 Map 任务。

（3）Map 任务会根据用户自定义的映射规则，输出一系列的<key,value>作为中间结果。

（4）为了让 Reduce 可以并行处理 Map 的结果，需要对 Map 的输出进行一定的分区（Partition）、排序（Sort）、合并（Combine）、归并（Merge）等操作，得到<key,value-list>形式的中间结果，再交给对应的 Reduce 来处理，这个过程称为 Shuffle。从无序的<key,value>到有序的<key,value-list>，这个过程用 Shuffle 来称呼是非常形象的。

（5）Reduce 以一系列<key,value-list>中间结果作为输入，执行用户定义的逻辑，输出结果交给 OutputFormat 模块。

（6）OutputFormat 模块会验证输出目录是否已经存在，以及输出结果类型是否符合配置文件中的配置类型，如果都满足，就输出 Reduce 的结果到分布式文件系统。

MapReduce 工作流程中的各个执行阶段，具体如图 7-2 所示。

图 7-2　MapReduce 工作流程中的各个执行阶段

7.2.3　Shuffle 过程详解

Shuffle 过程是 MapReduce 整个工作流程的核心环节，理解 Shuffle 过程的基本原理，对于理解 MapReduce 流程至关重要。

1．Shuffle 过程简介

Shuffle 是指对 Map 任务输出结果进行分区、排序、合并、归并等处理并交给 Reduce 的过程。因此，Shuffle 过程分为 Map 端的操作和 Reduce 端的操作，如图 7-3 所示，主要执行以下操作。

图 7-3　Shuffle 过程

（1）在 Map 端的 Shuffle 过程。

Map 任务的输出结果首先被写入缓存，当缓存满时，就启动溢写操作，把缓存中的数据写入磁盘文件，并清空缓存。当启动溢写操作时，首先需要对缓存中的数据进行分区，然后对每个分区的数据进行排序和合并，再写入磁盘文件。每次溢写操作会生成一个新的磁盘文件，随着 Map 任务的执行，磁盘中就会生成多个溢写文件。在 Map 任务全部结束之前，这些溢写文件会被归并成一个大的磁盘文件，然后通知相应的 Reduce 任务来"领取"属于自己处理的数据。

（2）在 Reduce 端的 Shuffle 过程。

Reduce 任务从 Map 端的不同 Map 机器"领取"属于自己处理的那部分数据，然后对数据进行归并后交给 Reduce 处理。

2．Map 端的 Shuffle 过程

Map 端的 Shuffle 过程包括 4 个步骤，如图 7-4 所示。

图 7-4　Map 端的 Shuffle 过程

（1）输入数据和执行 Map 任务。

Map 任务的输入数据一般保存在分布式文件系统（如 GFS 或 HDFS）的文件块中，这些文件块的格式是任意的，可以是文档格式，也可以是二进制格式。Map 任务接收<key, value>作为输入后，按一定的映射规则将其转换成多个<key, value>输出。

（2）写入缓存。

每个 Map 任务都会被分配一个缓存，Map 任务的输出结果不是立即写入磁盘，而是首先写入缓存。在缓存中积累一定数量的 Map 任务输出结果以后，再一次性批量写入磁盘，这样可以大大减少对磁盘 I/O 的影响。因为磁盘包含机械部件，它是通过磁头移动和盘片的转动来寻址定位数据的，每次寻址的开销很大，如果每个 Map 任务输出结果都直接写入磁盘，会引入很多次寻址开销，而一次性批量写入，就只需要一次寻址，连续写入，大大降低了开销。需要注意的是，在写入缓存之前，key 与 value 都会被序列化成字节数组。

（3）溢写（分区、排序和合并）。

提供给 MapReduce 的缓存的容量是有限的，默认大小是 100 MB。随着 Map 任务的执行，缓存中 Map 任务结果的数量会不断增加，很快占满整个缓存。这时，就必须启动溢写（Spill）操作，把缓存中的内容一次性写入磁盘，并清空缓存。溢写的过程通常是由另外一个单独的后台线程来完成的，不会影响 Map 结果往缓存写入。但是为了保证 Map 结果能够持续写入缓存，不受溢写过程的影响，就必须让缓存中一直有可用的空间，不能等到全部占满才启动溢写过程，所以一般会设置一个溢写比例，如 0.8。也就是说，当 100 MB 大小的缓存被填入 80 MB 数据时，就启动溢写过程，把已经写入的 80 MB 数据写入磁盘，剩余 20 MB 空间供 Map 结果继续写入。

但是，在溢写到磁盘之前，缓存中的数据首先会被分区。缓存中的数据是<key, value>形式的键值对，这些键值对最终需要交给不同的 Reduce 任务进行并行处理。MapReduce 通过 Partitioner 接口对这些键值对进行分区，默认的分区方式是先采用 Hash 函数对 key 进行哈希，再对 Reduce 任务的数量进行取模，可以表示成 hash(key) mod R，其中 R 表示 Reduce 任务的数量。这样，就可以把 Map 任务输出结果均匀地分配给这 R 个 Reduce 任务去并行处理了。当然，MapReduce 也允许用户通过重载 Partitioner 接口来自定义分区方式。

对于每个分区内的所有键值对，后台线程会根据 key 对它们进行内存排序，排序是 MapReduce 的默认操作。排序结束后，还有一个可选的合并操作。如果用户事先没有定义 Combiner 函数，就不用进行合并操作。如果用户事先定义了 Combiner 函数，则这个时候会执行合并操作，从而减少需要溢写到磁盘的数据量。

"合并"是指将那些具有相同 key 的<key,value>的 value 加起来。比如有两个键值对<"xmu",1>和<"xmu",1>，经过合并操作以后就可以得到一个键值对<"xmu",2>，减少键值对的数量。这里需要注意，Map 端的这种合并操作，其实和 Reduce 的功能相似，但是由于这个操作发生在 Map 端，所以我们只能称之为"合并"，从而有别于 Reduce。不过，并非所有场合都可以使用 Combiner，因为 Combiner 的输出是 Reduce 任务的输入，Combiner 绝不能改变 Reduce 任务最终的计算结果。一般而言，累加、最大值等场景可以使用合并操作。

经过分区、排序以及可能发生的合并操作之后，这些缓存中的键值对可以被写入磁盘，并清空缓存。每次溢写操作都会在磁盘中生成一个新的溢写文件，写入溢写文件中的所有键值对都是经过分区和排序的。

（4）文件归并。

每次溢写操作都会在磁盘中生成一个新的溢写文件，随着 MapReduce 任务的进行，磁盘中的溢写文件数量会越来越多。当然，如果 Map 任务输出结果很少，磁盘上只会存在一个溢写文件，但是通常都会存在多个溢写文件。最终，在 Map 任务全部结束之前，系统会对所有溢写文件中的数据进行归并，生成一个大的溢写文件，这个大的溢写文件中的所有键值对也是经过分区和排序的。

"归并"是指具有相同 key 的键值对会被归并成一个新的键值对。具体而言，若干个具有相同 key 的键值对 $<k_1,v_1>,<k_1,v_2>,\cdots,<k_1,v_n>$ 会被归并成一个新的键值对 $<k_1,<v_1,v_2,\cdots,v_n>>$。

另外，进行文件归并时，如果磁盘中已经生成的溢写文件的数量超过参数 min.num.spills.for.combine 的值时（默认值是 3，用户可以修改），那么，就可以再次运行 Combiner，对数据进行合并操作，从而减少写入磁盘的数据量。但是，如果磁盘中只有一两个溢写文件，执行合并操作就会"得不偿失"，因为执行合并操作本身也需要代价，因此不需要运行 Combiner。

经过上述 4 个步骤以后，Map 端的 Shuffle 过程全部完成，最终生成一个会被存放在本地磁盘上的大文件。这个大文件中的数据是被分区的，不同的分区会被发送到不同的 Reduce 任务进行并行处理。JobTracker 会一直监测 Map 任务的执行，当监测到一个 Map 任务完成后，会立即通知相关的 Reduce 任务来"领取"数据，然后开始 Reduce 端的 Shuffle 过程。

3. Reduce 端的 Shuffle 过程

相对于 Map 端而言，Reduce 端的 Shuffle 过程非常简单，只需要从 Map 端读取 Map 任务结果，然后执行归并操作，最后输送给 Reduce 任务进行处理。具体而言，Reduce 端的 Shuffle 过程包括 3 个步骤，如图 7-5 所示。

图 7-5　Reduce 端的 Shuffle 过程

（1）"领取"数据。

Map 端的 Shuffle 过程结束后，所有 Map 任务输出结果都保存在 Map 机器的本地磁盘上，Reduce 任务需要把这些数据"领取"（Fetch）回来存放到自己所在机器的本地磁盘上。因此，在每个 Reduce 任务真正开始之前，它大部分时间都在从 Map 端"领取"属于自己处理的那些分区的数据。每个 Reduce 任务会不断地通过 RPC 向 JobTracker 询问 Map 任务是否已经完成；JobTracker 监测到一个 Map 任务完成后，就会通知相关的 Reduce 任务来"领取"数据；一旦一个 Reduce 任务收到 JobTracker 的通知，它就会到该 Map 任务所在机器上把属于自己处理的分区数据领取到本地磁盘中。

（2）归并数据。

从 Map 端"领取"的数据会被存放在 Reduce 任务所在机器的缓存中，如果缓存被占满，就会像 Map 端一样被溢写到磁盘中。由于在 Shuffle 阶段 Reduce 任务还没有真正开始执行，因此，这时可以把内存的大部分空间分配给 Shuffle 过程作为缓存。需要注意的是，系统中一般存在多个

Map 机器，Reduce 任务会从多个 Map 机器"领取"属于自己处理的那些分区的数据，因此缓存中的数据是来自不同的 Map 机器的，一般会存在很多可以合并的键值对。当溢写过程启动时，具有相同 key 的键值对会被归并，如果用户定义了 Combiner，则归并后的数据还可以执行合并操作，减少写入磁盘的数据量。每个溢写过程结束后，都会在磁盘中生成一个溢写文件，因此磁盘上会存在多个溢写文件。最终，当所有的 Map 端数据都已经被"领取"时，和 Map 端类似，多个溢写文件会被归并成一个大文件，归并的时候还会对键值对进行排序，从而使得最终大文件中的键值对都是有序的。当然，在数据很少的情形下，缓存可以存储所有数据，就不需要把数据溢写到磁盘，而是直接在内存中执行归并操作，然后直接输出给 Reduce 任务。需要说明的是，把磁盘上的多个溢写文件归并成一个大文件可能需要执行多轮归并操作。每轮归并操作可以归并的文件数量是由参数 io.sort.factor 的值来控制的（默认值是 10，用户可以修改）。假设磁盘中生成了 50 个溢写文件，每轮可以归并 10 个溢写文件，则需要经过 5 轮归并，得到 5 个归并后的大文件。

（3）把数据输入给 Reduce 任务。

磁盘中经过多轮归并后得到的若干个大文件，不会继续归并成一个新的大文件，而是直接输入 Reduce 任务，这样可以减少磁盘读写开销。由此，整个 Shuffle 过程顺利结束。接下来，Reduce 任务会执行 Reduce 函数中定义的各种映射，输出最终结果，并将其保存到分布式文件系统中（比如 GFS 或 HDFS）。

7.3　实例分析：WordCount

下面给出一个 WordCount 实例来阐述采用 MapReduce 解决实际问题的基本思路和具体实现过程。

7.3.1　WordCount 的程序任务

在编程语言的学习过程中，一般都会以"HelloWorld"程序作为入门范例，WordCount 就是类似"HelloWorld"的 MapReduce 入门程序，见表 7-2。表 7-3 给出了一个 WordCount 的输入和输出实例。

表 7-2　　　　　　　　　　　　　　　　WordCount 程序任务

项目	描述
程序	WordCount
输入	一个包含大量单词的文本文件
输出	文件中每个单词及其出现次数（频数），并按照单词字母顺序排列，每个单词和其频数占一行，单词和频数之间有间隔

表 7-3　　　　　　　　　　　一个 WordCount 的输入和输出实例

输入	输出
Hello World Hello Hadoop Hello MapReduce	Hadoop 1 Hello 3 MapReduce 1 World 1

7.3.2　WordCount 的设计思路

首先,需要检查 WordCount 程序任务是否可以采用 MapReduce 来实现。在前文我们曾经提到,适合用 MapReduce 来处理的数据集需要满足一个前提条件:待处理的数据集可以分解成许多小的数据集,而且每一个小数据集都可以完全并行地进行处理。在 WordCount 程序任务中,不同单词之间的频数不存在相关性,彼此独立,可以把不同的单词分发给不同的机器进行并行处理,因此可以采用 MapReduce 来实现词频统计任务。

其次,确定 MapReduce 程序的设计思路。思路很简单,即把文件内容解析成许多个单词,然后把所有相同的单词聚集到一起,最后计算出每个单词出现的次数并输出。

最后,确定 MapReduce 程序的执行过程。把一个大文件切分成许多个分片,每个分片输入给不同机器上的 Map 任务,并行执行完成"从文件中解析出所有单词"的任务。Map 的输入采用 Hadoop 默认的<key, value>输入方式,即文件的行号作为 key,该行号对应的文件的一行内容作为 value;Map 的输出以单词作为 key,1 作为 value,即<单词,1>表示单词出现了 1 次。Map 阶段完成后,会输出一系列<单词,1>这种形式的中间结果,然后 Shuffle 阶段会对这些中间结果进行排序、分区,得到<key, value-list>的形式(比如<hadoop, <1,1,1,1,1>>),再分发给不同的 Reduce 任务。Reduce 任务接收到所有分配给自己的中间结果(一系列键值对)以后,就开始执行汇总计算工作,计算得到每个单词的频数并把结果输出到分布式文件系统。

在后面的 MapReduce 编程实践内容中(见 7.5 节),我们会介绍如何编写 WordCount 的具体实现代码。

7.3.3　WordCount 的具体执行过程

对于 WordCount 程序任务,整个 MapReduce 过程实际的执行顺序如下。

(1)执行 WordCount 的用户程序(采用 MapReduce 编写),会被系统分发部署到集群中的多台机器上,其中一个机器作为 Master,负责协调调度作业的执行,其余机器作为 Worker,可以执行 Map 或 Reduce 任务。

(2)系统分配一部分 Worker 执行 Map 任务,一部分 Worker 执行 Reduce 任务;MapReduce 将输入文件切分成 M 个分片,Master 将 M 个分片分给处于空闲状态的 N 个 Worker 处理。

(3)执行 Map 任务的 Worker 读取输入数据,执行 Map 操作,生成一系列<key,value>形式的中间结果,并将中间结果保存在内存的缓冲区中。

(4)缓冲区中的中间结果会被定期刷写到本地磁盘上,并被划分为 R 个分区,这 R 个分区会被分发给 R 个执行 Reduce 任务的 Worker 进行处理;Master 会记录这 R 个分区在磁盘上的存储位置,并通知 R 个执行 Reduce 任务的 Worker 来"领取"属于自己处理的那些分区的数据。

(5)执行 Reduce 任务的 Worker 收到 Master 的通知后,就到相应的 Map 机器上"领取"属于自己处理的分区。需要注意的是,正如之前在 Shuffle 过程阐述的那样,可能会有多个 Map 机器通知某个 Reduce 机器来"领取"数据,因此一个执行 Reduce 任务的 Worker,可能会从多个 Map 机器上"领取"数据。当位于所有 Map 机器上的、属于自己处理的数据都已经"领取"回来以后,这个执行 Reduce 任务的 Worker 会对"领取"的键值对进行排序(如果内存中放不下则需要用到外部排序),使得具有相同 key 的键值对聚集在一起,就可以开始执行具体的 Reduce 操作了。

(6)执行 Reduce 任务的 Worker 遍历中间数据,对每一个唯一 key 执行 Reduce 函数,结果写入输出文件中；执行完毕后，唤醒用户程序，返回结果。

WordCount 的执行过程，具体如图 7-6 所示。

图 7-6　WordCount 的执行过程

7.3.4　一个 WordCount 执行过程的实例

假设执行单词统计任务的 MapReduce 作业中，有 3 个执行 Map 任务的 Worker 和 1 个执行 Reduce 任务的 Worker。一个文档包含 3 行内容，每行分配给一个 Map 任务来处理。Map 操作的输入是<key, value>形式，其中，key 是文档中某行的行号，value 是该行的内容。Map 操作会将输入文档中的每一个单词，以<key, value>的形式作为中间结果进行输出，如图 7-7 所示。

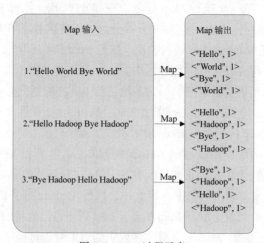

图 7-7　Map 过程示意

然后，在 Map 端的 Shuffle 过程中，如果用户没有定义 Combiner 函数，则 Shuffle 过程会把具有相同 key 的键值对归并成一个键值对，如图 7-8 所示。具体而言，若干个具有相同 key 的键值对$<k_1,v_1>,<k_1,v_2>,\cdots,<k_1,v_n>$，会被归并成一个新的键值对$<k_1,<v_1,v_2,\cdots,v_n>>$。比如在图 7-7 最上面的 Map 任务输出结果中，存在 key 都是"World"的两个键值对$<$"World",1$>$，经过 Map 端的 Shuffle 过程以后，这两个键值对会被归并得到一个键值对$<$"World",$<1,1>>$，这里不再给出 Reduce 端的 Shuffle 结果。然后，这些归并后的键值对会作为 Reduce 任务的输入，由 Reduce 任务为每个单词计算出总的出现次数。最后，输出排序后的最终结果就会是：$<$"Bye",3$>$、$<$"Hadoop",4$>$、$<$"Hello",3$>$、$<$"World",2$>$。

图 7-8 用户没有定义 Combiner 时的 Reduce 过程示意

在实际应用中，每个输入文件被 Map 函数解析后，都可能会生成大量类似$<$"the"，1$>$这样的中间结果，很显然，这会大大增加网络传输开销。在前面介绍 Shuffle 过程时，我们曾经提到过，对于这种情形，MapReduce 支持用户提供 Combiner 函数来对中间结果进行合并后再发送给 Reduce 任务，从而大大减少网络传输的数据量。对于图 7-7 中的 Map 输出结果，如果存在用户自定义的 Combiner 函数，则 Reduce 过程示意如图 7-9 所示。

图 7-9 用户定义 Combiner 函数，则 Reduce 过程示意

7.4 MapReduce 的具体应用

MapReduce 可以很好地应用于各种计算问题，下面以关系代数运算、分组与聚合运算、矩阵

-向量乘法、矩阵乘法为例，介绍如何采用 MapReduce 计算模型来实现各种运算。

7.4.1　MapReduce 在关系代数运算中的应用

针对数据的很多运算，都可以很容易地采用数据库查询语言来表达，即使这些查询本身并不在数据库管理系统中执行。关系数据库中的关系（Relation）可以看成由一系列属性组成的表，关系中的行称为元组（Tuple），属性的集合称为关系的模式。下面介绍基于 MapReduce 模型的关系上的标准运算，包括选择、投影、并、交、差以及自然连接。

1. 关系的选择运算

对于关系的选择运算，只需要 Map 过程就能实现，对于关系 R 中的每个元组 t，检测其是否满足条件的所需元组，如果满足条件，则输出键值对$<t,t>$。也就是说，键和值都是 t。这时的 Reduce 函数就只是一个恒等式，对输入不作任何变换就直接输出。

2. 关系的投影运算

假设对关系 R 投影后的属性集为 S。在 Map 函数中，对于 R 中的每个元组 t，剔除 t 中不属于 S 的字段得到元组 t'，输出键值对$<t',t'>$。对于 Map 任务产生的每个键 t'，可能存在一个或多个键值对$<t',t'>$，因此需要通过 Reduce 函数来剔除冗余，把属性值完全相同的元组合并起来得到$<t',<t',t',t',\cdots>>$，剔除冗余后只输出一个$<t',t'>$。

3. 关系的并、交、差运算

对两个关系求并集时，Map 任务将两个关系的元组转换成键值对$<t,t>$，Reduce 任务则是一个剔除冗余数据的过程（合并到一个文件中）。

对两个关系求交集时，使用与并集相同的 Map 过程。在 Reduce 过程中，如果键 t 有两个相同值与它关联，则输出一个元组$<t,t>$，如果与键关联的只有一个值，则输出空值（NULL）。

对两个关系求差时，Map 过程产生的键值对不仅要记录元组的信息，还要记录该元组来自哪个关系（R 或 S）。Reduce 过程中将键值相同的 t 合并后，与键 t 相关联的值如果只有 R（说明该元组只属于 R，不属于 S），就输出元组，其他情况均输出空值。

4. 关系的自然连接运算

在 MapReduce 环境下执行两个关系的连接操作的方法如下：假设关系 $R(A,B)$ 和 $S(B,C)$ 都存储在一个文件中，为了连接这些关系，必须把来自每个关系的各个元组都和一个键关联，这个键就是属性 B 的值。可以使用 Map 过程把来自 R 的每个元组$<a,b>$转换成一个键值对$<b,<R,a>>$，其中的键就是 b，值就是$<R,a>$。注意，这里把关系 R 包含到值中，这样做使得我们可以在 Reduce 阶段，只把那些来自 R 的元组和来自 S 的元组进行匹配。类似地，可以使用 Map 过程把来自 S 的每个元组$<b,c>$转换成一个键值对$<b,<S,c>>$，键是 b，值是$<S,c>$。Reduce 进程的任务就是，把来自关系 R 和 S 的具有共同属性 B 值的元组进行合并。这样，所有具有特定 B 值的元组必须被发送到同一个 Reduce 进程。假设使用 k 个 Reduce 进程，这里选择一个 Hash 函数 h，它可以把属性 B 的值映射到 k 个 Hash 桶，每个哈希值对应一个 Reduce 进程，每个 Map 进程将键是 b 的键值对都发送到与 Hash 值 $h(b)$对应的 Reduce 进程，Reduce 进程将连接后的元组$<a,b,c>$写到一个单独的输出文件中。

图 7-10 以某工厂接到的订单与仓库货存为例，演示了关系的自然连接运算的 MapReduce 过程。

图 7-10　基于 MapReduce 关系的自然连接运算实例

7.4.2　分组与聚合运算

词频计算就是典型的分组聚合运算。在 Map 过程中，选择关系的某一字段（也可以是某些属性构成的属性表）的值作为键，其他字段的值作为与键相关联的值。将该键值对输入 Reduce 过程后，对相同键相关联的值施加某种聚合运算，如 SUM（求和）、COUNT（计数）、AVG（求平均值）、MIN（求最小值）和 MAX（求最大值）等，输出则为<键,聚合运算结果>。

7.4.3　矩阵–向量乘法

假定一个 n 维向量 V，其第 j 个元素记为 v_j，假定一个 $n \times n$ 的矩阵 M，其第 i 行第 j 列元素记为 m_{ij}，则矩阵 M 和向量 V 的乘积是一个 n 维向量 X，其第 i 个元素 $x_i = \sum_{j=1}^{n} m_{ij}v_j$。

矩阵 M 和向量 V 各自会在分布式文件系统（如 HDFS）中存成一个文件。假定我们可以获得矩阵元素的行列下标，如从矩阵元素在文件中的位置来获得，或者从元素显式存储的三元组 $<i,j,m_{ij}>$ 中获得。计算矩阵-向量乘法的 Map 和 Reduce 函数可以按照如下方式设计。

（1）Map 函数。每个 Map 任务将整个向量 V 和矩阵 M 的一个文件块作为输入。对每个矩阵元素 m_{ij}，Map 任务会产生键值对 $<i, m_{ij}v_j>$。因此，计算 x_i 的所有 n 个求和项 $m_{ij}v_j$ 的键都相同，即都是 i。

（2）Reduce 函数。Reduce 任务将所有与给定键 i 关联的值相加即可得到 $<i, x_i>$。

如果 n 的值过大，使向量 V 无法完全放入内存，那么，在计算过程中需要多次将向量的一部分导入内存，这会导致大量的磁盘访问。一种替代方案是，将矩阵分割成多个宽度相等的垂直条，同时将向量分割成同样数目的水平条，每个水平条的高度等于矩阵垂直条的宽度。图 7-11 是矩阵 M 和向量 V 的分割示意，其中矩阵和向量都分割成 5 个条。

矩阵第 i 个垂直条只和第 i 个水平条相乘。因此，可以将矩阵的每个条存成一个文件，同样，将向量的每个条存成一个文件。矩阵某个条的一个文件块及对应的完整向量条输送到每个 Map 任务。然后，Map 任务和 Reduce 任务可以按照上述过程来运行。

图 7-11　矩阵 M 和向量 V 的分割示意

7.4.4 矩阵乘法

矩阵 M 第 i 行第 j 列的元素记为 m_{ij}，矩阵 N 第 j 行第 k 列的元素记为 n_{jk}，矩阵 $P=M \times N$，其第 i 行第 k 列元素为 $p_{ik} = \sum_j m_{ij} n_{jk}$。

我们可以把矩阵看成一个带有 3 个属性的关系：行下标、列下标和值。因此，矩阵 M 可以看成关系 M，记为 $M(I,J,V)$，元组为 $<i,j,m_{ij}>$，矩阵 N 可以看作关系 N，记为 $N(J,K,W)$，元组为 $<j,k,n_{jk}>$。

矩阵乘法可以看作一个自然连接运算再加上分组聚合运算。关系 M 和 N 根据公共属性 J 将每个元组连接得到元组 $<i,j,k,v,w>$，这个五字段元组代表了两个矩阵的元素对 $<m_{ij}, n_{jk}>$，对矩阵元素进行求积运算后可以得到四字段元组 $<i,j,k,v \times w>$，然后进行分组聚合运算。其中，I、K 是分组属性，$V \times W$ 的积是聚合结果。综上所述，矩阵乘法可以通过两个 MapReduce 运算的串联来实现，整个过程如下。

1. 自然连接阶段

Map 函数：对每个矩阵元素 m_{ij} 产生一个键值对 $<j,<M,i,m_{ij}>>$，对每个矩阵元素 n_{jk} 产生一个键值对 $<j,<N,k,n_{jk}>>$。

Reduce 函数：对每个相同键 j，输出所有满足形式 $<j,<i,k,m_{ij}n_{jk}>>$ 的元组。

2. 分组聚合阶段

Map 函数：对自然连接阶段产生的键值对 $<j,<<i_1,k_1,v_1>,<i_2,k_2,v_2>,\cdots,<i_p,k_p,v_p>>>$（其中，每个 v_q 是对应的 m_{qj} 和 n_{jq} 的乘积），Map 任务会产生 p 个键值对 $<<<i_1,k_1>, v_1>,<<i_2,k_2>, v_2>,\cdots,<<i_p,k_p>,v_p>>$。

Reduce 函数：对每个键 $<i,k>$，计算与此键关联的所有值的和，结果记为 $<<i,k>,v>$。其中，v 就是矩阵 P 的第 i 行、第 k 列的值。

7.5 MapReduce 编程实践

在第 2 章，我们已经介绍了如何在单台机器上搭建伪分布式 Hadoop 环境，并介绍了如何利用 Hadoop 自带的实例程序来分析数据。现在我们来介绍如何编写基本的 MapReduce 程序帮助自己实现数据分析。下面首先给出基本任务要求，然后阐述如何编写 MapReduce 程序来实现任务要求。更多上机操作实践细节内容，可以参见本书官网（http://dblab.xmu.edu.cn/post/bigdata3/）的"教材配套大数据软件安装和编程实践指南"。这里采用的 Hadoop 版本为 3.1.3。

7.5.1 任务要求

在第 2 章中，我们运行 Hadoop 自带的实例程序统计了"input"文件夹下所有文件中每个单词出现的次数。在 7.3 节我们介绍了用 MapReduce 程序实现单词出现次数统计的基本思路和具体执行过程。下面我们介绍如何编写具体实现代码以及如何运行程序。

首先，我们在本地创建两个文件，即文件 A 和 B。

文件 A 的内容如下：

```
China is my motherland
```

```
I love China
```

文件 B 的内容如下：

```
I am from China
```

　　假设 HDFS 中已经创建好了一个 input 文件夹（可以参考第 2 章 Hadoop 中的命令"./bin/hadoop dfs -mkdir input"在 HDFS 中创建 input 文件夹），现在把文件 A 和 B 上传到 HDFS 中的 input 文件夹下（注意，上传之前，请清空 input 文件夹中原有的文件）。现在的目标是统计 input 文件夹下所有文件中每个单词的出现次数，也就是说，程序应该输出如下形式的结果：

```
I              2
is             1
China          3
my             1
love           1
am             1
from           1
motherland     1
```

　　接下来，我们编写 MapReduce 程序来实现这个功能，主要包括以下几个步骤。

（1）编写 Map 处理逻辑。

（2）编写 Reduce 处理逻辑。

（3）编写 main 方法。

（4）编译打包代码以及运行程序。

7.5.2　编写 Map 处理逻辑

　　为了把文档处理成我们希望的效果，首先需要对文档进行切分。通过前面的内容我们可以知道，数据处理的第一个阶段是 Map 阶段，在这个阶段中文本数据被读入并进行基本的分析，然后以特定的键值对的形式进行输出，这个输出将作为中间结果，继续提供给 Reduce 阶段作为输入数据。

　　在本例中，我们通过继承类 Mapper 来实现 Map 处理逻辑。首先，为类 Mapper 设定好输入类型以及输出类型。这里，Map 的输入是<key,value>形式，其中，key 是文本文件中一行的行号，value 是该行号对应的文件中的一行内容。实际上，在代码逻辑中，key 值并不需要用到。对于输出的类型，我们希望在 Map 部分完成文本分割工作，因此输出应该为<单词,出现次数>的形式。于是，最终确定的输入类型为<Object,Text>，输出类型为<Text,IntWritable>。其中，除了 Object 以外，都是 Hadoop 提供的内置类型。为实现具体的分析操作，我们需要重写 Mapper 中的 map 函数。以下为 Mapper 类的具体代码：

```
public static class TokenizerMapper extends Mapper<Object, Text, Text, IntWritable>
{
        private static final IntWritable one = new IntWritable(1);
        private Text word = new Text();
        public TokenizerMapper(){
        }

        public void map(Object key, Text value, Mapper<Object, Text, Text,
IntWritable>.Context context) throws IOException, InterruptedException {
            StringTokenizer itr = new StringTokenizer(value.toString());
            while(itr.hasMoreTokens()) {
                this.word.set(itr.nextToken());
```

```
                    context.write(this.word, one);
            }
        }
    }
```

在上述代码中，实现 Map 逻辑的类名称为 TokenizerMapper。在 TokenizerMapper 类中，首先将需要输出的两个变量 one 和 word 初始化。对于变量 one，可以将其直接初始化为 1，表示某个单词在文档中出现过。在 Map 函数中，前两个参数是函数的输入，value 为 text 类型，是指每次读入文本的一行，Object 类型的 key 则是指该行数据在文本中的行号。在我们这个简单的示例中，key 其实并没有被明显地用到。然后，通过 StringTokenizer 这个类以及其自带的方法，对 value 变量（即文本中的一行）进行拆分，拆分后的单词存储在 word 中，one 作为单词计数。实际上，在函数的整个执行过程中，one 的值一直为 1。Context 是 Map 函数的一种输出方式，通过写该变量，可以直接将中间结果存储在其中。按照这样的处理逻辑，第二个文件在 Map 后输出的中间结果如下：

```
<"I",1>
<"am",1>
<"from",1>
<"China",1>
```

7.5.3 编写 Reduce 处理逻辑

在 Map 部分得到中间结果后，接下来进入 Shuffle 阶段。在这个阶段中 Hadoop 自动将 Map 的输出结果进行分区、排序、合并，然后分发给对应的 Reduce 任务来处理。下面给出 Shuffle 过程后的结果，这也是 Reduce 任务的输入数据：

```
<"I",<1,1>>
<"is",1>
……
<"from",1>
<"China",<1,1,1>>
```

Reduce 阶段需要对上述数据进行处理并得到我们最终期望的结果。其实，在这里已经可以很清楚地看到 Reduce 需要做的事情，就是对输入结果中的数字序列进行求和。下面给出 Reduce 处理逻辑的具体代码：

```
public static class IntSumReducer extends Reducer<Text, IntWritable, Text, IntWritable>
{
    private IntWritable result = new IntWritable();

    public IntSumReducer() {
    }

    public void reduce(Text key, Iterable<IntWritable> values, Reducer<Text,
IntWritable, Text, IntWritable>.Context context) throws IOException, InterruptedException
{
        int sum = 0;
        IntWritable val;
        for(Iterator i$ = values.iterator(); i$.hasNext(); sum += val.get()) {
            val = (IntWritable)i$.next();
        }
        this.result.set(sum);
        context.write(key, this.result);
```

```
        }
    }
```

　　类似于 Map 的实现，这里仍然需要继承 Hadoop 提供的类并实现其接口（重写其方法）。这里编写的类的名字为 IntSumReducer，它继承自类 Reducer。至于 Reduce 过程的输入/输出类型，从上面代码中可以发现，它们与 Map 过程的输出类型本质上是相同的。在代码的开始部分，我们设置变量 result 来记录每个单词的出现次数。为了具体实现 Reduce 部分的处理逻辑，我们需要重写 Reducer 类所提供的 Reduce 函数。在 Reduce 函数中我们可以看到，其输入类型较 Map 过程的输出类型发生了一点小小的变化，即 IntWritable 变量经过 Shuffle 阶段处理后，变为 Iterable 容器。在 Reduce 函数中，我们会遍历这个容器，并对其中的数字进行累加，最终可以得到每次单词总的出现次数。同样，在输出时，我们仍然使用 Context 类型的变量存储信息。当 Reduce 过程结束时，就可以得到最终需要的数据了。

7.5.4　编写 main 方法

　　为了让 TokenizerMapper 和 IntSumReducer 类能够协同工作，我们需要在主函数中通过 Job 类设置 Hadoop 程序运行时的环境变量，以下是具体代码：

```
public static void main(String[] args) throws Exception {
    Configuration conf = new Configuration();
    String[] otherArgs = (new GenericOptionsParser(conf, args)).getRemainingArgs ();
    if(otherArgs.length < 2) {
        System.err.println("Usage: wordcount <in> [<in>...] <out>");
        System.exit(2);
    }

    Job job = Job.getInstance(conf, "word count");        //设置环境参数
    job.setJarByClass(WordCount.class);                   //设置整个程序的类名
    job.setMapperClass(WordCount.TokenizerMapper.class);  //添加 Mapper 类
    job.setReducerClass(WordCount.IntSumReducer.class);   //添加 Reducer 类
    job.setOutputKeyClass(Text.class);                    //设置输出类型
    job.setOutputValueClass(IntWritable.class);           //设置输出类型

    for(int i = 0; i < otherArgs.length - 1; ++i) {
        FileInputFormat.addInputPath(job, new Path(otherArgs[i]));   //设置输入文件
    }

    FileOutputFormat.setOutputPath(job, new Path(otherArgs[otherArgs.length -
1]));//设置输出文件
    System.exit(job.waitForCompletion(true)?0:1);
    }
```

　　在代码的开始部分，我们通过类 Configuration 获得程序运行时的参数情况，并将它们存储在 String[] otherArgs 中。随后，我们通过类 Job 设置环境参数。首先，设置整个程序的类名为 WordCount.class（这个类包含了单词统计的全部实现代码，之前没有介绍，在 7.5.5 小节中会介绍 WordCount 类的代码）。然后，添加已经写好的 TokenizerMapper 类和 IntSumReducer 类。接下来，还需要设置整个 Hadoop 程序的输出类型，即 Reduce 输出结果<key, value>中 key 和 value 各自的类型。最后，根据之前已经获得的程序运行时的参数，设置输入/输出文件路径。

7.5.5　编译打包代码以及运行程序

下面给出 WordCount 类的完整代码：

```java
import java.io.IOException;
import java.util.Iterator;
import java.util.StringTokenizer;
import org.apache.hadoop.conf.Configuration;
import org.apache.hadoop.fs.Path;
import org.apache.hadoop.io.IntWritable;
import org.apache.hadoop.io.Text;
import org.apache.hadoop.mapreduce.Job;
import org.apache.hadoop.mapreduce.Mapper;
import org.apache.hadoop.mapreduce.Reducer;
import org.apache.hadoop.mapreduce.lib.input.FileInputFormat;
import org.apache.hadoop.mapreduce.lib.output.FileOutputFormat;
import org.apache.hadoop.util.GenericOptionsParser;

public class WordCount {
    public WordCount() {
    }

    public static void main(String[] args) throws Exception {
        Configuration conf = new Configuration();
        String[] otherArgs = (new GenericOptionsParser(conf, args)).getRemainingArgs();
        if(otherArgs.length < 2) {
            System.err.println("Usage: wordcount <in> [<in>...] <out>");
            System.exit(2);
        }

        Job job = Job.getInstance(conf, "word count");
        job.setJarByClass(WordCount.class);
        job.setMapperClass(WordCount.TokenizerMapper.class);
        job.setCombinerClass(WordCount.IntSumReducer.class);
        job.setReducerClass(WordCount.IntSumReducer.class);
        job.setOutputKeyClass(Text.class);
        job.setOutputValueClass(IntWritable.class);

        for(int i = 0; i < otherArgs.length - 1; ++i) {
            FileInputFormat.addInputPath(job, new Path(otherArgs[i]));
        }

        FileOutputFormat.setOutputPath(job, new Path(otherArgs[otherArgs.length - 1]));
        System.exit(job.waitForCompletion(true)?0:1);
    }

    public static class TokenizerMapper extends Mapper<Object, Text, Text, IntWritable>
{
        private static final IntWritable one = new IntWritable(1);
        private Text word = new Text();

        public TokenizerMapper() {
        }

        public void map(Object key, Text value, Mapper<Object, Text, Text, IntWritable>.
```

```
Context context) throws IOException, InterruptedException {
            StringTokenizer itr = new StringTokenizer(value.toString());

            while(itr.hasMoreTokens()) {
                this.word.set(itr.nextToken());
                context.write(this.word, one);
            }

        }
    }
    public static class IntSumReducer extends Reducer<Text, IntWritable, Text, IntWritable>
{
        private IntWritable result = new IntWritable();

        public IntSumReducer() {
        }

        public void reduce(Text key, Iterable<IntWritable> values, Reducer<Text,
IntWritable, Text, IntWritable>.Context context) throws IOException, InterruptedException
{
            int sum = 0;

            IntWritable val;
            for(Iterator i$ = values.iterator(); i$.hasNext(); sum += val.get()) {
                val = (IntWritable)i$.next();
            }

            this.result.set(sum);
            context.write(key, this.result);
        }
    }

}
```

读者可能对程序最初引用的许多外部包有些疑惑，其实它们大部分是 Hadoop 自己的组件，也被称为 Hadoop 的 API，这些包的基本功能见表 7-4。

表 7-4　　　　　　　　　　　　WordCount 类中引用的包的基本功能

包	功能
org.apache.hadoop.conf	定义了系统参数的配置文件处理方法
org.apache.hadoop.fs	定义了抽象的文件系统 API
org.apache.hadoop.mapreduce	Hadoop 分布式计算框架 MapReduce 的实现，包括任务的分发调度等
org.apache.hadoop.io	定义了通用的 I/O API，用于针对网络、数据库、文件等数据对象进行读写操作等

由于在安装 Hadoop 之前，我们已经安装了 Java 程序（JDK），所以这里可以直接用 JDK 包中的工具对代码进行编译。在执行下面操作之前，请把当前工作目录设置为 Hadoop 的安装目录，即 "/usr/local/hadoop" 目录：

```
$ cd /usr/local/hadoop
$ export CLASSPATH="/usr/local/hadoop/share/hadoop/common/hadoop-common-3.1.3.jar:
/usr/local/hadoop/share/hadoop/mapreduce/hadoop-mapreduce-client-core-3.1.3.jar:/usr/l
ocal/hadoop/share/hadoop/common/lib/commons-cli-1.2.jar:$CLASSPATH"
```

```
$ javac WordCount.java
```

如果系统环境找不到 javac 程序的位置，那么请使用 JDK 中的绝对路径。

编译之后，在文件夹下可以发现有 3 个 ".class" 文件，这是 Java 的可执行文件。此时，我们需要将它们打包并命名为 WordCount.jar，命令如下：

```
$ jar -cvf WordCount.jar *.class
```

到这里，我们就得到像 Hadoop 自带实例一样的 JAR 包了，可以运行得到结果。在运行程序之前，需要启动 Hadoop，包括 HDFS 和 MapReduce。启动 Hadoop 之后，我们可以运行程序，命令如下：

```
$ ./bin/hadoop jar WordCount.jar WordCount input output
```

最后，我们可以运行下面命令查看结果：

```
$ ./bin/hadoop fs -cat output/*
```

另外，我们也可以使用开发工具（比如 Eclipse）开发调试词频统计程序，具体方法可以参考教材官网（http://dblab.xmu.edu.cn/post/bigdata3/）的"教材配套大数据软件安装和编程实践指南"。

7.6　本章小结

本章介绍了 MapReduce 编程模型的相关知识。MapReduce 将复杂的、运行于大规模集群上的并行计算过程高度抽象为两个函数：Map 和 Reduce，并极大地方便了分布式编程工作，编程人员在不会分布式并行编程的情况下，也可以很容易将自己的程序运行在分布式系统上，完成海量数据集的计算。

MapReduce 执行的全过程包括以下几个主要阶段：从分布式文件系统读入数据、执行 Map 任务输出中间结果、通过 Shuffle 阶段把中间结果分区排序整理后发送给 Reduce 任务、执行 Reduce 任务得到最终结果并写入分布式文件系统。在这几个阶段中，Shuffle 阶段非常关键，必须深刻理解这个阶段的详细执行过程。

MapReduce 具有广泛的应用，如关系代数运算、分组与聚合运算、矩阵-向量乘法、矩阵乘法等。

本章最后以一个单词统计程序为实例，详细演示了如何编写 MapReduce 程序代码以及如何运行程序。

7.7　习题

1. 试述 MapReduce 和 Hadoop 的关系。

2. MapReduce 是处理大数据的有力工具，但不是每个任务都可以使用 MapReduce 来进行处理的。试述适合用 MapReduce 来处理的任务或者数据集需满足怎样的要求。

3. MapReduce 计算模型的核心是 Map 函数和 Reduce 函数，试述这两个函数各自的输入、输出以及处理过程。

4. 试述 MapReduce 的工作流程（需包括提交任务、Map、Shuffle、Reduce 的过程）。

5.　Shuffle 过程是 MapReduce 工作流程的核心，也被称为奇迹发生的地方，试分析 Shuffle 过程的作用。

6.　分别描述 Map 端和 Reduce 端的 Shuffle 过程（需包括溢写、排序、归并、"领取"的过程）。

7.　MapReduce 中有这样一个原则：移动计算比移动数据更经济。试述什么是本地计算，并分析为何要采用本地计算。

8.　试说明一个 MapReduce 程序在运行期间所启动的 Map 任务数量和 Reduce 任务数量各是由什么因素决定的。

9.　是否所有的 MapReduce 程序都需要经过 Map 和 Reduce 这两个过程？如果不是，请举例说明。

10.　试分析为何采用 Combiner 可以减少数据传输量。是否所有的 MapReduce 程序都可以采用 Combiner？为什么？

11.　MapReduce 程序的输入文件、输出文件都存储在 HDFS 中，而在 Map 任务完成时得到的中间结果存储在本地磁盘中。试分析中间结果存储在本地磁盘而不是 HDFS 上有何优缺点。

12.　早期的 HDFS，其默认块（Block）大小为 64 MB，而较新的版本默认为 128 MB，采用较大的块具有什么影响和优缺点？

13.　试画出使用 MapReduce 来对英语句子 "Whatever is worth doing is worth doing well" 进行单词统计的过程。

14.　在基于 MapReduce 的单词统计中，MapReduce 如何保证相同的单词数据会划分到同一个 Reducer 上进行处理以保证结果的正确性？

15.　MapReduce 可用于对数据进行排序，一种想法是利用 MapReduce 的自动排序功能，即默认情况下，Reduce 任务的输出结果是有序的，如果只使用一个 Reducer 来对数据进行处理、输出，则结果就是有序的了。但这样的排序过程无法充分利用 MapReduce 的分布式优点。试设计一个基于 MapReduce 的排序算法，假设数据均位于[1, 100]，Reducer 数量为 4，正序输出结果或逆序输出结果均可。试简要描述该算法（可使用分区、合并过程）。

16.　试设计一个基于 MapReduce 的算法，求出数据集中的最大值。假设 Reducer 大于 1，试简要描述该算法（可使用分区、合并过程）。

17.　对于稀疏矩阵的乘法，试思考出与正文中矩阵乘法所采用的不同的 MapReduce 策略，写出相应的 Map 函数和 Reduce 函数。

18.　当输入为由许多整数构成的文件、输出为最大整数时，试设计 MapReduce 算法实现上述功能，并写出 Map 函数和 Reduce 函数。

19.　试述实现矩阵-向量乘法与矩阵乘法采用不同 MapReduce 策略的原因。

20.　为非方阵矩阵（即行数与列数不等的矩阵）的乘法运算设计一般化的 MapReduce 算法，并写出 Map 函数和 Reduce 函数。

实验 5　MapReduce 初级编程实践

一、实验目的

（1）通过实验掌握基本的 MapReduce 编程方法。

（2）掌握用 MapReduce 解决一些常见数据处理问题的方法，包括数据合并、数据去重、数据排序和数据挖掘等。

二、实验平台

- 操作系统：Ubuntu 18.04（或 Ubuntu 16.04）。
- Hadoop 版本：3.1.3。

三、实验内容和要求

1. 编程实现文件合并和去重操作

对于两个输入文件，即文件 A 和文件 B，请编写 MapReduce 程序，对两个文件进行合并，并剔除其中重复的内容，得到一个新的输出文件 C。下面是输入文件和输出文件的一个样例，以供参考。

输入文件 A 的样例如下：

```
20150101    x
20150102    y
20150103    x
20150104    y
20150105    z
20150106    x
```

输入文件 B 的样例如下：

```
20150101    y
20150102    y
20150103    x
20150104    z
20150105    y
```

根据输入文件 A 和 B 合并得到的输出文件 C 的样例如下：

```
20150101    x
20150101    y
20150102    y
20150103    x
20150104    y
20150104    z
20150105    y
20150105    z
20150106    x
```

2. 编程实现对输入文件的排序

现在有多个输入文件，每个文件中的每行内容均为一个整数。要求读取所有文件中的整数，进行升序排列后，将其输出到一个新的文件中，输出的数据格式为每行两个整数，第一个整数为第二个整数的排序位次，第二个整数为原待排列的整数。下面是输入文件和输出文件的一个样例，以供参考。

输入文件 1 的样例如下：

```
33
37
12
40
```

输入文件 2 的样例如下：

```
4
16
39
5
```

输入文件 3 的样例如下：

```
1
45
25
```

根据输入文件 1、2 和 3 得到的输出文件如下：

```
1 1
2 4
3 5
4 12
5 16
6 25
7 33
8 37
9 39
10 40
11 45
```

3. 对给定的表格进行信息挖掘

下面给出一个 child-parent 的表格，要求挖掘其中的父子关系，给出祖孙关系的表格。

输入文件内容如下：

```
child parent
Steven Lucy
Steven Jack
Jone Lucy
Jone Jack
Lucy Mary
Lucy Frank
Jack Alice
Jack Jesse
David Alice
David Jesse
Philip David
Philip Alma
Mark David
Mark Alma
```

输出文件内容如下：

```
grandchild    grandparent
Steven        Alice
Steven        Jesse
Jone          Alice
Jone          Jesse
Steven        Mary
Steven        Frank
Jone          Mary
Jone          Frank
```

```
Philip      Alice
Philip      Jesse
Mark        Alice
Mark        Jesse
```

四、实验报告

<table>
<tr><td colspan="3" align="center">"大数据技术原理与应用"课程实验报告</td></tr>
<tr><td>题目：</td><td>姓名：</td><td>日期</td></tr>
<tr><td colspan="3">实验环境：</td></tr>
<tr><td colspan="3">实验内容与完成情况：</td></tr>
<tr><td colspan="3">出现的问题：</td></tr>
<tr><td colspan="3">解决方案（列出遇到的问题和解决办法，列出没有解决的问题）：</td></tr>
</table>

第8章
Hadoop 再探讨

Hadoop 作为一种开源的大数据处理架构，在业内得到了广泛的应用，几乎成为大数据技术的代名词。可是，Hadoop 在诞生之初，架构设计和应用性能方面仍然存在一些不尽人意的地方，但在后续发展过程中得到了逐渐的改进和完善。Hadoop 的优化与发展主要体现在两个方面：一方面是 Hadoop 自身两大核心组件 MapReduce 和 HDFS 的架构设计改进；另一方面是 Hadoop 生态系统其他组件的不断丰富。通过这些优化和提升，Hadoop 可以支持更多的应用场景，提供更高的集群可用性，同时带来更高的资源利用率。

本章首先介绍 Hadoop 的局限与不足，并从全局视角系统地总结针对 Hadoop 的改进与提升；然后介绍 Hadoop 在自身核心组件方面的新发展，包括 HDFS 2.0 的新特性和新一代资源管理调度框架 YARN；最后介绍 Hadoop 推出之后陆续涌现的具有代表性的 Hadoop 生态系统新成员，包括 Pig、Tez 和 Kafka 等，这些组件对 Hadoop 的局限进行了有效的改进，进一步丰富和发展了 Hadoop 生态系统。

8.1　Hadoop 的优化与发展

本节首先指出 Hadoop 的局限与不足之处，然后介绍针对 Hadoop 的相关改进和提升。

8.1.1　Hadoop 的局限与不足

Hadoop 1.0 的核心组件（仅指 MapReduce 和 HDFS，不包括 Hadoop 生态系统内的 Pig、Hive、HBase 等其他组件）主要存在以下不足。

（1）抽象层次低。功能实现需要手工编写代码来完成，有时只是为了实现一个简单的功能，也需要编写大量的代码。

（2）表达能力有限。MapReduce 把复杂分布式编程工作高度抽象为两个函数，即 Map 和 Reduce，在降低开发人员程序开发复杂度的同时，却也带来了表达能力有限的问题，实际生产环境中的一些应用是无法用简单的 Map 和 Reduce 来完成的。

（3）开发者自己管理作业之间的依赖关系。一个作业（Job）只包含 Map 和 Reduce 两个阶段，通常的实际应用问题需要大量的作业进行协作才能顺利解决，这些作业之间往往存在复杂的依赖关系，但是 MapReduce 框架本身并没有提供相关的机制对这些依赖关系进行有效管理，只能由开发者自己管理。

（4）难以看到程序整体逻辑。用户的处理逻辑都隐藏在代码细节中，没有更高层次的抽象机制对程序整体逻辑进行设计，这就给代码理解和后期维护带来了障碍。

（5）执行迭代操作效率低。对于一些大型的机器学习、数据挖掘任务，往往需要多轮迭代才能得到结果。采用 MapReduce 实现这些算法时，每次迭代都是一次执行 Map、Reduce 任务的过程，这个过程的数据来自分布式文件系统 HDFS，本次迭代的处理结果也被存放到 HDFS 中，继续用于下一次迭代过程。反复读写 HDFS 中的数据，大大降低了迭代操作的效率。

（6）资源浪费。在 MapReduce 框架设计中，Reduce 任务需要等待所有 Map 任务都完成后才可以开始，造成了不必要的资源浪费。

（7）实时性差。只适用于离线批数据处理，无法支持交互式数据处理、实时数据处理。

8.1.2　针对 Hadoop 的改进与提升

针对 Hadoop 1.0 存在的局限和不足，在后续发展过程中，Hadoop 对 MapReduce 和 HDFS 的许多方面做了有针对性的改进提升（见表 8-1），同时在 Hadoop 生态系统中也融入了更多的新成员，使得 Hadoop 功能更加完善，比较有代表性的产品包括 Pig、Oozie、Tez、Kafka 等（见表 8-2）。

表 8-1　　　　　　　　　　　Hadoop 框架自身的改进：从 1.0 到 2.0

组件	Hadoop 1.0 的问题	Hadoop 2.0 的改进
HDFS	单一名称节点，存在单点失效问题	设计了 HDFS HA，提供名称节点热备份机制
	单一命名空间，无法实现资源隔离	设计了 HDFS 联邦，管理多个命名空间
MapReduce	资源管理效率低	设计了新的资源管理框架 YARN

表 8-2　　　　　　　　　　　　不断完善的 Hadoop 生态系统

组件	功能	解决 Hadoop 中存在的问题
Pig	处理大规模数据的脚本语言，用户只需要编写几条简单的语句，系统会自动转换为 MapReduce 作业	抽象层次低，需要手工编写大量代码
Oozie	工作流和协作服务引擎，协调 Hadoop 上运行的不同任务	没有提供作业依赖关系管理机制，需要用户自己处理作业之间的依赖关系
Tez	支持 DAG 作业的计算框架，对作业的操作进行重新分解和组合，形成一个大的 DAG 作业，减少不必要操作	不同的 MapReduce 任务之间存在重复操作，降低了效率
Kafka	分布式发布订阅消息系统，一般作为企业大数据分析平台的数据交换枢纽，不同类型的分布式系统可以统一接入 Kafka，实现和 Hadoop 各个组件之间的不同类型数据的实时高效交换	Hadoop 生态系统中各个组件和其他产品之间缺乏统一的、高效的数据交换中介

在下面的内容中，将首先介绍 HDFS 的新特性（包括 HDFS HA 和 HDFS 联邦）；然后介绍 Hadoop 中新的资源管理框架 YARN，YARN 是在 MapReduce 1.0 框架基础之上发展起来的；最后介绍 Hadoop 生态系统中具有代表性的几个组件及其解决的问题。

8.2　HDFS 2.0 的新特性

相对之前的 HDFS 1.0，HDFS 2.0 增加了 HDFS HA 和 HDFS 联邦等新特性。

8.2.1　HDFS HA

对于分布式文件系统 HDFS 而言，名称节点（NameNode）是系统的核心节点，存储了各类元数据信息，并负责管理文件系统的命名空间和客户端对文件的访问。但是，在 HDFS 1.0 中，只存在一个名称节点，一旦这个唯一的名称节点发生故障，就会导致整个集群变得不可用，这就是常说的"单点故障问题"。虽然 HDFS 1.0 中存在一个第二名称节点（Secondary NameNode），但是第二名称节点并不是名称节点的备用节点，它与名称节点有着不同的职责。第二名称节点的主要功能是周期性地从名称节点获取命名空间镜像文件（FsImage）和修改日志（EditLog），进行合并后发送给名称节点，替换掉原来的 FsImage，以防止日志文件 EditLog 过大，导致名称节点失败恢复时消耗过多时间。合并后的命名空间镜像文件 FsImage 在第二名称节点中也保存一份，当名称节点失效的时候，可以使用第二名称节点中的 FsImage 进行恢复。

由于第二名称节点无法提供"热备份"功能，即在名称节点发生故障的时候，系统无法实时切换到第二名称节点立即对外提供服务，仍然需要进行停机恢复，因此 HDFS 1.0 的设计是存在单点故障问题的。为了解决单点故障问题，HDFS 2.0 采用了高可用（High Availability，HA）架构。在一个典型的 HA 集群中，一般设置两个名称节点，其中一个名称节点处于"活跃"（Active）状态，另一个处于"待命"（Standby）状态，HDFS HA 架构如图 8-1 所示。处于活跃状态的名称节点负责对外处理所有客户端的请求，处于待命状态的名称节点则作为备用节点，保存足够多的系统元数据，当名称节点出现故障时提供快速恢复能力。也就是说，在 HDFS HA 中，处于待命状态的名称节点提供了"热备份"，一旦活跃名称节点出现故障，就可以立即切换到待命名称节点，不会影响到系统的正常对外服务。

图 8-1　HDFS HA 架构

由于待命名称节点是活跃名称节点的"热备份"，因此活跃名称节点的状态信息必须实时同步到待命名称节点。两种名称节点的状态同步，可以借助于一个共享存储系统来实现，比如网络文件系统（Network File System，NFS）、仲裁日志管理器（Quorum Journal Manager，QJM）或者 ZooKeeper。活跃名称节点将更新数据写入共享存储系统，待命名称节点会一直监听该系统，一旦发现有新的写入，就立即从公共存储系统中读取这些数据并加载到自己的内存中，从而保证与活跃名称节点状态完全同步。

此外，名称节点中保存了数据块到实际存储位置的映射信息，即每个数据块是由哪个数据节点存储的。当一个数据节点加入 HDFS 集群时，它会把自己所包含的数据块列表报告给名称节点，此后会通过"心跳"的方式定期执行这种告知操作，以确保名称节点的块映射是最新的。因此，为了实现故障时的快速切换，必须保证待命名称节点一直包含最新的集群中各个块的位置信息。为了做到这一点，需要给数据节点配置两个名称节点的地址（即活跃名称节点和待命名称节点），并把块的位置信息和心跳信息同时发送到这两个名称节点。为了防止出现"两个管家"现象，HA 还要保证任何时刻都只有一个名称节点处于活跃状态，否则，如果有两个名称节点处于活跃状态，HDFS 集群中出现"两个管家"，就会导致数据丢失或者其他异常。这个任务是由 ZooKeeper 来实现的，ZooKeeper 可以确保任意时刻只有一个名称节点提供对外服务。

8.2.2 HDFS 联邦

下面首先指出 HDFS 1.0 中存在的问题，然后介绍 HDFS 联邦的设计。

1. HDFS 1.0 中存在的问题

HDFS 1.0 采用单名称节点的设计，不仅会带来单点故障问题，还会存在可扩展性、系统整体性能和隔离性等问题。在可扩展性方面，名称节点把整个 HDFS 中的元数据信息都保存在自己的内存中，HDFS 1.0 中只有一个名称节点，不可以水平扩展，而单个名称节点的内存空间是有上限的，这限制了系统中数据块、文件和目录的数目。那么是否可以通过纵向扩展的方式（即为单个名称节点增加更多的 CPU、内存等资源）解决这个问题呢？答案是否定的。纵向扩展带来的第一个问题就是，会带来过长的系统启动时间，比如一个具有 50 GB 内存的 HDFS 启动一次大概需要消耗 30 min～2 h，单纯增大内存空间只会让系统启动时间变得更长。其次，当在内存空间清理时发生错误，就会导致整个 HDFS 集群死机。

在系统整体性能方面，整个 HDFS 的性能会受限于单个名称节点的吞吐量。

在隔离性方面，单个名称节点难以提供不同程序之间的隔离性，一个程序可能会影响其他程序的运行（比如一个程序消耗过多资源导致其他程序无法顺利运行）。HDFS HA 虽然提供了两个名称节点，但是在某个时刻只会有一个名称节点处于活跃状态，另一个则处于待命状态。因而，HDFS HA 在本质上还是单名称节点，只是通过"热备份"设计方式解决了单点故障问题，并没有解决可扩展性、系统整体性能和隔离性 3 个方面的问题。

2. HDFS 联邦的设计

HDFS 联邦可以很好地解决上述 3 个方面的问题。在 HDFS 联邦中，设计了多个相互独立的名称节点，使得 HDFS 的命名服务能够横向扩展，这些名称节点分别进行各自命名空间和块的管理，相互之间是联邦关系，不需要彼此协调。HDFS 联邦并不是真正的分布式设计，但是采用这种简单的"联合"设计方式，在实现和管理复杂性方面，都要远低于真正的分布式设计，而且可以快速满足需求。在兼容性方面，HDFS 联邦具有良好的向后兼容性，可以无缝地支持单名称节点架构中的配置。所以，原有针对单名称节点的部署配置，不需要做任何修改就可以继续工作。

HDFS 联邦中的名称节点提供了命名空间和块管理功能。在 HDFS 联邦中，所有名称节点会共享底层的数据节点存储资源，如图 8-2 所示。每个数据节点要向集群中所有的名称节点注册，并周期性地向名称节点发送"心跳"和块信息，报告自己的状态，同时处理来自名称节点的指令。

HDFS 1.0 只有一个命名空间，这个命名空间使用底层数据节点全部的块。与 HDFS 1.0 不同的是，HDFS 联邦拥有多个独立的命名空间，其中，每一个命名空间管理属于自己的一组块，这些属于同一个命名空间的块构成一个"块池"（Block Pool）。每个数据节点会为多个块池提供块的存储。可以看出，数据节点是一个物理概念，块池则属于逻辑概念，一个块池是一组块的逻辑集合，块池中的各个块实际上存储在各个不同的数据节点中。因此，HDFS 联邦中的一个名称节点失效，也不会影响到与它相关的数据节点继续为其他名称节点提供服务。

3. HDFS 联邦的访问方式

对于 HDFS 联邦中的多个命名空间，可以采用客户端挂载表（Client-Side Mount-Table）方式进行数据共享和访问。每个阴影三角形代表一个独立的命名空间，上方空白三角形表示从客户方向去访问下面子命名空间，如图 8-3 所示。客户可以通过不同的挂载点来访问不同的子命名空间。这就是 HDFS 联邦中命名空间管理的基本原理，即把各个命名空间挂载到全局"挂载表"（Mount-table）中，实现数据全局共享。同样地，命名空间挂载到个人的挂载表中，就成为应用程序可见的命名空间。

图 8-2 HDFS 联邦架构

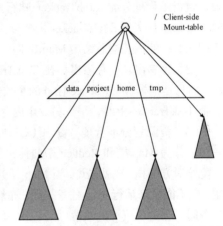

图 8-3 客户端挂载表方式访问多个命名空间

4. HDFS 联邦相对于 HDFS 1.0 的优势

采用 HDFS 联邦的设计方式，可解决单名称节点存在的以下 3 个问题。

（1）HDFS 集群可扩展性。多个名称节点各自分管一部分目录，使得一个集群可以扩展到更多节点，不再像 HDFS 1.0 中那样由于内存的限制制约文件存储数目。

（2）系统整体性能更高。多个名称节点管理不同的数据，且同时对外提供服务，将为用户提供更高的读写吞吐率。

（3）良好的隔离性。用户可根据需要将不同业务数据交由不同名称节点管理，这样不同业务之间的影响很小。

需要注意的是，HDFS 联邦并不能解决单点故障问题。也就是说，每个名称节点都存在单点故障问题，需要为每个名称节点部署一个后备名称节点，以应对名称节点死机后对业务产生的影响。

8.3 新一代资源管理调度框架 YARN

本节首先指出 MapReduce 1.0 的缺陷，然后介绍新一代资源调度管理框架 YARN，包括其设计思路、体系结构和工作流程，并对 YARN 框架和 MapReduce 1.0 框架进行对比分析，最后介绍 YARN 的发展目标。

8.3.1　MapReduce 1.0 的缺陷

MapReduce 1.0 采用 Master/Slave 架构设计（见图 8-4），包括一个 JobTracker 和若干个 TaskTracker，前者负责作业的调度和资源的管理，后者负责执行 JobTracker 指派的具体任务。这种架构设计具有一些很难克服的缺陷，具体如下。

（1）存在单点故障。MapReduce 1.0 由 JobTracker 负责所有 MapReduce 作业的调度，而系统中只有一个 JobTracker，因此会存在单点故障问题，即这个唯一的 JobTracker 出现故障就会导致系统不可用。

（2）JobTracker "大包大揽" 导致任务过重。JobTracker 既要负责作业的调度和失败恢复，又要负责资源管理分配。JobTracker 执行过多的任务，需要消耗大量的资源，例如当存在非常多的 MapReduce 任务时，JobTracker 需要巨大的内存开销，这也潜在地增加了 JobTracker 失败的风险。正因如此，业内普遍总结出 MapReduce 1.0 支持主机数目的上限为 4000 个。

（3）容易出现内存溢出。在 TaskTracker 端，资源的分配并不考虑 CPU、内存的实际使用情况，而只是根据 MapReduce 任务的个数来分配资源。当两个具有较大内存消耗的任务被分配到同一个 TaskTracker 上时，很容易发生内存溢出的情况。

（4）资源划分不合理。资源（CPU、内存）被强制等量划分成多个 "槽"（Slot），槽又被进一步划分为 Map 槽和 Reduce 槽两种，分别供 Map 任务和 Reduce 任务使用，彼此之间不能使用分配给对方的槽。也就是说，当 Map 任务已经用完 Map 槽时，即使系统中还有大量剩余的 Reduce 槽，也不能拿来运行 Map 任务，反之亦然。这就意味着，当系统中只存在单一 Map 任务或 Reduce 任务时，会造成资源的浪费。

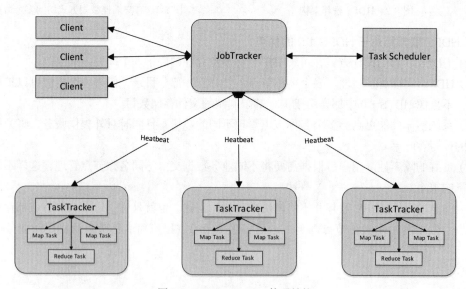

图 8-4　MapReduce 1.0 体系结构

8.3.2　YARN 设计思路

为了克服 MapReduce 1.0 版本的缺陷，在 Hadoop 2.0 以后的版本中对其核心子项目 MapReduce 1.0 的体系结构进行了重新设计，生成了 MapReduce 2.0 和 YARN。YARN 架构设计思路如图 8-5 所示，其基本思路就是 "放权"，即不让 JobTracker 这一个组件承担过多的功能，对原 JobTracker

三大功能（资源管理、任务调度和任务监控）进行拆分，分别交给不同的新组件去处理。重新设计后得到的 YARN 包括 ResourceManager、ApplicationMaster 和 NodeManager，其中，由 ResourceManager 负责资源管理，由 ApplicationMaster 负责任务调度和监控，由 NodeManager 负责执行原 TaskTracker 的任务。这种"放权"的设计，大大降低了 JobTracker 的负担，提升了系统运行的效率和稳定性。

图 8-5　YARN 架构设计思路

在 Hadoop 1.0 中，其核心子项目 MapReduce 1.0 既是一个计算框架，也是一个资源管理调度框架。到了 Hadoop 2.0 以后，MapReduce 1.0 中的资源管理调度功能被单独分离出来形成了 YARN，它是一个纯粹的资源管理调度框架，而不是一个计算框架；而被剥离了资源管理调度功能的 MapReduce 框架就变成了 MapReduce 2.0，它是运行在 YARN 之上的一个纯粹的计算框架，不再自己负责资源调度管理服务，而是由 YARN 为其提供资源管理调度服务。

8.3.3　YARN 体系结构

如图 8-6 所示，YARN 体系结构中包含了 3 个组件：ResourceManager、ApplicationMaster 和 NodeManager。YARN 各个组件的功能见表 8-3。

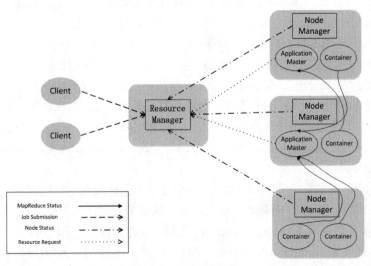

图 8-6　YARN 体系结构

表 8-3   YARN 各个组件的功能

组件	功能
ResourceManager	<ul><li>处理客户端请求</li><li>启动/监控 ApplicationMaster</li><li>监控 NodeManager</li><li>资源分配与调度</li></ul>
ApplicationMaster	<ul><li>为应用程序申请资源，并分配给内部任务</li><li>任务调度、监控与容错</li></ul>
NodeManager	<ul><li>单个节点上的资源管理</li><li>处理来自 ResourceManger 的命令</li><li>处理来自 ApplicationMaster 的命令</li></ul>

资源管理器（ResourceManager，RM）负责整个系统的资源管理和分配，主要包括两个组件，即资源调度器（Resource Scheduler）和应用程序管理器（Applications Manager）。资源调度器主要负责资源管理和分配，不再负责跟踪和监控应用程序的执行状态，也不负责执行失败恢复，因为这些任务都已经交给 ApplicationMaster 组件来负责。调度器接收来自 ApplicationMaster 的应用程序资源请求，并根据容量、队列等限制条件（如每个队列分配一定的资源，最多执行一定数量的作业等），把集群中的资源以"容器"（Container）的形式分配给提出申请的应用程序。容器的选择通常会考虑应用程序所要处理的数据的位置，就近进行选择，从而实现"计算向数据靠拢"。在 MapReduce 1.0 中，资源分配的单位是"槽"，而在 YARN 中是以容器作为动态资源分配单位，每个容器中都封装了一定数量的 CPU、内存、磁盘等资源，从而限定每个应用程序可以使用的资源量。同时，在 YARN 中调度器被设计成是一个可插拔的组件，YARN 不仅自身提供了许多种直接可用的调度器，也允许用户根据自己的需求重新设计调度器。应用程序管理器负责系统中所有应用程序的管理工作，主要包括应用程序提交、与资源调度器协商资源以启动 ApplicationMaster、监控 ApplicationMaster 运行状态并在失败时重新启动等。

在 Hadoop 平台上，用户的应用程序是以作业的形式提交的，然后一个作业会被分解成多个任务（包括 Map 任务和 Reduce 任务）进行分布式执行。ResourceManager 接收用户提交的作业，按照作业的上下文信息以及从 NodeManager 收集来的容器状态信息，启动调度过程，为用户作业启动一个 ApplicationMaster。ApplicationMaster 的主要功能是：当用户作业提交时，ApplicationMaster 与 ResourceManager 协商获取资源，ResourceManager 会以容器的形式为 ApplicationMaster 分配资源；把获得的资源进一步分配给内部的各个任务（Map 任务或 Reduce 任务），实现资源的"二次分配"；与 NodeManager 保持交互通信，进行应用程序的启动、运行、监控和停止，监控申请到的资源的使用情况，监控所有任务的执行进度和状态，并在任务发生失败时执行失败恢复（即重新申请资源重启任务）；定时向 ResourceManager 发送"心跳"消息，报告资源的使用情况和应用的进度信息；当作业完成时，ApplicationMaster 向 ResourceManager 注销容器，执行周期完成。

NodeManager 是驻留在一个 YARN 集群中的每个节点上的代理，主要负责容器生命周期管理，监控每个容器的资源（CPU、内存等）使用情况，跟踪节点健康状况，并以"心跳"的方式与 ResourceManager 保持通信，向 ResourceManager 汇报作业的资源使用情况和每个容器的运行状态，同时，它还要接收来自 ApplicationMaster 的启动/停止容器的各种请求。需要说明的是，NodeManager 主要负责管理抽象的容器，只处理与容器相关的事情，而不具体负责每个任务（Map

任务或 Reduce 任务）自身状态的管理，因为这些管理工作是由 ApplicationMaster 完成的，ApplicationMaster 会通过不断与 NodeManager 通信来掌握各个任务的执行状态。

在集群部署方面，YARN 的各个组件是和 Hadoop 集群中的其他组件统一部署的。如图 8-7 所示，YARN 的 ResourceManager 组件和 HDFS 的名称节点（ NameNode ）部署在一个节点上，YARN 的 ApplicationMaster、NodeManager 和 HDFS 的数据节点（ DataNode ）部署在一起。YARN 中的容器代表了 CPU、内存、网络等计算资源，它也和 HDFS 的数据节点部署在一起。

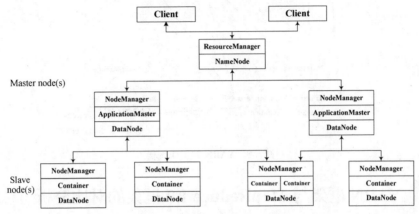

图 8-7　YARN 和 Hadoop 平台其他组件的统一部署

8.3.4　YARN 工作流程

YARN 的工作流程如图 8-8 所示，在 YARN 框架中执行一个 MapReduce 程序时，从提交到完成需要经历如下 8 个步骤。

（1）用户编写客户端应用程序，向 YARN 提交应用程序，提交的内容包括 ApplicationMaster 程序、启动 ApplicationMaster 的命令、用户程序等。

（2）YARN 中的 ResourceManager 负责接收和处理来自客户端的请求。接到客户端应用程序请求后，ResourceManager 里面的调度器会为应用程序分配一个容器。同时，ResourceManager 的应用程序管理器会与该容器所在的 NodeManager 通信，为该应用程序在该容器中启动一个 ApplicationMaster（即图 8-8 中的 "MR App Mstr"）。

（3）ApplicationMaster 被创建后会首先向 ResourceManager 注册，从而使得用户可以通过 ResourceManager 来直接查看应用程序的运行状态。接下来的步骤（4）～（7）是具体的应用程序执行步骤。

（4）ApplicationMaster 采用轮询的方式通过 RPC 协议向 ResourceManager 申请资源。

（5）ResourceManager 以 "容器" 的形式向提出申请的 ApplicationMaster 分配资源，一旦 ApplicationMaster 申请到资源，就会与该容器所在的 NodeManager 进行通信，要求它启动任务。

（6）当 ApplicationMaster 要求容器启动任务时，它会为任务设置好运行环境（包括环境变量、JAR 包、二进制程序等），然后将任务启动命令写到一个脚本中，最后通过在容器中运行该脚本来启动任务。

（7）各个任务通过某个 RPC 协议向 ApplicationMaster 汇报自己的状态和进度，让 ApplicationMaster 可以随时掌握各个任务的运行状态，从而可以在任务失败时重新启动任务。

（8）应用程序运行完成后，ApplicationMaster 向 ResourceManager 的应用程序管理器注销并关闭自己。若 ApplicationMaster 因故失败，ResourceManager 中的应用程序管理器会监测到失败的情形，然后将其重新启动，直到所有的任务执行完毕。

图 8-8　YARN 的工作流程

8.3.5　YARN 框架与 MapReduce 1.0 框架的对比分析

从 MapReduce 1.0 框架发展到 YARN 框架，客户端并没有发生变化，其大部分调用 API 及接口都保持兼容。因此，原来针对 Hadoop 1.0 开发的代码不用做大的改动，就可以直接在 Hadoop 2.0 平台上运行。

在 MapReduce 1.0 框架中的 JobTracker 和 TaskTracker，在 YARN 框架中变成了 3 个组件，即 ResourceManager、ApplicationMaster 和 NodeManager。ResourceManager 要负责调度、启动每一个作业所属的 ApplicationMaster，监控 ApplicationMaster 运行状态并在失败时重新启动，而作业里面的不同任务的调度、监控、重启等，不再由 ResourceManager 负责，而是交给与该作业相关联的 ApplicationMaster 来负责。ApplicationMaster 要负责一个作业生命周期内的所有工作。也就是说，它承担了 MapReduce 1.0 中 JobTracker 的"作业监控"功能。

总体而言，YARN 相对 MapReduce 1.0 具有以下优势。

（1）大大减少了承担中心服务功能的 ResourceManager 的资源消耗。MapReduce 1.0 中的 JobTracker 需要同时承担资源管理、任务调度和任务监控等三大功能，而 YARN 中的 ResourceManager 只需要负责资源管理，需要消耗大量资源的任务调度和监控重启工作则交由 ApplicationMaster 来完成。由于每个作业都有与之关联的独立的 ApplicationMaster，因此，系统中存在多个作业时，就会同时存在多个 ApplicationMaster，这就实现了监控任务的分布化，不再像 MapReduce 1.0 那样监控任务只集中在一个 JobTracker 上。

（2）MapReduce 1.0 既是一个计算框架，又是一个资源管理调度框架，但是它只能支持 MapReduce 编程模型。而 YARN 是一个纯粹的资源调度管理框架，在它上面可以运行包括 MapReduce 在内的不同类型的计算框架，默认类型是 MapReduce。因为 YARN 中的 ApplicationMaster 是可变更的，针对不同的计算框架，用户可以采用任何编程语言自己编写服务于该计算框架的 ApplicationMaster。比如用户可以编写一个面向 MapReduce 计算框架的 ApplicationMaster，从而使得 MapReduce 计算框架可以运行在 YARN 框架之上。同理，用户还可以编写面向 Spark、Storm 等计算框架的 ApplicationMaster，从而使得 Spark、Storm 等计算框架也可以运行在 YARN 框架之上。

（3）YARN 中的资源管理比 MapReduce 1.0 更加高效。YARN 以容器为单位进行资源管理和分配，而不是以槽为单位，避免了 MapReduce 1.0 中槽的闲置浪费情况，大大提高了资源的利用率。

8.3.6 YARN 的发展目标

YARN 的提出，并非仅为了解决 MapReduce 1.0 框架中存在的缺陷，实际上，YARN 有着更加"宏伟"的发展构想，即发展成为集群中统一的资源管理调度框架，在一个集群中为上层的各种计算框架提供统一的资源管理调度服务。

在一个企业当中，会同时存在各种不同的业务应用场景，各自的数据处理需求截然不同。为了满足各种应用场景的不同数据处理需求，就需要采用不同的计算框架，比如使用 MapReduce 实现离线批处理，使用 Impala 实现实时交互式查询分析，使用 Storm 实现流式数据实时分析，使用 Spark 实现迭代计算等。但这些产品通常来自不同的开发团队，具有各自的资源调度管理机制。于是，为了避免不同类型应用之间互相干扰，企业需要把内部的服务器拆分成多个集群，分别安装运行不同的计算框架，即"一个框架一个集群"，一个集群运行 MapReduce，一个集群运行 Spark，还有一个集群运行 Storm 或者其他计算框架。企业内部服务器集群被拆分成不同的独立小集群运行，带来的一个显而易见的问题就是，集群资源利用率低。因为在某个时刻，不同集群的负载水平分布很不均匀，有些小集群可能处于极度繁忙状态，而另外一些小集群可能处于闲置浪费状态，由于各个小集群之间彼此隔离，因此繁忙小集群的负载无法分发到空闲小集群上执行，这就导致了服务器资源的浪费。另外，不同集群之间无法直接共享数据，造成集群间大量的数据传输开销，同时需要多个管理员维护不同的集群，这大大增加了运维成本。

因此，YARN 的目标就是实现"一个集群多个框架"，即在一个集群上部署一个统一的资源调度管理框架 YARN，在 YARN 之上可以部署各种计算框架（见图 8-9），比如 MapReduce、Tez、HBase、Storm、Giraph、Spark、OpenMPI 等，由 YARN 为这些计算框架提供统一的资源调度管理服务，并且能够根据各种计算框架的负载需求，调整各自占用的资源，实现集群资源共享和资源弹性收缩。通过这种方式，可以实现一个集群上的不同应用负载混搭，有效提高集群的利用率。同时，不同计算框架可以共享底层存储，在一个集群上集成多个数据集，使用多个计算框架来访问这些数据集，从而避免了数据集跨集群移动。最后，这种部署方式大大降低了企业运维成本。

目前，可以运行在 YARN 之上的计算框架包括离线批处理框架 MapReduce、内存计算框架 Spark、流计算框架 Storm 和 DAG 计算框架 Tez 等。和 YARN 一样提供类似功能的其他资源管理调度框架还包括 Mesos、Torca、Corona、Borg 等。

图 8-9 在 YARN 上部署各种计算框架

8.4　Hadoop 生态系统中具有代表性的功能组件

本节介绍 Hadoop 生态系统中具有代表性的功能组件，包括 Pig、Tez 和 Kafka 等。

8.4.1　Pig

Pig 是 Hadoop 生态系统的一个组件，提供了类似 SQL 的 Pig Latin（包含 Filter、GroupBy、Join、OrderBy 等操作，同时也支持用户自定义函数），允许用户通过编写简单的脚本来实现复杂的数据分析，而不需要编写复杂的 MapReduce 应用程序。Pig 会自动把用户编写的脚本转换成MapReduce 作业在 Hadoop 集群上运行，而且具备对生成的 MapReduce 程序进行自动优化的功能，所以用户在编写 Pig 程序的时候，不需要关心程序的运行效率，这就大大缩短了用户编程时间。因此，通过配合使用 Pig 和 Hadoop，用户在处理海量数据时就可以达到事半功倍的效果。这比使用 Java、C++等语言编写 MapReduce 程序的难度要小很多，并且用更少的代码量实现了相同的数据处理分析功能。

Pig 可以加载数据、表达转换数据以及存储最终结果，因此在企业数据分析系统实际应用中（见图 8-10），Pig 通常用于数据提取、转换和加载（Extraction、Transformation、Loading，ETL）过程，即来自各个不同数据源的数据被收集过来以后，使用 Pig 进行统一加工处理，然后加载到数据仓库 Hive 中，由 Hive 实现对海量数据的分析。需要特别指出的是，每种数据分析工具都有一定的局限性，Pig 的设计和 MapReduce 一样，都是面向批处理的，因此 Pig 并不适合所有的数据处理任务，特别是当需要查询大数据集中的一小部分数据时，Pig 仍然需要对整个或绝大部分数据集进行扫描，因此实现性能不会很好。

数据收集　　　　数据加工(Pig)　　　　数据仓库(Hive)

图 8-10　Pig 在企业数据分析系统实际应用中的作用

Pig 语句通常按照如下的格式来编写。

● 通过 LOAD 语句从文件系统读取数据。

● 通过一系列"转换"语句对数据进行处理。

● 通过一条 STORE 语句把处理结果输出到文件系统中，或者使用 DUMP 语句把处理结果输出到屏幕上。

下面是一个采用 Pig Latin 编写的应用程序实例，实现对用户访问网页情况的统计分析：

```
visits= load '/data/visits' as (user, url, time); //导入用户访问日志 visits
gVisits = group visits by url;//根据网址 url 对用户访问数据进行分组
visitCounts = foreach gVisits generate url, count(visits);//对于每个 url，计算用户访问量
//上面语句执行后得到的表的结构 visitCounts(url,visits)
urlInfo = load '/data/urlInfo' as (url, category, pRank);//导入用户信息
```

```
visitCounts = join visitCounts by url, urlInfo by url;//对 visitCounts 和 urlInfo 表进
行连接操作
//上面语句执行后得到的连接结果表的结构 visitCounts(url,visits,category,pRank)
gCategories = group visitCounts by category;//根据用户类别进行分组
topUrls = foreach gCategories generate top(visitCounts,10);//每个用户类别取访问量 TOP10
store topUrls into '/data/topUrls';//把访问量排名信息写入 topUrls
```

对于上述 Pig Latin 脚本，Pig 会自动转换成 MapReduce 作业，如图 8-11 所示。图 8-11 中，group by 和 join 操作都"跨越"了 Map 和 Reduce 两个阶段，这是因为 group by 和 join 操作都涉及 Shuffle 过程，根据第 7 章可以知道，Shuffle 过程包含了 Map 端和 Reduce 端，所以图中表示 group by 和 join 操作的矩形框与 Map 和 Reduce 两个阶段都存在重叠区域。

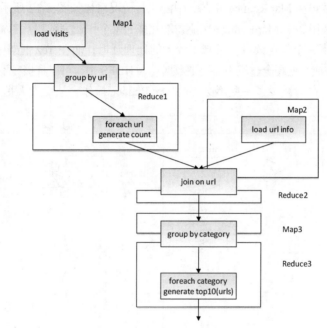

图 8-11　从 Pig Latin 脚本转化得到的 MapReduce 作业

当数据查询只面向相关技术人员，并且属于即时性的数据处理需求时，比较适合采用 Pig 编写一个脚本来完成快速运行处理，从而避免创建表等相关操作。目前，Pig 在很多公司得到了应用，在 Yahoo!中 90%以上的 MapReduce 作业是 Pig 生成的，Twitter 80%以上的 MapReduce 作业是 Pig 生成的，LinkedIn 大部分 MapReduce 作业是 Pig 生成的。Pig 其他主要用户还包括 Salesforce、Nokia、AOL 和 ComScore 等。

8.4.2　Tez

Tez 是 Apache 开源的支持 DAG 作业的计算框架，直接源于 MapReduce 框架。其核心思想是将 Map 和 Reduce 两个操作进一步进行拆分，即将 Map 拆分成 Input、Processor、Sort、Merge 和 Output 等，将 Reduce 拆分成 Input、Shuffle、Sort、Merge、Processor 和 Output 等，经过分解后的这些元操作可以进行任意组合产生新的操作，经过一些控制程序组装后就可形成一个大的 DAG 作业。

通过 DAG 作业的方式运行 MapReduce 作业，提供了程序运行的整体处理逻辑，就可以去除工作流当中多余的 Map 阶段，减少不必要的操作，提升数据处理的性能。Hortonworks 把 Tez 应

用到数据仓库 Hive 的优化中，使得性能提升了约 100 倍。

下面以一个具体实例说明 Tez 的优化效果。假设有 3 个表 a、b 和 c，表 a 的属性包括 state、id 和 itemId，表 b 的属性包括 id 和其他属性，表 c 的属性包括 itemId 和 price。以下是数据仓库 Hive 中执行数据分析的一段 HiveQL 语句，其功能是对 3 个表在公共属性上进行连接操作，并根据 state 属性进行分组，统计每个分组的元组个数和平均价格：

```
SELECT a.state, COUNT(*), AVERAGE(c.price)
FROM a
JOIN b ON(a.id = b.id)
JOIN c ON(a.itemId = c.itemId)
GROUP BY a.state
```

上述 HiveQL 语句在 MapReduce 和 Tez 中的执行情况对比如图 8-12 所示。在 MapReduce 框架中执行时，需要采用 3 个 MapReduce 作业才能完成，每个作业完成以后都需要写入分布式文件系统 HDFS 中，供下一个作业读取，带来了较大的处理延迟；而在 Tez 框架中执行时，只需要一个 Tez 作业就可以完成，处理全过程不需要把数据写入 HDFS 中，可以直接在不同的 Map 和 Reduce 任务之间传输数据，同时减少了一些不必要的 MapReduce 操作，从而大大提升了程序执行效率。

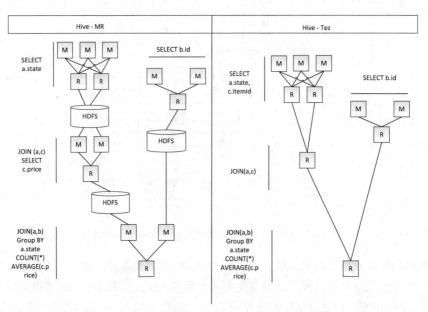

图 8-12　HiveQL 语句在 MapReduce 和 Tez 中的执行情况对比

在 Hadoop 2.0 生态系统中，MapReduce、Hive、Pig 等计算框架都需要最终以 MapReduce 任务的形式执行数据分析，因此 Tez 框架可以发挥重要的作用。可以让 Tez 框架运行在 YARN 框架之上，如图 8-13 所示，然后让 MapReduce、Pig 和 Hive 等计算框架运行在 Tez 框架之上，从而借助于 Tez 框架实现对 MapReduce、Pig 和 Hive 等的性能优化，更好地解决现有 MapReduce 框架在迭代计算（如 PageRank 计算）和交互式计算方面存在的问题。

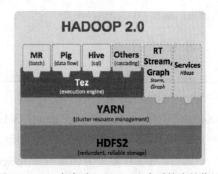

图 8-13　Tez 框架在 Hadoop 生态系统中的作用

可以看出，Tez 在解决 Hive、Pig 延迟大、性能低等问题的思路上，和那些支持实时交互式查询分析的产品（如 Impala、Dremel 和 Drill 等）是不同的。Impala、Dremel 和 Drill 解决问题的思路是抛弃 MapReduce 计算框架，不再将类似 SQL 语句的 HiveQL 或者 Pig 语句翻译成 MapReduce 程序，而是采用与商用并行关系数据库类似的分布式查询引擎，直接从 HDFS 或者 HBase 中用 SQL 语句查询数据，从而大大降低了延迟，很好地满足了实时查询的要求。Tez 则不同，比如针对 Hive 数据仓库进行优化的 "Tez+Hive" 解决方案，其仍采用 MapReduce 计算框架，但是对 DAG 的作业依赖关系进行了裁剪，并将多个小作业合并成一个大作业，这样不仅计算量减少了，而且读写 HDFS 次数也会大大减少。

8.4.3　Kafka

Kafka 是由 LinkedIn 开发的一种高吞吐量的分布式发布/订阅消息系统，用户通过 Kafka 系统可以发布大量的消息，同时能实时订阅消费消息。Kafka 设计的初衷是构建一个可以处理海量日志、用户行为和网站运营统计等的数据处理框架。为了满足上述应用需求，系统需要同时提供实时在线处理的低延迟和批量离线处理的高吞吐量。现有的一些消息队列框架，通常设计了完备的机制来保证消息传输的可靠性，但是由此会带来较大的系统负担，在批量处理海量数据时无法满足高吞吐率的要求；另外有一些消息队列框架则被设计成实时消息处理系统，虽然可以带来很高的实时处理性能，但是在批量离线场合时无法提供足够的持久性，即可能发生消息丢失。同时，在大数据时代涌现的新的日志收集处理系统（如 Flume、Scribe 等）往往更擅长批量离线处理，而不能较好地支持实时在线处理。相对而言，Kafka 可以同时满足在线实时处理和批量离线处理。

最近几年，Kafka 在大数据生态系统中开始发挥着越来越重要的作用，在 Uber、Twitter、Netflix、LinkedIn、Yahoo!、Cisco、Goldman Sachs 等公司得到了大量的应用。目前，在很多公司的大数据平台中，Kafka 通常扮演数据交换枢纽的角色。

传统的关系数据库一直是企业关键业务系统的首选数据库产品，能够较好地满足企业对数据一致性和高效复杂查询的需求。但是，关系数据库只能支持规范的结构化数据存储，无法有效应对各种不同类型的数据，比如各种非结构化的日志记录、图结构数据等，同时面对海量大规模数据也显得 "力不从心"。因此，关系数据库无法达到 "一种产品满足所有应用场景" 的目的。在这样的大背景下，各种专用的分布式系统纷纷涌现，包括离线批处理系统（如 MapReduce、HDFS 等）、NoSQL 数据库（如 Redis、MongoDB、HBase、Cassandra 等）、流计算框架（如 Storm、S4、Spark Streaming、Samza 等）、图计算框架（如 Pregel、Hama 等）、搜索系统（如 ElasticSearch、Solr 等）等。这些系统不追求 "大而全"，而是专注于满足企业某一方面的业务需求，因此有很好的性能。但是，随之而来的问题是如何实现这些专用系统与 Hadoop 系统各个组件之间数据的导入和导出。一种简单的想法是，为各个专用系统单独开发数据导入导出工具。这种解决方案在技术上没有实现难度，但是带来了较高的实现代价。因为每当有一款新的产品加入企业的大数据生态系统中，就需要为这款产品开发和 Hadoop 各个组件的数据交换工具。因此，有必要设计一种通用的工具，起到数据交换枢纽的作用。当其他工具加入大数据生态系统后，只需要开发和这款通用工具的数据交换方案，就可以通过这个交换枢纽轻松实现和其他 Hadoop 组件的数据交换。Kafka 就是一款可以实现这种功能的产品。

在公司的大数据生态系统中，可以把 Kafka 作为数据交换枢纽，不同类型的分布式系统（如关系数据库、NoSQL 数据库、流处理系统、批处理系统等）可以统一接入 Kafka，从而实现和 Hadoop 各个组件之间的不同类型数据的实时高效交换，较好地满足各种企业的应用需求，如

图 8-14 所示。同时，借助于 Kafka 作为交换枢纽，也可以很好地解决不同系统之间的数据生产/消费速率不同的问题。比如在线上实时数据需要写入 HDFS 的场景中，线上数据不仅生成速率快，而且具有突发性，如果直接把线上数据写入 HDFS，可能导致高峰时间 HDFS 写入失败，在这种情况下就可以先把线上数据写入 Kafka，然后借助于 Kafka 导入 HDFS。

图 8-14　Kafka 作为数据交换枢纽

8.5　本章小结

　　Hadoop 在不断完善自身核心组建性能的同时，生态系统也在不断发展。本章详细介绍了 Hadoop 存在的不足之处，以及针对这些缺陷发展出来的一系列解决方案，包括 HDFS HA、HDFS 联邦、YARN 等，这些技术改进都为 Hadoop 的长远发展奠定了坚实的基础。作为 Hadoop 核心组件，YARN 框架更是被寄予了厚望，未来将扮演为多个不同类型计算框架提供统一的资源调度服务的角色。目前，基于内存的大数据处理框架 Spark 正在迅速崛起，而 Spark 也可以借助于 YARN 为自身提供资源调度服务，因此，Spark 和 Hadoop 具备了统一集群部署的条件，可以预见，两者在未来将实现更好的融合。本章最后介绍了 Hadoop 生态系统中具有代表性的功能组件，包括 Pig、Tez 和 Kafka 等。

8.6　习题

1. 试述在 Hadoop 推出之后其优化与发展主要体现在哪两个方面。
2. 试述 HDFS 1.0 中只包含一个名称节点会带来哪些问题。
3. 请描述 HDFS HA 架构组成组件及其具体功能。

4. 请分析 HDFS HA 架构中数据节点如何和名称节点保持通信。

5. 请阐述为什么需要 HDFS 联邦，即它能够解决什么问题。

6. 请描述 HDFS 联邦中"块池"的概念，并分析为什么 HDFS 联邦中的一个名称节点失效，也不会影响到与它相关的数据节点继续为其他名称节点提供服务。

7. 请阐述 MapReduce 1.0 体系结构中存在的问题。

8. 请描述 YARN 架构中各组件的功能。

9. 请描述在 YARN 框架中执行一个 MapReduce 程序时，从提交到完成需要经历的具体步骤。

10. 请对 YARN 和 MapReduce 1.0 框架进行优劣势对比分析。

11. 请分别描述 Pig、Tez 和 Kafka 的功能。

第9章
数据仓库 Hive

Hive 是一个基于 Hadoop 的数据仓库工具，可以对存储在 Hadoop 文件中的数据集进行数据整理、特殊查询和分析处理。Hive 的学习门槛比较低，因为它提供了类似于关系数据库 SQL 的查询语言——HiveQL。当采用 MapReduce 作为执行引擎时，Hive 可以通过 HiveQL 语句快速实现简单的 MapReduce 作业，Hive 自身可以将 HiveQL 语句快速转换成 MapReduce 作业进行运行，而不必开发专门的 MapReduce 应用程序，因而十分适合数据仓库的统计分析。

本章首先介绍数据仓库的概念、传统数据仓库面临的挑战、Hive 的简介、与其他组件之间的关系、与传统数据库的区别以及它在企业中的具体应用；接着介绍 Hive 的系统架构和工作原理；然后描述 Hive HA 的基本原理；同时，介绍开源大数据分析引擎 Impala，它提供了与 Hive 类似的功能，但是速度要比 Hive 快许多；最后，以单词统计为例，介绍如何使用 Hive 进行简单编程，并说明 Hive 编程相对于 MapReduce 编程的优势。

9.1 概述

本节介绍数据仓库概念、传统数据仓库面临的挑战、Hive 简介、Hive 与 Hadoop 生态系统中其他组件的关系、Hive 与传统数据库的对比分析以及 Hive 在企业中的部署和应用。

9.1.1 数据仓库概念

数据仓库的一个比较公认的定义是由 W. H. Inmon 给出的，即"数据仓库（Data Warehouse）是一个面向主题的（Subject Oriented）、集成的（Integrated）、相对稳定的（Non-Volatile）、反映历史变化（Time Variant）的数据集合，用于支持管理决策"。

随着信息技术的普及和企业信息化建设步伐的加快，企业逐步认识到建立企业范围内的统一数据存储的重要性，越来越多的企业已经建立或正着手建立企业数据仓库。企业数据仓库有效集成了来自不同部门、不同地理位置、具有不同格式的数据，为企业管理决策者提供了企业范围内的单一数据视图，从而为综合分析和科学决策奠定了坚实的基础。常见的传统数据仓库工具供应商或产品主要包括 Oracle、BusinessObjects、IBM Informix、Sybase、NCR、Microsoft、SAS 等。

数据仓库的体系结构（见图 9-1）通常包含 4 个层次：数据源、数据存储和管理、数据服务、数据应用。

（1）数据源：数据仓库的数据来源，包括外部数据、现有业务（OLTP，联机事务处理）系统和文档资料等。

（2）数据存储和管理：主要涉及对数据的存储和管理，包括数据仓库、数据集市、数据仓库监视、运行与维护工具和元数据管理等。

（3）数据服务：为前端工具和应用提供数据服务，可以直接从数据仓库中获取数据供前端应用使用，也可以通过 OLAP（联机分析处理）服务器为前端应用提供更加复杂的数据服务。OLAP 服务器提供了不同聚集粒度的多维数据集合，使得应用不需要直接访问数据仓库中的底层细节数据，这大大减少了数据计算量，提高了查询响应速度。OLAP 服务器还支持针对多维数据集的上钻、下探、切片、切块和旋转等操作，增强了多维数据分析能力。

（4）数据应用：直接面向最终用户，包括数据查询工具、自由报表工具、数据分析工具、数据挖掘工具和各类应用系统。

图 9-1　数据仓库的体系结构

9.1.2　传统数据仓库面临的挑战

随着大数据时代的全面到来，传统数据仓库面临的挑战主要包括以下几个方面。

（1）无法满足快速增长的海量数据存储需求。目前企业数据增长速度非常快，动辄几十 TB 的数据，已经大大超出了 Oracle/DB2 等传统数据仓库的处理能力。这是因为传统数据仓库大都基于关系数据库，关系数据库横向扩展性较差，纵向扩展性有限。

（2）无法有效处理不同类型的数据。传统数据仓库通常只能存储和处理结构化数据，但是，随着企业业务的发展，企业中部署的系统越来越多，数据源的数据格式越来越丰富，很显然，传统数据仓库无法处理如此众多的数据类型。

（3）计算和处理能力不足。由于传统数据仓库建立在关系数据库基础之上，因此，会存在一个很大的痛点，即计算和处理能力不足，当数据量达到 TB 量级后，传统数据仓库基本无法获得好的性能。

9.1.3　Hive 简介

Hive 是一个构建在 Hadoop 之上的数据仓库工具，在 2008 年 8 月开源。Hive 在某种程度上可以看作用户编程接口，其本身并不存储和处理数据，而是依赖 HDFS 来存储数据，依赖 MapReduce（或者 Tez、Spark）来处理数据。Hive 定义了简单的类似 SQL 的查询语言——HiveQL，它与大部分 SQL 语法兼容。

当采用 MapReduce 作为执行引擎时，HiveQL 语句可以快速实现简单的 MapReduce 任务，这样用户通过编写的 HiveQL 语句就可以运行 MapReduce 任务，不必编写复杂的 MapReduce 应用程序。对于 Java 开发工程师而言，不必把大量精力花费在记忆常见的数据运算与底层的 MapReduce Java API 的对应关系上；对于数据库管理员，可以很容易地把原来构建在关系数据库上的数据仓库应用程序移植到 Hadoop 平台上。所以说，Hive 是一个可以有效、合理、直观地组织和使用数据的分析工具。

现在，Hive 作为 Hadoop 平台上的数据仓库工具，应用已经十分广泛，主要是因为它具有的特点非常适合数据仓库应用程序。首先，当采用 MapReduce 作为执行引擎时，Hive 把 HiveQL 语句转换成 MapReduce 任务后，采用批处理的方式对海量数据进行处理。数据仓库存储的是静态数据，构建于数据仓库上的应用程序只进行相关的静态数据分析，不需要快速响应给出结果，而且数据本身也不会频繁变化，因而很适合采用 MapReduce 进行批处理。其次，Hive 本身提供了一系列对数据进行抽取、转换、加载的工具，可以存储、查询和分析存储在 Hadoop 中的大规模数据。这些工具能够很好地满足数据仓库各种应用场景，包括维护海量数据、对数据进行挖掘、形成意见和报告等。

9.1.4 Hive 与 Hadoop 生态系统中其他组件的关系

图 9-2 描述了当采用 MapReduce 作为执行引擎时，Hive 与 Hadoop 生态系统中其他组件的关系。HDFS 作为高可靠的底层存储方式，可以存储海量数据。MapReduce 对这些海量数据进行批处理，实现高性能计算。Hive 架构在 MapReduce、HDFS 之上，其自身并不存储和处理数据，而是分别借助于 HDFS 和 MapReduce 实现数据的存储和处理，用 HiveQL 语句编写的处理逻辑，最终都要转换成 MapReduce 任务来运行。Pig 可以作为 Hive 的替代工具，它是一种数据流语言和运行环境，适用于在 Hadoop 平台上查询半结构化数据集，常用于 ETL 过程的一部分，即将外部数据装载到 Hadoop 集群中，然后转换为用户需要的数据格式。HBase 是一个面向列的、分布式的、可伸缩的数据库，它可以提

图 9-2 Hive 与 Hadoop 生态系统中其他组件的关系

供数据的实时访问功能，而 Hive 只能处理静态数据，主要是 BI 报表数据。就设计初衷而言，在 Hadoop 上设计 Hive，是为了减少复杂 MapReduce 应用程序的编写工作，在 Hadoop 上设计 HBase 则是为了实现对数据的实时访问，所以，HBase 与 Hive 的功能是互补的，它实现了 Hive 不能提供的功能。

9.1.5 Hive 与传统数据库的对比分析

Hive 在很多方面和传统数据库类似，但是，它的底层依赖的是 HDFS 和 MapReduce（或 Tez、Spark），所以，在很多方面又有别于传统数据库。表 9-1 从数据存储、索引、分区、执行引擎、执行延迟、扩展性、数据规模等方面，对 Hive 和传统数据库进行了对比分析。

表 9-1　　　　　　　　　　　　　　　　　　　Hive 与传统数据库的对比

对比内容	Hive	传统数据库
数据存储	HDFS	本地文件系统
索引	支持有限索引	支持复杂索引
分区	支持	支持
执行引擎	MapReduce、Tez、Spark	自身的执行引擎
执行延迟	高	低
扩展性	好	有限
数据规模	大	小

在数据存储方面，传统数据库一般依赖于本地文件系统，Hive 则依赖于分布式文件系统 HDFS。在索引方面，传统数据库可以针对多个列构建复杂的索引，大幅度提升数据查询性能，而 Hive 没有传统数据库中键的概念，它只能提供有限的索引功能，使用户可以在某些列上创建索引，从而加速一些查询操作。Hive 中给一个表创建的索引数据，会被保存在另外的表中。在分区方面，传统的数据库提供分区功能来改善大型表和具有各种访问模式的表的可伸缩性、可管理性，以及提高数据库效率；Hive 也支持分区功能，Hive 表是以分区的形式进行组织的，根据"分区列"的值对表进行粗略的划分，从而加快数据的查询速度。在执行引擎方面，传统数据库依赖自身的执行引擎，Hive 则依赖于 MapReduce、Tez 和 Spark 等执行引擎。在执行延迟方面，传统数据库中的 SQL 语句的延迟一般少于 1 秒，而 HiveQL 语句的延迟会达到分钟级。因为 Hive 构建在 HDFS 与 MapReduce 之上，所以，相对传统数据库，Hive 的延迟会比较高。在扩展性方面，传统数据库很难实现横向扩展，纵向扩展的空间也很有限；相反，Hive 的开发和运行环境是基于 Hadoop 集群的，所以具有较好的横向可扩展性。在数据规模方面，传统数据库一般只能存储有限规模的数据，Hive 则可以支持大规模的数据存储。

9.1.6　Hive 在企业中的部署和应用

1. Hive 在企业大数据分析平台部署框架中的应用

Hadoop 除了广泛应用到云计算平台上实现海量数据计算外，还在很早之前就被应用到了企业大数据分析平台的设计与实现。当前企业中部署的大数据分析平台，除了依赖于 Hadoop 的基本组件 HDFS 和 MapReduce 外，还结合使用了 Hive、Pig、HBase 与 Mahout，从而满足不同业务场景的需求。图 9-3 描述了企业实际应用中一种常见的大数据分析平台部署框架。

图 9-3　企业实际应用中一种常见的大数据分析平台部署框架

在这种部署框架中，Hive 和 Pig 主要应用于报表中心。其中，Hive 用于报表分析，Pig 用于报表中数据的转换工作。因为 HDFS 不支持随机读写操作，而 HBase 正是为此开发的，可以较好地支持实时访问数据，所以，HBase 主要用于在线业务。Mahout 提供了一些可扩展的机器学习领域的经典算法的实现，旨在帮助开发人员更加方便快捷地创建商务智能（Business Intelligence，BI）应用程序，所以，Mahout 常用于 BI。

2. Hive 在一些公司的应用

在一些公司，随着网站使用量的增加，网站上需要处理和存储的日志和维度数据激增。继续在 Oracle 系统上实现数据仓库，其性能和可扩展性已经不能满足需求，于是，一些公司开始使用 Hadoop。图 9-4 展示了一些公司的数据架构的基本组件以及这些组件间的数据流。

图 9-4　一些公司的数据仓库架构的基本组件以及这些组件间的数据流

如图 9-4 所示，数据处理过程如下：首先，由 Web 服务器及内部服务（如搜索后台）产生日志数据，然后，Scribe 服务器把几百个甚至上千个日志数据集存放在几个甚至几十个网络文件服务器（Filers）上。网络文件服务器上的大部分日志文件被复制并存放在 HDFS 中。维度数据每天也从内部的 MySQL 数据库复制到这个 HDFS 中。然后，Hive 为 HDFS 收集的所有数据创建一个数据仓库，用户可以通过编写 HiveQL 创建各种概要信息、报表和历史数据分析。同时，内部的 MySQL 数据库也可以从中获取处理后的数据，并把需要实时联机访问的数据存放在 Oracle 实时应用集群上，这里的实时应用集群（Real Application Clusters，RAC）是 Oracle 的一项核心技术，可以在低成本服务器上构建高可用性数据库系统。

9.2　Hive 系统架构

Hive 主要由以下 3 个模块组成，其系统架构如图 9-5 所示：用户接口模块、驱动模块以及元数据存储模块。用户接口模块包括 CLI、Hive 网页接口（Hive Web Interface，HWI）、JDBC、ODBC、

Thrift Server 等，用来实现外部应用对 Hive 的访问。CLI 是 Hive 自带的一个命令行客户端工具，但是，这里需要注意的是，Hive 还提供了另外一个命令行客户端工具 Beeline，在 Hive 3.0 以上版本中，Beeline 取代了 CLI。HWI 是 Hive 的一个简单网页，JDBC、ODBC 和 Thrift Server 可以向用户提供进行编程访问的接口。其中，Thrift Server 基于 Thrift 软件框架开发，它提供 Hive 的 RPC 通信接口。驱动模块（Driver）包括编译器、优化器、执行器等，所采用的执行引擎可以是 MapReduce、Tez 或 Spark 等。当采用 MapReduce 作为执行引擎时，驱动模块负责把 HiveQL 语句转换成一系列 MapReduce 作业（9.3 节介绍转换过程的基本原理），所有命令和查询都会进入驱动模块，通过该模块对输入进行解析编译，对计算过程进行优化，然后按照指定的步骤执行。元数据存储模块（Metastore）是一个独立的关系数据库，通常是与 MySQL 数据库连接后创建的一个 MySQL 实例，也可以是 Hive 自带的 derby 数据库实例。元数据存储模块中主要保存表模式和其他系统元数据，如表的名称、表的列及其属性、表的分区及其属性、表的属性、表中数据所在位置信息等。

图 9-5　Hive 系统架构

9.3　Hive 工作原理

Hive 的执行引擎可以是 MapReduce、Tez 或 Spark，这里只介绍当采用 MapReduce 作为执行引擎时 Hive 的工作原理。Hive 可以快速实现简单的 MapReduce 作业，主要通过自身组件把 HiveQL 语句转换成 MapReduce 作业来实现。下面首先介绍在没有使用 Hive 时，几个简单 SQL 语句如何转换成 MapReduce 作业来执行；然后，详细介绍在 Hive 中 SQL 语句（即 HiveQL）如何转换成 MapReduce 作业来执行。

9.3.1　SQL 语句转换成 MapReduce 作业的基本原理

（1）用 MapReduce 实现连接操作

假设参与连接（join）的两个表分别为用户（User）表和订单（Order）表，User 表有两个属性，即 uid 和 name，Order 表也有两个属性，即 uid 和 orderid，它们的连接键为公共属性 uid。这里对两个表执行连接操作，得到用户的订单号与用户名的对应关系，具体的 SQL 语句命令如下：

```
select name, orderid from user u join order o on u.uid=o.uid;
```

图 9-6 描述了连接操作转换成 MapReduce 作业的具体执行过程。首先，在 Map 阶段，User 表以 uid 为键（key），以 name 和表的标记位（这里 User 的标记位记为 1）为值（value）进行 Map 操作，把表中记录转化为一系列键值对的形式。同样地，Order 表以 uid 为键，以 orderid 和表的标记位（这里表 Order 的标记位记为 2）为值进行 Map 操作，把表中记录转化为一系列键值对的形式。比如 User 表中记录<1,Lily>转化为键值对<1,<1,Lily>>，其中，括号中的第一个"1"是 uid 的值，第二个"1"是 User 表的标记位，用来标识这个键值对来自 User 表；再比如 Order 表中记录<1,101>转化为键值对<1,<2,101>>，其中，"2"是 Order 表的标记位，用来标识这个键值对来自 Order 表。接着，在 Shuffle 阶段，把 User 表和 Order 表生成的键值对按键值进行哈希，然后传送给对应的 Reduce 机器执行，比如键值对<1,<1,Lily>>、<1,<2,101>>和<1,<2,102>>传送到同一台 Reduce 机器上，键值对<2,<1,Tom>>和<2,<2,103>>传送到另一台 Reduce 机器上。当 Reduce 机器接收这些键值对时，还需要按表的标记位对这些键值对进行排序，以优化连接操作。最后，在 Reduce 阶段，对同一台 Reduce 机器上的键值对，根据"值"（value）中的表标记位，对来自 User 和 Order 这两个表的数据进行笛卡儿积连接操作，以生成最终的连接结果。比如键值对<1,<1,Lily>>与键值对<1,<2,101>>和<1,<2,102>>的连接结果分别为<Lily,101>和<Lily,102>，键值对<2,<1,Tom>>和键值对<2,<2,103>>的连接结果为<Tom,103>。

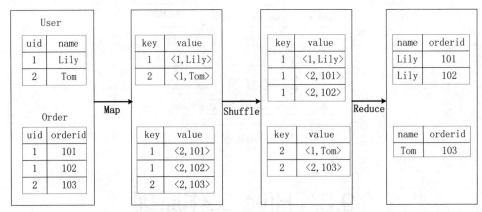

图 9-6　连接操作转化为 MapReduce 作业的具体执行过程

（2）用 MapReduce 实现分组操作

假设 Score 表具有两个属性，即 rank（排名）和 level（级别），这里存在一个分组（group by）操作，其功能是把 Score 表的不同片段按照 rank 和 level 的组合值进行合并，计算不同 rank 和 level 的组合值分别有几条记录。具体的 SQL 语句命令如下：

```
select rank, level ,count(*) as value from score group by rank, level;
```

图 9-7 描述了分组操作转换 MapReduce 作业的具体执行过程。首先，在 Map 阶段，对 Score 表进行 Map 操作，生成一系列键值对，对于每个键值对，其键为"<rank,level>"，值为"拥有该<rank,value>组合值的记录的条数"。比如 Score 表的第一片段中有两条记录<A,1>，所以，记录<A,1>转化为键值对<<A,1>,2>，Score 表的第二片段中只有一条记录<A,1>，所以，记录<A,1>转化为键值对<<A,1>,1>。接着，在 Shuffle 阶段，对 Score 表生成的键值对，按照"键"的值进行哈希，然后根据哈希结果传送给对应的 Reduce 机器去执行，比如键值对<<A,1>,2>和<<A,1>,1>传送到同一台 Reduce 机器上，键值对<<B,2>,1>传送到另一台 Reduce 机器上。然后，Reduce 机器对接收到的这些键值对，按"键"的值进行排序。最后，在 Reduce 阶段，对于 Reduce 机器上

的具有相同键的所有键值对的"值"进行累加，生成分组的最终结果，比如在同一台 Reduce 机器上的键值对<<A,1>,2>和<<A,1>,1>Reduce 后的输出结果为<A,1,3>,<<B,2>,1>的 Reduce 后的输出结果为<B,2,1>。

图 9-7　分组操作转化为 MapReduce 作业的具体执行过程

9.3.2　SQL 查询转换成 MapReduce 作业的过程

当用户向 Hive 输入一段命令或查询（即 HiveQL 语句）时，Hive 需要与 Hadoop 交互工作来完成该操作。该命令或查询首先进入驱动模块，由驱动模块中的编译器进行解析编译，并由优化器对该操作进行优化计算，然后交给执行器去执行。

执行器通常的任务是启动一个或多个 MapReduce 作业，有时也不需要启动 MapReduce 作业，比如执行包含*的操作时（如 select * from 表），就是全表扫描，选择所有的属性和所有的元组，不存在投影和选择操作，因此，不需要执行 Map 和 Reduce 操作。图 9-8 描述了用户提交一段 SQL 查询后，Hive 把 SQL 语句转换成 MapReduce 作业进行执行的详细过程。

如图 9-8 所示，在 Hive 中，用户通过命令行 CLI 或其他 Hive 访问工具，向 Hive 输入一段命令或查询以后，SQL 查询被 Hive 自动转换成 MapReduce 作业，具体步骤如下。

（1）由 Hive 驱动模块中的编译器——Antlr 语言识别工具，对用户输入的 SQL 进行词法和语法解析，将 SQL 语句转化为抽象语法树（Abstract Syntax Tree，AST）的形式。

（2）对该抽象语法树进行遍历，进一步转化成查询块（QueryBlock）。因为抽象语法树的结构仍很复杂，不方便直接翻译为 MapReduce 算法程序，所

图 9-8　SQL 查询转换成 MapReduce 作业进行执行的详细过程

以，Hive 把抽象语法树进一步转化为查询块。查询块是一个最基本的 SQL 语法组成单元，包括输入源、计算过程和输出 3 个部分。

（3）再对查询块进行遍历，生成操作树（OperatorTree）。其中，操作树由很多逻辑操作符组成，如 TableScanOperator、SelectOperator、FilterOperator、JoinOperator、GroupByOperator 和 ReduceSinkOperator 等。这些逻辑操作符可以在 Map 阶段和 Reduce 阶段完成某一特定操作。

（4）通过 Hive 驱动模块中的逻辑优化器对操作树进行优化，变换操作树的形式，合并多余的操作符，从而减少 MapReduce 作业数量以及 Shuffle 阶段的数据量。

（5）对优化后的操作树进行遍历，根据操作树中的逻辑操作符生成需要执行的 MapReduce 作业；

（6）启动 Hive 驱动模块中的物理优化器，对生成的 MapReduce 作业进行优化，生成最终的 MapReduce 作业执行计划。

（7）最后由 Hive 驱动模块中的执行器，对最终的 MapReduce 作业进行执行输出。

9.4　Hive HA 基本原理

Hive 的功能十分强大，可以支持采用 SQL 方式查询 Hadoop 平台上的数据。但是，在实际应用中，Hive 也暴露出不稳定的问题，在极少数情况下，甚至会出现端口不响应或者进程丢失的问题。Hive HA 的出现，就是为了解决这类问题。

Hive HA 基本原理如图 9-9 所示。在 Hive HA 中，在 Hadoop 集群上构建的数据仓库是由多个 Hive 实例进行管理的，这些 Hive 实例被纳入一个资源池中，并由 HAProxy 提供一个统一的对外接口。客户端的查询请求首先访问 HAProxy，由 HAProxy 对访问请求进行转发。HAProxy 收到请求后，会轮询资源池里可用的 Hive 实例，执行逻辑可用性测试。如果某个 Hive 实例逻辑可用，就会把客户端的访问请求转发到该 Hive 实例上，如果该 Hive 实例逻辑不可用，就把它放入黑名单，并继续从资源池中取出下一个 Hive 实例进行逻辑可用性测试。对于黑名单中的 Hive 实例，HiveHA 会每隔一段时间进行统一处理，首先尝试重启该 Hive 实例，如果重启成功，就再次把它放入资源池中。由于采用 HAProxy 提供统一的对外访问接口，因此，对于程序开发人员来说，可以把它当作一台超强 "Hive"。

图 9-9　Hive HA 基本原理

9.5　Impala

Hive 作为现有比较流行的数据仓库分析工具之一，得到了广泛的应用。但是由于 Hive 采用 MapReduce 来完成批量数据处理，因此，实时性不好，查询延迟较高。Impala 作为开源大数据分析引擎，支持实时计算，它提供了与 Hive 类似的功能，并在性能上比 Hive 高出 3～30 倍。

9.5.1　Impala 简介

Impala 是由 Cloudera 开发的查询系统，它提供了 SQL 语义，能查询存储在 Hadoop 的 HDFS 和 HBase 上的 PB 级别海量数据。Hive 虽然也提供了 SQL 语义，但是，当采用 MapReduce 作为执行引擎时，Hive 底层执行任务最终仍然需要借助于 MapReduce，而 MapReduce 是一个面向批处理的非实时计算框架，不能满足查询的实时交互性。Impala 最初是参照 Dremel 系统进行设计的，Dremel 系统是 Google 开发的交互式数据分析系统，可以在 2～3 秒内分析 PB 级别的海量数据。所以，Impala 也可以实现大数据的快速查询。

需要指出的是，虽然 Impala 的实时查询性能要比 Hive 好很多，但是，Impala 的目的并不在于替换现有的包括 Hive 在内的 MapReduce 工具，而是提供一个统一的平台用于实时查询。事实上，Impala 的运行依然需要依赖于 Hive 的元数据。总体而言，Impala 与其他组件的关系如图 9-10 所示。

与 Hive 类似，Impala 也可以直接与 HDFS 和 HBase 进行交互。当采用 MapReduce 作为执行引擎时，Hive 底层执行使用的是 MapReduce，所以主要用于处理长时间运行的批处理任务，例如批量抽取、转换、加载任务。而 Impala 采用了与商用 MPP 并行关系数据库类似的分布式查询引擎，可以直接从 HDFS 或者 HBase 中用 SQL 语句查询数据，而不需要把 SQL

图 9-10　Impala 与其他组件的关系

语句转换成 MapReduce 作业来执行，从而大大降低了延迟，可以很好地满足实时查询的要求。另外，Impala 和 Hive 采用相同的 SQL 语法、ODBC 驱动程序和用户接口。

9.5.2　Impala 系统架构

Impala 的系统架构如图 9-11 所示，图中的虚线模块是属于 Impala 的组件。从图中可以看出，Impala 和 Hive、HDFS、HBase 等工具是统一部署在一个 Hadoop 平台上的。Impala 主要由 Impalad、State Store 和 CLI 三部分组成，具体如下。

（1）Impalad：Impalad 是 Impala 的一个进程，负责协调客户端提交的查询的执行，给其他 Impalad 分配任务以及收集其他 Impalad 的执行结果进行汇总。另外，Impalad 也会执行其他 Impalad 给其分配的任务，主要对本地 HDFS 和 HBase 里的部分数据进行操作。Impalad 进程主要包含 Query Planner、Query Coordinator 和 Query Exec Engine 3 个模块，与 HDFS 的数据节点（HDFS DN）运行在同一节点上，并且完全分布运行在 MPP 架构上。

（2）State Store：负责收集分布在集群中各个 Impalad 进程的资源信息，用于查询的调度。State Store 会创建一个 statestored 进程，来跟踪集群中的 Impalad 的健康状态及位置信息。statestored 进程通过创建多个线程来处理 Impalad 的注册订阅以及与各个 Impalad 保持心跳连接。另外，各

Impalad 都会缓存一份 State Store 中的信息。当 State Store 离线后，Impalad 一旦发现 State Store 处于离线状态时，就会进入恢复模式，并进行反复注册。当 State Store 重新加入集群后，自动恢复正常，更新缓存数据。

（3）CLI：CLI 给用户提供了执行查询的命令行工具，同时，Impala 提供了 Hue、JDBC 及 ODBC 使用接口。

图 9-11　Impala 的系统架构

Impala 中的元数据直接存储在 Hive 中。Impala 采用与 Hive 相同的元数据、SQL 语法、ODBC 驱动程序和用户接口，从而使得在一个 Hadoop 平台上，可以统一部署 Hive 和 Impala 等分析工具，同时支持批处理和实时查询。

9.5.3　Impala 查询执行过程

如图 9-12 所示，Impala 查询的执行过程具体如下。

第 1 步：注册和订阅。当用户提交查询前，Impala 先创建一个 Impalad 进程来具体负责协调客户端提交的查询，该进程会向 State Store 提交注册订阅信息，State Store 会创建一个 statestored 进程，statestored 进程通过创建多个线程来处理 Impalad 的注册订阅信息。

第 2 步：提交查询。用户通过 CLI 客户端提交一个查询到 Impalad 进程，Impalad 的 Query Planner 对 SQL 语句进行解析，生成解析树。然后，Planner 把这个查询的解析树变成若干 PlanFragment，发送到 Query Coordinator。其中，PlanFragment 由 PlanNode 组成的，能被分发到单独的节点上执行。每个 PlanNode 表示一个关系操作和对其执行优化需要的信息。

第 3 步：获取元数据与数据地址。Query Coordinator 从 MySQL 元数据库中获取元数据（即查询需要用到哪些数据），从 HDFS 的名称节点中获取数据地址（即数据被保存在哪个数据节点上），从而得到存储这个查询相关数据的所有数据节点。

第 4 步：分发查询任务。Query Coordinator 初始化相应 Impalad 上的任务，即把查询任务分配给所有存储这个查询相关数据的数据节点。

第 5 步：汇聚结果。Query Executor 通过流式交换中间输出，并由 Query Coordinator 汇聚来自各个 Impalad 的结果。

第 6 步：返回结果。Query Coordinator 把汇总后的结果返回给 CLI 客户端。

图 9-12　Impala 查询的执行过程

9.5.4　Impala 与 Hive 的比较

Impala 作为开源大数据分析引擎，与 Hive 相比，既有相同点，又有不同点，它们的区别与联系可以通过图 9-13 进行展现。

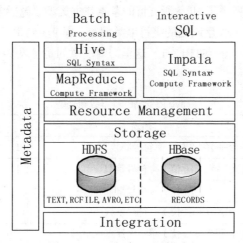

图 9-13　Impala 与 Hive 的对比

Hive 与 Impala 的不同点总结如下。第一，由于架构在 Hadoop 之上，Hive 也继承了其批处理的方式，在作业提交和调度的时候会涉及大量的开销，这就意味着 Hive 不能在大规模数据集上实现低延迟的快速查询。因此，Hive 比较适合进行长时间的批处理查询分析，而 Impala 适合进行实时交互式 SQL 查询。第二，当采用 MapReduce 作为执行引擎时，Hive 依赖于 MapReduce 计算框架，执行计划组合成管道型的 MapReduce 任务模式进行执行，Impala 则把执行计划表现为一棵完整的执行计划树，可以更自然地分发执行计划到各个 Impalad 执行查询。第三，Hive 在执行过程中，如果内存放不下所有数据，则会使用外存，以保证查询能顺序执行完成，而 Impala 在遇到内存放不下数据时，不会利用外存。所以，Impala 目前处理查询时会受到一定的限制，使得 Impala 更适合处理输出数据较小的查询请求，而对于大数据量的批量处理，Hive 依然是更好的选择。

Hive 与 Impala 的相同点总结如下。第一，Hive 与 Impala 使用相同的存储数据池，都支持把数据存储于 HDFS 和 HBase 中，其中，HDFS 支持存储 TEXT、RCFILE、PARQUET、AVRO、

ETC 等格式的数据，HBase 存储表中记录。第二，Hive 与 Impala 使用相同的元数据。第三，Hive 与 Impala 中对 SQL 的解释处理比较相似，都是通过词法分析生成执行计划。

总之，Impala 的目的不在于替换现有的 MapReduce 工具。事实上，把 Hive 与 Impala 配合使用效果最佳，可以先使用 Hive 进行数据转换处理，再使用 Impala 对 Hive 处理后的结果数据集进行快速的数据分析。

9.6 Hive 编程实践

本节首先介绍 Hive 的数据类型，然后介绍 Hive 的基本操作，最后，给出一个 WordCount 应用实例，并简单分析 Hive 与 MapReduce 在执行 WordCount 时的区别。关于 Hive 的安装和编程实践的更多细节，可以参考本书官网（http://dblab.xmu.edu.cn/post/bigdata3/）的"教材配套大数据软件安装和编程实践指南"。

9.6.1 Hive 的数据类型

Hive 支持关系数据库中的大多数基本数据类型，同时 Hive 还支持关系数据库中不常出现的 3 种集合数据类型。表 9-2 中列举了 Hive 所支持的基本数据类型，包括多种不同长度的整型和浮点型数据类型、布尔类型以及无长度限制的字符串类型等。表 9-3 列举了 Hive 中的列所支持的 3 种集合数据类型：ARRAY、MAP、STRUCT。这里需要注意的是，表 9-3 的示例实际上调用的是内置函数。

表 9-2　　　　　　　　　　　　　　Hive 所支持的基本数据类型

类型	描述	示例
TINYINT	1 个字节（8 位）有符号整数	1
SMALLINT	2 个字节（16 位）有符号整数	1
INT	4 个字节（32 位）有符号整数	1
BIGINT	8 个字节（64 位）有符号整数	1
FLOAT	4 个字节（32 位）单精度浮点数	1.0
DOUBLE	8 个字节（64 位）双精度浮点数	1.0
BOOLEAN	布尔类型，true/false	true
STRING	字符串，可以指定字符集	"xmu"
TIMESTAMP	整数、浮点数或者字符串	1327882394（UNIX 新纪元时间）
BINARY	字节数组	[0,1,0,1,0,1,0,1]

表 9-3　　　　　　　　　　　　Hive 中的列所支持的 3 种集合数据类型

类型	描述	示例
ARRAY	一组有序字段，字段的类型必须相同	Array(1,2)
MAP	一组无序的键值对，键的类型必须是原子的，值可以是任何数据类型，同一个映射的键和值的类型必须相同	Map('a',1,'b',2)
STRUCT	一组命名的字段，字段类型可以不同	Struct('a',1,1,0)

9.6.2　Hive 基本操作

HiveQL 是 Hive 的查询语言，和 SQL 比较类似，对 Hive 的操作都是通过编写 HiveQL 语句来实现的。接下来介绍一下 Hive 中常用的几个基本操作。

1. create：创建数据库、表、视图

（1）创建数据库

① 创建数据库 hive：

```
hive> create database hive;
```

② 创建数据库 hive，因为 hive 已经存在，所以会抛出异常，加上 if not exists 关键字，则不会抛出异常：

```
hive> create database if not exists hive;
```

（2）创建表

① 在 hive 数据库中，创建 usr 表，含 3 个属性 id、name 和 age：

```
hive> use hive;
hive>create table if not exists usr(id bigint,name string,age int);
```

② 在 hive 数据库中，创建 usr 表，含 3 个属性 id、name 和 age，存储路径为 "/usr/local/hive/warehouse/hive/usr"：

```
hive>create table if not exists hive.usr(id bigint,name string,age int)
    >location'/usr/local/hive/warehouse/hive/usr';
```

③ 在 hive 数据库中，创建外部 usr 表，含 3 个属性 id、name 和 age，可以读取路径 "/usr/local/data" 下以 "," 分隔的数据：

```
hive>create external table if not exists hive.usr(id bigint,name string,age int)
    >row format delimited fields terminated by ','
>Location'/usr/local/data';
```

④ 在 hive 数据库中，创建分区 usr 表，含 3 个属性 id、name 和 age，还存在分区字段 sex：

```
hive>create table hive.usr(id bigint,name string,age int) partitioned by(sex boolean);
```

⑤ 在 hive 数据库中，创建分区 usr1 表，它通过复制 usr 表得到：

```
hive> use hive;
hive>create table if not exists usr1 like usr;
```

（3）创建视图

创建视图 little_usr，只包含表 usr 中 id 和 age 属性：

```
hive>create view little_usr as select id,age from usr;
```

2. drop：删除数据库、表、视图

（1）删除数据库

① 删除数据库 hive，如果不存在会出现警告：

```
hive> drop database hive;
```

② 删除数据库 hive，因为有 if exists 关键字，即使不存在也不会抛出异常：

```
hive>drop database if exists hive;
```

③ 删除数据库 hive，加上 cascade 关键字，可以删除当前数据库和该数据库中的表：

```
hive> drop database if exists hive cascade;
```

（2）删除表

删除 usr 表，如果是内部表，元数据和实际数据都会被删除；如果是外部表，则只删除元数据，不删除实际数据：

```
hive> drop table if exists usr;
```

（3）删除视图

删除视图 little_usr：

```
hive> drop view if exists little_usr;
```

3. alter：修改数据库、表、视图

（1）修改数据库

为 hive 数据库设置 dbproperties 键值对属性值来描述数据库属性信息：

```
hive> alter database hive set dbproperties('edited-by'='lily');
```

（2）修改表

① 重命名 usr 表为 user：

```
hive> alter table usr rename to user;
```

② 为 usr 表增加新分区：

```
hive> alter table usr add if not exists partition(sex=true);
hive> alter table usr add if not exists partition(sex=false);
```

③ 删除 usr 表中分区：

```
hive> alter table usr drop if exists partition(sex=true);
```

④ 把 usr 表中列名 name 修改为 username，并把该列置于 age 列后：

```
hive>alter table usr change name username string after age;
```

⑤ 在对 usr 表分区字段之前，增加一个新列 sex：

```
hive>alter table usr add columns(sex boolean);
```

⑥ 删除 usr 表中所有字段并重新指定新字段 newid、newname 和 newage：

```
hive>alter table usr replace columns(newid bigint,newname string,newage int);
```

⑦ 为 usr 表设置 tblproperties 键值对属性值来描述表的属性信息：

```
hive> alter table usr set tblproperties('notes'='the columns in usr may be null except id');
```

（3）修改视图

修改 little_usr 视图元数据中的 tblproperties 属性信息：

```
hive> alter view little_usr set tblproperties('create_at'='refer to timestamp');
```

4. show：查看数据库、表、视图

（1）查看数据库

① 查看 Hive 中包含的所有数据库：

```
hive> show databases;
```

② 查看 Hive 中以 h 开头的所有数据库：

```
hive>show databases like'h.*';
```

（2）查看表和视图

① 查看数据库 hive 中所有表和视图：

```
hive> use hive;

hive> show tables;
```

② 查看数据库 hive 中以 u 开头的所有表和视图：

```
hive> show tables in hive like'u.*';
```

5. describe：描述数据库、表、视图

（1）描述数据库

① 查看数据库 hive 的基本信息，包括数据库中文件位置信息等：

```
hive> describe database hive;
```

② 查看数据库 hive 的详细信息，包括数据库的基本信息及属性信息等：

```
hive>describe database extended hive;
```

（2）描述表和视图

① 查看 usr 表和视图 little_usr 的基本信息，包括列信息等：

```
hive> describe hive.usr;
hive> describe hive.little_usr;
```

② 查看 usr 表和视图 little_usr 的详细信息，包括列信息、位置信息、属性信息等：

```
hive> describe extended hive.usr;
hive> describe extended hive.little_usr;
```

③ 查看 usr 表中列 id 的信息：

```
hive> describe extended usr.id;
```

6. load：向表中装载数据

① 把目录'/usr/local/data'下的数据文件中的数据装载进 usr 表并覆盖原有数据：

```
hive> load data local inpath'/usr/local/data'overwrite into table usr;
```

② 把目录'/usr/local/data'下的数据文件中的数据装载进 usr 表不覆盖原有数据：

```
hive> load data local inpath'/usr/local/data'into table usr;
```

③ 把分布式文件系统目录 hdfs://master_server/usr/local/data 下的数据文件数据装载进 usr 表并覆盖原有数据：

```
hive> load data inpath'hdfs://master_server/usr/local/data'overwrite into table usr;
```

7. select：查询表中数据

该命令和 SQL 语句完全相同这里不赘述。

8. insert：向表中插入数据或从表中导出数据

① 向 usr1 表中插入来自 usr 表的数据并覆盖原有数据：

```
hive> insert overwrite table usr1
   > select * from usr where age=10;
```

② 向 usr1 表中插入来自 usr 表的数据并追加在原有数据后：

```
hive> insert into table usr1
   > select * from usr where age=10;
```

9.6.3 Hive 应用实例：WordCount

现在我们通过一个实例——词频统计，来深入学习 Hive 的具体使用。首先，创建一个需要分析的输入数据文件，然后编写 HiveQL 语句实现 WordCount 算法，在 Linux 操作系统中实现步骤如下。

（1）创建 input 目录，其中 input 为输入目录，命令如下：

```
$ cd /usr/local/hadoop
$ mkdir input
```

（2）在 input 文件夹中创建两个测试文件 file1.txt 和 file2.txt，命令如下：

```
$ cd /usr/local/hadoop/input
$ echo "hello world" > file1.txt
$ echo "hello hadoop" > file2.txt
```

（3）进入 hive 命令行窗口，编写 HiveQL 语句实现 WordCount 算法，命令如下：

```
$ hive
hive> create table docs(line string);
hive> load data inpath 'file:///usr/local/hadoop/input' overwrite into table docs;
hive>create table word_count as
    select word, count(1) as count from
    (select explode(split(line,' '))as word from docs) w
    group by word
    order by word;
```

执行完成后，用 select 语句查看运行结果，如图 9-14 所示。

图 9-14 用 select 语句查看运行结果

9.6.4 Hive 编程的优势

词频统计算法是最能体现 MapReduce 思想的算法之一，因此，这里以 WordCount 为例，简单比较一下其在 MapReduce 中的编程实现和在 Hive 中编程实现的不同点（这里假设 Hive 采用 MapReduce 作为执行引擎）。首先，采用 Hive 实现 WordCount 算法需要编写较少量的代码。在 MapReduce 中，WordCount 类由数十行 Java 代码编写而成，而在 Hive 中只需要编写几行代码。其次，在 MapReduce 的实现中，需要编译生成 jar 文件来执行算法，在 Hive 中则不需要。虽然 HiveQL 语句的最终实现需要转换为 MapReduce 作业来执行，但是这些都是由 Hive 框架自动完成的，用户不需要了解具体实现细节。

由上可知，采用 Hive 实现最大的优势是，对于非程序员，不用学习编写复杂的 Java MapReduce 代码了，只需要学习使用简单的 HiveQL 就可以了，而这对于有 SQL 基础的用户而言是非常容易的。

9.7　本章小结

本章详细介绍了 Hive 的基本知识。Hive 是一个构建在 Hadoop 之上的数据仓库工具，主要用于对存储在 Hadoop 文件中的数据集进行数据整理、特殊查询和分析处理。Hive 在某种程度上可以看作用户编程接口，本身不存储和处理数据，依赖 HDFS 存储数据，依赖 MapReduce（或者 Tez、Spark）处理数据。Hive 支持使用自身提供的命令行 CLI 和简单网页 HWI 访问方式。

Hive 在数据仓库中的具体应用中，主要用于报表中心的报表分析统计上。在 Hadoop 集群上构建的数据仓库由多个 Hive 进行管理，具体采用 Hive HA 原理，实现一台超强 "Hive"。Impala 作为开源大数据分析引擎，它支持实时计算，在性能上比 Hive 高出 3～30 倍。

本章最后以单词统计为例，详细介绍了如何使用 Hive 进行简单编程。

9.8　习题

1. 试述在 Hadoop 生态系统中 Hive 与其他组件之间的相互关系。
2. 请简述 Hive 与传统数据库的区别。
3. 请简述 Hive 的几种访问方式。
4. 请分别对 Hive 的几个主要组成模块进行简要介绍。
5. 请简述向 Hive 中输入一条查询的具体执行过程。
6. 请简述 Hive HA 原理。
7. 请简述 Impalad 进程的主要作用。
8. 请比较 Hive 与 Impala 的异同点。
9. 请简述 State Store 的作用。
10. 请简述 Impala 执行一条查询的具体过程。
11. 请列举 Hive 中的列所支持的 3 种集合数据类型。
12. 请列举几个 Hive 的常用操作及基本语法。

实验 6　熟悉 Hive 的基本操作

一、实验目的

（1）理解 Hive 作为数据仓库在 Hadoop 体系结构中的角色。

（2）熟练使用常用的 HiveQL 语句。

二、实验平台

操作系统：Ubuntu 18.04（或 Ubuntu16.04）。

- Hadoop 版本：3.1.3。
- Hive 版本：3.1.2
- JDK 版本：1.8

三、数据集

本实验所需的 stocks.csv 和 dividends.csv 两个文件可以到书本官网（http://dblab/xmu.edu.cn/post/bigdata3/）的"下载专区"中下载。

四、实验内容和要求

（1）创建一个内部表 stocks，字段分隔符为英文逗号，表结构如表 9-4 所示。

表 9-4   stocks 表结构

col_name	data_type
exchange	string
symbol	string
ymd	string
price_open	float
price_high	float
price_low	float
price_close	float
volume	int
price_adj_close	float

（2）创建一个外部分区表 dividends（分区字段为 exchange 和 symbol），字段分隔符为英文逗号，表结构如表 9-5 所示。

表 9-5   dividends 表结构

col_name	data_type
ymd	string
dividend	float
exchange	string
symbol	string

（3）从 stocks.csv 文件向 stocks 表中导入数据。

（4）创建一个未分区的外部表 dividends_unpartitioned，并从 dividends.csv 向其中导入数据，表结构如表 9-6 所示。

表 9-6   dividends_unpartitioned 表结构

col_name	data_type
ymd	string
dividend	float
exchange	string
symbol	string

（5）以针对 dividends_unpartitioned 的查询为基础，利用 Hive 自动分区特性向分区表 dividends 各个分区中插入对应数据。

（6）查询 IBM（symbol=IBM）从 2000 年起所有支付股息的交易日（dividends 表中有对应记录）的收盘价（price_close）。

（7）查询苹果公司（symbol=AAPL）2008 年 10 月每个交易日的涨跌情况，涨显示 rise，跌显示 fall，不变显示 unchange。

（8）查询 stocks 表中收盘价（price_close）比开盘价（price_open）高得最多的那条记录的交易所（exchange）、股票代码（symbol）、日期（ymd）、收盘价、开盘价及二者差价。

（9）从 stocks 表中查询苹果公司（symbol=AAPL）年平均调整后收盘价（price_adj_close）大于 50 美元（约 352.51 元）的年份及年平均调整后收盘价。

（10）查询每年年平均调整后收盘价（price_adj_close）前三名的公司的股票代码及年平均调整后收盘价。

五、实验报告

"大数据技术原理与应用"课程实验报告

题目：	姓名：	日期

实验环境：

解决问题的思路：

实验内容与完成情况：

出现的问题：

解决方案（列出遇到的问题和解决办法，列出没有解决的问题）：

第 10 章

Spark

Spark 诞生于美国加州大学伯克利分校的 AMP 实验室，是一个可应用于大规模数据处理的快速、通用引擎，如今是 Apache 软件基金会下的顶级开源项目之一。Spark 最初的设计目标是使数据分析更快——不仅程序运行速度要快，程序编写也要能快速、容易。为了使程序运行更快，Spark 提供了内存计算，减少了迭代计算时的 IO 开销；而为了使程序编写更为容易，Spark 使用简练、优雅的 Scala 编写，基于 Scala 提供了交互式的编程体验。虽然 Hadoop 已成为大数据的事实标准，但是 MapReduce 分布式计算模型仍存在诸多缺陷，而 Spark 不仅具备了 Hadoop MapReduce 的优点，而且解决了 Hadoop MapReduce 的缺陷。Spark 正以其结构一体化、功能多元化的优势逐渐成为当今大数据领域最热门的大数据计算平台。

本章首先简单介绍 Spark 与 Scala 编程语言；然后分析 Spark 与 Hadoop 的区别，认识 Hadoop MapReduce 计算模型的缺陷与 Spark 的优势；再讲解 Spark 的生态系统和架构设计，以及 Spark 的部署和应用方式；最后介绍 Spark 的安装与基本的编程实践。

10.1　概述

本节简要介绍大数据处理框架 Spark 和多范式编程语言 Scala，并对 Spark 和 Hadoop 做了对比分析。

10.1.1　Spark 简介

Spark 最初由美国加州大学伯克利分校（University of California, Berkeley）的 AMP（Algorithms, Machines and People）实验室于 2009 年开发，是基于内存计算的大数据并行计算框架，可用于构建大型的、低延迟的数据分析应用程序。Spark 在诞生之初属于研究性项目，其诸多核心理念均源自学术研究论文。2013 年，Spark 加入 Apache 孵化器项目后，开始迅速地发展，如今已成为 Apache 软件基金会最重要的三大分布式计算系统开源项目之一（即 Hadoop、Spark、Storm）。

Spark 作为大数据计算平台的后起之秀，在 2014 年打破了 Hadoop 保持的基准排序（Sort Benchmark）纪录，使用 206 个节点在 23 min 的时间里完成了 100 TB 数据的排序，而 Hadoop 是使用 2000 个节点在 72 min 的时间里才完成同样数据的排序。也就是说，Spark 仅使用了约十分之一的计算资源，获得了约比 Hadoop 快 3 倍的速度。新纪录的诞生，使得 Spark 获得多方追捧，也表明了 Spark 可以作为一个更加快速、高效的大数据计算框架。

Spark 具有如下 4 个主要特点。

（1）运行速度快。Spark 使用先进的有向无环图（Directed Acyclic Graph，DAG）执行引擎，以支持循环数据流与内存计算，基于内存的执行速度可比 Hadoop MapReduce 快上百倍，基于磁盘的执行速度也能快十倍左右。

（2）容易使用。Spark 支持使用 Scala、Java、Python 和 R 语言进行编程，简洁的 API 设计有助于用户轻松构建并行程序，并且可以通过 Spark Shell 进行交互式编程。

（3）通用性。Spark 提供了完整而强大的技术栈，包括 SQL 查询、流式计算、机器学习和图算法组件，这些组件可以无缝整合在同一个应用中，足以应对复杂的计算。

（4）运行模式多样。Spark 可运行于独立的集群模式中，或者运行于 Hadoop 中，也可运行于 Amazon EC2 等云环境中，并且可以访问 HDFS、Cassandra、HBase、Hive 等多种数据源。

Spark 如今已吸引了国内外各大公司的注意，如腾讯、淘宝、百度、亚马逊等公司均不同程度地使用了 Spark 来构建大数据分析应用，并应用到实际的生产环境中。相信在将来，Spark 会在更多的应用场景中发挥重要作用。

10.1.2　Scala 简介

Scala 是一门现代的多范式编程语言，平滑地集成了面向对象和函数式语言的特性，旨在以简练、优雅的方式来表达常用编程模式。Scala 的名称来自"可扩展的语言"（A Scalable Language）。Scala 无论是写小脚本还是建立大系统的编程任务均可胜任。Scala 运行于 Java 虚拟机上，并兼容现有的 Java 程序。

Spark 的设计目的之一就是使程序编写更快、更容易，这也是 Spark 选择 Scala 的原因所在。总体而言，Scala 具有以下突出的优点。

（1）Scala 具备强大的并发性，支持函数式编程，可以更好地支持分布式系统。

（2）Scala 语法简洁，能提供优雅的 API。

（3）Scala 兼容 Java，运行速度快，且能融合到 Hadoop 生态系统中。

实际上，AMP 实验室的大部分核心产品都使用 Scala 开发。Scala 近年来也吸引了不少开发者的眼球，例如知名社交网站 Twitter 已将代码从 Ruby 转变为 Scala。

Scala 是 Spark 的主要编程语言，但 Spark 还支持 Java、Python、R 作为编程语言。因此，若仅是编写 Spark 程序，并非一定要用 Scala。Scala 的优势是提供了交互式解释器（Read-Eval-Print Loop，REPL），因此在 Spark Shell 中可进行交互式编程（即表达式计算完成就会输出结果，而不必等到整个程序运行完毕，因此可即时查看中间结果，并对程序进行修改），这样可以在很大程度上提升开发效率。

10.1.3　Spark 与 Hadoop 的对比

Hadoop 虽然已成为大数据技术的事实标准，但其本身还存在诸多缺陷，最主要的缺陷是其 MapReduce 计算模型延迟过高，无法胜任实时、快速计算的需求，因而只适用于离线批处理的应用场景。

回顾 Hadoop 的工作流程，可以发现 Hadoop 存在以下缺点。

（1）表达能力有限。计算都必须要转化成 Map 和 Reduce 两个操作，但这并不适合所有的情况，难以描述复杂的数据处理过程。

（2）磁盘 IO 开销大。每次执行时都需要从磁盘读取数据，并且在计算完成后需要将中间结果写入磁盘中，IO 开销较大。

（3）延迟高。一次计算可能需要分解成一系列按顺序执行的 MapReduce 任务，任务之间的衔接由于涉及 IO 开销，会产生较高延迟。而且，在前一个任务执行完成之前，其他任务无法开始，因此难以胜任复杂、多阶段的计算任务。

Spark 在借鉴 Hadoop MapReduce 优点的同时，很好地解决了 MapReduce 所面临的问题。相比于 MapReduce，Spark 主要具有如下优点。

（1）Spark 的计算模式也属于 MapReduce，但不局限于 Map 和 Reduce 操作，还提供了多种数据集操作类型，编程模型比 MapReduce 更灵活。

（2）Spark 提供了内存计算，中间结果直接放到内存中，带来了更高的迭代运算效率。

（3）Spark 基于 DAG 的任务调度执行机制，要优于 MapReduce 的迭代执行机制。

Hadoop 与 Spark 的执行流程对比如图 10-1 所示。由图 10-1 可以看到，Spark 最大的特点就是将计算数据、中间结果都存储在内存中，大大减少了 IO 开销，因而 Spark 更适合于迭代运算比较多的数据挖掘与机器学习运算。

(a) Hadoop MapReduce执行流程

(b) Spark执行流程

图 10-1　Hadoop 与 Spark 的执行流程对比

使用 Hadoop 进行迭代计算非常耗资源，因为每次迭代都需要从磁盘中写入、读取中间数据，IO 开销大。而 Spark 将数据载入内存后，之后的迭代计算都可以直接使用内存中的中间结果作运算，避免了从磁盘中频繁读取数据。如图 10-2 所示，Hadoop 与 Spark 在执行逻辑回归时所需的时间相差巨大。

在实际进行开发时，使用 Hadoop 需要编写不少相对底层的代码，不够高效。相对而言，Spark 提供了多种高层次、简洁的 API。通常情况下，对于实现相同功能的应用程序，Hadoop 的代码量要比 Spark 多 2～5 倍。更重要的是，Spark 提供了实时交互式编程反馈，可以方便地验证、调整算法。

图 10-2　Hadoop 与 Spark 执行逻辑回归时间对比

尽管 Spark 相对 Hadoop 具有较大优势，但 Spark 并不能完全替代 Hadoop，其主要用于替代 Hadoop 中的 MapReduce 计算模型。实际上，Spark 已经很好地融入了 Hadoop 生态系统，并成为其中的重要一员，它可以借助于 YARN 实现资源调度管理，借助于 HDFS 实现分布式存储。此外，Hadoop 可以使用廉价的、异构的机器来做分布式存储与计算，但是 Spark 对硬件（内存、CPU 等）的要求稍高一些。

10.2　Spark 生态系统

在实际应用中，大数据处理主要包括以下 3 个类型。

（1）复杂的批量数据处理：时间跨度通常在数十分钟到数小时。

（2）基于历史数据的交互式查询：时间跨度通常在数十秒到数分钟。

（3）基于实时数据流的数据处理：时间跨度通常在数百毫秒到数秒。

目前，已有很多相对成熟的开源软件用于处理以上 3 种情景。比如可以利用 Hadoop MapReduce 来进行批量数据处理，可以用 Impala 来进行交互式查询（Impala 与 Hive 相似，但底层引擎不同，提供了实时交互式 SQL 查询），对于流式数据处理可以采用开源流计算框架 Storm。一些企业可能只会涉及其中部分应用场景，只需部署相应软件即可满足业务需求。但是对于互联网公司而言，通常会同时存在以上 3 种场景，就需要同时部署 3 种不同的软件。这样做难免会带来一些问题。

（1）不同场景之间输入输出数据无法做到无缝共享，通常需要进行数据格式的转换。

（2）不同的软件需要不同的开发和维护团队，带来了较高的使用成本。

（3）比较难以对同一个集群中的各个系统进行统一的资源协调和分配。

Spark 的设计遵循"一个软件栈满足不同应用场景"的理念，逐渐形成了一套完整的生态系统，既能够提供内存计算框架，也可以支持 SQL 即席查询、实时流式计算、机器学习和图计算等。Spark 可以部署在资源管理器 YARN 之上，提供一站式的大数据解决方案。因此，Spark 所提供的生态系统足以应对上述 3 种场景，即同时支持批处理、交互式查询和流数据处理。

现在，Spark 生态系统已经成为伯克利数据分析软件栈（Berkeley Data Analytics Stack，BDAS）的重要组成部分。BDAS 架构如图 10-3 所示。从图 10-3 中可以看出，Spark 专注于数据的处理分析，而数据的存储还是要借助于 Hadoop 分布式文件系统 HDFS、Amazon S3 等来实现。因此，Spark 生态系统可以很好地实现与 Hadoop 生态系统的兼容，使得现有 Hadoop 应用程序可以非常容易地迁移到 Spark 系统。

图 10-3　BDAS 架构

Spark 生态系统主要包含了 Spark Core、Spark SQL、Spark Streaming、Structured Streaming、MLlib 和 GraphX 等组件，各个组件的具体功能如下。

（1）Spark Core。

Spark Core 包含 Spark 的基本功能，如内存计算、任务调度、部署模式、故障恢复、存储管理等，主要面向批量数据处理。Spark 建立在统一的抽象弹性分布式数据集（Resilient Distributed Dataset，RDD）之上，使其可以以基本一致的方式应对不同的大数据处理场景。

（2）Spark SQL。

Spark SQL 允许开发人员直接处理 RDD，同时也可查询 Hive、HBase 等外部数据源。Spark SQL 的一个重要特点是其能够统一处理关系表和 RDD，使得开发人员不需要自己编写 Spark 应用程序。开发人员可以轻松地使用 SQL 命令进行查询，并进行更复杂的数据分析。

（3）Spark Streaming。

Spark Streaming 支持高吞吐量、可容错处理的实时流数据处理，其核心思路是将流数据分解成一系列短小的批处理作业，每个短小的批处理作业都可以使用 Spark Core 进行快速处理。Spark Streaming 支持多种数据输入源，如 Kafka、Flume 和 TCP 套接字等。

（4）Structured Streaming。

Structured Streaming 是一种基于 Spark SQL 引擎构建的、可扩展且容错的流处理引擎。通过一致的 API，Structured Streaming 使得使用者可以像编写批处理程序一样编写流处理程序，简化了使用者的使用难度。

（5）MLlib（机器学习）。

MLlib 提供了常用机器学习算法的实现，包括聚类、分类、回归、协同过滤等，降低了机器学习的门槛，开发人员只要具备一定的理论知识就能进行机器学习的工作。

（6）GraphX（图计算）。

GraphX 是 Spark 中用于图计算的 API，可认为是 Pregel 在 Spark 上的重写及优化。GraphX 性能良好，拥有丰富的功能和运算符，能在海量数据上自如地运行复杂的图算法。

需要说明的是，无论是 Spark SQL、Spark Streaming、MLlib，还是 GraphX，都可以使用 Spark Core 的 API 处理问题，它们的方法几乎是通用的，处理的数据也可以共享，不同应用之间的数据可以无缝集成。

在不同的应用场景下，可以选用的其他框架和 Spark 生态系统中的组件见表 10-1。

表 10-1   Spark 的应用场景

应用场景	时间跨度	其他框架	Spark 生态系统中的组件
复杂的批量数据处理	小时级	MapReduce、Hive	Spark Core
基于历史数据的交互式查询	分钟级、秒级	Impala、Dremel、Drill	Spark SQL
基于实时数据流的数据处理	毫秒级、秒级	Storm、S4	Spark Streaming Structured Streaming
基于历史数据的数据挖掘	—	Mahout	MLlib
图结构数据的处理	—	Pregel、Hama	GraphX

10.3　Spark 运行架构

本节首先介绍 Spark 的基本概念和架构设计方法，然后介绍 Spark 运行基本流程，最后介绍 RDD 的运行原理。

10.3.1　基本概念

在具体讲解 Spark 运行架构之前，需要先了解以下 7 个重要的概念。

（1）RDD：是分布式内存的一个抽象概念，提供了一种高度受限的共享内存模型。

（2）DAG：反映 RDD 之间的依赖关系。

（3）Executor：是运行在工作节点（Worker Node）上的一个进程，负责运行任务，并为应用程序存储数据。

（4）应用：用户编写的 Spark 应用程序。

（5）任务：运行在 Executor 上的工作单元。

（6）作业：一个作业（Job）包含多个 RDD 及作用于相应 RDD 上的各种操作。

（7）阶段：是作业的基本调度单位，一个作业会分为多组任务（Task），每组任务被称为"阶段"（Stage），或者也被称为"任务集"。

10.3.2　架构设计

Spark 的运行架构如图 10-4 所示，包括集群管理器（Cluster Manager）、运行作业任务的工作节点（Worker Node）、每个应用的任务控制节点（Driver）和每个工作节点上负责具体任务的执行进程（Executor）。其中，集群管理器可以是 Spark 自带的资源管理器，也可以是 YARN 或 Mesos 等资源管理框架。

与 Hadoop MapReduce 计算框架相比，Spark 所采用的 Executor 有两个优点。一是利用多线程来执行具体的任务（Hadoop MapReduce 采用的是进程模型），减少任务的启动开销。二是 Executor 中有一个 BlockManager 存储模块，会将内存和磁盘共同作为存储设备，当需要多轮迭代计算时，可以将中间结果存储到这个存储模块里，下次需要时就可以直接读该存储模块里的数据，而不需要读写到 HDFS 等文件系统里，因而有效减少了 IO 开销；或者在交互式查询场景下，Executor 预先将表缓存到该存储系统上，从而可以提高读写 IO 的性能。

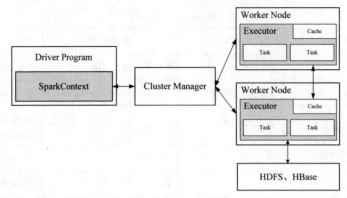

图 10-4　Spark 的运行架构

Spark 中各种概念之间的相互关系如图 10-5 所示。总体而言，在 Spark 中，一个应用（Application）由一个任务控制节点（Driver）和若干个作业（Job）构成，一个作业由多个阶段（Stage）构成，一个阶段由多个任务（Task）组成。当执行一个应用时，任务控制节点会向集群管理器（Cluster Manager）申请资源，启动 Executor，并向 Executor 发送应用程序代码和文件，然后在 Executor 上执行任务，运行结束后执行结果会返回给任务控制节点，或者写到 HDFS 或者其他数据库中。

图 10-5　Spark 中各种概念之间的相互关系

10.3.3　Spark 运行基本流程

Spark 运行基本流程如图 10-6 所示，流程如下。

（1）当一个 Spark 应用被提交时，首先需要为这个应用构建起基本的运行环境，即由任务控制节点（Driver）创建一个 SparkContext，由 SparkContext 负责和资源管理器——Cluster Manager 的通信，以及进行资源的申请、任务的分配和监控等。SparkContext 会向资源管理器注册并申请运行 Executor 的资源。

（2）资源管理器为 Executor 分配资源，并启动 Executor 进程，Executor 运行情况将随着"心跳"发送到资源管理器上。

（3）SparkContext 根据 RDD 的依赖关系构建 DAG，并将 DAG 提交给 DAG 调度器（DAGScheduler）进行解析，将 DAG 分解成多个"阶段"（每个阶段都是一个任务集），并且计算出各个阶段之间的依赖关系，然后把一个个"任务集"提交给底层的任务调度器（TaskScheduler）

进行处理；Executor 向 SparkContext 申请任务，任务调度器将任务分发给 Executor 运行，同时 SparkContext 将应用程序代码发放给 Executor。

图 10-6　Spark 运行基本流程

（4）任务在 Executor 上运行，把执行结果反馈给任务调度器，然后反馈给 DAG 调度器，运行完毕后写入数据并释放所有资源。

总体而言，Spark 运行架构具有以下特点。

（1）每个应用都有自己专属的 Executor 进程，并且该进程在应用运行期间一直驻留。Executor 进程以多线程的方式运行任务，减少了多进程任务频繁的启动开销，使得任务执行变得非常高效和可靠。

（2）Spark 运行过程与资源管理器无关，只要能够获取 Executor 进程并保持通信即可。

（3）任务采用了数据本地性和推测执行等优化机制。数据本地性是尽量将计算移到数据所在的节点上进行，即"计算向数据靠拢"，因为移动计算比移动数据所占的网络资源要少得多。而且，Spark 采用了延时调度机制，可以在更大程度上实现执行过程优化。比如拥有数据的节点当前正被其他的任务占用，那么在这种情况下是否需要将数据移动到其他的空闲节点上呢？答案是不一定。因为如果经过预测发现当前节点结束当前任务的时间要比移动数据的时间还要少，那么调度就会等待，直到当前节点可用。

10.3.4　RDD 的设计与运行原理

Spark 的核心建立在统一的抽象 RDD 之上，这使得 Spark 的各个组件可以无缝地进行集成，在同一个应用程序中完成大数据计算任务。RDD 的设计理念源自 AMP 实验室发表的论文《Resilient Distributed Datasets: A Fault-Tolerant Abstraction for In-Memory Cluster Computing》。

1. RDD 设计背景

在实际应用中，存在许多迭代式算法（比如机器学习、图计算等）和交互式数据挖掘工具，这些应用场景的共同之处是，不同计算阶段之间会重用中间结果，即一个阶段的输出结果会作为下一个阶段的输入。但是，目前的 MapReduce 框架都是把中间结果写入 HDFS 中，带来了大量的数据复制、磁盘 IO 和序列化开销。虽然类似 Pregel 等图计算框架也是将结果保存在内存当中，但是这些框架只能支持一些特定的计算模式，并没有提供一种通用的数据抽象。RDD就是为了满足这种需求而出现的，它提供了一个抽象的数据架构，我们不必担心底层数据的分布式特性，只需将具体的应用逻辑表达为一系列转换处理，不同RDD之间的转换操作形成依赖关系，可以实现管道化（Pipeline），从而避免了中间结果的存储，大大降低了数据复制、磁盘IO和序列化开销。

2. RDD 概念

一个RDD就是一个分布式对象集合，本质上是一个只读的分区记录集合。每个RDD可以分成多个分区，每个分区就是一个数据集片段，并且一个RDD的不同分区可以被保存到集群中不同的节点上，从而可以在集群中的不同节点上进行并行计算。RDD提供了一种高度受限的共享内存模型，即RDD是只读的记录分区的集合，不能直接修改，只能基于稳定的物理存储中的数据集来创建RDD，或者通过在其他RDD上执行确定的转换操作（如map、join和groupBy等）而创建得到新的RDD。RDD提供了一组丰富的操作以支持常见的数据运算，分为"行动"（Action）和"转换"（Transformation）两种类型，前者用于执行计算并指定输出的形式，后者指定RDD之间的相互依赖关系。两类操作的主要区别是，转换操作（如map、filter、groupBy、join等）接受RDD并返回RDD，而行动操作（如count、collect等）接受RDD但是返回非RDD（即输出一个值或结果）。RDD提供的转换接口都非常简单，都是类似map、filter、groupBy、join等粗粒度的数据转换操作，而不是针对某个数据项的细粒度修改。因此，RDD比较适合对于数据集中元素执行相同操作的批处理式应用，而不适用于需要异步、细粒度状态的应用，比如Web应用系统、增量式的网页爬虫等。正因为这样，这种粗粒度转换接口设计，会使人直觉上认为RDD的功能很受限、不够强大。但是，实际上RDD已经被实践证明可以很好地应用于许多并行计算应用中，可以具备很多现有计算框架（如MapReduce、SQL、Pregel等）的表达能力，并且可以应用于这些框架处理不了的交互式数据挖掘应用。

Spark用Scala实现了RDD的API，程序员可以通过调用API实现对RDD的各种操作。RDD典型的执行过程如下。

（1）RDD读入外部数据源（或者内存中的集合）进行创建。

（2）RDD经过一系列的"转换"操作，每一次都会产生不同的RDD，供给下一个"转换"使用。

（3）最后一个RDD经"行动"操作进行处理，并输出到外部数据源（或者变成Scala集合或标量）。

需要说明的是，RDD采用了惰性调用，即在RDD的执行过程中（见图10-7），真正的计算发生在RDD的"行动"操作，对于"行动"之前的所有"转换"操作，Spark只是记录下"转换"操作应用的一些基础数据集以及RDD生成的轨迹，即相互之间的依赖关系，而不会触发真正的计算。

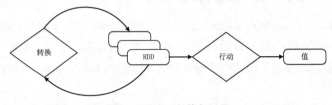

图 10-7　RDD 的执行过程

下面给出RDD执行过程的一个实例，如图10-8所示。在图10-8中，输入从逻辑上生成A和C两个RDD，经过一系列"转换"操作，逻辑上生成了F（也是一个RDD）。之所以说是逻辑上，是因为这时候计算并没有发生，Spark 只是记录了 RDD 之间的生成和依赖关系。当 F 要进行输出时，也就是当 F 进行"行动"操作的时候，Spark 才会根据 RDD 的依赖关系生成 DAG，并从起点开始真正的计算。

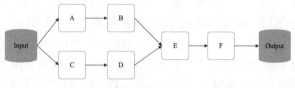

图 10-8　RDD 执行过程的一个实例

上述这一系列处理称为一个"血缘关系"（Lineage），即 DAG 拓扑排序的结果。采用惰性调用，通过血缘关系连接起来的一系列 RDD 操作就可以实现管道化，避免多次转换操作之间数据同步的等待，而且不必担心有过多的中间数据，因为这些具有血缘关系的操作都管道化了，不需要将一个操作得到的结果保存为中间数据，而是直接管道式地流入下一个操作进行处理。同时，这种通过血缘关系把一系列操作进行管道化连接的设计方式，使得管道中每次操作的计算变得相对简单，保证了每个操作在处理逻辑上的单一性。相反，在 MapReduce 的设计中，为了尽可能地减少 MapReduce 过程，在单个 MapReduce 中会写入过多复杂的逻辑。

例 1：一个 Spark 的"Hello World"程序。

这里以一个"Hello World"入门级 Spark 程序来解释 RDD 执行过程，这个程序的功能是读取一个 HDFS 文件，计算出包含字符串"Hello World"的行数。

```
import org.apache.spark.SparkContext
import org.apache.spark.SparkContext._
import org.apache.spark.SparkConf
object HelloWorld {
    def main(args: Array[String]) {
        val conf = new SparkConf().setAppName("Hello World"). setMaster("local[2]")
        val sc = new SparkContext(conf)
        val fileRDD = sc.textFile("hdfs://localhost:9000/examplefile")
        val filterRDD = fileRDD.filter(_.contains("Hello World"))
        filterRDD.cache()
        filterRDD.count()
    }
}
```

可以看出，一个 Spark 应用程序，基本上是基于 RDD 的一系列计算操作。第 7 行代码用于创建 SparkContext 对象。第 8 行代码从 HDFS 文件中读取数据创建一个 RDD。第 9 行代码对 fileRDD 进行转换操作得到一个新的 RDD，即 filterRDD。第 10 行代码表示对 filterRDD 进行持久化，把它保存在内存或磁盘中（这里采用 cache 接口把数据集保存在内存中），方便后续重复使用。当数据被反复访问时（比如查询一些热点数据，或者运行迭代算法），这是非常有用的。而且通过 cache()，系统可以缓存非常大的数据集，支持跨越几十甚至上百个节点。第 11 行代码中的 count() 是一个行动操作，用于计算一个 RDD 集合中包含的元素个数。这个程序的执行过程如下。

① 创建这个 Spark 程序的执行上下文，即创建 SparkContext 对象。

② 从外部数据源（即 HDFS 文件）中读取数据创建 fileRDD 对象。

③ 构建起 fileRDD 和 filterRDD 之间的依赖关系，形成 DAG。这时候并没有发生真正的计算，只是记录转换的轨迹，也就是记录 RDD 之间的依赖关系。

④ 执行到第 11 行代码时，count()是一个行动类型的操作，这时才会触发真正的"从头到尾"的计算。也就是从外部数据源加载数据创建 fileRDD 对象，执行从 fileRDD 到 filterRDD 的转换操作，并把结果持久化到内存中，最后计算出 filterRDD 中包含的元素个数。

3. RDD 特性

总体而言，Spark 采用 RDD 以后能够实现高效计算的主要原因如下。

（1）高效的容错性。现有的分布式共享内存、键值存储、内存数据库等，为了实现容错，必须在集群节点之间进行数据复制或者记录日志，也就是在节点之间会发生大量的数据传输的情况，这对于数据密集型应用而言会带来很大的开销。在 RDD 的设计中，数据只读，不可修改，如果需要修改数据，必须从父 RDD 转换到子 RDD，由此在不同 RDD 之间建立了血缘关系。所以，RDD 是一种天生具有容错机制的特殊集合，不需要通过数据冗余的方式（比如检查点）实现容错，而只需通过 RDD 父子依赖（血缘）关系重新计算丢失的分区来实现容错，无须回滚整个系统。这样就避免了数据复制的高开销，而且重算过程可以在不同节点之间并行进行，实现高效的容错。此外，RDD 提供的转换操作都是一些粗粒度的操作（比如 map、filter 和 join 等），RDD 依赖关系只需要记录这种粗粒度的转换操作，而不需要记录具体的数据和各种细粒度操作的日志（比如对哪个数据项进行了修改），这就大大降低了数据密集型应用中的容错开销。

（2）中间结果持久化到内存。数据在内存中的多个 RDD 操作之间进行传递，不需要"落地"到磁盘上，避免了不必要的读写磁盘开销。

（3）存放的数据可以是 Java 对象，避免了不必要的对象序列化和反序列化开销。

4. RDD 之间的依赖关系

RDD 中不同的操作，会使得不同 RDD 分区之间会产生不同的依赖关系。DAG 调度器根据 RDD 之间的依赖关系，把 DAG 划分成若干个阶段。RDD 中的依赖关系分为窄依赖（Narrow Dependency）与宽依赖（Wide Dependency），二者的主要区别在于是否包含 Shuffle 操作。

（1）Shuffle 操作。

Spark 中的一些操作会触发 Shuffle 过程，这个过程涉及数据的重新分发，因此，会产生大量的磁盘 IO 和网络开销。这里以 reduceByKey(func)操作为例介绍 Shuffle 过程。在 reduceByKey(func) 操作中，对于所有<key,value>形式的 RDD 元素，所有具有相同 key 的 RDD 元素的 value 会被归并，得到<key,value-list>的形式。然后，对这个 value-list 使用函数 func 计算得到聚合值，比如 <"hadoop",1>、<"hadoop",1>和<"hadoop",1>这 3 个键值对，会被归并成<"hadoop",<1,1,1>>的形式，如果 func 是一个求和函数，可以计算得到汇总结果<"hadoop",3>。

这里的问题是，对于与一个 key 关联的 value-list 而言，这个 value-list 里面可能包含了很多的 value，而这些 value 一般都会分布在多个分区里，并且是散布在不同的机器上。但是，对于 Spark 而言，在执行 reduceByKey 的计算时，必须把与某个 key 关联的所有 value 都发送到同一台机器上。图 10-9 是一个关于 Shuffle 操作的简单实例，假设这里在 3 台不同的机器上有 3 个 Map 任务，即 Map1、Map2 和 Map3，它们分别从输入文本文件中读取数据执行 Map 操作得到了中间结果，为了简化起见，这里让 3 个 Map 任务输出的中间结果都相同，即<"a",1>、<"b",1>和<"c",1>。现在要把 Map 的输出结果发送到 3 个不同的 Reduce 任务中进行处理，Reduce1、Reduce2 和 Reduce3 分别运行在 3 台不同的机器上，并且假设 Reduce1 任务专门负责处理 key 为"a"的键值对的词频统计工作，Reduce2 任务专门负责处理 key 为"b"的键值对的词频统计工作，Reduce3 任务专门负责处理 key 为"c"的键值对的词频统计工作。这时，Map1 必须把<"a",1>发送到 Reduce1，把<"b",1>发送到 Reduce2，把<"c",1>发送到 Reduce3，同理，Map2 和 Map3 也必须完成同样的工作，这个

过程就被称为 "Shuffle"。可以看出，Shuffle 的过程（即把 Map 输出的中间结果分发到 Reduce 任务所在的机器），会产生大量的网络数据分发，带来高昂的网络传输开销。

图 10-9　一个关于 Shuffle 操作的简单实例

Shuffle 过程不仅会产生大量网络传输开销，也会带来大量的磁盘 IO 开销。Spark 经常被认为是基于内存的计算框架，为什么也会产生磁盘 IO 开销呢？对于这个问题，这里有必要做一个解释。

在 Hadoop MapReduce 框架中，Shuffle 是连接 Map 和 Reduce 的桥梁，Map 的输出结果需要经过 Shuffle 过程以后，也就是经过数据分类以后交给 Reduce 处理。因此，Shuffle 的性能高低直接影响了整个程序的性能和吞吐量。Shuffle 是指对 Map 输出结果进行分区、排序、合并等处理并交给 Reduce 的过程。

Spark 作为 MapReduce 框架的一种改进，自然也实现了 Shuffle 的逻辑（见图 10-10）。

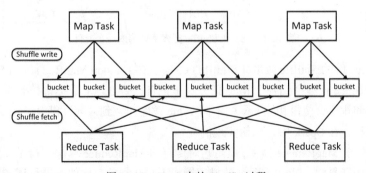

图 10-10　Spark 中的 Shuffle 过程

首先是 Map 端的 Shuffle 写入（Shuffle Write）。每一个 Map 任务会根据 Reduce 任务的数量创建出相应的桶（bucket），这里，桶的数量是 $m \times r$，其中，m 是 Map 任务的个数，r 是 Reduce 任务的个数。Map 任务产生的结果会根据设置的分区算法填充到每个桶中去。分区算法可以自定义，也可以采用系统默认的算法；默认的算法是根据每个键值对(key,value)的 key，把键值对哈希到不同的桶中去。当 Reduce 任务启动时，它会根据自己任务的 id 和所依赖的 Map 任务的 id，从远端或是本地取得相应的桶，作为 Reduce 任务的输入进行处理。

这里的桶是一个抽象概念，在实现中每个桶可以对应一个文件，也可以对应文件的一部分。但是，从性能角度而言，每个桶对应一个文件的实现方式，会导致 Shuffle 过程生成过多的文件，比如如果有 1000 个 Map 任务和 1000 个 Reduce 任务，就会生成 100 万个文件，这样会给文件系统带来沉重的负担。

所以，在最新的 Spark 版本中，采用了多个桶写入一个文件的方式（见图 10-11）。每个 Map 任务不会为每个 Reduce 任务单独生成一个文件，而是把每个 Map 任务所有的输出数据只写到一个文件中。因为每个 Map 任务中的数据会被分区，所以使用了索引（Index）文件来存储具体 Map 任务输出数据在同一个文件中是如何被分区的信息。Shuffle 过程中每个 Map 任务会产生两个文件，即数据文件和索引文件，其中，数据文件存储当前 Map 任务的输出结果，索引文件中则存储数据文件中的数据的分区信息。下一个阶段的 Reduce 任务就是根据索引文件来获取属于自己处理的那个分区的数据。

图 10-11　Spark Shuffle 把多个桶写入一个文件

其次是 Reduce 端的 Shuffle 读取（Shuffle Fetch）。在 Hadoop MapReduce 的 Shuffle 过程中，在 Reduce 端，Reduce 任务会到各个 Map 任务那里把自己要处理的数据都拉到本地，并对拉过来的数据进行归并和排序，使得相同 key 的不同 value 按序归并到一起，供 Reduce 任务使用。这个归并和排序的过程，在 Spark 中是如何实现的呢？

虽然 Spark 属于 MapReduce 体系，但是它对传统的 MapReduce 算法进行了一定的改进。Spark 假定在大多数应用场景中，Shuffle 数据的排序操作不是必须的，比如在进行词频统计时，如果强制地进行排序，只会使性能变差，因此，Spark 并不在 Reduce 端做归并和排序，而是采用了称为 Aggregator 的机制。Aggregator 本质上是一个 HashMap，里面的每个元素是<K,V>形式。以词频统计为例，它会将从 Map 端拉取的每一个(key,value)，更新或是插入 HashMap 中，若在 HashMap 中没有查找到这个 key，则把这个(key,value)插入其中，若查找到这个 key，则把 value 的值累加到 V 上去。这样就不需要预先把所有的(key,value)进行归并和排序，而是来一个处理一个，避免了外部排序这一步骤。但同时需要注意的是，Reduce 任务所拥有的内存，必须足以存放属于自己处理的所有 key 和 value 值，否则就会产生内存溢出问题。因此，Spark 文档中建议用户执行涉及这类操作的时候尽量增加分区的数量，也就是增加 Map 和 Reduce 任务的数量。增加 Map 和 Reduce 任务的数量虽然可以减小分区的大小，使得内存可以容纳这个分区，但是，在 Shuffle 写入环节，桶的数量是由 Map 和 Reduce 任务的数量决定的，任务越多，桶的数量就越多，就需要更多的缓冲区（buffer），带来更多的内存消耗。因此，在内存使用方面，我们会陷入一个两难的境地：一方面，为了减少内存的使用，需要采取增加 Map 和 Reduce 任务数量的策略；另一方面，Map 和 Reduce 任务数量的增多，又会带来内存开销增大的问题。最终，为了减少内存的使用，只能将 Aggregator 的操作从内存移到磁盘上进行。也就是说，尽管 Spark 经常被称为"基于内存的分布式计算框架"，但是，它的 Shuffle 过程依然需要把数据写入磁盘。

（2）窄依赖和宽依赖。

以是否包含 Shuffle 操作为判断依据，RDD 中的依赖关系可以分为窄依赖（Narrow Dependency）与宽依赖（Wide Dependency），图 10-13 展示了两种依赖之间的区别。

窄依赖表现为一个父 RDD 的分区对应于一个子 RDD 的分区，或多个父 RDD 的分区对应于一个子 RDD 的分区。比如图 10-13（a）中，RDD1 是 RDD2 的父 RDD，RDD2 是子 RDD，RDD1 的分区 1，对应于 RDD2 的一个分区（即分区 4）。再比如 RDD6 和 RDD7 都是 RDD8 的父 RDD，RDD6 中的分区（分区 15）和 RDD7 中的分区（分区 18），两者都对应于 RDD8 中的一个分区（分区 21）。

宽依赖则表现为存在一个父 RDD 的一个分区对应一个子 RDD 的多个分区。比如图 10-13（b）中，RDD9 是 RDD12 的父 RDD，RDD9 中的分区 24 对应了 RDD12 中的两个分区（即分区 27 和分区 28）。

总体而言，如果父 RDD 的一个分区只被一个子 RDD 的一个分区所使用就是窄依赖，否则就是宽依赖。窄依赖典型的操作包括 map、filter、union 等，不会包含 Shuffle 操作；宽依赖典型的操作包括 groupByKey、sortByKey 等，通常会包含 Shuffle 操作。对于连接操作，可以分为两种情况。

① 对输入进行协同划分，属于窄依赖，如图 10-12（a）所示。协同划分（Co-partitioned）是指多个父 RDD 的某一分区的所有"键"（key），落在子 RDD 的同一个分区内，不会出现同一个父 RDD 的某一分区，落在子 RDD 的两个分区的情况。

② 对输入做非协同划分，属于宽依赖，如图 10-12（b）所示。

Spark 的这种依赖关系设计，使其具有了天生的容错性，大大加快了 Spark 的执行速度。因为 RDD 数据集通过"血缘关系"记住了它是如何从其他 RDD 中演变过来的（血缘关系记录的是粗颗粒度的转换操作行为），当这个 RDD 的部分分区数据丢失时，它可以通过血缘关系获取足够的信息来重新运算和恢复丢失的分区数据，由此带来了性能的提升。相对而言，在这两种依赖关系中，窄依赖的失败恢复更为高效，它只需要根据父 RDD 分区重新计算丢失的分区即可（不需要重新计算所有分区），而且可以并行地在不同节点进行重新计算。而对于宽依赖而言，单个节点失效通常意味着重新计算过程会涉及多个父 RDD 分区，开销较大。此外，Spark 还提供了数据检查点和记录日志，用于持久化中间 RDD，从而使得在进行失败恢复时不需要追溯到最开始的阶段。在进行故障恢复时，Spark 会对数据检查点开销和重新计算 RDD 分区的开销进行比较，从而自动选择最优的恢复策略。

图 10-12　窄依赖与宽依赖的区别

5. 阶段的划分

Spark 根据 DAG 中的 RDD 依赖关系，把一个作业分成多个阶段。宽依赖和窄依赖相较而言，窄依赖对于作业的优化很有利。逻辑上，每个 RDD 操作都是一个 fork/join（一种用于并行执行任务的框架），对每个 RDD 分区计算 fork，完成计算后对各个分区得到的结果进行 join 操作，然后 fork/join 下一个 RDD 操作。把一个 Spark 作业直接翻译到物理实现（即执行完一个 RDD 操作再继续执行另外一个 RDD 操作）是很不经济的。首先，每一个 RDD（即使是中间结果）都需要保存到内存或磁盘中，时间和空间开销大。其次，join 作为全局的路障（Barrier），代价是很昂贵的。所有分区上的计算都要完成以后，才能进行 join 得到结果，这样，作业执行进度就会严重受制于最慢的那个节点。如果子 RDD 的分区到父 RDD 的分区是窄依赖，就可以实施经典的 fusion 优化，把两个 fork/join 合并为一个。如果连续的变换操作序列都是窄依赖，就可以把很多个 fork/join 合并为一个。这种合并不但减少了大量的全局路障，而且无须保存很多中间结果 RDD，这样可以极大地提升性能。在 Spark 中，这个合并过程就被称为"流水线（Pipeline）优化"。

可以看出，只有窄依赖可以实现流水线优化。对于窄依赖的 RDD，可以以流水线的方式计算所有父分区，不会造成网络之间的数据混合。对于宽依赖的 RDD，则通常伴随着 Shuffle 操作，即首先需要计算好所有父分区数据，然后在节点之间进行 Shuffle，这个过程会涉及不同任务之间的等待，无法以流水线方式处理。因此，RDD 之间的依赖关系就成为把 DAG 划分成不同阶段的依据。

Spark 通过分析各个 RDD 之间的依赖关系生成 DAG，再通过分析各个 RDD 中的分区之间的依赖关系来决定如何划分阶段。具体划分方法是：在 DAG 中进行反向解析，遇到宽依赖就断开（因为宽依赖涉及 Shuffle 操作，无法以流水线方式处理），遇到窄依赖就把当前的 RDD 加入当前的阶段中（因为窄依赖不会涉及 Shuffle 操作，可以以流水线方式处理）。具体的阶段划分算法请参见 AMP 实验室发表的论文《Resilient Distributed Datasets: A Fault-Tolerant Abstraction for

In-Memory Cluster Computing》。如图 10-13 所示，假设从 HDFS 中读入数据生成 3 个不同的 RDD（即 A、C 和 E），通过一系列转换操作后将计算结果保存到 HDFS。对 DAG 进行解析时，在依赖图中进行反向解析，由于从 RDD A 到 RDD B 的转换以及从 RDD B 和 F 到 RDD G 的转换，都属于宽依赖，因此，在宽依赖处断开后可以得到 3 个阶段，即阶段 1、阶段 2 和阶段 3。可以看出，在阶段 2 中，从 map 到 union 都是窄依赖，这两步操作可以形成一个流水线操作。比如分区 7 通过 map 操作生成的分区 9，可以不用等待分区 8 到分区 10 这个转换操作的计算结束，而是继续进行 union 操作，转换得到分区 13，这样流水线执行可大大提高计算的效率。

图 10-13　根据 RDD 分区的依赖关系划分阶段

由上述论述可知，把一个 DAG 划分成多个"阶段"以后，每个阶段都代表了一组关联的、相互之间没有 Shuffle 依赖关系的任务组成的任务集合。每个任务集合会被提交给任务调度器（TaskScheduler）进行处理，由任务调度器将任务分发给 Executor 运行。

6. RDD 运行过程

通过上述对 RDD 概念、依赖关系和阶段划分的介绍，结合之前介绍的 Spark 运行基本流程，下面总结一下 RDD 在 Spark 中的运行过程，如图 10-14 所示。

图 10-14　RDD 在 Spark 中的运行过程

（1）创建 RDD 对象。

（2）SparkContext 负责计算 RDD 之间的依赖关系，构建 DAG。

（3）DAGScheduler 负责把 DAG 分解成多个阶段，每个阶段中包含了多个任务，每个任务会被任务调度器分发给各个工作节点上的 Executor 去执行。

10.4 Spark 的部署和应用方式

本节首先介绍 Spark 支持的典型部署方式，即 Local、Standalone、Spark on Mesos、Spark on YARN 和 Spark on Kubernetes；然后介绍在企业中如何具体部署和应用 Spark 框架，在企业实际应用环境中，针对不同的应用场景，可以采用不同的部署应用方式，或者采用 Spark 完全替代原有的 Hadoop 架构，或者采用 Spark 和 Hadoop 一起部署的方式。

10.4.1 Spark 的部署方式

目前，Spark 支持 5 种不同类型的部署方式，包括 Local、Standalone、Spark on Mesos、Spark on YARN 和 Spark on Kubernetes。其中，Local 模式属于单机部署模式，其他属于分布式部署模式。下面我们对分布式部署模式进行简单介绍。

1. Standalone 模式

与 MapReduce 1.0 框架类似，Spark 框架自带了完整的资源调度管理服务，可以独立部署到一个集群中，而不需要依赖其他系统来为其提供资源管理调度服务。在架构的设计上，Spark 与 MapReduce 1.0 完全一致，都是由一个 Master 和若干个 Slave 节点构成，并且以槽作为资源分配单位。不同的是，Spark 中的槽不再像 MapReduce 1.0 那样分为 Map 槽和 Reduce 槽，而是只设计了统一的一种槽提供给各种任务来使用。

2. Spark on Mesos 模式

Mesos 是一种资源调度管理框架，可以为运行在它上面的 Spark 提供服务。由于 Mesos 和 Spark 存在一定的血缘关系，因此 Spark 这个框架在进行设计开发的时候就充分考虑到了对 Mesos 的充分支持。相对而言，Spark 运行在 Mesos 上，要比运行在 YARN 上更加灵活、自然。目前，Spark 官方推荐采用这种模式，所以许多公司在实际应用中也采用这种模式。

3. Spark on YARN 模式

Spark 可运行于 YARN 之上，与 Hadoop 进行统一部署，即"Spark on YARN"，其架构如图 10-15 所示，资源管理和调度依赖于 YARN，分布式存储则依赖于 HDFS。

图 10-15 Spark on YARN 架构

4. Spark on Kubernetes 模式

Kubernetes 作为一个广受欢迎的开源容器协调系统，是 Google 于 2014 年酝酿的项目。Kubernetes 自 2014 年以来热度一路飙升，短短几年时间就已超越了大数据分析领域的明星产品 Hadoop。Spark 从 2.3.0 版本引入了对 Kubernetes 的原生支持，可以将编写好的数据处理程序直接通过 spark-submit 提交到 Kubernetes 集群。

10.4.2　从"Hadoop+Storm"架构转向 Spark 架构

为了能同时进行批处理与流处理，企业应用中通常会采用"Hadoop+Storm"架构（也称为 Lambda 架构）。图 10-16 给出了采用"Hadoop+Storm"部署方式的一个案例，在这种部署架构中，Hadoop 和 Storm 框架部署在资源管理框架 YARN（或 Mesos）之上，接受统一的资源管理和调度，并共享底层的数据存储（HDFS、HBase、Cassandra 等）。Hadoop 负责对批量历史数据的实时查询和离线分析，Storm 则负责对流数据的实时处理。

图 10-16　采用"Hadoop+Storm"部署方式的一个案例

但是，上面这种架构部署较为烦琐。由于 Spark 同时支持批处理与流处理，因此对于一些类型的企业应用而言，从"Hadoop+Storm"架构转向 Spark 架构（见图 10-17）就成为一种很自然的选择。采用 Spark 架构具有如下优点。

（1）实现一键式安装和配置、线程级别的任务监控和警告。

（2）降低硬件集群、软件维护、任务监控和应用开发的难度。

（3）便于集成统一的硬件、计算平台资源池。

需要说明的是，Spark Streaming 的原理是将流数据分解成一系列短小的批处理作业，每个短小的批处理作业使用面向批处理的 Spark Core 进行处理，通过这种方式只能变相实现流计算，而不能实现真正实时的流计算，因而通常无法实现毫秒级的响应。因此，对于需要毫秒级实时响应的企业应用而言，仍然需要采用流计算框架（如 Storm）。

图 10-17　用 Spark 架构同时满足批处理和流处理需求

10.4.3　Hadoop 和 Spark 的统一部署

一方面，由于 Hadoop 生态系统中的一些组件所实现的功能，目前还是无法由 Spark 取代，比如 Storm 可以实现毫秒级响应的流计算，但是 Spark 无法做到毫秒级响应；另一方面，企业中已经有许多现有的应用，都是基于现有的 Hadoop 组件开发的，完全转移到 Spark 上需要一定的成本。因此，在许多企业实际应用中，Hadoop 和 Spark 的统一部署是一种比较现实和合理的选择。

由于 Hadoop MapReduce、HBase、Storm 和 Spark 等都可以运行在资源管理框架 YARN 之上，因此，这些计算框架可以在 YARN 之上进行统一部署（见图 10-18）。这些不同的计算框架统一运行在 YARN 中，可以带来如下好处。

（1）计算资源按需伸缩。

（2）不用负载应用混搭，集群利用率高。

（3）共享底层存储，避免数据跨集群迁移。

图 10-18　Hadoop 和 Spark 的统一部署

10.5　Spark 编程实践

本节介绍 Spark RDD 的基本操作，以及如何编译、打包、运行 Spark 应用程序。更多上机操作实践细节内容，可以参见本书官网（http://dblab.xmu.edu.cn/post/bigdata3/）的"教材配套大数据软件安装和编程实践指南"。在进行下面的编程实践之前，请参照"教材配套大数据软件安装和编程实践指南"或者其他网络教程完成 Spark 的安装。这里采用的 Spark 版本为 2.4.0。

10.5.1　启动 Spark Shell

Spark 包含多种运行模式，可使用单机模式，也可以使用伪分布式、完全分布式模式。简单起见，这里使用单机模式运行 Spark。需要强调的是，如果需要使用 HDFS 中的文件，则在使用 Spark 前需要启动 Hadoop。

Spark Shell 提供了简单的方式来学习 Spark API，且能以实时、交互的方式来分析数据。Spark Shell 支持 Scala 和 Python，这里选择使用 Scala 进行编程实践。

执行如下命令启动 Spark Shell：

```
$ ./bin/spark-shell
```

启动 Spark Shell 成功后，在输出信息的末尾可以看到"scala >"的命令提示符，如图 10-19 所示。

图 10-19　启动 Spark Shell

10.5.2　Spark RDD 基本操作

Spark 的主要操作对象是 RDD，RDD 可以通过多种方式灵活创建，即可通过导入外部数据源建立（如位于本地或 HDFS 中的数据文件），也可从其他的 RDD 转化而来。

在 Spark 程序中必须创建一个 SparkContext 对象，该对象是 Spark 程序的入口，负责创建 RDD、启动任务等。在启动 Spark Shell 后，SparkContext 对象会被自动创建，可以通过变量 sc 进行访问。作为示例，这里选择以 Spark 安装目录中的"README.md"文件作为数据源新建一个 RDD，代码如下（后续出现的 Spark 代码中，"scala >"表示一行代码的开始，与代码位于同一行的注释内容表示该代码的说明，代码下面的注释内容表示交互式输出结果）：

```
scala > val textFile = sc.textFile("file:///usr/local/spark/README.md") // 通过 file:
前缀指定读取本地文件
```

Spark RDD 支持两种类型的操作。

（1）行动（Action）：在数据集上进行运算，返回计算值。

（2）转换（Transformation）：基于现有的数据集创建一个新的数据集。

Spark 提供了非常丰富的 API，表 10-2 和表 10-3 仅列出了几个常用的 Action API 和 Transformation API，更详细的 API 和说明可查阅官方文档。

表 10-2 常用的几个 Action API 介绍

Action API	说明
count()	返回数据集中的元素个数
collect()	以数组的形式返回数据集中的所有元素
first()	返回数据集中的第一个元素
take(n)	以数组的形式返回数据集中的前 n 个元素
reduce(func)	通过函数 func（输入两个参数并返回一个值）聚合数据集中的元素
foreach(func)	将数据集中的每个元素传递到函数 func 中运行

表 10-3 常用的几个 Transformation API 介绍

Transformation API	说明
filter(func)	筛选出满足函数 func 的元素，并返回一个新的数据集
map(func)	将每个元素传递到函数 func 中，并将结果返回为一个新的数据集
flatMap(func)	与 map() 相似，但每个输入元素都可以映射到零个或多个输出结果
groupByKey()	应用于\<K,V\>键值对的数据集时，返回一个新的\<K, Iterable\<V \>\>形式的数据集
reduceByKey(func)	应用于\<K,V\>键值对的数据集时，返回一个新的\<K, V\>形式的数据集，其中的每个值是将每个 key 传递到函数 func 中进行聚合的结果

比如在下面的实例中，使用 count() 这个 Action API 就可以统计出一个文本文件的行数，命令如下（输出结果"Long=95"表示该文件共有 95 行内容）：

```
Scala > textFile.count()
// Long = 95
```

再比如在下面的实例中，使用 filter() 这个 Transformation API 就可以筛选出只包含"Spark"的行，命令如下（第一条命令会返回一个新的 RDD，因此不影响之前 RDD 的内容；输出结果"Long=17"表示该文件中共有 17 行内容包含"Spark"）：

```
scala > val linesWithSpark = textFile.filter(line => line.contains("Spark"))
scala > linesWithSpark.count()
// Long = 17
```

在上面计算过程中，中间输出结果采用 linesWithSpark 变量进行保存，然后使用 count() 计算出行数。假设这里只需要得到包含"Spark"的行数，而不需要了解每行的具体内容，那么使用 linesWithSpark 变量存储筛选后的文本数据就是多余的，因为这部分数据在计算得到行数后就不再使用了。实际上，借助于强大的链式操作（即在同一条代码中同时使用多个 API），Spark 可连续进行运算，一个操作的输出直接作为另一个操作的输入，不需要采用临时变量存储中间结果，这样不仅可以使 Spark 代码更加简洁，也优化了计算过程。如上述两条代码可合并为如下一行代码：

```
scala > val linesCountWithSpark = textFile.filter(line => line.contains("Spark")).count()
// Long = 17
```

从上面代码可以看出，Spark 基于整个操作链，仅储存、计算所需的数据，提升了运行效率。

Spark 属于 MapReduce 计算模型，因此也可以实现 MapReduce 的计算流程，如实现单词统计。首先使用 flatMap() 将每一行的文本内容通过空格进行单词划分；然后使用 map() 将单词映射为

（K,V）的键值对，其中 K 为单词，V 为 1；最后使用 reduceByKey()将相同单词的计数进行相加，最终得到该单词总的出现次数。具体实现命令如下：

```
scala > val wordCounts = textFile.flatMap(line => line.split(" ")).map(word => (word,
1)).reduceByKey((a, b) => a + b)
scala > wordCounts.collect() // 输出单词统计结果
// Array[(String, Int)] = Array((package,1), (For,2), (Programs,1), (processing,1),
(Because,1), (The,1)...)
```

在上面的代码中，flatMap()、map()和 reduceByKey()都属于"转换"操作。由于 Spark 采用了惰性机制，这些转换操作只是记录了 RDD 之间的依赖关系，并不会真正计算出结果。最后，运行 collect()，它属于"行动"类型的操作，这时才会执行真正的计算，Spark 会把计算打散成多个任务分发到不同的机器上并行执行。

10.5.3　Spark 应用程序

Spark 应用程序支持采用 Scala、Python、Java、R 等语言进行开发。在 Spark Shell 中进行交互式编程时，采用 Scala 和 Python，主要是方便对代码进行调试，但需要以逐行代码的方式运行。一般等到代码都调试好之后，可选择将代码打包成独立的 Spark 应用程序，然后提交到 Spark 中运行。如果不是在 Spark Shell 中进行交互式编程，比如使用 Java 或 Scala 进行 Spark 应用程序开发，也需要编译打包后再提交给 Spark 运行。采用 Scala 编写的程序，需要使用 sbt 进行编译打包；采用 Java 编写的程序，建议使用 Maven 进行编译打包；采用 Python 编写的程序，可以直接通过 spark-submit 提交给 Spark 运行。下面分别介绍如何使用 sbt 编译打包 Scala 程序，以及如何使用 Maven 编译打包 Java 程序。

1. 用 sbt 编译打包 Scala 程序

sbt（Simple Build Tool）是对 Scala 或 Java 进行编译的一个工具，类似于 Maven 或 Ant，需要 JDK 1.8 或更高版本的支持，并且可以在 Windows 和 Linux 两种操作系统中安装使用。sbt 需要下载安装，可以访问"http://www.scala-sbt.org"下载安装文件 sbt-1.3.8.tgz，保存到下载目录。假设下载目录为"~/Downloads"，安装目录为"/usr/local/sbt"，则执行如下命令将下载后的文件复制至安装目录中：

```
$ sudo mkdir /usr/local/sbt                    # 创建安装目录
$ cd ~/Downloads
$ sudo tar -zxvf ./sbt-1.3.8.tgz -C /usr/local
$ cd /usr/local/sbt
$ sudo chown -R hadoop /usr/local/sbt          # 此处的 hadoop 为系统当前用户名
$ cp ./bin/sbt-launch.jar ./  #把 bin 目录下的 sbt-launch.jar 复制到 sbt 安装目录下
```

接着在安装目录中使用下面命令创建一个 Shell 脚本文件，用于启动 sbt：

```
$ vim /usr/local/sbt/sbt
```

该脚本文件中的代码如下：

```
#!/bin/bash
SBT_OPTS="-Xms512M -Xmx1536M -Xss1M -XX:+CMSClassUnloadingEnabled -XX:MaxPermSize=256M"
java $SBT_OPTS -jar 'dirname $0'/sbt-launch.jar "$@"
```

保存后，还需要为该 Shell 脚本文件增加可执行权限：

```
$ chmod u+x /usr/local/sbt/sbt
```

然后，可以使用如下命令查看 sbt 版本信息：

```
$ cd /usr/local/sbt
$ ./sbt sbtVersion
Java HotSpot(TM) 64-Bit Server VM warning: ignoring option MaxPermSize=256M; support
was removed in 8.0
[warn] No sbt.version set in project/build.properties, base directory: /usr/local/sbt
[info] Set current project to sbt (in build file:/usr/local/sbt/)
[info] 1.3.8
```

上述查看版本信息的命令，可能需要执行几分钟，执行成功以后就可以看到版本为 1.3.8。

现在，就可以使用 "/usr/local/sbt/sbt package" 的命令来打包 Scala 编写的 Spark 程序了。

下面以一个简单的程序为例，介绍如何打包并运行 Spark 程序。该程序的功能是统计文本文件中包含字母 a 和字母 b 的各有多少行。首先执行如下命令创建程序根目录，并创建程序所需的文件夹结构：

```
$ mkdir ~/sparkapp              # 创建程序根目录
$ mkdir -p~/sparkapp/src/main/scala    # 创建程序所需的文件夹结构
```

接着使用下面命令创建一个 SimpleApp.scala 文件：

```
$ vim ~/sparkapp/src/main/scala/SimpleApp.scala
```

该文件是程序的代码内容，具体代码如下：

```
import org.apache.spark.SparkContext
import org.apache.spark.SparkContext._
import org.apache.spark.SparkConf

object SimpleApp {
  def main(args: Array[String]) {
    val logFile = "file:///usr/local/spark/README.md" // 用于统计的文本文件
    val conf = new SparkConf().setAppName("Simple Application")
    val sc = new SparkContext(conf)
    val logData = sc.textFile(logFile, 2).cache()
    val numAs = logData.filter(line => line.contains("a")).count()
    val numBs = logData.filter(line => line.contains("b")).count()
    println("Lines with a: %s, Lines with b: %s".format(numAs, numBs))
  }
}
```

然后使用下面命令创建一个 simple.sbt 文件：

```
$ vim ~/sparkapp/simple.sbt
```

该文件用于声明该应用程序的信息以及与 Spark 的依赖关系，具体内容如下：

```
name := "Simple Project"
version := "1.0"
scalaVersion := "2.11.12"
libraryDependencies += "org.apache.spark" %% "spark-core" % "2.4.0"
```

需要说明的是，上面的 scalaVersion 表示 Scala 版本。

最后，执行如下命令使用 sbt 进行打包：

```
$ cd ~/sparkapp
$ /usr/local/sbt/sbt package
```

打包成功后，会输出"success"的提示，如下所示：

```
$~/sparkapp$ /usr/local/sbt/sbt package
[info] Set current project to Simple Project
[info] Updating {file:/home/hadoop/sparkapp/}sparkapp...
[info] Done updating.
[info] Compiling 1 Scala source to /home/hadoop/sparkapp/target/...
[info] Packaging /home/hadoop/sparkapp/target/scala-2.11/...
[info] Done packaging.
[success] Total time: 17 s, completed 2020-1-27 16:13:56
```

有了最终生成的 JAR 包后，通过 spark-submit 就可以提交到 Spark 中运行了，命令如下：

```
$ /usr/local/spark/bin/spark-submit --class "SimpleApp" ~/sparkapp/target/scala-
2.11/simple-project_2.11-1.0.jar
```

该应用程序的执行结果如下：

```
Lines with a: 62, Lines with b: 31
```

2. 用 Maven 编译打包 Java 程序

Maven 是对 Java 进行编译的一个工具，需要下载安装，可以访问 https://maven.apache.org 下载。假设本地的下载目录为"~/Downloads"，本地的安装目录为"/usr/local/maven"，下载得到的安装文件为 apache-maven-3.6.3-bin.zip，需要执行如下命令，将下载后的文件复制至安装目录中：

```
$ sudo unzip ~/Downloads/apache-maven-3.6.3-bin.zip -d /usr/local
$ cd /usr/local
$ sudo mv apache-maven-3.6.3/ ./maven
$ sudo chown -R hadoop ./maven
```

在终端执行如下命令创建一个文件夹 sparkapp2 作为应用程序根目录：

```
$ cd ~ #进入用户主文件夹
$ mkdir -p ./sparkapp2/src/main/java
```

在"./sparkapp2/src/main/java"目录下使用下面命令建立一个名为 SimpleApp.java 的文件：

```
$ vim ./sparkapp2/src/main/java/SimpleApp.java
```

在 SimpleApp.java 这个文件中添加如下代码：

```
/*** SimpleApp.java ***/
import org.apache.spark.api.java.*;
import org.apache.spark.api.java.function.Function;
import org.apache.spark.SparkConf;

public class SimpleApp {
    public static void main(String[] args) {
        String logFile = "file:///usr/local/spark/README.md"; // Should be some file
on your system
        SparkConf conf=new SparkConf().setMaster("local").setAppName("SimpleApp");
        JavaSparkContext sc=new JavaSparkContext(conf);
        JavaRDD<String> logData = sc.textFile(logFile).cache();

        long numAs = logData.filter(new Function<String, Boolean>() {
           public Boolean call(String s) { return s.contains("a"); }
        }).count();
```

```
long numBs = logData.filter(new Function<String, Boolean>() {
    public Boolean call(String s) { return s.contains("b"); }
}).count();

System.out.println("Lines with a: " + numAs + ", lines with b: " + numBs);
    }
}
```

该程序依赖 Spark Java API，因此我们需要通过 Maven 进行编译打包。再使用下面命令在"./sparkapp2"目录中新建文件 pom.xml：

```
$ vim ./sparkapp2/pom.xml
```

在 pom.xml 文件中添加如下代码，声明该独立应用程序的信息以及与 Spark 的依赖关系：

```
<project>
    <groupId>cn.edu.xmu</groupId>
    <artifactId>simple-project</artifactId>
    <modelVersion>4.0.0</modelVersion>
    <name>Simple Project</name>
    <packaging>jar</packaging>
    <version>1.0</version>
    <repositories>
        <repository>
            <id>jboss</id>
            <name>JBoss Repository</name>
            <url>http://repository.jboss.com/maven2/</url>
        </repository>
    </repositories>
    <dependencies>
        <dependency> <!-- Spark dependency -->
            <groupId>org.apache.spark</groupId>
            <artifactId>spark-core_2.11</artifactId>
            <version>2.4.0</version>
        </dependency>
    </dependencies>
</project>
```

为了保证 Maven 能够正常运行，先执行如下命令检查整个应用程序的文件结构：

```
$ cd ~/sparkapp2
$ find
```

应用程序的文件结构如图 10-20 所示。

接着，可以通过如下代码将整个应用程序打包成 JAR 包（注意：电脑需要保持连接网络的状态，而且由于是首次运行，同样需要下载依赖包，因此这个过程会消耗几分钟的时间）：

```
$ /usr/local/maven/bin/mvn package
```

若出现图 10-21 所示信息，则说明 JAR 包生成成功。

图 10-20　应用程序的文件结构

图 10-21　打包应用程序时屏幕显示的信息

最后，需要将生成的 JAR 包通过 spark-submit 提交到 Spark 中运行，命令如下：

```
$ /usr/local/spark/bin/spark-submit --class "SimpleApp" ~/sparkapp2/target/simple-
project-1.0.jar 2>&1 | grep "Lines with a"
```

最后得到的结果如下：

```
Lines with a: 62, Lines with b: 31
```

10.6　本章小结

　　本章首先介绍了 Spark 的起源与发展，分析了 Hadoop 存在的缺点与 Spark 的优势。接着介绍了 Spark 的相关概念、生态系统与核心设计。Spark 的核心是统一的抽象 RDD，在此之上形成了结构一体化、功能多元化的完整的大数据生态系统，支持内存计算、SQL 即席查询、实时流式计算、机器学习和图计算。

　　本章最后介绍了 Spark 基本的编程实践，包括 Spark 的安装与 Spark Shell 的使用，并演示了 Spark RDD 的基本操作。Spark 提供了丰富的 API，让开发人员可以用简洁的方式来处理复杂的数据计算与分析。

10.7　习题

　　1. Spark 是基于内存计算的大数据计算平台，试述 Spark 的主要特点。

　　2. Spark 的出现是为了解决 Hadoop MapReduce 的不足，试列举 Hadoop MapReduce 的几个缺陷，并说明 Spark 具备哪些优点。

　　3. 美国加州大学伯克利分校提出的数据分析的软件栈 BDAS 认为目前的大数据处理可以分为哪 3 种类型？

　　4. Spark 已打造出结构一体化、功能多样化的大数据生态系统，试述 Spark 的生态系统。

　　5. 从 Hadoop+Storm 架构转向 Spark 架构可带来哪些好处？

　　6. 试述 "Spark on YARN" 的概念。

　　7. 试述如下 Spark 的几个主要概念：RDD、DAG、阶段、分区、窄依赖、宽依赖。

　　8. Spark 对 RDD 的操作主要分为行动和转换两种类型，两种操作的区别是什么？

实验 7　Spark 初级编程实践

一、实验目的

（1）掌握使用 Spark 访问本地文件和 HDFS 文件的方法。

（2）掌握 Spark 应用程序的编写、编译和运行方法。

二、实验平台

- 操作系统：Ubuntu 18.04（或 Ubuntu 16.04）。
- Spark 版本：2.4.0。
- Hadoop 版本：3.1.3。

三、实验内容和要求

1. 安装 Hadoop 和 Spark

进入 Linux 操作系统，完成 Hadoop 伪分布式模式的安装。完成 Hadoop 的安装以后，再安装 Spark（Local 模式）。具体安装过程，可以参考本书官网（http://dblab.xmu.edu.cn/post/bigdata3/）的"教材配套大数据软件安装和编程实践指南"。

2. Spark 读取文件系统的数据

（1）在 spark-shell 中读取 Linux 操作系统本地文件 "/home/hadoop/test.txt"，然后统计出文件的行数；

（2）在 spark-shell 中读取 HDFS 文件 "/user/hadoop/test.txt"（如果该文件不存在，请先创建），然后统计出文件的行数；

（3）编写独立应用程序（推荐使用 Scala），读取 HDFS 文件 "/user/hadoop/test.txt"（如果该文件不存在，请先创建），然后统计出文件的行数；通过 sbt 将整个应用程序编译打包成 JAR 包，并将生成的 JAR 包通过 spark-submit 提交到 Spark 中运行。

3. 编写独立应用程序实现数据去重

对于两个输入文件 A 和 B，编写 Spark 独立应用程序（推荐使用 Scala），对两个文件进行合并，并剔除其中重复的内容，得到一个新文件 C。下面是输入文件和输出文件的一个样例，可供参考。

输入文件 A 的样例如下：

```
20170101    x
20170102    y
20170103    x
20170104    y
20170105    z
20170106    z
```

输入文件 B 的样例如下：

```
20170101    y
20170102    y
20170103    x
20170104    z
20170105    y
```

根据输入的文件 A 和 B 合并得到的输出文件 C 的样例如下：

```
20170101    x
20170101    y
20170102    y
20170103    x
20170104    y
20170104    z
20170105    y
20170105    z
20170106    z
```

4. 编写独立应用程序实现求平均值问题

每个输入文件表示班级学生某个学科的成绩，每行内容由两个字段组成，第一个是学生名字，第二个是学生的成绩；编写 Spark 独立应用程序求出所有学生的平均成绩，并输出到一个新文件中。下面是输入文件和输出文件的一个样例，可供参考。

Algorithm 成绩：

小明 92
小红 87
小新 82
小丽 90

Database 成绩：

小明 95
小红 81
小新 89
小丽 85

Python 成绩：

小明 82
小红 83
小新 94
小丽 91

平均成绩如下：

(小红,83.67)
(小新,88.33)
(小明,89.67)
(小丽,88.67)

四、实验报告

"大数据技术原理与应用"课程实验报告

题目：	姓名：	日期：

实验环境：

实验内容与完成情况：

出现的问题：

解决方案（列出遇到的问题和解决办法，列出没有解决的问题）：

第 11 章
流计算

大数据包括静态数据和动态数据（流数据），相应地，大数据计算包括批量计算和实时计算。随着人们对大数据处理实时性的要求越来越高，如何对海量流数据进行实时计算成为大数据领域的一大挑战。传统的 MapReduce 框架采用离线处理计算的方式，主要用于对静态数据的批量计算，并不适合处理流数据，因此业界提出了流计算的概念。流计算即针对流数据的实时计算，但以往只有大型的金融机构和政府机构能通过昂贵的定制系统来满足这个需求。随着 Storm 等流计算框架的开源，开发针对流数据的实时应用开始变得可行。Storm 流计算框架具有可扩展性、高容错性、能可靠地处理消息的特点，且使用简单，可以以较低的成本来开发实时应用。

本章首先介绍流计算的基本概念和框架，分析 MapReduce 框架为何不适合处理流数据；然后阐述流计算的处理流程和可应用的场景；接着介绍流计算框架 Storm 的设计思想和框架设计；最后介绍流数据处理框架 Spark Streaming。

11.1　流计算概述

本节首先介绍数据的两种类型，即静态数据和流数据；然后介绍与两种类型数据对应的两种计算类型，即批量计算和实时计算；随后阐述流计算的概念以及流计算与 Hadoop 的区别；最后汇总介绍市场上现有的流计算框架与平台。

11.1.1　静态数据和流数据

数据总体上可以分为静态数据和流数据。

1. 静态数据

静态数据是指不会随时间发生变化的数据。很多企业为了支持决策分析而构建数据仓库系统，其中存放的大量历史数据就是静态数据。这些数据来自不同的数据源，利用 ETL 工具加载到数据仓库中，并且不会发生更新，技术人员可以利用数据挖掘和 OLAP 分析工具从这些静态数据中找到对企业有价值的信息。

2. 流数据

近年来，在 Web 应用、网络监控、传感监测、电信金融、生产制造等领域，兴起了一种新的数据密集型应用——流数据，即数据以大量、快速、时变的流形式持续到达。以传感器监测为例，在大气中放置 PM 2.5 传感器实时监测大气中 PM 2.5 的浓度，监测数据会源源不断地实时传输回数据中心。监测系统对回传数据进行实时分析，预判空气质量变化趋势。如果空气质量在未来一段时间内会达到影响人体健康的程度，就启动应急响应机制。在电子商务中，淘宝等网站可以从用户点击流、浏览历史和行为（如放入购物车）中实时发现用户的即时购买意图和兴趣，为之实时推荐相关商品，从而有效提高商品销量，同时增加用户的购物满意度，可谓"一举两得"。

从概念上而言，流数据（或数据流）是指在时间分布和数量上无限的一系列动态数据集合体；数据记录是流数据的最小组成单元。流数据具有如下特征。

（1）数据快速持续到达，潜在数据量也许是无穷无尽的。

（2）数据来源众多，格式复杂。

（3）数据量大，但是不十分关注存储，一旦流数据中的某个元素经过处理，要么被丢弃，要么被归档存储。

（4）注重数据的整体价值，不过分关注个别数据。

（5）数据顺序颠倒，或者不完整，系统无法控制将要处理的新到达的数据元素的顺序。

11.1.2　批量计算和实时计算

对静态数据和流数据的处理，对应着两种截然不同的计算模式：批量计算和实时计算，如图 11-1 所示。批量计算以"静态数据"为对象，可以在很充裕的时间内对海量数据进行批量处理，计算得到有价值的信息。Hadoop 就是典型的批处理模型，由 HDFS 和 HBase 存放大量的静态数据，由 MapReduce 负责对海量数据执行批量计算。

图 11-1　数据的两种计算模式

流数据则不适合采用批量计算，因为流数据不适合用传统的关系模型建模，不能把源源不断的流数据保存到数据库中。流数据被处理后，一部分进入数据库成为静态数据，其他部分则直接被丢弃。传统的关系数据库通常用于满足信息实时交互处理需求，比如零售系统和银行系统，每次有一笔业务发生，用户通过和关系数据库系统进行交互，就可以把相应记录写入磁盘，并支持对记录进行随机读写操作。但是，关系数据库并不是为存储快速、连续到达的流数据而设计的，不支持连续处理，把这类数据库用于流数据处理，不仅成本高，而且效率低。

流数据必须采用实时计算，实时计算最重要的一个需求是能够实时得到计算结果，一般要求响应时间为秒级。当只需要处理少量数据时，实时计算并不是问题；但是，在大数据时代，不仅数据格式复杂、来源众多，而且数据量巨大，这就对实时计算提出了很大的挑战。因此，针对流数据的实时计算——流计算，应运而生。

11.1.3　流计算的概念

流计算的示意如图 11-2 所示，流计算平台实时获取来自不同数据源的海量数据，经过实时分析处理，获得有价值的信息。

总的来说，流计算秉承一个基本理念，即数据的价值随着时间的流逝而降低。因此，当事件出现时就应该立即进行处理，而不是缓存起来进行批量处理。为了及时处理流数据，需要一个低延迟、可扩展、高可靠的处理引擎。对于一个流计算系统来说，它应达到如下需求。

（1）高性能。处理大数据的基本要求，如每秒处理几十万条数据。

（2）海量式。支持 TB 级甚至是 PB 级的数据规模。

（3）实时性。必须保证一个较低的时延，达到秒级别，甚至是毫秒级别。

（4）分布式。支持大数据的基本架构，必须能够平滑扩展。

图 11-2　流计算的示意

（5）易用性。能够快速进行开发和部署。

（6）可靠性。能可靠地处理流数据。

针对不同的应用场景，相应的流计算系统会有不同的需求，但是针对海量数据的流计算，无论是数据采集还是数据处理都应达到秒级别响应的要求。

11.1.4　流计算与 Hadoop

Hadoop 已经成为大数据技术的事实标准，其两大核心 MapReduce 和 HDFS 搭建起了大规模分布式存储和分布式处理的框架。因此，我们很容易就会想到，是否可以使用 MapReduce 来满足流计算系统的需求呢？很遗憾，答案是"不行"。

Hadoop 设计的初衷是面向大规模数据的批量处理，在使用 MapReduce 处理大规模文件时，一个大文件会被分解成许多个块分发到不同的机器上，每台机器并行运行 MapReduce 任务，最后对结果进行汇总输出。有时候，完成一个任务甚至要经过多轮的迭代。很显然，这种批量任务处理方式在时延方面是无法满足流计算的实时响应需求的。这时，我们可能很自然地想到一种"变通"的方案来降低批处理的时延——将基于 MapReduce 的批量处理转为小批量处理，将输入数据切成小的片段，每隔一个周期就启动一次 MapReduce 作业。但是这种方案会存在以下问题。

（1）切分成小的片段，虽然可以降低延迟，但是也增加了任务处理的附加开销，而且还要处理片段之间的依赖关系，因为一个片段可能需要用到前一个片段的计算结果。

（2）需要对 MapReduce 进行改造以支持流式处理，Reduce 阶段的结果不能直接输出，而是保存在内存中。这种做法会大大增加 MapReduce 框架的复杂度，导致系统难以维护和扩展。

（3）降低了用户程序的可伸缩性，因为用户必须要使用 MapReduce 接口来定义流式作业。

总之，流数据处理和批量数据处理是两种截然不同的数据处理模式，MapReduce 专门面向静态数据的批量处理，内部各种实现机制都为批处理做了高度优化，不适合处理持续到达的动态数据。正所谓"鱼和熊掌不可兼得"，想设计一个既适合流计算又适合批处理的通用平台，虽然想法很好，但实际上是很难实现的。因此，当前业界诞生了许多专门的流数据实时计算系统来满足各自需求。

11.1.5　流计算框架

目前业内已涌现出许多的流计算框架与平台，在此做一个小小的汇总。

第一类是商业级的流计算平台，代表如下。

（1）IBM InfoSphere Streams。商业级高级计算平台，可以帮助用户开发应用程序来快速摄取、分析和关联来自数千个实时源的信息。

（2）IBM StreamBase。IBM 开发的另一款商业流计算系统，在金融部门和政府部门使用。

第二类是开源流计算框架，代表如下。

（1）Twitter Storm。免费、开源的分布式实时计算系统，可简单、高效、可靠地处理大量的流数据；阿里巴巴的 JStorm，是参考 Twitter Storm 开发的实时流式计算框架，可以看成 Storm 的 Java 增强版本，在网络 IO、线程模型、资源调度、可用性及稳定性上做了持续改进，已被越来越多的企业使用。

（2）Yahoo! S4。开源流计算平台，是通用的、分布式的、可扩展的、分区容错的、可插拔的流式系统。

第三类是公司为支持自身业务开发的流计算框架，虽然未开源，但有不少的学习资料可供读者了解、学习，主要如下。

（1）DStream。百度开发的通用实时流数据计算系统。

（2）银河流数据处理平台。淘宝开发的通用流数据实时计算系统。

（3）Super Mario。基于 Erlang 语言和 ZooKeeper 模块开发的高性能流数据处理框架。

此外，业界也涌现出了像 SQLstream 这种专门致力于实时大数据流处理服务的公司。

11.2　流计算的处理流程

流计算处理流程包括数据实时采集、数据实时计算和实时查询服务。下面首先介绍传统的数据处理流程，然后详细介绍流计算处理流程的各个环节。

11.2.1　概述

传统的数据处理流程如图 11-3 所示，需要先采集数据并存储在关系数据库等数据管理系统中，之后用户便可以通过查询操作和数据管理系统进行交互，最终得到查询结果。但是，这样一个流程隐含了两个前提。

（1）存储的数据是旧的。当查询数据的时候，存储的静态数据已经是过去某一时刻的快照，这些数据在查询时可能已不具备时效性了。

（2）需要用户主动发出查询。也就是说，用户是主动发出查询来获取结果的。

流计算的数据处理流程如图 11-4 所示，一般包含 3 个阶段：数据实时采集、数据实时计算、实时查询服务。

图 11-3　传统的数据处理流程　　　　图 11-4　流计算的数据处理流程

11.2.2　数据实时采集

数据实时采集阶段通常采集多个数据源的海量数据，需要保证实时性、低延迟与稳定可靠。

以日志数据为例，由于分布式集群的广泛应用，数据分散存储在不同的机器上，因此需要实时汇总来自不同机器上的日志数据。

目前有许多互联网公司发布的开源分布式日志采集系统均可满足每秒数百 MB 的数据采集和传输需求，如 LinkedIn 的 Kafka、淘宝的 TimeTunnel，以及基于 Hadoop 的 Chukwa 和 Flume 等。

数据采集系统的基本架构一般有 3 个部分（见图 11-5）。

图 11-5　数据采集系统的基本架构

（1）Agent：主动采集数据，并把数据推送到 Collector 部分。

（2）Collector：接收多个 Agent 的数据，并实现有序、可靠、高性能的转发。

（3）Store：存储 Collector 转发过来的数据。

但对于流计算，一般在 Store 部分不进行数据的存储，而是将采集的数据直接发送给流计算平台进行实时计算。

11.2.3　数据实时计算

数据实时计算阶段对采集的数据进行实时的分析和计算。数据实时计算的流程如图 11-6 所示，流处理系统接收数据采集系统不断发来的实时数据，实时地进行分析计算，并反馈实时结果。经流处理系统处理后的数据，可视情况进行存储，以便之后进行分析计算。在时效性要求较高的场景中，处理之后的数据也可以直接丢弃。

图 11-6　数据实时计算的流程

11.2.4　实时查询服务

流计算的第 3 个阶段是实时查询服务，经由流计算框架得出的结果可供用户进行实时查询、展示或存储。传统的数据处理流程，用户需要主动发出查询才能获得想要的结果。而在流处理流程中，实时查询服务可以不断更新结果，并将用户所需的结果实时推送给用户。虽然通过对传统的数据处理系统进行定时查询也可以实现不断更新结果和结果推送，但通过这样的方式获取的结果仍然是根据过去某一时刻的数据得到的结果，与实时结果有着本质的区别。

由此可见，流处理系统与传统的数据处理系统有如下不同之处。

（1）流处理系统处理的是实时的数据，而传统的数据处理系统处理的是预先存储好的静态数据。

（2）用户通过流处理系统获取的是实时结果，而通过传统的数据处理系统获取的是过去某一时刻的结果。并且，流处理系统无须用户主动发出查询，实时查询服务可以主动将实时结果推送给用户。

11.3　流计算的应用

流计算是针对流数据的实时计算，可以应用在多种场景中，如 Web 服务、机器翻译、广告投放、自然语言处理、气候模拟预测等。在众多应用场景中，与我们日常网络生活息息相关的，当属流计算在 Web 服务中的应用。在百度、淘宝等大型网站中，每天都会产生大量流数据，包括用户的搜索内容、用户的浏览记录等。采用流计算实现实时数据分析，可以了解每个时刻的流量变化情况，甚至可以分析用户的实时浏览轨迹，从而实现实时个性化内容推荐。

但是，我们也注意到，并不是每个应用场景都需要用到流计算。流计算适合于需要处理持续到达的流数据、对数据处理有较高实时性要求的场景。下面介绍两个典型的流计算应用场景，并简单介绍各自使用的流计算系统。

11.3.1　应用场景 1：实时分析

流计算的一大应用领域是业务分析。传统的业务分析一般采用分布式离线计算的方式，即将数据全部保存起来，然后每隔一定的时间进行离线分析来得到结果。但这样必然会导致一定的延时，这取决于离线分析任务的间隔时间和任务执行时长。若无法在短时间内计算出结果，或者离线分析任务间隔时间较长，将不能保证结果的实时性。

随着分析业务对实时性要求的提升，离线分析模式已不适用于流数据的分析，也不适用于要求实时响应的互联网应用场景。通过流计算，能在秒级别内得到实时的分析结果，有利于根据当前得到的分析结果及时地做出决策。例如购物网站的广告推荐、社交网站的个性化推荐等，都是基于对用户行为的分析来实现的。基于实时分析，推荐的效果将得到有效提升。

以淘宝"双 11""双 12"的促销活动为例，商家会在淘宝上或者在店铺内投放相应的广告来吸引用户，同时商家也可能会准备多个广告样式、文案，根据广告效果来做出调整，这就需要对广告的点击情况、用户的访问情况进行分析。但是，以往这类分析采用分布式离线分析，分析结果有几小时甚至一天的延时，使商家不能及时地根据广告效果来调整广告样式。更重要的是，"双 11""双 12"的促销活动通常只持续一天，因此隔天才能得到的分析结果便失去了价值。

可见，虽然分布式离线分析带来的小时级的分析延时可以满足大部分商家的需求，但是随着实时性越来越重要，商家希望能获得实时的网店访问分析结果。如何实现秒级别的实时分析响应成为业务分析的一大挑战。

针对流数据，量子恒道开发了海量数据实时流计算框架 SM（Super Mario）。量子恒道是一家专业电子商务数据服务商，为超过百万的淘宝商家提供数据统计分析服务。流计算框架（SM）具有低延迟、高可靠性的特点。与前面介绍的流计算的 3 个阶段相对应，SM 框架的处理流程也可以用以下 3 个阶段来表示（见图 11-7）。

（1）Log 数据由日记采集系统 Time Tunnel 在毫秒级别内实时送达。

（2）实时数据经由 SM 框架进行处理。

（3）HBase 输出、存储分析结果。

通过 SM 框架，量子恒道可处理每天 TB 级的实时流

图 11-7　SM 框架的处理流程

数据，并且从用户发出请求到数据展示，整个延时控制在 2～3 秒，达到了实时性的要求。

11.3.2 应用场景 2：实时交通

流计算不仅为互联网带来改变，也能改变我们的生活。以提供导航路线为例，传统的导航路线并没有考虑实时的交通状况，即便在计算路线时有考虑交通状况，往往也只是使用了以往的交通状况数据。要达到根据实时交通状态进行导航的效果，就需要获取海量的实时交通数据并进行实时分析，这对于传统的导航系统来说将是一个巨大的挑战。而借助于流计算的实时特性，不仅可以根据交通情况制定路线，而且在行驶过程中也可以根据交通情况的变化实时更新路线，始终为用户提供最佳的行驶路线。

IBM 的流计算平台 InfoSphere Streams 能够广泛应用于制造、零售、交通运输、金融证券以及监管各行各业的解决方案之中，使得实时快速做出决策的理念得以实现。以上述的实时交通为例，InfoSphere Streams 应用于斯德哥尔摩的交通信息管理，通过结合来自不同源的实时数据，可以生成动态的、多方位的观察交通流量的方式，为城市规划者和乘客提供实时交通状况查询服务。

11.4 开源流计算框架 Storm

随着数据规模的日益增长，对流数据进行实时计算分析的需求也逐渐增加。但是，直到十几年前，仍然只有大型的金融机构和政府机构等能够通过昂贵的定制系统来满足这种需求。因为流数据一般出现在金融行业或者互联网流量监控的业务场景，而这些场景中数据库应用占据主导地位，因而造成了早期对于流计算的研究多数是基于对传统数据库处理的流式化，即工业界更多的是研究实时数据库，对流式框架的研究则偏少。

2010 年 Yahoo!开发的分布式流式处理系统 S4 的开源和 2011 年 Twitter 开发的流计算框架 Storm 的开源，改变了这个情况。S4 系统与 Storm 框架和 MapReduce 相比，在流数据处理上更具优势。MapReduce 框架主要解决的是静态数据的批量处理，即 MapReduce 框架处理的是已存储到位的数据；但是，流计算系统在启动时，一般数据并没有完全到位，而是源源不断地流入。批处理系统一般重视数据处理的总吞吐量，流处理系统则更加关注数据处理的延时，即流入的数据得到越快处理越好。

S4 系统和 Storm 框架的开源也改变了开发人员开发实时应用的方式。以往开发人员在开发一个实时应用的时候，除了要关注处理逻辑，还要为实时数据的获取、传输、存储大伤脑筋，但是现在情况却大为不同。开发人员可以基于开源流计算框架 Storm，快速地搭建一套健壮、易用的实时流处理系统，并配合 Hadoop 等平台，就可以低成本地做出很多以前很难想象的实时产品。

S4 系统和 Storm 框架均是目前较为流行的开源流计算系统和框架，在架构设计上各有特点，但相对而言，Storm 框架更为优秀，也更有影响力。因此，在接下来的内容中，我们以 Storm 框架为研究和学习对象，学习其设计理念与框架特点。

11.4.1 Storm 简介

Twitter Storm 是一个免费、开源的分布式实时计算系统，Storm 对于实时计算的意义类似于 Hadoop 对于批处理的意义。Storm 可以简单、高效、可靠地处理流数据，并支持多种编程语言。

Storm 框架可以方便地与数据库系统进行整合，从而开发出强大的实时计算系统。目前，Storm 框架已成为 Apache 的顶级项目，可以在其官方网站（http://storm.apache.org/）中了解更多信息。

Twitter 是全球访问量最大的社交网站之一，Twitter 之所以开发 Storm 流计算框架也是为了应对其不断增长的流数据实时处理需求。为了处理实时数据，Twitter 采用了由实时处理系统和批处理系统组成的分层数据处理架构（见图 11-8），一方面，由 Hadoop 和 ElephantDB（专门用于从 Hadoop 中导出 key/value 数据的数据库）组成批处理系统，另一方面，由 Storm 和 Cassandra（非关系数据库）组成实时系统。在计算查询时，该系统会同时查询批处理视图和实时视图，并把它们合并起来以得到最终的结果。实时系统处理的结果最终会由批处理系统来修正，这种设计方式使得 Twitter 的数据处理系统显得与众不同。

图 11-8　Twitter 的分层数据处理架构

11.4.2　Storm 的特点

Storm 具有以下主要特点。

（1）整合性。Storm 可方便地与队列系统和数据库系统进行整合。

（2）简易的 API。Storm 的 API 在使用上既简单又方便。

（3）可扩展性。Storm 的并行特性使其可以运行在分布式集群中。

（4）容错性。Storm 可以自动进行故障节点重启，以及节点故障时任务重新分配。

（5）可靠的消息处理。Storm 保证每个消息都能完整处理。

（6）支持各种编程语言。Storm 支持使用各种编程语言来定义任务。

（7）快速部署。Storm 仅需要少量的安装和配置就可以快速进行部署和使用。

（8）免费、开源。Storm 是一款开源框架，可以免费使用。

Storm 可用于许多领域中，如实时分析，在线机器学习，持续计算，远程 RPC，数据抽取、加载和转换等。由于 Storm 具有可扩展、高容错性、能可靠地处理消息等特点，目前已经广泛应用于流计算中。此外，Storm 是开源免费的，用户可以轻易地进行搭建、使用，这大大降低了学习和使用成本。

11.4.3　Storm 的设计思想

要了解 Storm，首先需要了解 Storm 的设计思想。Storm 对一些设计思想进行了抽象化，其主要术语包括 Streams、Spouts、Bolts、Topology 和 Stream Groupings。下面逐一介绍这些术语。

1. Streams

在 Storm 对流数据 Streams 的抽象描述中，如图 11-9 所示，流数据是一个无限的 Tuple 序列（Tuple 即元组，是元素的有序列表，每一个 Tuple 就是一个值列表，列表中的每个值都有一个名称，并且该值可以是基本类型、字符类型、字节数组等，也可以是其他可序列化的类型）。这些 Tuple 序列会以分布式并行地创建和处理。

2. Spouts

Storm 认为每个 Stream 都有一个源头，并把这个源头抽象为 Spouts。Spouts 会从外部读取流数据并持续发出 Tuple，如图 11-10 所示。

图 11-9 Streams：无限的 Tuple 序列   图 11-10 Spouts：数据源

3. Bolts

如图 11-11 所示，Storm 将 Streams 的状态转换过程抽象为 Bolts。Bolts 既可以处理 Tuple，也可以将处理后的 Tuple 作为新的 Streams 发送给其他 Bolts。对 Tuple 的处理逻辑都被封装在 Bolts 中，可执行过滤、聚合、查询等操作。

图 11-11 Bolts：处理 Tuple 并产生新的 Streams

4. Topology

Storm 将 Spouts 和 Bolts 组成的网络抽象成 Topology，如图 11-12 所示。Topology 是 Storm 中最高层次的抽象概念，它可以被提交到 Storm 集群执行。一个 Topology 就是一个流转换图，图中节点是一个 Spout 或 Bolt，图中的边则表示 Bolt 订阅了哪个 Stream。当 Spout 或者 Bolt 发送元组时，它会把元组发送到每个订阅了该 Stream 的 Bolt 上进行处理。

在 Topology 的具体实现上，Storm 中的 Topology 定义仅是一些 Thrift 结构体（Thrift 是基于二进制的高性能的通信中间件），而 Thrift 支持各种编程语言进行定义，这样一来就可以使用各种编程语言来创建、提交 Topology。

5. Stream Groupings

Storm 中的 Stream Groupings 用于告知 Topology 如何在两个组件间（如 Spout 和 Bolt 之间，或者不同的 Bolt 之间）进行 Tuple 的传送。一个 Topology 中 Tuple 的流向如图 11-13 所示，其中，箭头表示 Tuple 的流向，圆圈表示任务，每一个 Spout 和 Bolt 都可以有多个分布式任务，一个任务在什么时候、以什么方式发送 Tuple 就是由 Stream Groupings 来决定。

图 11-12 Topology 示意

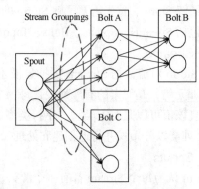

图 11-13 由 Stream Groupings 控制 Tuples 的流向

目前，Storm 中的 Stream Groupings 有如下 6 种方式。

（1）ShuffleGrouping：随机分组，随机分发 Stream 中的 Tuple，保证每个 Bolt 的 Task 接收 Tuple 数量大致一致。

（2）FieldsGrouping：按照字段分组，保证相同字段的 Tuple 分配到同一个 Task 中。

（3）AllGrouping：广播发送，每一个 Task 都会收到所有的 Tuple。

（4）GlobalGrouping：全局分组，所有的 Tuple 都发送到同一个 Task 中。

（5）NonGrouping：不分组，和 ShuffleGrouping 类似，当前 Task 的执行会和它的被订阅者在同一个线程中执行。

（6）DirectGrouping：直接分组，直接指定由某个 Task 来执行 Tuple 的处理。

11.4.4　Storm 的框架设计

Storm 运行在分布式集群中，其运行任务的方式与 Hadoop 类似：在 Hadoop 上运行的是 MapReduce 作业，而在 Storm 上运行的是"Topology"。但两者的任务大不相同，其中主要的不同是一个 MapReduce 作业最终会完成计算并结束运行，而一个 Topology 将持续处理消息（直到人为终止）。

Storm 集群采用"Master-Worker"的节点方式，其中 Master 节点运行名为"Nimbus"的后台程序（类似 Hadoop 中的"JobTracker"），负责在集群范围内分发代码、为 Worker 分配任务和监测故障。而每个 Worker 节点运行名为"Supervisor"的后台程序，负责监听分配给它所在机器的工作，即根据 Nimbus 分配的任务来决定启动或停止 Worker 进程。

Storm 集群框架如图 11-14 所示，Storm 采用了 ZooKeeper 来作为分布式协调组件，负责 Nimbus 和多个 Supervisor 之间的所有协调工作（一个完整的拓扑可能被分为多个子拓扑，并由多个 Supervisor 完成）。

此外，Nimbus 后台进程和 Supervisor 后台进程都是快速失败（Fail-fast）和无状态（Stateless）的，Master 节点并没有直接和 Worker 节点通信，而是借助 ZooKeeper 将状态信息存放在 ZooKeeper 中或本地磁盘中，以便节点故障时进行快速恢复。这意味着，若 Nimbus 进程或 Supervisor 进程终止，一旦进程重启，它们将恢复到之前的状态并继续工作。这种设计使 Storm 极其稳定。

基于这样的框架设计，Storm 的工作流程如图 11-15 所示，包含以下 4 个过程。

图 11-14　Storm 集群框架　　　　　图 11-15　Storm 的工作流程

（1）客户端提交 Topology 到 Storm 集群中。

（2）Nimbus 将分配给 Supervisor 的任务写入 ZooKeeper。

（3）Supervisor 从 ZooKeeper 中获取所分配的任务，并启动 Worker 进程。

（4）Worker 进程执行具体的任务。

11.4.5　Storm 实例

了解了 Storm 的设计思想和框架设计之后，下面以单词统计的实例来加深读者对 Storm 的认识。Storm 的编程模型非常简单，如下代码即定义了整个单词统计 Topology 的整体逻辑：

```
TopologyBuilder builder = new TopologyBuilder();
builder.setSpout("sentences", new RandomSentenceSpout(), 5);
builder.setBolt("split", new SplitSentence(), 8)
        .shuffleGrouping("sentences");
builder.setBolt("count", new WordCount(), 12)
        .fieldsGrouping("split", new Fields("word"));
```

在该 Topology 中，首先新建了一个 Topology Builder，接着通过 builder.setSpout()方法对 Spout 数据源进行定义。该方法中有 3 个参数：第 1 个参数表示 Stream 的名称；第 2 个参数表示 Stream 的具体处理函数；第 3 个参数则表示并发数，即同时运行多少个任务来处理 Stream。Topology 中包含了两个 Bolt 处理器，使用了 builder.setBolt()方法进行定义，该方法的参数含义与 builder.setSpout()方法相似。同时，每个 Bolt 使用了 Groupings()系列方法定义了 Tuple 的发送方式。通过这两个 Bolt 的定义我们可以看出：第 1 个 Bolt 用于单词的分割，该 Bolt 中的任务随机接收 Spout 发送的句子，并从接收的句子中提取出单词；第 2 个 Bolt 接收第 1 个 Bolt 发送的 Tuple 并进行处理（Bolt 是通过订阅 Tuple 的名称来接收相应的数据的，第 1 个 Bolt 声明其输出 Stream 的名称为"split"，而第 2 个 Bolt 声明其订阅的 Stream 为"split"，因此第 2 个 Bolt 可以接收到第 1 个 Bolt 发送的 Tuple），即统计分割后的单词出现的次数。通过 fieldsGroupings()方法，在"word"上具有相同字段值的所有 Tuple（在本例中即单词相同的 Tuple）将发送到同一个任务中进行统计，从而保证了统计的准确性。

此外，Topology 中仅定义了整体的计算逻辑，还需要定义具体的处理函数。具体的处理函数可以使用任一编程语言来定义，甚至可以结合多种编程语言来实现。在上面的代码中，Spout 通过 builder.setBolt()方法实例化了一个 SplitSentence 对象（下面给出了 SplitSentence 类的 Java 代码）。在实例化该对象的过程中，Spout 通过构造函数 SplitSentence()调用了 Python 脚本 splitsentence.py，由该脚本完成单词分割。也就是说，SplitSentence()方法虽然是通过 Java 定义的，但具体的操作是由 Python 脚本来完成的：

```
public static class SplitSentence extends ShellBolt implements IRichBolt {
    public SplitSentence() {
        super("python", "splitsentence.py");
    }
    public void declareOutputFields(OutputFieldsDeclarer declarer) {
        declarer.declare(new Fields("word"));
    }
}
```

Python 脚本 splitsentence.py 的代码如下。代码中定义了一个简单的单词分割方法，即通过空格来分割单词。当然，实际应用中的单词分割逻辑并没有这么简单，这里仅是以这个简单的实例来快速了解 Storm。分割后的单词通过 emit()方法以 Tuple 的形式发送给订阅了该 Stream 的 Bolt 进行接收和处理：

```
import storm
class SplitSentenceBolt(storm.BasicBolt):
    def process(self, tup):
        words = tup.values[0].split(" ")
        for word in words:
            storm.emit([word])
SplitSentenceBolt().run()
```

回顾之前定义的 SplitSentence 类，类中还定义了 declareOutputFields()方法。该方法声明了第 1 个 Bolt 输出的 Tuple 的字段为 "word"，具有相同 "word" 值的 Tuple 将发送给第 2 个 Bolt 中的同一任务进行处理。这些任务调用 WordCount 类来进行单词统计，WordCount 类的定义如下：

```
public static class WordCount extends BaseBasicBolt {
    Map<String, Integer> counts = new HashMap<String, Integer>();
    @Override
    public void execute(Tuple tuple, BasicOutputCollector collector) {
        String word = tuple.getString(0);
        Integer count = counts.get(word);
        if (count == null)
            count = 0;
        count++;
        counts.put(word, count);
        collector.emit(new Values(word, count));
    }
    @Override
    public void declareOutputFields(OutputFieldsDeclarer declarer) {
        declarer.declare(new Fields("word", "count"));
    }
}
```

单词统计的具体逻辑在 WordCount 类中的 execute()方法中进行定义，其逻辑大致是首先判断某单词是否统计过，若未统计过，需先将 count 值置为 0。若单词已统计过，则每出现一次该单词，count 值就加 1。同时，WordCount 类中的 declareOutputFields()方法定义了最终的输出 Tuple 形式为<"word", "count">，即单词名称以及单词出现的次数。

从上述的代码分析中可以看出，基于 Storm 的单词统计在形式上与基于 MapReduce 的单词统计是类似的，不同的是，MapReduce 使用的是 Map 和 Reduce 的抽象，而 Storm 使用的是 Spout 和 Bolt 的抽象。

总结一下 Storm 进行单词统计的整个流程。

（1）从 Spout 中发送 Stream（每个英文句子为一个 Tuple）。

（2）用于分割单词的 Bolt 将接收的句子分解为独立的单词，将单词作为 Tuple 的字段名发送出去。

（3）用于计数的 Bolt 接收表示单词的 Tuple，并对其进行统计。

（4）输出每个单词以及单词出现过的次数。

图 11-16 展示了一个句子经上述过程处理后得出的结果。

上述虽然是一个简单的单词统计，但对其进行扩展，便可应用到许多场景中，如微博中的实时热门话题。Twitter 也正是使用了 Storm 框架实现了实时热门话题。Twitter 实时热门话题的处理流程如图 11-17 所示，与单词统计流程相近，但 Twitter 使用了更多级的 Bolts。首先以用户发布的 Tweets 作为数据源，经过 TwitterStreamingTopicSpout 进行话题解析后，分发给 CountsBolt 进行统计。统计之后发送的 Tuple 再经过 IntermediateRankingsBolt 进行排序，最后再发送给

TotalRankingsBolt 进行汇总排序，得出总的热门话题排序。热门话题排序结果最终再交给 RankingReportBolt 进行最后的处理，如进行筛选、抽取、输出等，最终通过网站展示实时热门话题。

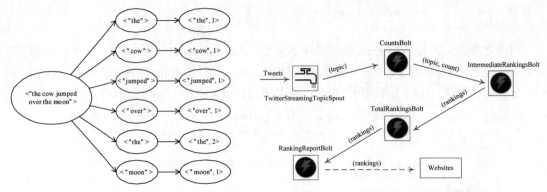

图 11-16　一个句子经 Storm 单词统计得出的结果　　　　图 11-17　Twitter 实时热门话题的处理流程

11.5　Spark Streaming

Spark Streaming 是构建在 Spark 上的实时计算框架，它扩展了 Spark 处理大规模流式数据的能力。Spark Streaming 可结合批处理和交互查询，适合一些需要对历史数据和实时数据进行结合分析的应用场景。

11.5.1　Spark Streaming 设计

Spark Streaming 是 Spark 的核心组件之一，为 Spark 提供了可拓展、高吞吐、容错的流计算能力。Spark Streaming 可整合多种输入数据源，如 Kafka、Flume、HDFS 等，甚至是普通的 TCP 套接字，如图 11-18 所示。经处理后的数据可存储至文件系统、数据库，或显示在仪表盘里。

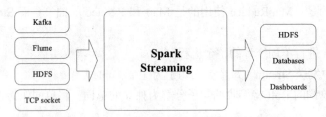

图 11-18　Spark Streaming 支持的输入、输出数据源

Spark Streaming 的基本原理是将实时输入数据流以时间片（秒级）为单位进行拆分，然后经 Spark 引擎以类似批处理的方式处理每个时间片数据，执行流程如图 11-19 所示。

图 11-19　Spark Streaming 执行流程

　　Spark Streaming 最主要的抽象是离散化数据流（Discretized Stream，DStream），表示连续不断的数据流。在内部实现上，Spark Streaming 的输入数据按照时间片（如 1 s）分成一段一段的 DStream，每一段数据转换为 Spark 中的 RDD，并且对 DStream 的操作都最终转变为对相应的 RDD 的操作。例如图 11-20 展示了进行单词统计时，每个时间片的数据（存储句子的 RDD）经 flatMap 操作，生成了存储单词的 RDD。整个流式计算可根据业务的需求对这些中间结果进行进一步的处理，或者存储到外部设备中。

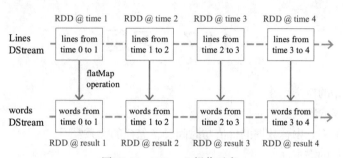

图 11-20　DStream 操作示意

11.5.2　Spark Streaming 与 Storm 的对比

　　Spark Streaming 和 Storm 最大的区别在于，Spark Streaming 无法实现毫秒级的流计算，而 Storm 可以实现毫秒级响应。

　　Spark Streaming 无法实现毫秒级的流计算，是因为其将流数据按批处理窗口大小（通常在 0.5～2 秒之间）分解为一系列批处理作业，在这个过程中会产生多个 Spark 作业，且每一段数据的处理都会经过 Spark DAG 分解、任务调度过程，因此无法实现毫秒级响应。Spark Streaming 难以满足对实时性要求非常高（如高频实时交易）的场景，但足以胜任其他流式准实时计算场景。相比之下，Storm 处理的单位为 Tuple，只需要极小的延迟。

　　Spark Streaming 构建在 Spark 上，一方面是因为 Spark 的低延迟执行引擎（100 毫秒左右）可以用于实时计算，另一方面，相比于 Storm，RDD 数据集更容易做高效的容错处理。此外，Spark Streaming 采用的小批量处理的方式使得它可以同时兼容批量和实时数据处理的逻辑和算法，因此方便了一些需要历史数据和实时数据联合分析的特定应用场合。

11.6　本章小结

　　本章首先介绍了流计算的基本概念和框架。流数据是持续到达的大量数据，对流数据的处理强调实时性，一般要求为秒级。MapReduce 框架虽然广泛应用于大数据处理，但其面向的是海量数据的离线处理，并不适合处理持续到达的流数据。

　　本章阐述了流计算的处理流程，一般包括数据实时采集、数据实时计算和实时查询服务 3 个阶段，并比较其与传统的数据处理流程的区别。流计算处理的是实时数据，而传统的批处理处理的是预先存储好的静态数据。

　　流计算可应用在多个场景中，如实时业务分析，流计算带来的实时性特点可以大大增加实时数据的价值，为业务分析带来质的提升。

本章接着介绍了流计算框架 Storm 的设计思想和框架设计。Storm 流计算框架具有可扩展性、高容错性、能可靠地处理消息等特点，使用简单，学习和开发成本较低。Storm 框架对设计概念进行了抽象化，其主要术语包括 Streams、Spouts、Bolts、Topology 和 Stream Groupings。Topology 中定义整体任务的处理逻辑，再通过 Bolt 具体执行，Stream Groupings 则定义了 Tuple 如何在不同组件间进行传输。本章还通过一个单词统计的实例来加深读者对 Storm 框架的了解。

本章最后介绍了 Spark Streaming，并对 Spark Streaming 和 Storm 进行了比较。

11.7　习题

1. 试述流数据的概念。
2. 试述流数据的特点。
3. 在流计算的理念中，数据的价值与时间具备怎样的关系？
4. 试述流计算的需求。
5. 试述 MapReduce 框架为何不适用于处理流数据。
6. 将基于 MapReduce 的批量处理转为小批量处理，每隔一个周期就启动一次 MapReduce 作业，通过这样的方式来处理流数据是否可行？为什么？
7. 列举几个常见的流计算框架。
8. 试述流计算的一般处理流程。
9. 试述流计算流程与传统的数据处理流程的主要区别。
10. 试述数据实时采集系统的一般组成部分。
11. 试述流计算系统与传统的数据处理系统对所采集数据的处理方式有什么不同。
12. 试列举几个流计算的应用领域。
13. 流计算适用于具备怎样特点的场景？
14. 试述流计算为业务分析带来了怎样的改变。
15. 除了实时分析和实时交通，试再列举一个适合采用流计算的应用场景，并描述流计算可带来怎样的改变。
16. 试述 Storm 框架如何改变开发人员开发实时应用的方式。
17. 为什么说使用 Storm 流计算框架开发实时应用，其开发成本较低？
18. 试述 Twitter 采用的分层数据处理框架。
19. 试列举几个 Storm 框架的主要特点。
20. 试列举几个 Storm 框架的应用领域。
21. Storm 的主要术语包括 Streams、Spouts、Bolts、Topology 和 Stream Groupings，请分别简要描述这几个术语。
22. 试述 Tuple 的概念。
23. 一个 Topology 由哪些组件组成？
24. 不同的 Bolt 之间如何传输 Tuple？
25. 试列举几种 Stream Groupings 的方式。
26. 试述 MapReduce Job 和 Storm Topology 的区别与联系。
27. Storm 集群中的 Master 节点和 Worker 节点各自运行什么后台进程？这些进程分别负责什

么工作?

28. 试述 ZooKeeper 在 Storm 框架中的作用。

29. Nimbus 进程和 Supervisor 进程都是快速失败和无状态的,这样的设计有什么优点?

30. Nimbus 进程或 Supervisor 进程意外终止后,重启时能否恢复到终止之前的状态? 为什么?

31. 试述 Storm 框架的工作流程。

32. 试述 Storm 框架实现单词统计的一般流程。

33. 试述采用 MapReduce 框架进行单词统计与采用 Storm 框架进行单词统计有什么区别。

34. Storm 框架中的单词统计 Topology 定义如下,其中定义了两个 Bolt,试述两个 Bolt 各自完成的功能,以及中间结果如何在两个 Bolt 之间传输:

```
TopologyBuilder builder = new TopologyBuilder();
builder.setSpout("sentences", new RandomSentenceSpout(), 5);
builder.setBolt("split", new SplitSentence(), 8)
        .shuffleGrouping("sentences");
builder.setBolt("count", new WordCount(), 12)
        .fieldsGrouping("split", new Fields("word"));
```

35. 在 Storm 的单词统计实例中,为何需要使用 fieldsGrouping()方法保证相同单词发送到同一个任务上进行处理?

第 12 章

Flink

近年来，流处理这种应用在企业中出现得越来越频繁，由此带动了企业数据架构由传统数据处理架构、大数据 Lambda 架构向流处理架构演变。Flink 就是一种具有代表性的开源流处理架构，具有十分强大的功能，它实现了 Google Dataflow 流计算模型，是一种兼具高吞吐、低延迟和高性能的实时流计算框架，并且同时支持批处理和流处理。Flink 的主要特性包括：批流一体化、精密的状态管理、事件时间支持以及精确一次（Exactly-once）的状态一致性保障等。Flink 不仅可以运行在包括 YARN、Mesos、Kubernetes 等在内的多种资源管理框架上，还支持在裸机集群上独立部署。Flink 目前已经在全球范围内得到了广泛的应用，大量企业已经开始大规模使用 Flink 作为企业的分布式大数据处理引擎。

本章首先给出 Flink 简介，并探讨为什么选择 Flink，以及 Flink 的典型应用场景；然后介绍 Flink 的技术栈、体系架构和编程模型；最后介绍 Flink 的编程实践。

12.1 Flink 简介

Flink 是 Apache 软件基金会的一个顶级项目，是为分布式、高性能、随时可用和准确的流处理应用程序打造的开源流处理架构，并且可以同时支持实时计算和批量计算。Flink 源于 Stratosphere 项目，该项目是在 2010 年到 2014 年间由柏林工业大学、柏林洪堡大学和哈索普拉特纳研究所联合开展的。2014 年 4 月，Stratosphere 代码被贡献给 Apache 软件基金会，成为 Apache 软件基金会孵化器项目。之后，团队的大部分创始成员离开大学，共同创办了一家名为 Data Artisans 的公司。在项目孵化期间，为了避免与另外一个项目发生重名，Stratosphere 被重新命名为 Flink。在德语中，Flink 是"快速和灵巧"的意思，使用这个词作为项目名称，可以彰显流计算框架的速度快和灵活性强的特点。项目使用一只棕红色的松鼠图案作为标志（见图 12-1），因为松鼠具有灵活、快速的特点。

图 12-1　Flink 的标志

2014 年 12 月，Flink 项目成为 Apache 软件基金会顶级项目。目前，Flink 是 Apache 软件基金会的 5 个最大的大数据项目之一，在全球范围内拥有 350 多位开发人员，并在越来越多的企业中得到了应用，在国内，包括阿里巴巴、美团、滴滴等在内的知名互联网企业，都已经开始大规模使用 Flink 作为企业的分布式大数据处理引擎。

12.2　为什么选择 Flink

数据架构设计领域正在发生一场变革，开始由传统数据处理架构、大数据 Lambda 架构向流处理架构演变，在这种全新的架构中，基于流的数据处理流程被视为整个架构设计的核心。这种转变把 Flink 推向了分布式计算框架这个舞台的中心，使它可以在现代数据处理中扮演重要的角色。

12.2.1　传统数据处理架构

传统数据处理架构的一个显著特点就是采用一个中心化的数据库系统来存储事务性数据。比如在一个企业内部，会存在 ERP 系统、订单系统、CRM 系统等，这些系统的数据一般都被存放在关系数据库中，如图 12-2 所示。这些数据反映了当前的业务状态，比如系统当前的登录用户数、网站当前的活跃用户数、每个用户的账户余额等。当应用程序需要较新的数据时，都会访问这个中心数据库。

在应用的初期，这种传统架构的效率很高，在各大企业应用中成功服务了几十年。但是，随着企业业务量的不断增大，数据库的负载开始不断增加，传统架构最终不堪重负，而一旦数据库系统发生问题，整个业务系统就会受到严重影响。此外，采用传统架构的系统，一般都拥有非常复杂的异常问题处理方法，当出现异常问题时，很难保证系统还能很好地运行。

图 12-2　传统数据处理架构

12.2.2　大数据 Lambda 架构

随着信息技术的普及和企业信息化建设步伐的加快，企业逐步认识到建立企业范围内的统一数据存储仓库的重要性，越来越多的企业建立了企业数据仓库。企业数据仓库有效集成了来自不同部门、不同地理位置、具有不同格式的数据，为企业管理决策者提供了企业范围内的单一数据视图，从而为综合分析和科学决策奠定了坚实的基础。

起初数据仓库主要借助于 Oracle、SQL Server、MySQL 等关系数据库进行数据的存储，但是，随着企业数据量的不断增长，关系数据库已经无法满足海量数据的存储需求。因此，越来越多的企业开始构建基于 Hadoop 的数据仓库，并借助于 MapReduce、Spark 等分布式计算框架对数据仓库中的数据进行处理分析。但是，数据仓库中的数据一般都是周期性加载的，比如每天一次、每周一次或者每月一次，但这样无法满足一些对实时性要求较高的应用的需求。为此，业界提出了一套 Lambda 架构方案来处理不同类型的数据，从而满足企业不同应用的需求。如图 12-3 所示，大数据 Lambda 架构主要包含两层，即批处理层和实时处理层，在批处理层中，采用 MapReduce、Spark 等技术进行批量数据处理，在实时处理层中，则采用 Storm、Spark Streaming 等技术进行数据的实时处理。

分开处理连续的实时数据和有限批次的批量数据，可以使系统构建工作变得更加简单。这种架构在一定程度上解决了不同计算类型的问题，但是，这种做法将管理两套系统的复杂性留给了系统用户。由于存在太多的框架，且在一套资源管理平台中管理不同类型的计算框架是比较困难的事情，因此导致平台复杂度过高、运维成本高。

图 12-3　大数据 Lambda 架构

12.2.3　流处理架构

作为一种新的选择，流处理架构解决了企业在大规模系统中遇到的诸多问题。以流为基础的架构设计，让数据记录持续地从数据源流向应用程序，并在各个应用程序间持续流动。流处理架构不需要设置一个数据库来集中存储全局状态数据，取而代之的是共享且永不停止的流数据，它是唯一正确的数据源，记录了业务数据的历史。

为了高效地实现流处理架构，一般需要设置消息传输层和流处理层，流处理架构如图 12-4 所示。消息传输层从各种数据源采集连续事件产生的数据，并传输给订阅了这些数据的应用程序；流处理层会持续地将数据在应用程序和系统间移动，聚合并处理事件，并在本地维持应用程序的状态。这里所谓的"状态"就是计算过程中产生的中间计算结果，在每次计算中，新的数据进入流系统，都在中间状态结果的基础上进行计算，最终产生正确的计算结果。

图 12-4　流处理架构

流处理架构的核心是使各种应用程序互连在一起的消息队列，消息队列连接应用程序，并作为新的共享数据源，这些消息队列取代了从前的大型集中式数据库。如图 12-5 所示，流处理器从消息队列中订阅数据并加以处理，处理后的数据可以流向另一个消息队列，这样，其他应用程序都可以共享流数据。在某些情况下，处理后的数据会被存放到本地数据库。

图 12-5　流处理架构中的消息队列

　　流处理架构正在逐步取代传统数据处理架构和 Lambda 架构，成为大数据处理架构的一种新趋势。一方面，由于流处理架构中不存在一个大型集中式数据库，因此，避免了传统数据处理架构中存在的“数据库不堪重负”的问题。另一方面，在流处理架构中，批处理被看成流处理的一个子集，因此，可以用面向流处理的框架进行批处理，即可以用一个流处理架构来统一处理流计算和批量计算，避免了 Lambda 架构中存在的“多个架构难管理”的问题。

12.2.4　Flink 是理想的流计算框架

　　流处理架构需要具备低延迟、高吞吐和高性能的特性，而目前从市场上已有的产品来看，只有 Flink 可以满足要求。Storm 虽然可以做到低延迟，但是无法实现高吞吐，也不能在故障发生时准确地处理计算状态。Spark Streaming 通过采用微批处理方法实现了高吞吐和容错性，但是牺牲了低延迟和实时处理能力。Flink 实现了 Google Dataflow 流计算模型，是一种兼具高吞吐、低延迟和高性能的实时流计算框架，并且同时支持批处理和流处理。此外，Flink 支持高度容错的状态管理，防止状态在计算过程中因为系统异常而出现丢失。因此，Flink 成了能够满足流处理架构要求的理想的流计算框架。

12.2.5　Flink 的优势

　　Flink 实现了 Google DataFlow 流计算模型，与其他的流计算框架相比，Flink 具有突出的特点，它不仅是一个高吞吐、低延迟的计算引擎，还具备其他的高级特性，比如提供有状态的计算，支持状态管理，支持强一致性的语义，以及支持对消息乱序的处理。

　　总体而言，Flink 具有以下优势。

　　（1）同时支持高吞吐、低延迟、高性能。

　　对于分布式流计算框架而言，同时支持高吞吐、低延迟和高性能非常重要。但是，目前在开源社区中，能够同时满足这 3 个方面要求的流计算框架只有 Flink。Storm 可以做到低延迟，但是无法实现高吞吐。Spark Streaming 可以实现高吞吐和容错性，但是不具备低延迟和实时处理能力。

　　（2）同时支持流处理和批处理。

　　Flink 不仅擅长流处理，也能够很好地支持批处理。对于 Flink 而言，批量数据是流数据的一个子集，批处理被视作一种特殊的流处理，因此，可以通过一套引擎来处理流数据和批量数据。

　　（3）高度灵活的流式窗口。

　　在流计算中，数据流是无限的，无法直接进行计算，因此，Flink 提出了窗口的概念。一个窗口是若干元素的集合，流计算以窗口为基本单元进行数据处理。窗口可以是时间驱动的（Time Window，例如每 30 秒），也可以是数据驱动的（Count Window，例如每 100 个元素）。窗口可以分为翻滚窗口（Tumbling Window，无重叠）、滚动窗口（Sliding Window，有重叠）和会话窗口（Session Window）。

（4）支持有状态计算。

流计算分为无状态和有状态两种情况。无状态计算观察每个独立的事件，并根据最后一个事件输出结果，Storm 就是无状态的计算框架，每一条消息来了以后，彼此都是独立的，和前后都没有关系。有状态的计算则会基于多个事件输出结果。正确地实现有状态计算，比实现无状态计算难得多。Flink 就是可以支持有状态计算的新一代流处理框架。

（5）具有良好的容错性。

当分布式系统引入状态时，就会产生"一致性"问题。一致性实际上是"正确性级别"的另一种说法，也就是说，在成功处理故障并恢复之后得到的结果，与没有发生故障时得到的结果相比，前者有多正确。Storm 只能实现"至少一次"（At-least-once）的容错性，Spark Streaming 虽然可以支持"精确一次"的容错性，但是，无法做到毫秒级的实时处理。Flink 提供了容错机制，可以恢复数据流应用到一致状态。该机制确保在发生故障时，程序的状态最终将只反映数据流中的每个记录一次，也就是实现了"精确一次"的容错性。容错机制不断地创建分布式数据流的快照，对于小状态的流式程序，快照非常轻量，可以高频率创建而对性能影响很小。

（6）具有独立的内存管理。

Java 本身提供了垃圾回收机制来实现内存管理，但是，在大数据面前，JVM 的内存结构和垃圾回收机制往往会成为掣肘。所以，目前包括 Flink 在内的越来越多的大数据项目开始自己管理 JVM 内存，为的就是获得像 C 一样的性能以及避免内存溢出的发生。Flink 通过序列化/反序列化方法，将所有的数据对象转换成二进制在内存中存储，这样做一方面降低了数据存储的空间，另一方面能够更加有效地对内存空间进行利用，降低垃圾回收机制带来的性能下降或任务异常风险。

（7）支持迭代和增量迭代。

对某些迭代而言，并不是单次迭代产生的下一次工作集中的每个元素都需要重新参与下一轮迭代，有时只需要重新计算部分数据同时选择性地更新解集，这种形式的迭代被称为增量迭代。增量迭代能够使一些算法执行得更高效，它可以让算法专注于工作集中的"热点"数据部分，这导致工作集中的绝大部分数据冷却得非常快，因此随后的迭代面对的数据规模将会大幅缩小。Flink 的设计思想主要源于 Hadoop、MPP 数据库和流计算系统等，支持增量迭代计算，具有对迭代进行自动优化的功能。

12.3　Flink 应用场景

Flink 常见的应用场景包括事件驱动型应用、数据分析应用和数据流水线应用。

12.3.1　事件驱动型应用

（1）什么是事件驱动型应用。

事件驱动型应用是一类具有状态的应用，它从一个或多个事件数据流中读取事件，并根据到来的事件做出反应，包括触发计算、状态更新或其他外部动作等。事件驱动型应用是在传统的应用设计基础上进化而来的。在传统的设计中，通常都具有独立的计算和数据存储层，应用会从一个远程的事务数据库中读写数据。而事务驱动型应用是建立在有状态流处理应用的基础之上的。在这种设计中，数据和计算不是相互独立的层，而是放在一起的，应用只需访问本地（内存或磁盘）即可获取数据。系统容错性是通过定期向远程持久化存储写入检查点来实现的。图 12-6 描述了传统应用架构和事件驱动型应用架构的区别。

图 12-6 传统应用架构和事件驱动型应用架构的区别

典型的事件驱动型应用包括反欺诈、异常检测、基于规则的报警、业务流程监控、Web 应用（社交网络）等。

（2）事件驱动型应用的优势。

事件驱动型应用访问本地数据，而无须查询远程的数据库，这样，无论是在吞吐量方面，还是在延迟方面，都可以获得更好的性能。向一个远程的持久化存储周期性地写入检查点，可以采用异步和增量的方式来实现。因此，检查点对于常规的事件处理的影响是很小的。事件驱动型应用的优势不仅限于本地数据访问。在传统的分层架构中，多个应用共享相同的数据库，是一个很常见的现象。因此，数据库的任何变化，比如由于一个应用的更新或服务的升级而导致的数据布局的变化，都需要谨慎协调。由于每个事件驱动型应用都只需要考虑自身的数据，对数据表示方式的改变或者应用的升级，也都只需要做很少的协调工作。

（3）Flink 是如何支持事件驱动型应用的。

一个流处理器如何很好地处理时间和状态，决定了事件驱动型应用的局限性。Flink 许多优秀的特性都是围绕这些方面进行设计的。Flink 提供了丰富的状态操作原语，它可以管理大量的数据（可以达到 TB 级别），并且可以确保"精确一次"的一致性。而且，Flink 还支持事件时间、高度可定制的窗口逻辑和细粒度的时间控制，这些都可以帮助实现高级的商业逻辑。Flink 还拥有一个复杂事件处理（Complex Event Processing，CEP）类库，可以用来检测数据流中的模式。

Flink 中针对事件驱动应用的突出特性当属"保存点"（savepoint）。保存点是一个一致性的状态镜像，它可以作为许多相互兼容的应用的一个初始化点。给定一个保存点以后，就可放心对应用进行升级或扩容，还可以启动多个版本的应用来完成 A/B 测试。

12.3.2 数据分析应用

（1）什么是数据分析应用。

分析作业会从原始数据中提取信息，并得到洞察结果。传统的数据分析通常先对事件进行记录，然后在这个有界的数据集上执行批量查询。为了把最新的数据融入查询结果中，就必须把这些最新的数据添加到被分析的数据集中，然后重新运行查询。查询的结果会被写入一个存储系统中，或者形成报表。

一个高级的流处理引擎，可以支持实时的数据分析。这些流处理引擎并非读取有限的数据集，而是获取实时事件流，并连续产生和更新查询结果。这些结果或者被保存到一个外部数据库中，或者作为内部状态被维护。仪表盘应用可以从这个外部的数据库中读取最新的结果，或者直接查询应用的内部状态。

如图12-7所示，Apache Flink 同时支持批量分析及流式分析应用。

图12-7 Flink 同时支持批量分析及流式分析应用

典型的数据分析应用包括电信网络质量监控、移动应用中的产品更新及实验评估分析、消费者技术中的实时数据即席分析、大规模图分析等。

（2）流式分析应用的优势。

与批量分析相比，连续流式分析的优势是，由于消除了周期性的导入和查询，因此从事件中获取洞察结果的延迟更低。此外，流式分析不需要处理输入数据中的人为产生的边界。

另一方面，流式分析具有更加简单的应用架构。一个批量分析流水线会包含一些独立的组件来周期性地调度数据抽取和查询执行。如此复杂的流水线，操作起来并非易事，因为一个组件的失败会直接影响到流水线中的其他步骤。相反，运行在一个高级流处理器（比如 Flink）之上的流式分析应用，会把从数据抽取到连续结果计算的所有步骤都整合起来，因此，它可以依赖底层引擎提供的故障恢复机制执行恢复。

（3）Flink 是如何支持数据分析应用的。

Flink 可以同时支持批处理和流处理。Flink 提供了一个符合 ANSI 规范的 SQL 接口，它可以为批处理和流处理提供一致的语义。不管是运行在一个静态的数据集上，还是运行在一个实时的数据流上，SQL 查询都可以得到相同的结果。Flink 还提供了丰富的用户自定义函数，使得用户可以在 SQL 查询中执行自定义代码。如果需要进一步定制处理逻辑，Flink 的 DataStream API 和 DataSet API 提供了更加底层的控制。此外，Flink 的 Gelly 库为基于批量数据集的大规模、高性能的图分析提供了算法和构建模块支持。

12.3.3 数据流水线应用

（1）什么是数据流水线。

ETL 是一个在存储系统之间转换和移动数据的常见方法。通常 ETL 作业会被周期性地触发，从而把事务型数据库系统中的数据复制到一个分析型数据库或数据仓库中。

数据流水线可以实现和 ETL 类似的功能，它们可以转换、清洗数据，或者把数据从一个存储系统转移到另一个存储系统中。但是，它们是以一种连续的流模式来执行的，而不是周期性地触发。因此，当数据源中源源不断地生成数据时，数据流水线就可以把数据读取过来，并以较低的延迟转移到目的地。比如一个数据流水线可以对一个文件系统目录进行监控，一旦发现有新的文件生成，就读取文件内容并写入事件日志。再比如将事件流物化到数据库或增量构建和优化查询索引。

图 12-8 描述了周期性 ETL 作业和持续数据流水线的差异。

图 12-8　周期性 ETL 作业和持续数据流水线的差异

典型的数据流水线应用包括电子商务中的实时查询索引构建、电子商务中的持续 ETL 等。

（2）数据流水线的优势。

相对周期性的 ETL 作业，连续的数据流水线的优势是减少了数据转移过程的延迟。此外，由于它能够持续消费和发送数据，因此用途更广，支持用例更多。

（3）Flink 如何支持数据流水线应用。

Flink 的 SQL 接口（或者 Table API）以及丰富的用户自定义函数，可以解决许多常见的数据转换问题。通过使用更具通用性的 DataStream API，还可以实现具有更加强大功能的数据流水线。Flink 提供了大量的连接器，可以连接到各种不同类型的数据存储系统，比如 Kafka、Kinesis、Elasticsearch 和 JDBC 数据库系统。同时，Flink 提供了面向文件系统的连续型数据源，可用来监控目录变化，并提供了数据槽，支持以时间分区的方式写入文件。

12.4　Flink 技术栈

Flink 发展越来越成熟，已经拥有了自己的丰富的核心组件栈。Flink 核心组件栈分为三层（见图 12-9）：物理部署层、Runtime 核心层和 API&Libraries 层。

（1）物理部署层。Flink 的底层是物理部署层。Flink 可以采用 Local 模式运行，启动单个 JVM，也可以采用 Standalone 集群模式运行，还可以采用 YARN 集群模式运行，或者也可以运行在谷歌云服务（GCE）和亚马逊云服务（EC2）上。

（2）Runtime 核心层。该层主要负责对上层不同接口提供基础服务，也是 Flink 分布式计算框架的核心实现层。该层提供了两套核心的 API：流处理（DataStream API）和批处理（DataSet API）。

（3）API&Libraries 层。作为分布式数据库处理框架，Flink 提供了支撑流计算和批计算的接口，同时，在此基础上抽象出不同的应用类型的组件库，如 CEP（基于流处理的复杂事件处理库）、SQL&Table 库（既可以基于流处理，也可以基于批处理）、FlinkML（基于批处理的机器学习库）、Gelly（基于批处理的图计算库）等。

图 12-9　Flink 核心组件栈

12.5　Flink 体系架构

如图 12-10 所示，Flink 体系架构主要由两个组件组成，分别为 JobManager 和 TaskManager，Flink 体系架构也遵循 Master/Slave 架构设计原则，JobManager 为 Master 节点，TaskManager 为 Slave 节点。

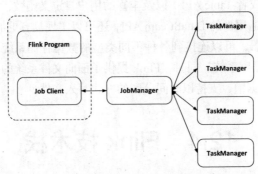

图 12-10　Flink 体系架构

在执行 Flink 程序时，Flink 程序需要首先提交给 Job Client，然后，Job Client 将作业提交给 JobManager。JobManager 负责协调资源分配和作业执行，它首先要做的是分配所需的资源。资源分配完成后，任务将提交给相应的 TaskManager。在接收任务时，TaskManager 启动一个线程以开始执行。执行到位时，TaskManager 会继续向 JobManager 报告状态更改。作业可以有各种状态，例如开始执行、正在进行或已完成。作业执行完成后，其结果将发送回客户端（Job Client）。

12.6　Flink 编程模型

Flink 提供了不同级别的抽象（见图 12-11），以开发流或批处理作业。

SQL	高层次语言
Table API	声明性DSL
DataStream / DataSet API	核心API
有状态数据流处理	低层次构建模块 (流,状态,[事件]时间)

图 12-11　Flink 编程模型

在 Flink 编程模型中，最低级的抽象接口是状态化的数据流接口。这个接口通过过程函数（Process Function）被集成到 DataStream API 中。该接口允许用户自由地处理来自一个或多个流中的事件，并使用一致的容错状态。另外，用户也可以通过注册事件时间并处理回调函数的方法来实现复杂的计算。

实际上，大多数应用并不需要上述的底层抽象，而只需针对核心 API（Core APIs）进行编程，比如 DataStream API（有界或无界流数据）以及 DataSet API（有界数据集）。这些 API 为数据处理提供了大量的通用模块，比如用户定义的各种各样的转换（Transformation）、连接（Join）、聚合（Aggregation）、窗口（Window）等。DataStream API 集成了底层的处理函数，使得可以对一些特定的操作提供更低层次的抽象。DataSet API 为有界数据集提供了额外的支持，例如循环与迭代。

Table API 以表为中心，能够动态地修改表（在表达流数据时）。Table API 是一种扩展的关系模型：表有二维数据结构（类似于关系数据库中的表），同时 API 提供可比较的操作，例如 select、project、join、group-by、aggregate 等。Table API 程序定义的是应该执行什么样的逻辑操作，而不是直接准确地指定程序代码运行的具体步骤。尽管 Table API 可以通过各种各样的用户自定义函数（User Defined Function，UDF）进行扩展，但是它在表达能力上仍然比不上核心 API，不过，它使用起来会更加简洁（代码量更少）。除此之外，Table API 程序在执行之前会通过内置优化器进行优化。用户可以在表与 DataStream/DataSet 之间无缝切换，以允许程序将 Table API 与 DataStream API/DataSet API 混合使用。

Flink 提供的最高级接口是 SQL。这一层抽象在语法与表达能力上与 Table API 类似，唯一的区别是通过 SQL 实现程序。SQL 抽象与 Table API 交互密切，同时 SQL 查询可以直接在 Table API 定义的表上执行。

12.7　Flink 编程实践

本节首先介绍 Flink 的安装，然后以 WordCount 程序为实例来介绍 Flink 编程方法。更多细节可以参考教材官网（http://dblab.xmu.edu.cn/post/bigdata3/）的"教材配套大数据软件安装和编程实践指南"。

12.7.1　安装 Flink

Flink 的运行需要 Java 运行环境的支持，因此，在安装 Flink 之前，请先参照相关资料安装 Java 运行环境（比如 Java 8）。然后到 Flink 官网（https://flink.apache.org/downloads.html）下载安装包，比如下载得到的安装文件为 flink-1.9.1-bin-scala_2.11.tgz，将其保存在 Linux 操作系统中（假设当前使用 hadoop 用户名登录了 Linux 操作系统，并且安装文件被保存到了"/home/hadoop/Downloads"目录下），接着使用如下命令对安装文件进行解压缩：

```
$ cd /home/hadoop/Downloads
$ sudo tar -zxvf flink-1.9.1-bin-scala_2.11.tgz -C /usr/local
```

修改目录名称，并设置权限，命令如下：

```
$ cd /usr/local
$ sudo mv ./flink-1.9.1 ./flink
$ sudo chown -R hadoop:hadoop ./flink
```

Flink 对于本地模式是开箱即用的，如果要修改 Java 运行环境，可以修改 "/usr/local/flink/conf/flink-conf.yaml" 文件中的 env.java.home 参数，将其设置为本地 Java 的绝对路径。

使用如下命令添加环境变量：

```
$ vim ~/.bashrc
```

在 .bashrc 文件中添加如下内容：

```
export FLNK_HOME=/usr/local/flink
export PATH=$FLINK_HOME/bin:$PATH
```

保存并退出 .bashrc 文件，然后执行如下命令让配置文件生效：

```
$ source ~/.bashrc
```

使用如下命令启动 Flink：

```
$ cd /usr/local/flink
$ ./bin/start-cluster.sh
```

使用 jps 命令查看进程：

```
$ jps
17942 TaskManagerRunner
18022 Jps
17503 StandaloneSessionClusterEntrypoint
```

如果能够看到 TaskManagerRunner 和 StandaloneSessionClusterEntrypoint 这两个进程，就说明启动成功。

Flink 的 JobManager 同时会在 8081 端口上启动一个 Web 前端，可以在浏览器中输入 "http://localhost:8081" 来访问。

Flink 安装包中自带了测试样例，这里可以运行 WordCount 样例程序来测试 Flink 的运行效果，具体命令如下：

```
$ cd /usr/local/flink/bin
$ ./flink run /usr/local/flink/examples/batch/WordCount.jar
```

执行上述命令以后，如果执行成功，应该可以看到屏幕上出现类似如下的信息：

```
Starting execution of program
Executing WordCount example with default input data set.
Use --input to specify file input.
Printing result to stdout. Use --output to specify output path.
(a,5)
(action,1)
(after,1)
```

```
(against,1)
(all,2)
......
```

12.7.2　编程实现 WordCount 程序

编写 WordCount 程序主要包括以下几个步骤。

（1）安装 Maven。

（2）编写代码。

（3）使用 Maven 打包 Java 程序。

（4）通过 flink run 命令运行程序。

1. 安装 Maven

Ubuntu 中没有自带 Maven 安装文件，需要手动下载并安装 Maven。我们可以访问 Maven 官网下载安装文件，下载地址如下：

```
https://downloads.apache.org/maven/maven-3/3.6.3/binaries/apache-maven-3.6.3-bin.zip
```

下载到 Maven 安装文件以后，将其保存到"～/Downloads"目录下。然后，我们可以选择将其安装在"/usr/local/maven"目录中，命令如下：

```
$ sudo unzip ～/Downloads/apache-maven-3.6.3-bin.zip -d /usr/local
$ cd /usr/local
$ sudo mv apache-maven-3.6.3/ ./maven
$ sudo chown -R hadoop ./maven
```

2. 编写代码

在 Linux 终端窗口中执行如下命令，在用户主文件夹下创建一个文件夹 flinkapp 作为应用程序根目录：

```
$ cd ～ #进入用户主文件夹
```

```
$ mkdir -p ./flinkapp/src/main/java
```

然后，使用 VIM 编辑器在"./flinkapp/src/main/java"目录下建立 3 个代码文件，即 WordCountData.java、WordCountTokenizer.java 和 WordCount.java。

WordCountData.java 用于提供原始数据，其内容如下：

```
package cn.edu.xmu;
import org.apache.flink.api.java.DataSet;
import org.apache.flink.api.java.ExecutionEnvironment;

public class WordCountData {
    public static final String[] WORDS=new String[]{"To be, or not to be,--that is the
question:--", "Whether \'tis nobler in the mind to suffer", "The slings and arrows of
outrageous fortune", "Or to take arms against a sea of troubles,", "And by opposing end
them?--To die,--to sleep,--", "No more; and by a sleep to say we end", "The heartache, and
the thousand natural shocks", "That flesh is heir to,--\'tis a consummation", "Devoutly
to be wish\'d. To die,--to sleep;--", "To sleep! perchance to dream:--ay, there\'s the rub;",
"For in that sleep of death what dreams may come,", "When we have shuffled off this mortal
coil,", "Must give us pause: there\'s the respect", "That makes calamity of so long life;",
"For who would bear the whips and scorns of time,", "The oppressor\'s wrong, the proud man\'s
contumely,", "The pangs of despis\'d love, the law\'s delay,", "The insolence of office,
and the spurns", "That patient merit of the unworthy takes,", "When he himself might his
quietus make", "With a bare bodkin? who would these fardels bear,", "To grunt and sweat
under a weary life,", "But that the dread of something after death,--", "The undiscover\'d
```

country, from whose bourn", "No traveller returns,--puzzles the will,", "And makes us rather bear those ills we have", "Than fly to others that we know not of?", "Thus conscience does make cowards of us all;", "And thus the native hue of resolution", "Is sicklied o\'er with the pale cast of thought;", "And enterprises of great pith and moment,", "With this regard, their currents turn awry,", "And lose the name of action.--Soft you now!", "The fair Ophelia!--Nymph, in thy orisons", "Be all my sins remember\'d."};

```
        public WordCountData() {
        }
        public  static  DataSet<String>  getDefaultTextLineDataset(ExecutionEnvironment
env){
            return env.fromElements(WORDS);
        }
    }
```

WordCountTokenizer.java 用于切分句子，其内容如下：

```
package cn.edu.xmu;
import org.apache.flink.api.common.functions.FlatMapFunction;
import org.apache.flink.api.java.tuple.Tuple2;
import org.apache.flink.util.Collector;


    public class WordCountTokenizer implements FlatMapFunction<String, Tuple2<String,
Integer>>{

        public WordCountTokenizer(){}


        public void flatMap(String value, Collector<Tuple2<String, Integer>> out) throws
Exception {
            String[] tokens = value.toLowerCase().split("\\W+");
            int len = tokens.length;

            for(int i = 0; i<len;i++){
                String tmp = tokens[i];
                if(tmp.length()>0){
                    out.collect(new Tuple2<String, Integer>(tmp,Integer.valueOf(1)));
                }
            }
        }
    }
```

WordCount.java 提供主函数，其内容如下：

```
package cn.edu.xmu;
import org.apache.flink.api.java.DataSet;
import org.apache.flink.api.java.ExecutionEnvironment;
import org.apache.flink.api.java.operators.AggregateOperator;
import org.apache.flink.api.java.utils.ParameterTool;


public class WordCount {

    public WordCount(){}

    public static void main(String[] args) throws Exception {
        ParameterTool params = ParameterTool.fromArgs(args);
        ExecutionEnvironment env = ExecutionEnvironment.getExecutionEnvironment();
```

```
        env.getConfig().setGlobalJobParameters(params);
        Object text;
        //如果没有指定输入路径，则默认使用 WordCountData 中提供的数据
        if(params.has("input")){
            text = env.readTextFile(params.get("input"));
        }else{
            System.out.println("Executing WordCount example with default input data
set.");
            System.out.println("Use -- input to specify file input.");
            text = WordCountData.getDefaultTextLineDataset(env);
        }

        AggregateOperator        counts        =        ((DataSet)text).flatMap(new
WordCountTokenizer()).groupBy(new int[]{0}).sum(1);
        //如果没有指定输出位置，则默认输出到控制台
        if(params.has("output")){
            counts.writeAsCsv(params.get("output"),"\n", " ");
            env.execute();
        }else{
            System.out.println("Printing result to stdout. Use --output to specify output
path.");
            counts.print();
        }


    }
    }
```

该程序依赖 Flink Java API，因此，我们需要通过 Maven 进行编译打包。我们需要新建文件
pom.xml，然后，在 pom.xml 文件中添加如下内容，用来声明该独立应用程序的信息以及与 Flink
的依赖关系：

```
<project>
    <groupId>cn.edu.xmu</groupId>
    <artifactId>simple-project</artifactId>
    <modelVersion>4.0.0</modelVersion>
    <name>Simple Project</name>
    <packaging>jar</packaging>
    <version>1.0</version>
    <repositories>
        <repository>
            <id>jboss</id>
            <name>JBoss Repository</name>
            <url>http://repository.jboss.com/maven2/</url>
        </repository>
    </repositories>
    <dependencies>
        <dependency>
            <groupId>org.apache.flink</groupId>
            <artifactId>flink-java</artifactId>
            <version>1.9.1</version>
        </dependency>
        <dependency>
            <groupId>org.apache.flink</groupId>
            <artifactId>flink-streaming-java_2.11</artifactId>
    <version>1.9.1</version>
        </dependency>
```

```
        <dependency>
            <groupId>org.apache.flink</groupId>
            <artifactId>flink-clients_2.11</artifactId>
            <version>1.9.1</version>
        </dependency>
    </dependencies>
</project>
```

3. 使用 Maven 打包 Java 程序

为了保证 Maven 能够正常运行，先执行如下命令检查整个应用程序的文件结构：

```
$ cd ~/flinkapp
```

```
$ find .
```

文件结构应该是类似如下的内容：

```
.
./src
./src/main
./src/main/java
./src/main/java/WordCountData.java
./src/main/java/WordCount.java
./src/main/java/WordCountTokenizer.java
./pom.xml
```

接下来，我们可以通过如下代码将整个应用程序打包成 JAR 包（注意，计算机需要保持连接网络的状态，而且首次运行打包命令时，Maven 会自动下载依赖包，需要消耗几分钟的时间）：

```
$ cd ~/flinkapp      #一定把这个目录设置为当前目录
```

```
$ /usr/local/maven/bin/mvn package
```

如果屏幕上出现的返回的信息中包含"BUILD SUCCESS"，则说明生成 JAR 包成功。

4. 通过 flink run 命令运行程序

最后，可以将生成的 JAR 包通过 flink run 命令提交到 Flink 中运行（请确认已经启动 Flink），命令如下：

```
$ /usr/local/flink/bin/flink run --class cn.edu.xmu.WordCount ~/flinkapp/target/
simple-project-1.0.jar
```

执行成功后，可以在屏幕上看到词频统计结果。

12.8　本章小结

Apache Flink 是一个分布式处理引擎，用于对无界和有界数据流进行有状态计算。Flink 以数据并行和流水线方式执行任意流数据程序，Flink 的流水线运行时系统可以执行批处理和流处理程序。此外，Flink 的运行时本身也支持迭代算法的执行。

近年来，数据架构设计开始由传统数据处理架构、大数据 Lambda 架构向流处理架构演变，这种转变使得 Flink 可以在大数据应用场景中"大显身手"。目前，Flink 支持的典型的应用场景包括事件驱动型应用、数据分析应用和数据流水线应用。

经过多年的发展，Flink 已经形成了完备的生态系统，它的技术栈可以满足企业多种应用场景的开发需求，减轻了企业的大数据应用系统的开发和维护负担。在未来，随着企业实时应用场景的不断增多，Flink 在大数据市场上的地位和作用将会更加明显，Flink 的发展前景会更加值得期待。

12.9　习题

1. 请阐述传统的数据处理架构的局限性。
2. 请阐述大数据 Lambda 架构的优点和局限性。
3. 请阐述与传统数据处理架构和 Lambda 架构相比，流处理架构具有什么优点。
4. 请举例说明 Flink 在企业中的应用场景。
5. 请阐述 Flink 核心组件栈包含哪些层次以及每个层次具体包含哪些内容。
6. 请阐述 Flink 的 JobManager 和 TaskManager 具体有哪些功能。
7. 请阐述 Flink 编程模式的层次结构。
8. 请对 Spark、Flink 和 Storm 进行对比分析。

实验 8　Flink 初级编程实践

一、实验目的

（1）通过实验掌握基本的 Flink 编程方法。
（2）掌握用 IntelliJ IDEA 工具编写 Flink 程序的方法。

二、实验平台

- Ubuntu 18.04（或 Ubuntu 16.04）。
- IntelliJ IDEA。
- Flink 1.9.1。

三、实验内容和要求

1. 使用 IntelliJ IDEA 工具开发 WordCount 程序

在 Linux 操作系统中安装 IntelliJ IDEA，然后使用 IntelliJ IDEA 工具开发 WordCount 程序，并打包成 JAR 文件，提交到 Flink 中运行。

2. 数据流词频统计

使用 Linux 操作系统自带的 NC 程序模拟生成数据流，不断产生单词并发送出去。编写 Flink 程序对 NC 程序发来的单词进行实时处理，计算词频，并输出词频统计结果。要求首先在 IntelliJ IDEA 中开发和调试程序，然后打包成 JAR 包部署到 Flink 中运行。

四、实验报告

"大数据技术原理与应用"课程实验报告

题目：	姓名：	日期

实验环境：

解决问题的思路：

实验内容与完成情况：

出现的问题：

解决方案（列出遇到的问题和解决办法，列出没有解决的问题）：

第 13 章
图计算

在大数据时代，许多大数据都以大规模图或网络的形式呈现，如社交网络、传染病传播途径、交通事故对路网的影响等。此外，许多非图结构的大数据，也常会被转换为图模型后进行处理分析。图的规模越来越大，有的图甚至有数十亿的顶点和数千亿的边，这就给高效地处理图数据带来了挑战。一台机器已经不能存储所有需要计算的数据，需要一个分布式的计算环境来对这些数据进行处理。已有的图计算框架和图算法库不能很好地满足大规模图的计算需求，MapReduce 的出现一度被寄予厚望，但是 MapReduce 作为单输入、两阶段、粗粒度数据并行的分布式计算框架，在表达多迭代、稀疏结构和细粒度数据时，往往显得力不从心，不适合用来解决大规模图计算问题。因此，新的图计算框架应运而生，Pregel 就是其中一种具有代表性的产品。

Pregel 是一种基于 BSP 模型实现的并行图处理系统。为了解决大型图的分布式计算问题，Pregel 搭建了一套可扩展的、有容错机制的平台，该平台提供了一套非常灵活的 API，可以描述各种各样的图计算。

本章首先介绍传统图计算解决方案的不足，然后详细介绍 Pregel 图计算模型、C++ API、体系结构和应用实例，最后对 PageRank 算法在 Pregel 和 MapReduce 中的实现方式进行了比较，从而说明 Pregel 在处理图计算问题方面的优势。

13.1 图计算简介

在实际应用中，存在许多图计算问题，如最短路径、集群、网页排名、最小切割、连通分支等。图计算算法的性能直接关系到应用问题解决的高效性，尤其对于大型图（如社交网络和网络图）而言，更是如此。下面首先指出传统图计算解决方案的不足之处，然后介绍两大类通用图计算软件。

13.1.1 传统图计算解决方案的不足之处

在很长一段时间内，都缺少一个可扩展的通用系统来解决大型图的计算问题。很多传统的图计算算法都存在以下几个典型问题：常表现出比较差的内存访问局部性；针对单个顶点的处理工作过少；计算过程中伴随着并行度的改变。

针对大型图（如社交网络和网络图）的计算问题，可能的解决方案及其不足之处具体如下。

（1）为特定的图应用定制相应的分布式实现。不足之处是通用性不好，在面对新的图算法或者图表示方式时，就需要做大量的重复开发。

（2）基于现有的分布式计算平台进行图计算。比如 MapReduce 作为一个优秀的大规模数据处理框架，有时也能够用来对大规模图对象进行挖掘，不过在性能和易用性方面往往无法达到最优。

（3）使用单机的图算法库，比如 BGL、LEAD、NetworkX、JDSL、Standford GraphBase 和 FGL 等。但是，这种单机方式在可以解决的问题的规模方面具有很大的局限性。

（4）使用已有的并行图计算系统。Parallel BGL 和 CGM Graph 等库实现了很多并行图算法，但是对大规模分布式系统非常重要的一些特性（如容错），无法提供较好的支持。

13.1.2　通用图计算软件

正是因为传统的图计算解决方案无法解决大型图的计算问题，所以需要设计能够用来解决这些问题的通用图计算软件。针对大型图的计算，目前通用的图计算软件主要包括两种：第一种主要是基于遍历算法的、实时的图数据库，如 Neo4j、OrientDB、DEX 和 InfiniteGraph；第二种是以图顶点为中心的、基于消息传递批处理的并行引擎，如 Hama、Golden Orb、Giraph 和 Pregel。

第二种图计算软件主要是基于 BSP 模型实现的并行图处理系统。BSP 是由哈佛大学 Viliant 和牛津大学 Bill McColl 提出的并行计算模型，全称为"整体同步并行计算模型"（Bulk Synchronous Parallel Computing Model，BSP 模型），又名"大同步模型"。创始人希望 BSP 模型像冯·诺依曼体系结构那样，架起计算机程序语言和体系结构间的桥梁，故又称为"桥模型"。一个 BSP 模型由大量通过网络相互连接的处理器组成，每个处理器都有快速的本地内存和不同的计算线程，一次 BSP 计算过程包括一系列全局超步（超步是指计算中的一次迭代），每个超步主要包括 3 个组件。

（1）局部计算。每个参与的处理器都有自身的计算任务，它们只读取存储在本地内存中的值，不同处理器的计算任务都是异步并且独立的。

（2）通信。处理器群相互交换数据，交换的形式是，由一方发起推送（Put）和获取（Get）操作。

（3）栅栏同步（Barrier Synchronization）。当一个处理器遇到"路障"（或栅栏），会等其他所有处理器完成它们的计算步骤；每一次同步也是一个超步的完成和下一个超步的开始。一个超步的垂直结构如图 13-1 所示。

图 13-1　一个超步的垂直结构示意

13.2 Pregel 简介

谷歌在 2003 年到 2004 年公布了关于 GFS、MapReduce 和 BigTable 的 3 篇技术论文，这些论文成为后来云计算和 Hadoop 项目的重要基石。如今，谷歌在后 Hadoop 时代的新"三驾马车"——Caffeine、Dremel 和 Pregel，再一次影响着全球大数据技术的发展潮流。

Caffeine 主要为谷歌网络搜索引擎提供支持，使谷歌能够更迅速地添加新的链接（包括新闻报道以及博客文章等）到自身大规模的网站索引系统中。

Dremel 是 Google 公司开发的交互式数据分析系统，它将数据处理时间缩短到秒级，是 MapReduce 的有力补充。

13.3 Pregel 图计算模型

本节介绍 Pregel 图计算模型，包括有向图和顶点、顶点之间的消息传递，以及 Pregel 的计算过程，最后给出了一个简单的实例。

13.3.1 有向图和顶点

Pregel 计算模型以有向图为输入（见图 13-2），有向图的每个顶点都有一个 String 类型的顶点 ID，每个顶点都有一个可修改的用户自定义值与之关联，每条有向边都和其源顶点关联，并记录了其目标顶点 ID，边上有一个可修改的用户自定义值与之关联。

图 13-2　Pregel 计算模型中的有向图和顶点

在每个超步 S 中，图中的所有顶点都会并行执行相同的用户自定义函数。每个顶点可以接收前一个超步（$S-1$）中发送给它的消息，修改其自身及其出射边的状态，并发送消息给其他顶点，甚至是修改整个图的拓扑结构。需要指出的是，在这种计算模式中，边并不是核心对象，边不会运行相应的计算，只有顶点才会执行用户自定义函数进行相应计算。

13.3.2 顶点之间的消息传递

对于不同顶点之间的信息传递，Pregel 并没有采用远程数据读取或者共享内存的方式，而是采用了纯消息传递模型，如图 13-3 所示。

采用这种做法主要基于以下两个原因。

（1）消息传递具有足够的表达能力，没有必要使用远程读取或共享内存的方式。

（2）有助于提升系统整体性能。大型图计算通常是由一个集群完成的，集群环境中执行远程数据读取会有较高的时间延迟；Pregel 的消息模式采用异步和批量的方式传递消息，因此可以缓解远程读取数据的延迟。

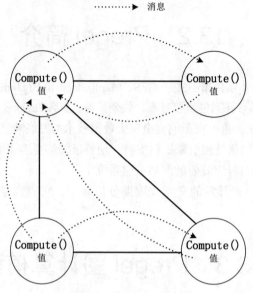

图 13-3　纯消息传递模型

13.3.3　Pregel 的计算过程

Pregel 的计算过程是由一系列被称为"超步"的迭代组成的（见图 13-4）。在每个超步中，每个顶点都会并行执行用户自定义的函数，该函数描述了一个顶点 *V* 在一个超步 *S* 中需要执行的操作。该函数可以读取前一个超步（*S*-1）中其他顶点发送给顶点 *V* 的消息，执行相应计算后，修改顶点 *V* 及其出射边的状态，然后沿着顶点 *V* 的出射边发送消息给其他顶点，而且一个消息可能经过多条边的传递后被发送到任意已知 ID 的目标顶点上去。这些消息将会在下一个超步（*S*+1）中被目标顶点接收，然后像上述过程一样开始下一个超步（*S*+1）的迭代过程。

图 13-4　Pregel 计算模型中的超步

在 Pregel 计算过程中，一个算法什么时候可以结束，是由所有顶点的状态决定的。当图中所有的顶点都已经标识其自身达到"非活跃"（Inactive）状态时，算法就可以停止运行。在超步 0

时，图中所有顶点都处于"活跃"（Active）状态，这些活跃顶点都会参与对应超步的计算过程。当一个顶点不需要继续执行进一步的计算时，就会调用 VoteToHalt() 把自己的状态设置成"停机"，从而表示自己不再是活跃顶点。一旦一个顶点进入"非活跃"状态，Pregel 计算过程在后续的超步中就不会再在该顶点上执行计算，除非其他顶点给该顶点发送消息再次把它激活。当一个已经处于"非活跃"状态的顶点再次接收到来自其他顶点的消息时，Pregel 计算框架必须根据条件判断来决定是否将其显式"唤醒"进入"活跃"状态。当所有顶点都达到"非活跃"状态，并且没有消息在传送的时候，整个计算过程就宣告结束。这种计算过程可以用图 13-5 所示的简单状态机来描述。

图 13-5　一个简单状态机

13.3.4　Pregel 计算过程的实例

下面给出一个简单的实例来介绍 Pregel 计算过程及其各个顶点的状态变化和消息传递情况。假设有一个强连通图（见图 13-6 中的超步 0），图中每个顶点都包含一个值，计算过程会把最大值传播到每个顶点。在每个超步 S 中，顶点会从前一个超步（$S-1$）接收的消息中选出一个最大值 m，并将这个值 m 与自身值进行比较。如果 m 大于自身值，就把自身值更新成 m，然后通过出射边传送给所有与其相邻的顶点；如果 m 小于等于自身值，就不对顶点值做更新，而是把顶点状态设置为"非活跃"。当某个超步中所有顶点都不再发生更新其值的情形时，算法就运行结束，所有顶点的值都变成了最大值。

图 13-6　一个求最大值的 Pregel 计算过程

Pregel 求解图中最大值的计算过程如下。

（1）在超步 0，顶点 A、B、C、D 的值分别是 3、6、2、1。由于这是算法起始的超步，不存在前一个超步，因此每个顶点把自己的值通过出射边传送给所有与其相邻的顶点。顶点 A 会把 3 传递给顶点 B，顶点 B 会把 6 传递给顶点 A 和 D，顶点 C 会把 2 传递给顶点 B 和 D，顶点 D 会把 1 传递给顶点 C。表 13-1 显示了超步 0 发送的消息，表 13-2 显示了超步 0 中各个顶点的值和状态信息。

表 13-1　　　　　　　　　　　　　超步 0 发送的消息

项目	发送方 A	发送方 B	发送方 C	发送方 D
接收方 A	无	6	无	无
接收方 B	3	无	2	无
接收方 C	无	无	无	1
接收方 D	无	6	2	无

表 13-2　　　　　　　　　　　超步 0 中各个顶点的值和状态信息

项目	A	B	C	D
超步 0 开始时	3（活跃）	6（活跃）	2（活跃）	1（活跃）
超步 0 结束时	3（活跃）	6（活跃）	2（活跃）	1（活跃）

（2）在超步1，所有顶点开始接收超步0中发送给自己的消息。由表13-1可知，顶点 A 接收到的消息是6，自身值是3，因此顶点 A 把自身值更新成6，然后把6通过出射边传递给顶点 B。顶点 B 接收到的消息是3和2，自身值是6，因此顶点 B 的值不会发生变化，同时顶点 B 把自己的状态设置为"非活跃"状态（图13-6中用灰色底色表示"非活跃"状态，白色底色表示"活跃"状态）。顶点 C 接收到的消息是1，自身值是2，因此顶点 C 的值不会发生变化，同时顶点 C 把自己的状态设置为"非活跃"。顶点 D 接收到的消息是6和2，自身值是1，于是顶点 D 把自身值更新成6，然后把6通过出射边传递给顶点 C。在超步1结束后，顶点 B 和 C 变成"非活跃"状态，顶点 A 和 D 还处于"活跃"状态。表13-3显示了超步1发送的消息，表13-4显示了超步1中各个顶点的值和状态信息。

表 13-3　　　　　　　　　　　　超步 1 发送的消息

	发送方 A	发送方 B	发送方 C	发送方 D
接收方 A	无	无	无	无
接收方 B	6	无	无	无
接收方 C	无	无	无	6
接收方 D	无	无	无	无

表 13-4　　　　　　　　　　超步 1 中各个顶点的值和状态信息

	A	B	C	D
超步 1 开始时	3（活跃）	6（活跃）	2（活跃）	1（活跃）
超步 1 结束时	6（活跃）	6（非活跃）	2（非活跃）	6（活跃）

（3）在超步2，所有顶点开始接收超步1中发送给自己的消息。由表13-3可知，顶点 A 没有接收到任何消息，自身值是6，本次没有发生值的更新，于是顶点 A 把自己状态设置为"非活跃"。顶点 B 当前是"非活跃"状态，它接收到的消息是6，自身值是6，没有发生值的更新，因此 Pregel 计算框架不会把顶点 B 唤醒，它将依然处于"非活跃"状态。顶点 C 当前是"非活跃"状态，它接收到的消息是6，自身值是2，于是 Pregel 计算框架把顶点 C 的值更新为6，并显式地唤醒该顶点，于是顶点 C 进入"活跃"状态，同时把6通过出射边发送给顶点 B 和 D。顶点 D 没有收到消息，自身值是6，没有发生值的更新，因此顶点 D 进入"非活跃"状态。在超步2结束后，顶点 A、B 和 D 变成"非活跃"状态，只有顶点 C 还处于"活跃"状态。表13-5显示了超步2发送的消息，表13-6显示了超步2中各个顶点的值和状态信息。

表 13-5　　　　　　　　　　　　超步 2 发送的消息

项目	发送方 A	发送方 B	发送方 C	发送方 D
接收方 A	无	无	无	无
接收方 B	无	无	6	无
接收方 C	无	无	无	无
接收方 D	无	无	6	无

表 13-6　　　　　　　　　　超步 2 中各个顶点的值和状态信息

项目	A	B	C	D
超步 2 开始时	6（活跃）	6（非活跃）	2（非活跃）	6（活跃）
超步 2 结束时	6（非活跃）	6（非活跃）	6（活跃）	6（非活跃）

（4）在超步 3 中，所有顶点开始接收超步 2 中发送给自己的消息。由表 13-5 可知，顶点 A 不会接收到任何消息，因此顶点 A 没有变化，依然是"非活跃"状态。顶点 B 接收到的消息是 6，自身值是 6，不会被再次激活。顶点 C 当前状态是"活跃"，没有收到任何消息，值没有发生更新，于是顶点 C 进入"非活跃"状态。顶点 D 接收到的消息是 6，自身值是 6，没有变化，依然是"非活跃"状态，不会被再次激活。在该超步中，没有发送任何消息。表 13-7 显示了超步 3 中各个顶点的值和状态信息。在超步 3 结束后，4 个顶点 A、B、C 和 D 都变成"非活跃"状态，计算过程停止。

表 13-7　　　　　　　　　　　　　超步 3 中各个顶点的值和状态信息

项目	A	B	C	D
超步 3 开始时	6（非活跃）	6（非活跃）	6（活跃）	6（非活跃）
超步 3 结束时	6（非活跃）	6（非活跃）	6（非活跃）	6（非活跃）

13.4　Pregel 的 C++ API

Pregel 已经预先定义好一个基类——Vertex 类：

```cpp
template <typename VertexValue, typename EdgeValue, typename MessageValue>
class Vertex {
  public:
    virtual void Compute(MessageIterator* msgs) = 0;
    const string& vertex_id() const;
    int64 superstep() const;
    const VertexValue& GetValue();
    VertexValue* MutableValue();
    OutEdgeIterator GetOutEdgeIterator();
    void SendMessageTo(const string& dest_vertex,    const MessageValue& message);
    void VoteToHalt();
    };
```

在 Vertex 类中，定义了 3 个值类型参数，分别表示顶点、边和消息。每一个顶点都有一个给定类型的值与之对应。

编写 Pregel 程序时，需要继承 Vertex 类，并且覆写 Vertex 类的虚方法 Compute()。在 Pregel 执行计算过程时，在每个超步中都会并行调用每个顶点上定义的 Compute()方法。预定义的 Vertex 类方法允许Compute()方法查询当前顶点及其边的信息，以及发送消息到其他顶点。比如 Compute()方法可以调用 GetValue()方法来获取当前顶点的值，或者调用 MutableValue()方法来修改当前顶点的值，还可以通过由出射边的迭代器提供的方法来查看、修改出射边对应的值。对状态的修改，对于被修改的顶点而言可以立即被看见，但是对于其他顶点而言不可见。因此，不同顶点并发进行的数据访问是不存在竞争关系的。

整个过程中，唯一需要在超步之间持久化的顶点级状态，是顶点和其对应的边所关联的值，因而 Pregel 计算框架所需要管理的图状态就只包括顶点和边所关联的值。这种做法大大简化了计算流程，同时也有利于图的分布和故障恢复。

13.4.1 消息传递机制

顶点之间的通信借助于消息传递机制来实现，每条消息都包含了消息值和需要到达的目标顶点 ID。用户可以通过 Vertex 类的模板参数来设定消息值的数据类型。

在一个超步 S 中，一个顶点可以发送任意数量的消息，这些消息将在下一个超步（$S+1$）中被其他顶点接收。也就是说，在超步（$S+1$）中，当 Pregel 计算框架在顶点 V 上执行用户自定义的 Compute()方法时，所有在前一个超步 S 中发送给顶点 V 的消息都可以通过一个迭代器来访问到。需要指出的是，迭代器并不能保证消息的顺序，不过可以保证消息一定会被传送并且不会被重复传送。

一个顶点 V 通过与之关联的出射边向外发送消息，并且消息要到达的目标顶点并不一定是与顶点 V 相邻的顶点，一个消息可以连续经过多条连通的边到达某个与顶点 V 不相邻的顶点 U，顶点 U 可以从接收的消息中获取与其不相邻的顶点 V 的 ID。

13.4.2 Combiner

在执行大规模图计算时，一个大图会被分区成多个较小的子图，分布到多台机器上，因此消息的发送者和接收者有时并不在同一台机器上时，会产生一些开销。要想降低这种开销，有时需要借助于 Combiner 功能。比如假设一个顶点会收到许多整型值消息，它需要计算得到这些整型值的和，而不是关注其中某一个整型值。这时 Pregel 计算框架在消息发出去之前，Combiner 可以对发往同一个顶点的多个整型值进行求和得到一个值，只需向外发送这个"求和结果"，从而实现由多个消息合并成一个消息，大大减少传输和缓存的开销。

在默认情况下，Pregel 计算框架并不会开启 Combiner 功能，因为通常很难找到一种对所有顶点的 Compute()方法都合适的 Combiner。当用户打算开启 Combiner 功能时，可以继承 Combiner 类并覆写虚方法 Combine()。此外，通常只有对那些满足交换律和结合律的操作才可以去开启 Combiner 功能，因为 Pregel 计算框架无法保证哪些消息会被合并，也无法保证消息传递给 Combine()的顺序和合并操作执行的顺序。

下面是有关 Combiner 应用的一个例子。在图 13-6 所示的求最大值的例子中，采用一个 Max Combiner 就可以达到减少通信负荷的目的，如图 13-7 所示。假设顶点 A 和 C 在机器 M 上，顶点 B 和 D 在另一台机器 N 上，A 向 B 传递的值是 3，C 向 B 传递的值是 2，A 和 C 都需要把消息传递到目标顶点 B，因此可以在机器 M 上采用一个 Max Combiner 把这两个消息进行合并后发送给 B，即只需要把两个值中较大的值 3 发送给 B，这样就减少了网络通信的开销。

图 13-7 有关 Combiner 应用的例子

13.4.3　Aggregator

Aggregator 提供了一种全局通信、监控和数据查看的机制。在一个超步 S 中，每一个顶点都可以向一个 Aggregator 提供一个数据，Pregel 计算框架会对这些值进行聚合操作产生一个值，在下一个超步（S+1）中，图中的所有顶点都可以看见这个值。

Aggregator 的聚合功能，允许在整型和字符串类型的数据上执行最大值、最小值、求和操作，比如可以定义一个"Sum" Aggregator 来统计每个顶点的出射边数量，最后相加可以得到整个图的边的数量。Aggregator 还可以实现全局协同的功能，比如可以设计"and" Aggregator 来决定在某个超步中 Compute()方法是否执行某些逻辑分支，只有当"and" Aggregator 显示所有顶点都满足了某条件时，才去执行这些逻辑分支。

Pregel 计算框架预定义了一个 Aggregator 类，编写程序时需要继承这个类，并定义在第一次接收到输入值后如何初始化，以及如何将接收到的多个值最后聚合成一个值。当然，为了保证得到正确的结果，Aggregator 操作也应该满足交换律和结合律。在默认情况下，一个 Aggregator 只会对来自同一个超步的输入进行聚合，但是当我们需要维护全局数据时，就需要定义一个能够从所有超步中接收数据的 Aggregator。

13.4.4　拓扑改变

在图计算中，经常需要修改拓扑的全局结构。比如在聚类算法中，可能会把每个聚类替换成单个顶点；在最小生成树算法中，可能会删除多余的边。Pregel 计算框架允许用户在自定义的 Compute()方法中定义操作，修改图的拓扑结构，比如在图中增加（或删除）边或顶点。

在同一个超步中，多个顶点的操作请求可能会存在冲突，比如两个请求都要求在图中增加同一个顶点，但是给出的初始值不一样。Pregel 采用两种机制来解决这类冲突：局部有序和 Handler。

（1）局部有序。拓扑改变的请求是通过消息发送的，在执行一个超步时，所有的拓扑改变会在调用 Compute()方法之前完成。在处理拓扑改变时，会首先执行删除操作，先删除边，后删除顶点，因为删除顶点就意味着删除了所有与之关联的出射边；然后执行增加操作，先增加顶点，后增加边，因为出射边必须与一个顶点相关联。通过这种局部有序性，可以保证大多数冲突结果的确定性。

（2）Handler。对于"局部有序"机制无法解决的那些操作冲突，就需要借助于用户自定义的 Handler 来解决，包括解决由于多个顶点删除请求或多个边增加请求（或删除请求）而造成的冲突。用户可以通过在 Vertex 类中自定义的 Hander 来实现一个更好的冲突处理方式，如果用户没有定义，那么系统就会随机挑选一个请求进行处理。在 Pregel 计算框架中，有了 Hander 这种冲突处理机制，可以使得 Compute()方法的设计变得更加简单。

对于全局拓扑改变，Pregel 采用了惰性协调机制，在改变请求发出时，Pregel 不会对这些操作进行协调，只有当这些改变请求的消息到达目标顶点并被执行时，Pregel 才会对这些操作进行协调，这样所有针对某个顶点 V 的拓扑修改操作所引发的冲突都会由 V 自己来处理。

对于本地的局部拓扑改变是不会引发冲突的，顶点或边的本地增减能够立即生效，很大程度上简化了分布式编程。

13.4.5　输入和输出

在 Pregel 计算框架中，图的保存格式多种多样，包括文本文件、关系数据库或键值数据库等。

在 Pregel 中，"从输入文件生成图结构"和"执行图计算"这两个过程是分离的，从而不会限制输入文件的格式。对于输出，Pregel 也采用了灵活的方式，可以以多种方式进行输出。

13.5 Pregel 的体系结构

Pregel 为执行大规模图计算而设计，通常运行在由多台廉价服务器构成的集群上。一个图计算任务会被分解到多台机器上同时执行，Pregel 中的名称服务系统可以为每个任务赋予一个与物理位置无关的逻辑名称，从而对每个任务进行有效标识。任务执行过程中的临时文件会保存到本地磁盘，持久化的数据则会被保存到分布式文件系统或数据库中。

13.5.1 Pregel 的执行过程

在 Pregel 计算框架中，一个大型图会被划分成许多个分区，如图 13-8 所示，每个分区都包含了一部分顶点，以及以其为起点的边。一个顶点应该被分配到哪个分区上，是由一个函数决定的，系统默认函数为 hash(ID) mod N，其中，N 为所有分区总数，ID 是这个顶点的标识符。当然，用户也可以自己定义这个函数。这样，无论在哪台机器上，都可以简单根据顶点 ID 判断出该顶点属于哪个分区，即使该顶点可能已经不存在了。

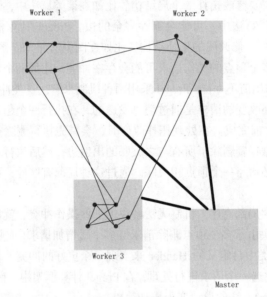

图 13-8 图的划分

在理想的情况下（不发生任何错误），一个 Pregel 用户程序的执行过程如下（见图 13-9）。

（1）选择集群中的多台机器执行图计算任务，每台机器上运行用户程序的一个副本，其中有一台机器会被选为 Master，其他机器作为 Worker。Master 只负责协调多个 Worker 执行任务，系统不会把图的任何分区分配给它。Worker 借助于名称服务系统可以定位到 Master 的位置，并向 Master 发送自己的注册信息。

（2）Master 把一个图分成多个分区，并把分区分配到多个 Worker，一个 Worker 会分配到一个或多个分区，每个 Worker 知道所有其他 Worker 所分配到的分区情况。每个 Worker 负责维护分配给自己的那些分区的状态（顶点及边的增删），对分配给自己的分区中的顶点执行 Compute()方法，向外发送消息，并管理接收到的消息。

图 13-9　一个 Pregel 用户程序的执行过程

（3）Master 会把用户输入划分成多个部分，通常基于文件边界进行划分。划分后，每个部分都是一系列记录的集合，每条记录都包含一定数量的顶点和边。然后，Master 会为每个 Worker 分配用户输入的一部分。如果一个 Worker 从输入内容中加载到的顶点，刚好是自己所分配到的分区中的顶点，就会立即更新相应的数据结构。否则，该 Worker 会根据加载到的顶点的 ID，把它发送到其所属的分区所在的 Worker 上。当所有的输入都被加载后，图中的所有顶点都会被标记为"活跃"状态。

（4）Master 向每个 Worker 发送指令，Worker 收到指令后，开始运行一个超步。Worker 会为自己管辖的每个分区分配一个线程，对于分区中的每个顶点，Worker 会把来自上一个超步的、发给该顶点的消息传递给它，并调用处于"活跃"状态的顶点上的 Compute()方法。在执行计算过程中，顶点可以对外发送消息，但是所有消息的发送工作必须在本超步结束之前完成。当所有工作都完成以后，Worker 会通知 Master，并把自己在下一个超步还处于"活跃"状态的顶点的数量报告给 Master。上述步骤会被不断重复，直到所有顶点都不再活跃并且系统中不会有任何消息在传输，执行过程才会结束。

（5）计算过程结束后，Master 会给所有的 Worker 发送指令，通知每个 Worker 对自己的计算结果进行持久化存储。

13.5.2　容错性

Pregel 采用检查点机制来实现容错。在每个超步的开始，Master 会通知所有的 Worker 把自己管辖的分区的状态（包括顶点值、边值以及接收到的消息）写入持久化存储设备。

Master 会周期性地向每个 Worker 发送 ping 消息，Worker 收到 ping 消息后会向 Master 发送反馈消息。如果 Master 在指定时间间隔内没有收到某个 Worker 的反馈消息，就会把该 Worker 标记为"失效"。同样，如果一个 Worker 在指定的时间间隔内没有收到来自 Master 的 ping 消息，该 Worker 也会停止工作。

每个 Worker 上都保存了一个或多个分区的状态信息，当一个 Worker 发生故障时，它所负责维护的分区的当前状态信息就会丢失。Master 监测到一个 Worker 发生故障"失效"后，会把失效 Worker 所分配到的分区重新分配到其他处于正常工作状态的 Worker 集合上，然后所有这些分区会从最近的某超步 S 开始时写出的检查点中，重新加载状态信息。很显然，这个超步 S 可能会比失效 Worker 上最后运行的超步 S_1 要早好几个阶段，因此为了恢复到最新的正确状态，需要重新执行从超步 S 到超步 S_1 的所有操作。

13.5.3　Worker

在一个 Worker 中，它所管辖的分区的状态信息保存在内存中。分区中的顶点的状态信息包括如下内容。

（1）顶点的当前值。

（2）以该顶点为起点的出射边列表，每条出射边包含了目标顶点 ID 和边的值。

（3）消息队列，包含了所有接收到的、发送给该顶点的消息。

（4）标志位，用来标记顶点是否处于活跃状态。

在每个超步中，Worker 会对自己所管辖的分区中的每个顶点进行遍历，并调用顶点上的 Compute()方法，在调用时会把以下 3 个参数传递进去：该顶点的当前值；一个接收到的消息的迭代器；一个出射边的迭代器。

需要注意的是，这里并没有对入射边进行访问，因为所有入射边都是其起始顶点的出射边，会和它的起始顶点一起被访问。

在 Pregel 中，为了获得更好的性能，"标志位"和输入消息队列是分开保存的。对于每个顶点而言，Pregel 只保存一份顶点值和边值，但是会保存两份"标志位"和输入消息队列，分别用于当前超步和下一个超步。在超步 S 中，当一个 Worker 在进行顶点处理时，用于当前超步的消息会被处理，同时它在处理过程中还会接收到来自其他 Worker 的消息，这些消息会在下一个超步 S+1 中被处理，因此需要两个消息队列用于存放作用于当前超步 S 的消息和作用于下一个超步 S+1 的消息。如果一个顶点 V 在超步 S 接收到消息，那么该顶点将会在下一个超步 S+1 中（而不是当前超步 S 中）处于"活跃"状态。

当一个 Worker 上的一个顶点 V 需要发送消息到其他顶点 U 时，该 Worker 会首先判断目标顶点 U 是否位于自己的机器上。如果目标顶点 U 在自己的机器上，就直接把消息放入与目标顶点 U 对应的输入消息队列中；如果发现目标顶点 U 在远程机器上，这个消息就会被暂时缓存到本地，当缓存中的消息数目达到一个事先设定的阈值时，这些缓存消息会被批量异步发送出去，传输到目标顶点所在的 Worker 上。

如果存在用户自定义的 Combiner 操作，那么当消息被加入输出队列或者到达输入队列时，就可以对消息执行合并操作，这样可以节省存储空间和网络传输开销。

13.5.4　Master

Master 主要负责协调各个 Worker 执行任务，每个 Worker 会借助于名称服务系统定位到 Master 的位置，并向 Master 发送自己的注册信息，Master 会为每个 Worker 分配一个唯一的 ID。Master 维护着关于当前处于"有效"状态的所有 Worker 的各种信息，包括每个 Worker 的 ID 和地址信息，以及每个 Worker 被分配到的分区信息。虽然在集群中只有一个 Master，但是它仍然能够承担起一个大规模图计算的协调任务，这是因为 Master 中保存这些信息的数据结构的大小只与分区的数量有关，而与顶点和边的数量无关。

一个大规模图计算任务会被 Master 分解到多个 Worker 中去执行。在每个超步开始时，Master 都会向所有处于"有效"状态的 Worker 发送相同的指令，然后等待这些 Worker 的回应。如果在指定时间内收不到某个 Worker 的反馈，Master 就认为这个 Worker 失效。如果参与任务执行的多个 Worker 中的任意一个发生了故障失效，Master 就会进入恢复模式。在每个超步中，图计算的各种工作，如输入、输出、计算、保存和从检查点中恢复，都会在"路障"之前结束。如果路障同步成功，说明一个超步顺利结束，Master 就会进入下一个处理阶段，图计算进入下一个超步的执行。

Master 在内部运行了一个 HTTP 服务器来显示图计算过程的各种信息，用户可以通过网页随时监控图计算执行过程各个细节，如图的大小、关于出度分布的柱状图、处于活跃状态的顶点数量、在当前超步的时间信息和消息流量，以及所有用户自定义 Aggregator 的值等。

13.5.5　Aggregator

每个用户自定义的 Aggregator 都会采用聚合函数对一个值集合进行聚合计算得到一个全局值。每个 Worker 都保存了一个 Aggregator 的实例集，其中的每个实例都是由类型名称和实例名称来标识的。在执行图计算过程的某个超步 S 中，每个 Worker 会利用一个 Aggregator 对当前本地分区中包含的所有顶点的值进行归约，得到一个本地的局部归约值。在超步 S 结束时，所有 Worker 会将所有包含局部归约值的 Aggregator 的值进行最后的汇总，得到全局值，然后提交给 Master。在下一个超步 $S+1$ 开始时，Master 就会将 Aggregator 的全局值发送给每个 Worker。

13.6　Pregel 的应用实例

下面给出两个 Pregel 的应用实例，包括使用 Pregel 来解决单源最短路径问题和二分匹配问题。

13.6.1　单源最短路径

给定一个带权有向图 $G = (V,E)$，其中每条边的权是一个实数。另外，还给定 V 中的一个顶点，称为源顶点。现在要计算从源顶点到其他所有各顶点的最短路径长度（即路径上各边权之和）。这个问题就是通常所说的"单源最短路径问题"。

Pregel 非常适合解决单源最短路径问题，实现代码如下：

```
class ShortestPathVertex
    : public Vertex<int, int, int> {
  void Compute(MessageIterator* msgs) {
    int mindist = IsSource(vertex_id()) ? 0 : INF;
    for (; !msgs->Done(); msgs->Next())
     mindist = min(mindist, msgs->Value());
    if (mindist < GetValue()) {
     *MutableValue() = mindist;
     OutEdgeIterator iter = GetOutEdgeIterator();
     for (; !iter.Done(); iter.Next())
        SendMessageTo(iter.Target(),
                  mindist + iter.GetValue());
    }
    VoteToHalt();
  }
};
```

在程序开始执行时，所有顶点的值都被初始化为无穷大。在每个超步 S 中，每个顶点会首先接收上一个超步 $S-1$ 中邻居顶点给它发送的消息，消息中包含了到上一个超步 $S-1$ 结束时，已经更新过的、从源顶点到该顶点的潜在的最短距离，这是很容易做到的。比如在顶点 V 已知自身到源顶点潜在最短距离是 d 的情况下，可以选择顶点 V 的一条出射边 u（边 u 以顶点 V 为起点，以顶点 U 为终点），将 d 与边 u 的权 w 相加得到一个新值 $d+w$，并将新值作为消息发送给顶点 U，顶点 U 接收到消息后，就可以得知从源顶点到自己的潜在的最短距离是 $d+w$。

在每个超步 S 中，对于图中的任意一个顶点 V，它在接收到上一个超步 $S-1$ 中邻居顶点给它发送的消息以后，如果所有消息里包含的值的最小值小于该顶点当前关联值，那么顶点 V 就会更新自己的关联值，然后沿着出射边把消息发送给与自己相邻的其他顶点。

上述过程会一直循环，直到图中不会再发生任何顶点值的更新，程序才会终止。这时图中所有顶点的关联值就是从源顶点到自身的最短距离。

13.6.2 二分匹配

二分图又称为"二部图"，是图论中的一种特殊模型。设 $G = (V, E)$ 是一个无向图，如果顶点集 V 可分割为两个互不相交的子集（A，B），并且图中的每条边（i，j）所关联的两个顶点 i 和 j 分别属于这两个不同的顶点集 A 和 B，则称图 G 为一个二分图。给定一个二分图 G，M 为 G 边集的一个子集，如果 M 满足当中的任意两条边都不依附于同一个顶点，则称 M 是一个匹配。极大匹配是指在当前已完成的匹配下，无法再通过增加未完成匹配的边的方式来增加匹配的边数。

下面是采用 Pregel 实现随机化的极大匹配算法的代码：

```
Class BipartiteMatchingVertex
    : public Vertex<tuple<position, int>, void, boolean> {
  public:
    virtual void Compute(MessageIterator* msgs) {
      switch (superstep() % 4) {
        case 0: if (GetValue().first == 'L') {
            SendMessageToAllNeighbors(1);
            VoteToHalt();
          }
        case 1: if (GetValue().first == 'R') {
          Rand myRand = new Rand(Time());
          for ( ; !msgs->Done(); msgs->Next()) {
            if (myRand.nextBoolean()) {
              SendMessageTo(msgs->Source, 1);
              break;
            }
          }
          VoteToHalt(); }
        case 2:
          if (GetValue().first == 'L') {
            Rand myRand = new Rand(Time());
            for ( ; !msgs->Done(); msgs->Next) {
              if (myRand.nextBoolean()) {
                *MutableValue().second = msgs->Source());
                SendMessageTo(msgs->Source(), 1);
                break;
              }
            }
```

```
      VoteToHalt(); }
    case 3:
      if (GetValue().first == 'R') {
        msgs->Next();
        *MutableValue().second = msgs->Source();
      }
      VoteToHalt();
  }}};
```

在上面的 Pregel 程序中，任意一个顶点 V 的关联值是一个二元组<position, int>，position 用于标识该顶点所处集合，L 表示属于左集合，R 表示属于右集合，int 表示跟顶点 V 匹配的顶点的名称。边不需要关联值，因此关联值类型为 void；消息的类型为 boolean。该程序的执行过程是由 4 个阶段组成的多个循环组成的，当程序执行到超步 S 时，S mod 4 就可以得到当前超步处于循环的哪个阶段。每个循环的 4 个阶段如下。

（1）阶段 0。对于左集合中的任意顶点 V，如果顶点 V 还没有被匹配，就发送消息给它的每个邻居顶点请求匹配，然后顶点 V 会调用 VoteToHalt()进入"非活跃"状态。如果顶点 V 已经找到了匹配，或者顶点 V 没有找到匹配但是没有出射边，那么顶点 V 就不会发送消息。当顶点 V 没有发送消息，或者顶点 V 发送了消息但是所有的消息接收者都已经被匹配，那么该顶点不会再变为"活跃"状态。

（2）阶段 1。对于右集合中的任意顶点 U，如果它还没有被匹配，则会随机选择它接收到的消息中的其中一个，并向左集合中的消息发送者发送消息表示接受该匹配请求，随后给左集合中的其他请求者发送拒绝消息。然后，顶点 U 会调用 VoteToHalt()进入"非活跃"状态。

（3）阶段 2。左集合中那些还未被匹配的顶点，会从它所收到的、右集合发送过来的接受请求中选择其中一个给予确认，并发送一个确认消息。对于左集合中已经匹配的顶点而言，由于它们在阶段 0 不会向右集合发送任何匹配请求消息，也不会接收到任何来自右集合的匹配接受消息，因此不会执行阶段 2。

（4）阶段 3。右集合中还未被匹配的任意顶点 U 会收到来自左集合的匹配确认消息，并且每个未匹配的顶点 U 最多会收到一个确认消息。然后，顶点 U 会调用 VoteToHalt()进入"非活跃"状态，完成它自身的匹配工作。

13.7　Pregel 和 MapReduce 实现 PageRank 算法的对比

为了说明 Pregel 解决图计算问题的优势，下面给出一个实例，该实例描述了 PageRank 算法分别在 Pregel 和 MapReduce 中的不同实现方式，从中可以看出在处理图计算方面 Pregel 相对于 MapReduce 的明显优势。

13.7.1　PageRank 算法

PageRank 是一个函数，它为网络中每个网页赋一个权值。通过该权值来判断该网页的重要性。该权值分配的方法并不是固定的，对 PageRank 算法的一些简单变形都会改变网页的相对 PageRank 值（或称 PR 值）。PageRank 作为谷歌的网页链接排名算法，其基本公式如下。

$$PR = \beta \sum_{i=1}^{n} \frac{PR_i}{N_i} + (1-\beta)\frac{1}{N} \qquad (13\text{-}1)$$

其中，N 表示该网络中所有网页的数量，N_i 为第 i 个源链接的链出度，PR_i 表示第 i 个源链接的 PR 值。也就是说，对于任意一个网页链接，其 PR 值为链入该链接的源链接的 PR 值对该链接的贡献和。

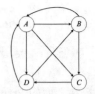

网页之间的链接关系可以用一个连通图来表示。图 13-10 就是 4 个网页（A、B、C、D）互相链入链出组成的连通图，从图 13-10 中可以看出，网页 A 中包含指向网页 B、C 和 D 的外链，网页 B 和 D 是网页 A 的源链接。

图 13-10 一个反映网页之间链接关系的连通图

13.7.2 PageRank 算法在 Pregel 中的实现

在 Pregel 计算模型中，图中的每个顶点会对应一个计算单元，每个计算单元包含 3 个成员变量。

（1）顶点值（Vertex value）。顶点对应的 PR 值。

（2）出射边（Out edge）。只需要表示一条边，可以不取值。

（3）消息（Message）。传递的消息，因为需要将本顶点对其他顶点的 PR 贡献值传递给目标顶点。

每个计算单元包含一个成员方法 Compute()，该方法定义了顶点上的运算，包括该顶点的 PR 值计算，以及从该顶点发送消息到其链出顶点。

PageRank 算法的 Pregel 实现代码如下：

```
class PageRankVertex
    : public Vertex<double, void, double> {
public:
    virtual void Compute(MessageIterator* msgs) {
        if (superstep() >= 1) {
            double sum = 0;
            for (; !msgs->Done(); msgs->Next())
                sum += msgs->Value();
            *MutableValue() =
                0.15 / NumVertices() + 0.85 * sum;
        }
        if (superstep() < 30) {
            const int64 n = GetOutEdgeIterator().size();
            SendMessageToAllNeighbors(GetValue() / n);
        } else {
            VoteToHalt();
        }
    }
};
```

PageRankVertex 继承自 Vertex 类，顶点值类型是 double，用来保存 PageRank 中间值，消息类型也是 double，用来传输 PageRank 值，边的 value 类型是 void，因为不需要存储任何信息。这里假设在第 0 个超步时，图中各顶点值被初始化为 1/NumVertices()，其中 NumVertices()表示顶点数目。在前 30 个超步中（一般认为执行 30 个超步后 PR 值基本稳定不变），每个顶点都会沿着它的出射边发送它的 PageRank 值除以出射边数目以后的结果值。从第 1 个超步开始，每个顶点会将到达的消息中的值加到 sum 值，同时将它的 PageRank 值设为 "0.15/ NumVertices()+0.85*sum"。到第 30 个超步后，就没有需要发送的消息了，同时所有的顶点停止计算，得到最终结果。

13.7.3　PageRank 算法在 MapReduce 中的实现

MapReduce 也是谷歌提出的一种计算模型，是为全量计算而设计的。采用 MapReduce 实现 PageRank 的计算过程包括 3 个阶段：解析网页、PageRank 分配和收敛阶段。

1. 阶段 1：解析网页

阶段 1 的任务就是分析一个页面的链接数并赋初值。

一个网页可以表示为由网址和内容构成的键值对< URL,page content>，以健值对作为 Map 任务的输入。阶段 1 的 Map 任务把<URL,page content>映射为<URL,<PR_{init},url_list>>后进行输出，其中，PR_{init} 是该 URL 页面对应的 PageRank 初始值，url_list 包含了该 URL 页面中的外链所指向的所有 URL。Reduce 任务只是恒等函数，输入和输出相同。

以图 13-10 为例，它是由 4 个网页组成的网络，这里每个网页的初始 PageRank 值为 1/4。它在阶段 1 中 Map 任务的输入如下：

```
<AURL,Acontent>
<BURL,Bcontent>
<CURL,Ccontent>
<DURL,Dcontent>
```

Map 任务的输出如下：

```
<AURL,<1/4,<BURL,CURL,DURL>>>
<BURL,<1/4,<AURL,CURL>>>
<CURL,<1/4,DURL>>
<DURL,<1/4,<AURL,BURL >>>
```

其中，A_{URL}、B_{URL}、C_{URL}、D_{URL} 分别指的是网页 *A*、*B*、*C*、*D* 的 URL 地址，$A_{content}$、$B_{content}$、$C_{content}$、$D_{content}$ 分别指的是网页 *A*、*B*、*C*、*D* 所包含的内容。

2. 阶段 2：PageRank 分配

阶段 2 的任务就是多次迭代计算页面的 PageRank 值。

在阶段 2 中，Map 任务的输入是<URL,<cur_rank,url_list>>，其中，cur_rank 是该 URL 页面对应的 PageRank 当前值，url_list 包含了该 URL 页面中的外链所指向的所有 URL。对于每一个 url_list 中的元素 u，Map 任务会输出<u,<URL, cur_rank/|url_list|>>（其中，|url_list|表示外链的个数），并输出链接关系<URL,url_list>，用于迭代。可以看出，每个页面的 PageRank 当前值被平均分配给了它们的每个外链。Map 任务的输出会作为下面 Reduce 任务的输入。

还是以图 13-10 为例，阶段 2 中第一次迭代 Map 任务的输入如下：

```
<AURL,<1/4,<BURL,CURL,DURL>>>
<BURL,<1/4,<AURL,CURL>>>
<CURL,<1/4,DURL>>
<DURL,<1/4,<AURL,BURL >>>
```

Map 任务的输出如下：

```
<BURL,<AURL,1/12>>
<CURL,<AURL,1/12>>
<DURL,<AURL,1/12>>
<AURL,<BURL,CURL,DURL>>
```

```
<A_URL,<B_URL,1/8>>
<C_URL,<B_URL,1/8>>
<B_URL,<A_URL,C_URL>>
<D_URL,<C_URL,1/4>>
<C_URL,D_URL>
<A_URL,<D_URL,1/8>>
<B_URL,<D_URL,1/8>>
<D_URL,<A_URL,B_URL>>
```

然后，在阶段 2 的 Reduce 阶段，Reduce 任务会获得<URL,url_list>和<u,<URL,cur_rank/|url_list|>>，Reduce 任务对于具有相同 key 值的 value 进行汇总（也就是说，对于某个网页而言，把所有分配给该网页的 PageRank 值都加起来），并把汇总结果乘以 d（这里是 0.85）得到每个网页的新的 PageRank 值 new_rank，然后输出<URL,<new_rank,url_list>>，作为下一次迭代过程的输入。

继续以图 13-10 为例，Reduce 任务把第一次迭代后 Map 任务的输出作为自己的输入，经过处理后，阶段 2 的 Reduce 输出如下：

```
<A_URL,<0.2500,<B_URL,C_URL,D_URL>>>
<B_URL,<0.2147,<A_URL,C_URL>>>
<C_URL,<0.2147,D_URL>>
<D_URL,<0.3206,<A_URL,B_URL>>>
```

经过本轮迭代，每个网页都得到了新的 PageRank 值。下次迭代阶段 2 的 Reduce 输出如下：

```
<A_URL,<0.2200,<B_URL,C_URL,D_URL>>>
<B_URL,<0.1996,<A_URL,C_URL>>>
<C_URL,<0.1996,D_URL>>
<D_URL,<0.3808,<A_URL,B_URL>>>
```

阶段 2 是一个多次迭代过程，迭代多次后，当 PageRank 值趋于稳定时，就得出了较为精确的 PageRank 值。

下面给出阶段 2 的伪代码实现：

Mapper 函数的伪码：

```
input <PageN, RankN> -> PageA,PageB,PageC ... // PageN 外链指向 PageA,PageB,PageC...
begin
    Nn := the number of outlinks for PageN;
    for each outlink PageK
        output PageK ->(PageN, RankN/Nn>
output PageN -> PageA, PageB, PageC ... // 同时输出链接关系，用于迭代
end
/**************************
Mapper 输出如下（已经排序，所以 PageK 的数据排在一起，最后一行则是链接关系对）：
PageK ->(PageN1, RankN1/Nn1>
PageK ->(PageN2, RankN2/Nn2>
...
PageK ->(PageAk, PageBk, PageCk>
**************************/
```

Reducer 函数的伪码：

```
input mapper's output
begin
    RankK :=(1-beta)/N;//N 为整个网络的网页总数
```

```
for each inlink PageNi
    RankK += RankNi/Nni * beta
//输出 PageK 及其新的 PageRank 值用于下次迭代
output <PageK, RankK> -><PageAk, PageBk, PageCk...>
end
```

上述伪代码只是一次迭代的代码，多次迭代需要重复运行。需要说明的是，这里可以优化的地方有很多，如把 Mapper 的<PageN,<PageA,PageB,PageC,...>>内容缓存起来，这样就不用再把输出作为 Reducer 的输入，同时 Reducer 在输出的时候也不用传递同样的<PageK,<PageO,PageP,PageQ,…>>，减少了大量的 I/O。因为在 PageRank 计算时，类似这样的数据才是主要数据。

3. 阶段 3：收敛阶段

阶段 3 的任务就由一个非并行组件决定是否达到收敛，如果达到收敛，就写出 PageRank 生成的列表；否则，回退到第 2 阶段，将第 2 阶段的输出作为新一轮迭代的输入，开始新一轮第 2 阶段的迭代。一般判断收敛的条件是所有网页的 PageRank 值不再变化，或者运行 30 次以后我们就认为已经收敛了。

13.7.4　PageRank 算法在 Pregel 和 MapReduce 中实现的比较

总体而言，PageRank 算法在 Pregel 和 MapReduce 中实现方式的区别主要表现在以下 3 个方面。

（1）Pregel 将 PageRank 处理对象看成连通图，MapReduce 则将其看成键值对。

（2）Pregel 将计算细化到顶点，同时在顶点内控制循环迭代次数，MapReduce 则将计算批量化处理，按任务进行循环迭代控制。

（3）图算法如果用 MapReduce 实现，需要一系列的 MapReduce 的调用。从一个阶段到下一个阶段，它需要传递整个图的状态，会产生大量不必要的序列化和反序列化开销。而 Pregel 使用超步简化了这个过程。

13.8　本章小结

本章介绍了图计算框架 Pregel 的相关知识。传统的图计算解决方案无法解决大型的图计算问题，包括 Pregel 在内的各种图计算框架脱颖而出。

Pregel 并没有采用远程数据读取或者共享内存的方式，而是采用纯消息传递模型来实现不同顶点之间的信息交换。Pregel 的计算过程是由一系列被称为"超步"的迭代组成的，每次迭代对应了 BSP 模型中的一个超步。

Pregel 已经预先定义好一个基类——Vertex 类，编写 Pregel 程序时，需要继承 Vertex 类，并且覆写 Vertex 类的虚方法 Compute()。在 Pregel 执行计算过程时，在每个超步中都会并行调用每个顶点上定义的 Compute()方法。

Pregel 是为执行大规模图计算而设计的，通常运行在由多台廉价服务器构成的集群上。一个图计算任务会被分解到多台机器上同时执行，Pregel 采用检查点机制来实现容错。

Pregel 作为分布式图计算的计算框架，主要用于图遍历、最短路径、PageRank 计算等。

本章最后通过对 PageRank 算法在 MapReduce 和 Pregel 上执行方式的比较，说明了 Pregel 解决图计算问题的优势。

13.9　习题

1. 试述 BSP 模型中超步的 3 个组件及具体含义。

2. Pregel 为什么选择一种纯消息传递模型？

3. 给定一个连通图，如图 13-11 所示。请给出采用 Pregel 模型计算图中顶点最大值的计算过程。其中寻找最大值的函数可以通过继承 Pregel 中已预定义好的一个基类——Vertex 类实现，请实现该函数。

4. 请简述 Aggregator 的作用，并以具体 Aggregator 的例子做说明。

5. 假设在同一个超步中，两个请求同时要求增加同一个顶点，但初始值不一样，Pregel 中可以采用什么机制解决该冲突？

6. 简述 Pregel 的执行过程。

7. Master 如何检测 Worker 是否失效？什么情况下确定 Worker 已失效？当 Worker 失效后，那些被分配到这些 Worker 的分区的当前状态信息就丢失了，这些分区丢失的信息可以恢复吗？如果可以，如何对这些信息进行恢复？

8. 试述 Worker 和 Master 的作用。

9. 与其他串行算法（如 Dijkstra 或者 Bellman-Ford）相比，本章中给出的 Pregel 系统的计算最短路径的算法有什么优势？

10. 最短路径问题是图论中最有名的问题之一，其中 *s-t* 最短路径在现实生活中应用最广泛，比如寻找驾驶路线等。请在 Pregel 模型下编程实现 *s-t* 最短路径问题。

11. 图 13-12 为一个简单的社交网络。图中的顶点表示人，边表示人与人之间的关系。

图 13-11　连通图　　　　　　　　　图 13-12　社交网络

我们知道半群是一种特殊的代数系统，它常被用在形式语言和自动机等领域。现在半群也可被用在社交网络上。其中，社交网络中的半群指的是相互交往密切，但和别人很少交流的一组人。例如在图 13-12 中，*ABCD* 可以看成半群。为了区分半群、普通群以及半群之间的区别，我们可以为每个半群计算一个得分，得分越高半群关系越强。

试用 Pregel 系统设计一个算法，使该算法可以得到得分最高的半群。其中，半群的得分公式如下：

$$S_C = \frac{I_C - f_B B_C}{V_C(V_C - 1)/2} \tag{13-2}$$

式中，I_C 为群中所有内部边的权重之和；B_C 为所有外部边的权重之和；V_C 为群中顶点的数量；f_B 为外部边所占的权重因子，该因子是用户自定义参数，取值范围为 0～1。如果 S_C 大于 0，则是半群，且 S_C 越大，半群关系越强。

12. 试述采用 MapReduce 和 Pregel 执行图计算的差异。

第**14**章
数据可视化

在大数据时代，人们面对海量数据，有时难免显得无所适从。一方面，数据复杂、种类繁多，各种不同类型的数据大量涌来，庞大的数据量已经大大超出了人们的处理能力，在日益紧张的工作中已经不允许人们在阅读和理解数据上花费大量时间；另一方面，人类大脑无法从堆积如山的数据中快速发现核心问题，必须有一种高效的方式来刻画和呈现数据所反映的本质问题。要解决这个问题，就需要数据可视化，它通过丰富的视觉效果，把数据以直观、生动、易理解的方式呈现给用户，可以有效提升数据分析的效率和效果。

数据可视化是大数据分析的最后环节，也是非常关键的一环。本章首先介绍数据可视化的概念，然后分类介绍可视化工具，最后给出几个典型的可视化案例。

14.1   可视化概述

本节首先介绍什么是数据可视化，然后介绍可视化的发展历程，最后指出可视化的重要作用。

14.1.1   什么是数据可视化

数据通常是枯燥乏味的，相对而言，人们对于大小、图形、颜色等怀有更加浓厚的兴趣。利用数据可视化平台，枯燥乏味的数据转变为丰富生动的视觉效果，不仅有助于简化人们的分析过程，还可在很大程度上提高分析数据的效率。

数据可视化是指将大型数据集中的数据以图形、图像形式表示，并利用数据分析和开发工具发现其中未知信息的处理过程。数据可视化技术的基本思想是将数据库中每一个数据项以单个图元素来表示，用大量的数据集构成数据图像，同时将数据的各个属性值以多维数据的形式表示，使人们可以从不同的维度观察数据，从而对数据进行更深入的观察和分析。

虽然可视化在数据分析领域并非是最具技术挑战性的部分，但它是整个数据分析流程中最重要的一个环节。

14.1.2   可视化的发展历程

人们很早就引入了可视化技术辅助分析问题。1854 年，伦敦爆发霍乱，10 天内有 500 多人死于该病。当时很多人都认为霍乱是通过空气传播的，但是 John Snow 医师不这么认为。于是他绘制了一张霍乱地图，如图 14-1 所示，分析了霍乱患者分布与水井分布之间的关系，发现在某一口井的供水范围内患者明显偏多，他据此找到了霍乱爆发的根源是一个被污染的水泵。人们把这个水泵移除以后，霍乱的发病人数就开始明显下降。

图 14-1　反映霍乱患者分布与水井分布的地图

　　数据可视化历史上的另一个经典之作是 1857 年"提灯女神"南丁格尔设计的"鸡冠花图"（又称玫瑰图，见图 14-2）。它以图形的方式直观地呈现了英国在克里米亚战争中牺牲的战士数量和死亡原因，有力地说明了改善军队医院的医疗条件对于减少战争伤亡人数的重要性。

图 14-2　"提灯女神"南丁格尔设计的"鸡冠花图"

20 世纪 50 年代，随着计算机的出现和计算机图形学的发展，人们可以利用计算机技术在计算机屏幕上绘制出各种图形图表，可视化技术开启了全新的发展阶段。最初，可视化技术被大量应用于统计学领域，用来绘制统计图表，如圆环图、柱状图和饼图、直方图、时间序列图、等高线图、散点图等；后来，又逐步应用于地理信息系统、数据挖掘分析、商务智能工具等，有效地促进了人类对不同类型数据的分析与理解。

随着大数据时代的到来，每时每刻都有海量数据产生，需要我们对数据进行及时、全面、快速、准确的分析，呈现数据背后的价值。这就更需要可视化技术协助我们更好地理解和分析数据，可视化成为大数据分析最后的一环和对用户而言最重要的一环。

14.1.3　可视化的重要作用

在大数据时代，数据容量和复杂性的不断增加，限制了普通用户从大数据中直接获取知识，数据可视化的需求越来越大，依靠可视化手段进行数据分析必将成为大数据分析流程的主要环节之一。让"茫茫数据"以可视化的方式呈现，让枯燥的数据以简单友好的图表形式展现出来，可以让数据变得更加通俗易懂，有助于用户更加方便快捷地理解数据的深层次含义，有效参与复杂的数据分析过程，提升数据分析效率，改善数据分析效果。

在大数据时代，可视化技术可以支持实现多种不同的目标。

1. 观测、跟踪数据

许多实际应用中的数据量已经远远超出人类大脑可以理解及消化吸收的能力范围，对于处于不断变化中的多个参数值，如果还是以枯燥数值的形式呈现，人们必将茫然无措。利用变化的数据生成实时变化的可视化图表，可以让人们一眼看出各种参数的动态变化过程，有效跟踪各种参数值。比如百度地图提供实时路况服务，可以查询各大城市的实时交通路况信息。

2. 分析数据

利用可视化技术，可以实时呈现当前分析结果，引导用户参与分析过程，根据用户反馈信息执行后续分析操作，完成用户与分析算法的全程交互，实现数据分析算法与用户领域知识的完美结合。一个典型的用户参与的可视化分析过程如图 14-3 所示，数据首先被转化为图像呈现给用户，用户通过视觉系统进行观察分析，同时结合自己的领域背景知识，对可视化图像进行认知，从而理解和分析数据的内涵与特征。随后，用户还可以根据分析结果，通过改变可视化程序系统的设置，来交互式地改变输出的可视化图像，从而根据自己的需求从不同角度对数据进行理解。

图 14-3　用户参与的可视化分析过程

3. 辅助理解数据

帮助普通用户更快、更准确地理解数据背后的含义，如用不同的颜色区分不同对象、用动画显示变化过程、用图结构展现对象之间的复杂关系等。例如微软亚洲研究院设计开发的"人立方"

关系搜索，能从超过 10 亿的中文网页中自动地抽取出人名、地名、机构名以及中文短语，并通过算法自动计算出它们之间存在关系的可能性，最终以可视化的关系图形式呈现结果（见图 14-4）。

图 14-4　微软"人立方"展示的人物关系

4. 增强数据吸引力

　　枯燥的数据被制作成具有强大视觉冲击力和说服力的图像，可以大大增强读者的阅读兴趣。可视化的图表新闻（见图 14-5）就是一个非常受欢迎的应用。在海量的新闻信息面前，读者的时间和精力都开始显得有些捉襟见肘。传统单调保守的讲述方式已经不能引起读者的兴趣，需要更加直观、高效的信息呈现方式。因此，现在的新闻播报越来越多使用数据图表，动态、立体化地呈现报道内容，让读者对内容一目了然，能够在短时间内迅速消化和吸收，大大提高对知识理解的效率。

图 14-5　一个可视化的图表新闻实例

14.2　可视化工具

目前已经有许多数据可视化工具，其中大部分都是免费使用的，可以满足各种可视化需求，主要包括入门级工具（Excel）、信息图表工具（Google Chart API、D3、Visual.ly、Raphaël、Flot、Tableau、大数据魔镜）、地图工具（Modest Maps、Leaflet、PolyMaps、OpenLayers、Kartograph、Google Fusion Tables、Quantum GIS）、时间线工具（Timetoast、Xtimeline、Timeslide、Dipity）和高级分析工具（Processing、NodeBox、R、Weka 和 Gephi）等。

14.2.1　入门级工具

Excel 是微软的办公软件 Office 家族的系列软件之一，可以进行各种数据的处理、统计分析和辅助决策操作，已经广泛地应用于管理、统计、金融等领域。Excel 是日常数据分析工作中最常用的工具，简单易用，用户不需要复杂的学习就可以轻松使用 Excel 提供的各种图表功能，尤其是制作折线图、饼状图、柱状图、散点图等各种统计图表时，Excel 是普通用户的首选工具。但是，Excel 在颜色、线条和样式上可选择的范围较为有限。

14.2.2　信息图表工具

信息图表是信息、数据、知识等的视觉化表达，它利用人脑对于图形信息比对于文字信息更容易理解的特点，更高效、直观、清晰地传递信息，在计算机科学、数学以及统计学领域有着广泛的应用。

1．Google Chart API

谷歌的制图服务接口 Google Chart API，可以用来为统计数据自动生成图片。该工具使用非常简单，不需要安装任何软件，可以通过浏览器在线查看统计图表。Google Chart 提供了折线图（Line Charts）、条状图（Bar Charts）、饼图（Pie Charts）、Venn 图（Venn Diagrams）和散点图（Scatter Plots）5 种图表。

比如在浏览器中输入字符串 "http://chart.apis.google.com/chart?cht=p3&chd=s:hW&chs=200x100&chl=Big|Data&chtt=Big+Data"，就可以得到图 14-6 所示的饼状图。字符串中的部分参数含义如下。

图 14-6　通过浏览器在线查看 Google Chart 统计图表

- cht（chart type）。图表种类，cht=p3 表示生成 3D 饼图。
- chs（chart size）。图表面积，chs=200x100 表示宽 200 像素、高 100 像素。
- chtt（chart title）。图表标题，chtt=Big+Data 表示标题是 Big Data。

● chd（chart data）。图表数据，chd=s:hW 表示数据是普通字符串（Simple String）hW。目前，允许的编码选择有 simple(s)、extended(e)和 text(t)。

2. D3

D3 是最流行的可视化库之一，是一个用于网页作图、生成互动图形的 JavaScript 函数库。它提供了一个 D3 对象，所有方法都通过这个对象调用。D3 能够提供大量线性图和条形图之外的复杂图表样式，如 Voronoi 图、树状图、圆形集群和单词云等，如图 14-7 所示。

图 14-7 D3 提供的可视化图表

3. Visual.ly

Visual.ly 是一款非常流行的信息图制作工具，非常好用，不需要任何设计相关的知识，就可以用它来快速创建自定义的、样式美观且具有强烈视觉冲击力的信息图表。

4. Tableau

Tableau 是桌面系统中最简单的商业智能工具软件,更适合企业和部门进行日常数据报表和数据可视化分析工作。Tableau 实现了数据运算与美观的图表的完美结合,用户只要将大量数据拖曳到数字"画布"上,转眼间就能创建好各种图表。

5. 大数据魔镜

大数据魔镜是一款优秀的国产数据分析软件,它的丰富的数据公式和算法可以让用户真正理解并探索、分析数据,用户只要通过一个直观的拖曳界面就可以创造交互式的图表和数据挖掘模型。大数据魔镜提供了中国最大的、绚丽实用的可视化效果库。通过魔镜,企业积累的各种来自内部和外部的数据,比如网站数据、销售数据、ERP 数据、财务数据、社会化数据、MySQL 数据库等,都可将其整合在魔镜中进行实时分析。魔镜移动商务智能(Business Intelligence,BI)平台可以在 iPad、iPhone、iPod Touch、安卓智能手机和平板电脑上展示关键绩效指标(Key Performance Indicator,KPI)、文档和仪表盘,而且所有图标都可以进行交互、触摸,在手掌间随意查看和分析业务数据。

14.2.3　地图工具

地图工具在数据可视化中较为常见,它在展现数据基于空间或地理分布上有很强的表现力,可以直观地展现各分析指标的分布、区域等特征。当指标数据要表达的主题跟地域有关联时,就可以选择以地图作为大背景,从而帮助用户更加直观地了解整体的数据情况,同时可以根据地理位置快速地定位到某一地区来查看详细数据。

1. Google Fusion Tables

Google Fusion Tables 让一般使用者也可以轻松制作出专业的统计地图。该工具可以让数据呈现为图表、图形和地图,从而帮助发现一些隐藏在数据背后的模式和趋势。

2. Modest Maps

Modest Maps 是一个小型、可扩展、交互式的免费库,提供了一套查看卫星地图的 API。它只有 10 KB 大小,是目前最小的可用地图库。它也是一个开源项目,有强大的社区支持,是在网站中整合地图应用的理想选择。

3. Leaflet

Leaflet 是一个小型化的地图框架,通过小型化和轻量化来满足移动网页的需要。

14.2.4　时间线工具

时间线是表现数据在时间维度的演变的有效方式,它通过互联网技术,依据时间顺序,把一方面或多方面的事件串联起来,形成相对完整的记录体系,再运用图文的形式呈现给用户。时间线可以运用于不同领域,其最大的作用就是把过去的事物系统化、完整化、精确化。

1. Timetoast

Timetoast 是在线创作基于时间轴事件记载服务的网站,提供个性化的时间线服务,可以用不同的时间线来记录个人某方面的发展历程、心路历程、某件事的进度过程等。Timetoast 基于 Flash 平台,可以在类似 Flash 时间轴上任意加入事件,定义每个事件的时间、名称、图像、描述,最终在时间轴上显示事件在时间序列上的发展,事件显示和切换十分流畅,随着鼠标点击可显示相关事件,操作简单。

2. Xtimeline

Xtimeline 是一个免费的绘制时间线的在线工具网站，操作简便，用户通过添加事件日志的形式构建时间表，同时也可给日志配上相应的图表。不同于 Timetoast 的是，Xtimeline 是一个社区类型的时间轴网站，其中加入了组群功能和更多的社会化因素，除了可以分享和评论时间轴外，还可以建立组群讨论所制作的时间轴。

14.2.5　高级分析工具

1. R

R 是属于 GNU 系统的一个自由、免费、源代码开放的软件，是一个用于统计计算和统计制图的优秀工具，使用难度较高。R 的功能包括数据存储和处理系统、数组运算工具（具有强大的向量、矩阵运算功能）、完整连贯的统计分析工具、优秀的统计制图功能、简便而强大的编程语言，可操纵数据的输入和输出，实现分支、循环以及用户自定义功能等，通常用于大数据集的统计与分析。

2. Weka

Weka 是一款免费的、基于 Java 环境的、开源的机器学习以及数据挖掘软件。Weka 不但可以进行数据分析，还可以生成一些简单图表。

3. Gephi

Gephi 是一款比较特殊、也比较复杂的软件，主要用于社交图谱数据可视化分析，可以生成非常酷炫的可视化图形。

14.3　可视化典型案例

本节给出数据可视化的几个典型案例，包括全球黑客活动、互联网地图、编程语言之间的影响力关系图、世界国家健康与财富之间的关系、3D 可视化互联网地图 App 等。

14.3.1　全球黑客活动

安全供应商 Norse 打造了一张能够反映全球范围内黑客攻击频率的地图，它利用 Norse 的"蜜罐"攻击陷阱显示出所有实时渗透攻击活动。该地图中的每一条线代表的都是一次攻击活动，借此可以了解每一天、每一分钟甚至每一秒世界上发生了多少次恶意渗透。

14.3.2　互联网地图

为了探究互联网这个庞大的宇宙，俄罗斯工程师 Ruslan Enikeev 根据 2011 年年底的数据，将全球 196 个国家的 35 万个网站数据整合起来，并根据 200 多万个网站链接将这些"星球"通过关系链联系起来，每一个"星球"的大小根据其网站流量来决定，"星球"之间的距离的远近则根据链接出现的频率、强度和用户跳转时创建的链接来确定，由此绘制了"互联网地图"，如图 14-8 所示。

14.3.3　编程语言之间的影响力关系

通过 TIOBE 的编程语言排行榜，我们可以了解每门编程语言的热门程度，但是无法反映不同编程语言之间的相互影响关系。Ramio Gómez 利用来自 Freebase 上的编程语言维护表里的数据(包含超过 3900 万个主题、2011 种类型以及超过 3 万个属性),绘制了编程语言之间的影响力关系图。如图 14-9 所示,图中的每个节点代表一种编程语言,节点之间的连线代表该编程语言对其他语言有影响,有影响力的语言和其他语言的连线越多,相应的节点也会越大。

图 14-8　俄罗斯工程师绘制的"互联网地图"

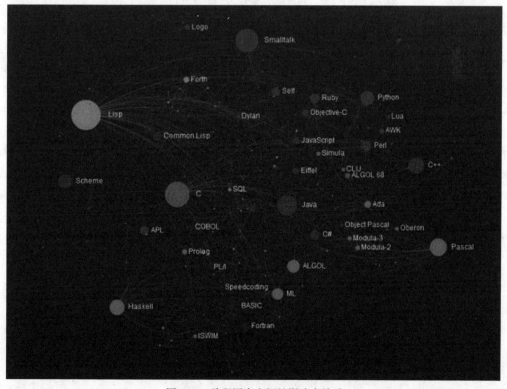

图 14-9　编程语言之间的影响力关系

14.3.4　世界国家健康与财富之间的关系

"世界国家健康与财富之间的关系"利用可视化技术，把世界上 200 多个国家和地区，从 1810 年到 2010 年历时 200 年各国国民的健康、财富变化数据（收集了 1000 多万个数据）制作成三维动画进行了直观展示，如图 14-10 所示。

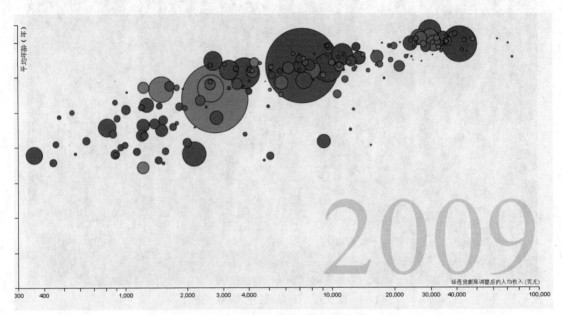

图 14-10　世界国家健康与财富之间的关系

14.3.5　3D 可视化互联网地图 App

3D 可视化是描绘和理解数据的一种手段，是数据的一种表征形式，并非模拟技术。3D 可视化以一种独特的立体视角为用户呈现数据，可以帮助用户发现一些在 2D 模式下无法察觉的内容。Peer 1 开发了一个称为"互联网地图"的 App，如图 14-11 所示，这是一个建立在小盒子形式上的 3D 地图。这个 App 把组成互联网的无数网络变成可视化的东西，显示了互联网服务提供商（ISPs）、互联网交换中心和各种组织之间的复杂关系。在这个交互式 3D 地图中，用户可以随心所欲地缩放这个旋转的地球，甚至可以从一个节点出发对自己的网络路由进行跟踪，从而根据路由情况来估算数据在不同节点之间传输所需要耗费的时间。

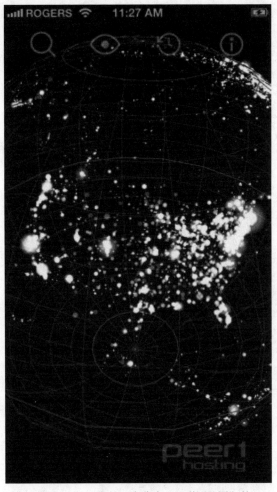

图 14-11　Peer 1 开发的一个称为"互联网地图"的 App

14.4　本章小结

　　本章介绍了数据可视化的相关知识。数据可视化在大数据分析中具有非常重要的作用，尤其从用户角度而言，它是提升用户数据分析效率的有效手段。

　　可视化工具包括入门级工具、信息图表工具、地图工具、时间线工具和高级分析工具，每种工具都可以帮助我们实现不同类型的数据可视化分析，可以根据具体应用场合来选择适合的工具。

　　本章最后介绍了一些典型的数据可视化案例，从中可以深刻感受到数据可视化的魅力和重要作用。

14.5　习题

1. 试述数据可视化的概念。
2. 试述数据可视化的重要作用。
3. 可视化工具主要包含哪些类型？各自的代表性产品有哪些？
4. 请举出几个数据可视化的有趣案例。

第四篇
大数据应用

本篇内容

大数据已经在社会生产和日常生活中得到了广泛的应用，对人类社会的发展进步起着重要的推动作用。本篇介绍大数据在互联网、生物医学、物流、城市管理、金融、汽车、零售、餐饮、电信、能源、体育和娱乐、安全领域、政府领域、日常生活等方面的应用，从中我们可以深刻地感受到大数据对社会的影响及其重要价值。

本篇包括 3 章。第 15 章以推荐系统为核心介绍大数据在互联网领域的应用；第 16 章介绍大数据在生物医学领域的应用；第 17 章介绍大数据的其他应用。其中，第 15 章需要重点理解，另外两章可以作为拓展性阅读材料。

知识地图

重点与难点

重点为了解大数据在互联网领域的应用——推荐系统，掌握推荐系统的基本原理和实现过程。难点为掌握不同推荐算法的技术细节和适用场合。

第15章
大数据在互联网领域的应用

　　随着大数据时代的到来，网络信息飞速增长，用户面临着信息过载的问题。虽然用户可以通过搜索引擎查找自己感兴趣的信息，但是在用户没有明确需求的情况下，搜索引擎也难以帮助用户有效地筛选信息。为了让用户从海量信息中高效地获得自己所需的信息，推荐系统应运而生。推荐系统是大数据在互联网领域的典型应用，它可以通过分析用户的历史记录来了解用户的喜好，从而主动为用户推荐其感兴趣的信息，满足用户的个性化需求。

　　本章首先介绍推荐系统的概念，描述长尾理论与推荐系统的内在联系，并介绍不同的推荐方法以及推荐系统的应用；然后重点介绍协同过滤算法的基本思想；最后通过实例来讲述如何实现一个简易的推荐系统。

15.1　推荐系统概述

本节介绍推荐系统的概念、长尾理论、推荐方法、推荐系统模型以及推荐系统的应用。

15.1.1　什么是推荐系统

　　随着互联网的飞速发展，网络信息的快速膨胀让人们逐渐从信息匮乏的时代步入了信息过载的时代。借助于搜索引擎，用户可以从海量信息中查找自己所需的信息。但是，通过搜索引擎查找内容是以用户有明确的需求为前提的，用户需要将其需求转化为相关的关键词进行搜索。因此，当用户需求很明确时，搜索引擎的结果通常能够较好地满足用户需求。比如用户打算从网络上下载一首由筷子兄弟演唱的、名为《小苹果》的歌曲时，只要在百度音乐搜索中输入"小苹果"，就可以找到该歌曲的下载地址。然而，当用户没有明确需求时，就无法向搜索引擎提交明确的搜索关键词。这时，看似"神通广大"的搜索引擎也会变得无能为力，难以帮助用户对海量信息进行筛选。比如用户突然想听一首自己从未听过的最新的流行歌曲，面对当前众多的流行歌曲，用户可能显得茫然无措，不知道自己想听哪首歌曲，因此他可能不会告诉搜索引擎要搜索什么名字的歌曲，搜索引擎自然无法为其找到爱听的歌曲。

　　推荐系统是可以解决上述问题的一个非常有潜力的办法，它通过分析用户的历史数据来了解用户的需求和兴趣，从而将用户感兴趣的信息、物品等主动推荐给用户。现在让我们设想一个生活中可能遇到的场景：假设你今天想看电影，但不明确想看哪部电影，这时你打开在线电影网站，面对近百年来所拍摄的成千上万部电影，要从中挑选一部自己感兴趣的电影就不是一件容易的事情。我们经常会打开一部看起来不错的电影，看几分钟后无法提起兴趣就结束观看，然后继续寻找下一部电影，等终于找到一部自己爱看的电影时，可能已经有点筋疲力尽了，渴望放松的心情也会荡然无存。为解决挑选电影的问题，你可以向朋友、电影爱好者进行请教，让他们为你推荐电影。但是，这需要一定的时间成本，而且，由于每个人的喜好不同，他人推荐的电影不一定会令你满意。此时，你可能更想要的是一个针对你的自动化工具，它可以分析你的观影记录，了解你对电影的喜好，并从庞大的电影库中找到符合你兴趣的电影供你选择。这个你所期望的工具就是"推荐系统"。

推荐系统是自动联系用户和物品的一种工具。和搜索引擎相比，推荐系统通过研究用户的兴趣偏好，进行个性化计算，可发现用户的兴趣点，帮助用户从海量信息中去发掘自己潜在的需求。

15.1.2　长尾理论

从推荐效果的角度而言，热门推荐往往能取得不俗的效果，这也是各类网站中都能见到热门排行榜的原因。但是，热门推荐的主要缺陷在于推荐的范围有限，所推荐的内容在一定时期内也相对固定，无法为用户提供新颖且有吸引力的推荐结果，自然难以满足用户的个性化需求。

从商品的角度而言，推荐系统要比热门推荐更加有效，前者可以更好地发掘"长尾商品"。美国《连线》杂志主编 Chris Anderson 于 2004 年提出了"长尾"概念，用来描述以亚马逊为代表的电子商务网站的商业和经济模式。电子商务网站和传统零售店相比，销售商品的种类更加繁多。虽然绝大多数商品都不热门，但是这些不热门的商品总数量极其庞大，所累计的总销售额将是一个可观的数字，也许会超过热门商品所带来的销售额。热门商品往往代表了用户的普遍需求，长尾商品则代表了用户的个性化需求。因此，通过发掘长尾商品可提高销售额，但这就需要充分地研究用户的兴趣，而这正是推荐系统需主要解决的问题。

推荐系统通过发掘用户的行为记录，找到用户的个性化需求，发现用户潜在的消费倾向，从而将长尾商品准确地推荐给需要它的用户，帮助用户发现那些他们感兴趣却很难发现的商品，最终实现用户与商家双赢。

15.1.3　推荐方法

推荐系统的本质是建立用户与物品的联系，根据推荐算法的不同，推荐方法包括如下 5 类。

（1）专家推荐。专家推荐是传统的推荐方式，本质上是一种人工推荐，由资深的专业人士来进行物品的筛选和推荐，需要较多的人力成本。现在专家推荐结果主要作为其他推荐算法结果的补充。

（2）基于统计的推荐。基于统计信息的推荐（如热门推荐），概念直观，易于实现，但是对用户个性化偏好的描述能力较弱。

（3）基于内容的推荐。基于内容的推荐是信息过滤技术的延续与发展，其更多是通过机器学习的方法去描述内容的特征，并基于内容的特征来发现与之相似的内容。

（4）协同过滤推荐。协同过滤推荐是推荐系统中应用最早和最为成功的技术之一。它一般采用最近邻技术，利用用户的历史信息计算用户之间的距离，然后利用目标用户的最近邻居用户对商品的评价信息来预测目标用户对特定商品的喜好程度，最后根据这一喜好程度对目标用户进行推荐。

（5）混合推荐。在实际应用中，单一的推荐算法往往无法取得良好的推荐效果，因此多数推荐系统会对多种推荐算法进行有机组合，如在协同过滤之上加入基于内容的推荐。

基于内容的推荐与协同过滤推荐有相似之处，但是基于内容的推荐关注的是物品本身的特征，通过物品自身的特征来找到相似的物品；协同过滤推荐则依赖用户与物品间的联系，与物品自身特征没有太多关系。

15.1.4 推荐系统模型

推荐系统基本架构如图 15-1 所示，一个完整的推荐系统通常包括 3 个组成模块：用户建模模块、推荐对象建模模块、推荐算法模块。推荐系统首先对用户进行建模，根据用户行为数据和属性数据来分析用户的兴趣和需求，同时对推荐对象进行建模。接着，基于用户特征和物品特征，采用推荐算法计算得到用户可能感兴趣的对象，之后根据推荐场景对推荐结果进行一定程序的过滤和调整，最终将推荐结果展示给用户。

图 15-1　推荐系统基本架构

推荐系统通常需要处理庞大的数据量，既要考虑推荐的准确度，也要考虑计算推荐结果所需的时间，因此推荐系统一般可再细分成离线计算部分与实时计算部分。离线计算部分对于数据量、算法复杂度、时间限制均较少，可得出较高准确度的推荐结果。实时计算部分则要求能快速响应推荐请求，能容忍相对较低的推荐准确度。通过将实时推荐结果与离线推荐结果相结合，推荐系统能为用户提供高质量的推荐结果。

15.1.5 推荐系统的应用

目前在电子商务、在线视频、在线音乐、社交网络等各类网站和应用中，推荐系统都开始扮演越来越重要的角色。亚马逊已将推荐的思想融入其网站的各个角落，实现了多个推荐场景。亚马逊网站利用用户的浏览历史记录来为用户推荐商品，推荐的主要是用户未浏览过，但可能感兴趣、有潜在购买可能性的商品，如图 15-2 所示。

图 15-2　亚马逊网站根据用户的浏览历史记录来推荐商品

推荐系统在在线音乐应用中也逐渐发挥越来越重要的作用。音乐相比于电影在数量上更为庞大，且个人口味偏向更为明显，仅依靠热门推荐和专家推荐是远远不够的。虾米音乐网根据用户的音乐收藏记录来分析用户的音乐偏好，从而进行推荐（见图 15-3）。从推荐的结果来看，主要是基于内容的推荐，例如推荐同一风格的歌曲，或是推荐同一歌手的其他歌曲，或是推荐同一专辑中的其他歌曲等。

图 15-3　虾米音乐网根据用户的音乐收藏记录来推荐歌曲

15.2　协同过滤

推荐技术从被提出到现在已有十余年，在多年的发展历程中诞生了很多新的推荐算法。协同过滤作为最早、最知名的推荐算法，不仅在学术界得到了深入研究，而且至今在业界仍有广泛的应用。协同过滤可分为基于用户的协同过滤和基于物品的协同过滤。下面，我们主要就协同过滤算法进行详细介绍。

15.2.1　基于用户的协同过滤

下面介绍基于用户的协同过滤的算法思想，以及如何实现算法的关键步骤——计算用户与用户之间的兴趣相似度。

1．算法思想

基于用户的协同过滤算法（简称 UserCF 算法）是推荐系统中最古老的算法。可以说，UserCF 的诞生标志着推荐系统的诞生。该算法于 1992 年被提出，直到现在该算法仍然是推荐系统领域最著名的算法之一。

　　UserCF 算法符合人们对于"趣味相投"的认知，即兴趣相似的用户往往有相同的物品喜好。当目标用户需要个性化推荐时，可以先找到和目标用户有相似兴趣的用户群体，然后将这个用户群体喜欢的、而目标用户没有听说过的物品推荐给目标用户，这种方法就称为"基于用户的协同过滤算法"。

　　UserCF 算法的实现主要包括两个步骤。

　　（1）找到和目标用户兴趣相似的用户集合。

　　（2）找到该集合中的用户喜欢的、且目标用户没有听说过的物品推荐给目标用户。

　　假设有用户 a、b、c 和物品 A、B、C、D，其中用户 a、c 都喜欢物品 A 和物品 C，如图 15-4 所示，因此认为这两个用户是相似用户，于是将用户 c 喜欢的物品 D（物品 D 是用户 a 还未接触过的）推荐给用户 a。

图 15-4　基于用户的协同过滤

2. 计算用户相似度

　　实现 UserCF 算法的关键步骤是计算用户与用户之间的兴趣相似度。目前使用较多的相似度算法如下。

　　（1）泊松相关系数（Person Correlation Coefficient）。

　　（2）余弦相似度（Cosine Similarity）。

　　（3）调整余弦相似度（Adjusted Cosine Similarity）。

　　给定用户 u 和用户 v，令 $N(u)$ 表示用户 u 感兴趣的物品集合，令 $N(v)$ 为用户 v 感兴趣的物品集合，则使用余弦相似度计算用户相似度的公式如下。

$$w_{uv} = \frac{|N(u) \bigcap N(v)|}{\sqrt{|N(u)\| N(v)|}}$$
（15-1）

　　由于很多用户相互之间并没有对同样的物品产生过行为，因此其相似度公式的分子为 0，相似度也为 0。所以，在计算相似度 w_{uv} 时，我们可以利用物品到用户的倒排表（每个物品所对应的、对该物品感兴趣的用户列表），仅对有对相同物品产生交互行为的用户进行计算。

　　图 15-5 展示了基于图 15-4 的数据建立物品到用户倒排表并计算用户相似度矩阵的过程。由图 15-5 可知，喜欢物品 C 的用户包括用户 a 和用户 c，因此将 $W[a][c]$ 和 $W[c][a]$ 都加 1，以此类推。对每个物品的用户列表进行计算之后，就可以得到用户相似度矩阵 W，矩阵元素 $W[u][v]$ 为 w_{uv} 的分子部分，将 $W[u][v]$ 除以分母便可得到用户相似度 w_{uv}。

　　得到用户间的相似度后，再使用如下公式来度量用户 u 对物品 i 的感兴趣程度 P_{ui}。

$$p_{ui} = \sum_{v \in S(u,K) \cap N(i)} W_{uv} r_{vi} \tag{15-2}$$

（a）用户喜欢的物品列表　　（b）物品对应的用户列表　　（c）相似度矩阵 W

图 15-5　物品到用户倒排表和用户相似度矩阵

式中，$S(u, K)$ 是和用户 u 兴趣最接近的 K 个用户的集合；$N(i)$ 是喜欢物品 i 的用户集合；W_{uv} 是用户 u 和用户 v 的相似度；r_{vi} 是隐反馈信息，代表用户 v 对物品 i 的感兴趣程度，为简化计算可令 $r_{vi} = 1$。

所有物品计算 P_{ui} 后，可以再进行一定的处理，如降序处理，最后取前 N 个物品作为最终的推荐结果展示给用户 u。

15.2.2　基于物品的协同过滤

下面介绍基于物品的协同过滤的算法思想，以及如何实现算法的关键步骤——计算物品相似度。

1. 算法思想

基于物品的协同过滤算法（简称 ItemCF 算法）是目前业界应用最多的算法。无论是亚马逊还是 Netflix，其推荐系统的基础都是 ItemCF 算法。

ItemCF 算法是给目标用户推荐那些和他们之前喜欢的物品相似的物品。ItemCF 算法并不利用物品的内容属性计算物品之间的相似度，而主要通过分析用户的行为记录来计算物品之间的相似度。该算法基于的假设是：物品 A 和物品 B 具有很大的相似度是因为喜欢物品 A 的用户大多也喜欢物品 B。例如该算法会因为你购买过《数据挖掘导论》而给你推荐《机器学习实战》，因为买过《数据挖掘导论》的用户多数也购买了《机器学习实战》。

ItemCF 算法与 UserCF 算法类似，也分为两步。

（1）计算物品之间的相似度。

（2）根据物品的相似度和用户的历史行为，给用户生成推荐列表。

仍然以图 15-4 所示的数据为例，用户 a、c 都购买了物品 A 和物品 C，因此可以认为物品 A 和物品 C 是相似的。因为用户 b 购买过物品 A 而没有购买过物品 C，所以推荐算法为用户 b 推荐物品 C，如图 15-6 所示。

2. 计算物品相似度

与 UserCF 算法不同，用 ItemCF 算法计算物品相似度是通过建立用户到物品倒排表（每个用户喜欢的物品的列表）来计算的。

图 15-7 展示了基于图 15-4 的数据建立用户到物品倒排表并计算物品相似度矩阵的过程。如图 15-7（a）所示，对每个用户 u 喜欢的物品列表，都建立一个物品相似度矩阵 M_u，如用户 a 喜欢物品 A 和物品 C，则 $M_a[A][C]$ 和 $M_a[C][A]$ 都加 1，依此类推，得到每个用户的物品相似度矩阵

如图 15-7（b）所示。将所有用户的物品相似度矩阵 M_u 相加得到最终的物品相似度矩阵 R，如图 15-7（c）所示，其中 $R[i][j]$ 记录了同时喜欢物品 i 和物品 j 的用户数，将矩阵 R 归一化，便可得到物品间的余弦相似度矩阵 W。

图 15-6　基于物品的协同过滤

（a）用户喜欢的物品列表　　（b）物品相似度矩阵 M　　（c）物品相似度矩阵 R

图 15-7　用户到物品倒排表和物品相似度矩阵

得到物品相似度后，再使用如下公式来度量用户 u 对物品 j 的感兴趣程度 P_{uj}。

$$p_{uj} = \sum_{i \in N(u) \cap S(j,K)} W_{ji} r_{ui} \tag{15-3}$$

由式（15-3）可以看出，p_{uj} 与 UserCF 算法中 p_{ui} 的定义基本一致，也是将计算得到的 p_{uj} 进行处理后，取前 N 个物品作为最终的推荐结果展示给用户 u。

15.2.3　UserCF 算法和 ItemCF 算法的对比

从上述介绍中可以看出，UserCF 算法和 ItemCF 算法的思想是相似的，计算过程也类似，最主要的区别在于：UserCF 算法推荐的是那些和目标用户有共同兴趣爱好的其他用户所喜欢的物品，ItemCF 算法则推荐那些和目标用户之前喜欢的物品类似的其他物品。因此，UserCF 算法的推荐更偏向于社会化，而 ItemCF 算法的推荐更偏向于个性化。

UserCF 算法适用于新闻推荐、微博话题推荐等应用场景，其推荐结果在新颖性方面有一定的优势。但是，随着用户数目的增大，计算用户相似度将越来越困难，其运算时间复杂度和空间复杂度的增长与用户数的增长近似于平方关系。而且，UserCF 算法的推荐结果相关性较弱，容易受大众影响而推荐热门物品，同时 UserCF 算法也很难对推荐结果做出解释。此外，新用户或低活跃用户会遇到"冷启动"的问题，即无法找到足够有效的相似用户来计算出合适的推荐结果。

ItemCF 算法则在电子商务、电影、图书等应用场景中广泛使用，并且可以利用用户的历史行为给推荐结果做出解释，让用户更信服推荐的效果。但是，ItemCF 算法倾向于推荐与用户已购买商品相似的商品，往往会出现多样性不足、推荐新颖度较低的问题。

事实上，在实际应用中，没有任何一种推荐算法能够做到适用于各种应用场景且都能取得良好效果，不同推荐算法各有千秋，分别有其适合的应用场景，也各有其局限。因此，实践中推荐系统常采用将不同的推荐算法进行有机结合的方式，这样做往往能显著提升推荐效果。

15.3　协同过滤实践

本节介绍如何基于公开数据集、使用 Python 语言来实现一个简易的推荐系统。

15.3.1　实践背景

我们选择以 MovieLens 作为实验数据（该数据集可以从本书官网 http://dblab.xmu.edu.cn/post/bigdata3 的"下载专区"中下载），采用 ItemCF 算法，使用 Python 来实现一个简易的电影推荐系统。MovieLens 是 GroupLens Research 实验室的一个非商业性质的、以研究为目的的实验性项目，采集了一组从 20 世纪 90 年代末到 21 世纪初由 MovieLens 网站用户提供的电影评分数据。其中，MovieLens 100k 数据集包括了约 1000 名用户对约 1700 部电影的评分记录，每个用户都至少对 20 部电影进行过评分，一共有约 100 000 条电影评分记录。

基于这个数据集，我们解决的是一个评分预测问题，即如何通过已知的用户评分记录来预测未知的用户评分。对于用户未进行评分的电影，我们希望能够预测出一个评分，而这个评分反过来也可以用于猜测用户是否会喜欢这部电影，从而决定是否给用户推荐该电影。

在实际应用中，我们通常实现的是 Top-N 推荐，即为目标用户提供一个长度为 N 的推荐列表，使该推荐列表能够尽量满足用户的兴趣和需求。对于评分预测问题，我们同样可以将得到的评分预测结果进行降序处理，并选出 Top-N 来作为对目标用户的推荐结果。

此外，之所以选择 Python 来实现该简易推荐系统，是因为 Python 的语法较为接近自然语言，即使没有使用过 Python 的读者，结合代码的注释，理解本节出现的 Python 代码时也不会有太大的难度。

15.3.2　数据处理

MovieLens 数据集中除了评分记录外，还包括了用户信息数据和电影信息数据，可用于实现更为精准的推荐。为简化实现，我们仅使用数据集中用户对电影评分数据进行计算，同时使用电影的基本信息数据来辅助输出推荐结果。

在数据集中，用户对电影的评分数据文件为 ratings.csv，数据格式如图 15-8 所示，每一行的 4 个数据元素分别表示用户 ID、电影 ID、评分、评分时间戳。

```
196 242 3  881250949
186 302 3  891717742
22  377 1  878887116
244 51  2  880606923
166 346 1  886397596
298 474 4  884182806
115 265 2  881171488
253 465 5  891628467
305 451 3  886324817
6   86  3  883603013
```

图 15-8　用户对电影的评分数据格式

电影的信息数据文件为 movies.csv，数据形式如图 15-9 所示，我们主要使用前两个数据元素——电影 ID、电影名称（上映年份），用于最终推荐结果的展示。

```
movieId, title, genres
1, Toy Story (1995), Adventure|Animation|Children|Comedy|Fantasy
2, Jumanji (1995), Adventure|Children|Fantasy
3, Grumpier Old Men (1995), Comedy|Romance
4, Waiting to Exhale (1995), Comedy|Drama|Romance
5, Father of the Bride Part II (1995), Comedy
6, Heat (1995), Action|Crime|Thriller
7, Sabrina (1995), Comedy|Romance
8, Tom and Huck (1995), Adventure|Children
9, Sudden Death (1995), Action
```

图 15-9　电影的信息数据形式

首先，我们将所需数据读入并进行一定的预处理，主要将用户对电影的评分信息存入集合 user_movie，代码如下：

```python
def ReadData():
    file_user_movie = 'ratings.csv'
    file_movie_info = 'movies.csv'
    user_movie = {}  # 存放用户对电影的评分信息
    for line in open(file_user_movie): # 依次读取每条评分数据
        user, item, score = line.split('\t')[0:3] # 前3个数据元素分别是用户ID、电影ID、评分
        user_movie.setdefault(user,{})
        user_movie[user][item] = int(score)  # 存入评分
    movies = {}  # 存放电影的基本信息
    for line in open(file_movie_info):
        (movieId, movieTitle) = line.split('|')[0:2]  # 前2个数据元素分别是电影ID、电
                                                       # 影名称
        movies[movieId] = movieTitle
    return user_movie, movies
```

15.3.3　计算相似度矩阵

根据前面介绍的计算物品的相似度矩阵方法，可建立物品（电影）到用户倒排表来计算物品的余弦相似度矩阵。这一部分的代码如下，传入的参数是上一步处理后的电影评分数据：

```python
def ItemSimilarity(user_movie):
    # 建立电影间的相似度矩阵
    C = {}  # 存放最终的物品相似度矩阵
    N = {}  # 存放每个电影的评分人数
    for user, items in user_movie.items():  # 对所有评分数据进行处理
        for i in items.keys():
            N.setdefault(i,0)
            N[i] += 1
            C.setdefault(i,{})
            for j in items.keys():
                if i == j : continue
                C[i].setdefault(j,0)
                C[i][j] += 1
    #计算最终的物品余弦相似度矩阵
    W = {}
    for i,related_items in C.items():
```

```
        W.setdefault(i,{})
        For j,cij in related_items.items():
            W[i][j] = cij / (math.sqrt(N[i] * N[j]))
return W
```

15.3.4　计算推荐结果

当电影余弦相似度矩阵计算完成后，就可以针对用户进行推荐了。这一部分的代码如下，参数 user 表示目标用户 ID，参数 W 是上一步中得到的物品相似度矩阵，参数 K 表示取 *K* 个相似用户进行计算，参数 N 表示最终得到对目标用户 user 的 *N* 个推荐结果：

```
def Recommend(user, user_movie, W, K, N):
    rank = {}  # 存放推荐计算结果
    action_item = user_movie[user]
    for item, score in action_item.items():
        for j, wj in sorted(W[item].items(), key=lambda x:x[1], reverse=True)[0:K]:
            if j in action_item.keys():
                continue
            rank.setdefault(j,0)
            rank[j] += score * wj
    return dict(sorted(rank.items(),key=lambda x:x[1],reverse=True)[0:N])# 排序并取前
N个结果
```

15.3.5　展示推荐结果

现在我们就可以将上述 3 个部分组合在一起来完成推荐结果的计算，并最终将推荐结果展示给用户。这一部分的代码如下：

```
if __name__ == "__main__":  # 主函数
    # 加载数据
    user_movie, movies = ReadData()
    # 计算电影相似度
    W = ItemSimilarity(user_movie)
    # 计算推荐结果，并取 Top-10 的推荐结果
    result = Recommend('1', user_movie, W, 10 , 10) # 对用户 ID 为 1 的用户进行推荐
    # 展示推荐结果
    for i, rating in result:
        print 'film: %s, rating: %s' % (movies[i], rating)
```

我们尝试对用户 ID 为 1 的用户进行推荐，得到的推荐结果如图 15-10 所示，输出了电影的名称、年份以及预测的评分。

这样，一个简单的电影推荐系统就完成了。

```
film: Titanic (1997),      rating: 3.89483842578
film: Air Force One (1997),   rating: 3.86732319398
film: L.A. Confidential (1997),    rating: 3.8255074736
film: Winter Guest, The (1997),    rating: 3.77287384289
film: Postman, The (1997),      rating: 3.7726583083
film: Wag the Dog (1997),      rating: 3.76181477552
film: Fire Down Below (1997),    rating: 3.75018044393
film: Anna Karenina (1997),     rating: 3.74833946959
film: Leaving Las Vegas (1995),    rating: 3.74818188227
film: Shadow Conspiracy (1997),    rating: 3.7351481072
```

图 15-10　推荐结果

15.4　本章小结

本章首先介绍了推荐系统的概念，推荐系统可帮助用户从海量信息中高效地获得自己需要的信息。接着介绍了不同的推荐方法以及推荐系统在电子商务、在线音乐等网站中的具体应用。本章重点介绍了协同过滤算法，协同过滤算法是最早推出的推荐算法，至今仍获得广泛的应用。协同过滤包括基于用户的协同过滤算法和基于物品的协同过滤算法。这两种协同过滤算法思想相近，核心是计算用户、物品的相似度，依据相似度来做出推荐。然而，这两种协同过滤算法各自适合的应用场景不同，UserCF 适合社交化应用，可做出新颖的推荐，ItemCF 则适用于电子商务、电影等应用。在具体实践中，常结合多种推荐算法来提升推荐效果。本章最后通过一个具体的实例介绍了如何使用 Python 实现一个简易的电影推荐系统，深化读者对推荐系统的认识。

15.5　习题

1. 试分析推荐系统的动机以及所能解决的问题。

2. 试述搜索引擎与推荐系统在为用户筛选信息时的区别。

3. 试述长尾理论的概念。

4. 请列举几种推荐算法，并进行简要描述。

5. 一个完整的推荐系统一般由 3 个部分组成，请说明这 3 个部分及其功能。

6. 一般推荐系统的推荐结果包括在线计算结果和离线计算结果，试分析采用这种混合方式能带来什么好处，为什么能提升推荐效果？

7. 协同过滤算法是常用的推荐算法，包括基于用户的协同过滤和基于物品的协同过滤，试简要描述这两种协同过滤算法。

8. 试描述 UserCF 算法和 ItemCF 算法的一般实现步骤。

9. 试列出 UserCF 算法和 ItemCF 算法各自适合的应用场景，并简要描述这两种算法的优缺点。

10. 采用 UserCF 算法实现的推荐系统中，新用户或低活跃用户会遇到"冷启动"的问题，即无法找到足够有效的相似用户来计算出合适的推荐结果，请思考如何解决"冷启动"的问题。

11. 采用 ItemCF 算法实现的推荐系统可能会遇到多样性不足、推荐新颖度较低的问题，请思考如何解决该问题。

12. 现有用户 a、b、c 和物品 A、B、C、D、E，其关系如图 15-11 所示。请使用基于用户的协同过滤算法，给出物品到用户倒排表的建立过程及用户相似度矩阵，并给出用户 c 的推荐列表。

图 15-11　用户和物品的关系

第16章
大数据在生物医学领域的应用

  大数据在生物医学领域得到了广泛的应用。在流行病预测方面,大数据彻底颠覆了传统的流行疾病预测方式,使人类在公共卫生管理领域迈上了一个全新的台阶。在智慧医疗方面,通过打造健康档案区域医疗信息平台,利用最先进的物联网技术和大数据技术,可以实现患者、医护人员、医疗服务提供商、保险公司等之间的无缝、协同、智能的互联,让患者体验一站式的医疗、护理和保险服务。在生物信息学方面,大数据使得我们可以利用先进的数据科学知识,更加深入地了解生物学过程、作物表型、疾病致病基因等。

  本章介绍大数据在流行病预测、智慧医疗和生物信息学等生物医学领域的应用,并给出了一个基于大数据的综合健康服务平台的案例,来阐述大数据对人类健康管理带来的深刻影响。

16.1 流行病预测

  本节首先指出传统流行病预测机制的不足之处,然后介绍基于大数据的流行病预测及其重要作用。

16.1.1 传统流行病预测机制的不足

  在公共卫生领域,流行疾病管理是一项关乎民众身体健康甚至生命安全的重要工作。一个疾病,一旦真正在公众中爆发,就已经错过了最佳防控期,这往往会带来大量的生命和经济损失。以 2003 年全球爆发的 SARS(非典)疫情为例,据亚洲开发银行统计,SARS 使全球在此期间经济总损失额达到 590 亿美元(约 4720 亿元)。其中,中国内地经济的总损失额为 179 亿美元(约 1432 亿元),占当年中国 GDP 的 1.3%;中国香港地区经济的总损失额为 120 亿美元(约 960 亿元),占香港特别行政区地区生产总值的 7.6%。根据世界卫生组织公布的数据,到 2013 年 8 月 7 日,全球累计"非典"病例共 8422 例,涉及 32 个国家和地区。其中,中国内地累计病例 5327 例,死亡 349 人;加拿大 251 例,死亡 41 人;新加坡 238 例,死亡 33 人;越南 63 例,死亡 5 人。

  在传统的公共卫生管理中,一般要求医生在发现新型病例时上报给疾病控制与预防中心,疾控中心对各级医疗机构上报的数据进行汇总分析,发布疾病流行趋势报告。但是,这种从下至上的处理方式存在一个致命的缺陷:流行疾病感染的人群往往会在发病多日进入严重状态后才会到医院就诊,医生见到患者再上报给疾控中心,疾控中心再汇总进行专家分析后发布报告,然后相关部门采取应对措施,整个过程会经历一个相对较长的周期,一般要滞后一到两周,而在这个时间段内，流行疾病可能已经开始快速蔓延，结果导致疾控中心发布预警时，已经错过了最佳的防控期。

16.1.2　基于大数据的流行病预测

今天，大数据彻底颠覆了传统的流行疾病预测方式，使人类在公共卫生管理领域迈上了一个全新的台阶。以搜索数据和地理位置信息数据为基础，分析不同时空尺度人口流动性、移动模式和参数，进一步结合病原学、人口统计学、地理、气象人群移动迁徙和地域等因素和信息，可以建立流行病时空传播模型，确定流感等流行病在各流行区域间传播的时空路线和规律，得到更加准确的态势评估和预测。大数据时代被广为流传的一个经典案例就是谷歌流感趋势预测。谷歌开发的可以预测流感趋势的工具——谷歌流感趋势，采用大数据分析技术，利用网民在谷歌搜索引擎输入的搜索关键词来判断全美地区的流感情况。谷歌把 5000 万条美国人最频繁检索的词条和美国疾控中心在 2003 年至 2008 年间季节性流感传播时期的数据进行了比较，并构建数学模型实现流感预测。在 2009 年，谷歌首次发布了冬季流行感冒预测结果，与官方数据的相关性高达 97%。此后，谷歌多次把测试结果与美国疾病控制和预防中心的报告作比对，发现两者结论存在很大的相关性（谷歌发布的冬季流行感冒预测结果如图 16-1 所示，从图 16-1 中可以看出，两条曲线高度吻合），证实了谷歌流感趋势预测结果的正确性和有效性。

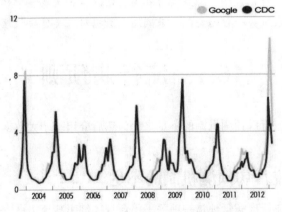

图 16-1　谷歌发布的冬季流行感冒预测结果

其实，谷歌流感趋势预测的背后机理并不难。对于普通民众而言，感冒发烧是日常生活中经常碰到的事情，有时候不闻不问，靠人类自身免疫力就可以痊愈，有时候简单服用一些感冒药或采用相关简单疗法也可以快速痊愈。相比之下，很少人会首先选择去医院就医，因为医院不仅预约周期长，而且费用昂贵。因此，在网络发达的今天，遇到感冒这种小病，人们首先会想到求助于网络，希望在网络中迅速搜索到感冒的相关病症、治疗感冒的疗法或药物、就诊医院等信息，以及一些有助于治疗感冒的生活行为习惯。作为占据市场主导地位的搜索引擎服务商，谷歌自然可以收集到大量网民关于感冒的相关搜索信息，通过分析某一地区在特定时期对感冒症状的搜索大数据，就可以得到关于感冒的传播动态和未来 7 天流行趋势的预测结果。

虽然美国疾控中心会不定期发布流感趋势报告，但是很显然谷歌的流感趋势报告要更加及时、迅速。美国疾控中心发布流感趋势报告是对下级各医疗机构上报的患者数据进行分析得到的，在时间上会存在一定的滞后性。谷歌则是在第一时间收集到网民关于感冒的相关搜索信息后进行分析得到的结果。因为普通民众感冒后，会首先寻求网络帮助而不是到医院就医。另外，美国疾控中心获得的患者样本数也明显少于谷歌，因为在所有感冒患者中，只有一少部分重感冒患者才会最终去医院就医而进入官方的监控范围。

16.1.3　基于大数据的流行病预测的重要作用

2015 年初，非洲几内亚、利比里亚和塞拉利昂等国仍然受到埃博拉疫情的严重威胁。根据世界卫生组织（World Health Organization，WHO）2014 年 11 月初发布的数据，已知埃博拉病毒感染病例为 13 042 例，死亡人数为 4818 人，并且疫情呈现继续扩大蔓延的趋势。疾病防控人员迫切需要掌握疫情严重地区的人口流动规律，从而有针对性地制定疾病防控措施和投放医疗物资。但是由于大部分非洲国家经济比较落后，公共卫生管理水平较低，疾病防控工作人员模拟疾病传播的标准方式，仍然依靠人口普查数据和调查进行推断，效率低下，准确性差，这些都给这场抗击埃博拉病毒的"战役"增加了很大的困难。因此，流行病学领域研究人员认为，可以尝试利用通信大数据防止埃博拉病毒的快速传播。当用户使用移动电话进行通信时，电信运营商网络会生成一个呼叫数据记录，包含主叫方和接收方、呼叫时间和处理这次呼叫的基站（能够粗略指示移动设备的位置）。通过对电信运营商提供的海量用户呼叫数据记录进行分析，就可以得到当地人口流动模式，疾病防控工作人员就可以提前判断下一个可能的疫区，从而把有限的医疗资源和相关物资进行有针对性的投放。

16.2　智慧医疗

随着医疗信息化的快速发展，智慧医疗逐渐走入人们的生活。IBM 开发了沃森技术——医疗保健内容分析预测，该技术允许企业找到大量病人相关的临床医疗信息，通过大数据处理，更好地分析病人的信息。加拿大多伦多的一家医院利用数据分析避免早产儿夭折，医院用先进的医疗传感器对早产婴儿的心跳等生命体征进行实时监测，每秒有超过 3000 次的数据读取，系统对这些数据进行实时分析并给出预警报告，从而使得医院能够提前知道哪些早产儿可能出现健康问题，并且有针对性地采取措施。我国厦门、苏州等城市建立了先进的智慧医疗在线系统，可以实现在线预约、健康档案管理、社区服务、家庭医疗、支付清算等功能，大大便利了市民就医，也提升了医疗服务的质量和患者满意度。可以说，智慧医疗正在深刻地改变着我们的生活。

智慧医疗是通过打造健康档案区域医疗信息平台，利用最先进的物联网技术和大数据技术，实现患者、医护人员、医疗服务提供商、保险公司等之间的无缝、协同、智能的互连，让患者体验一站式的医疗、护理和保险服务。智慧医疗的核心就是"以患者为中心"，给予患者全面、专业、个性化的医疗体验。

智慧医疗通过整合各类医疗信息资源，构建药品目录数据库、居民健康档案数据库、影像数据库（Picture Archiving and Communication System，PACS）、检验数据库（Laboratory Information System，LIS）、医疗人员数据库、医疗设备数据库等卫生领域的 6 大基础数据库，可以让医生随时查阅病人的病历、治疗措施和保险细则，随时随地快速制定诊疗方案，也可以让患者自主选择更换医生或医院，患者的转诊信息及病历可以在任意一家医院通过医疗联网方式调阅。智慧医疗具有以下 3 个优点。

1. 促进优质医疗资源的共享

我国医疗体系存在的一个突出问题就是：优质医疗资源集中分布在大城市、大医院，一些社区医院和乡镇医院的医疗资源配置明显偏弱，使得患者都扎堆涌向大城市、大医院就医，造成这些医院人满为患，患者体验很差，而社区、乡镇医院因为缺少患者又进一步限制了其自身发展。要想有效解决医疗资源分布不均衡的问题，当然不能靠在小城镇建设大医院，这样做只会进一步提高医疗成本。智慧医疗给整个问题的解决指明了正确的大方向：一方面，社区医院和乡镇医院可以无缝连接到市区中心医院，实时获取专家建议、安排转诊或接受培训；另一方面，一些远程医疗器械可以实现远程医疗监护，不需要患者大老远地跑到医院，例如无线云安全自动血压计、无线血糖仪、红外线温度计等传感器，可以实时监测患者的血压、心跳、血糖、体温等生命体征数据，实时传输给相关医疗机构，从而使患者获得及时有效的远程治疗。

2. 避免患者重复检查

以前，患者每到一家医院，就需要在这家医院购买并填写新的信息卡和病历，重复做在其他医院已经做过的各种检查，不仅耗费患者大量的时间和精力，影响患者情绪，也浪费国家宝贵的医疗资源。智慧医疗系统实现了不同医疗机构之间的信息共享，在任何医院就医时，只要输入患者身份证号码，就可以立即获得患者的所有信息，包括既往病史、检查结果、治疗记录等，再也不需要在转诊时做重复检查。

3. 促进医疗智能化

智慧医疗系统可以对病患的生命体征、治疗化疗等信息进行实时监测，杜绝用错药、打错针等现象，系统还可以自动提醒医生和病患进行复查，提醒护士进行发药、巡查等工作。此外，系统可以利用历史累计的海量患者医疗数据，构建疾病诊断模型，根据一个新到达医院的病人的各种病症，自动诊断该病人可能患哪种疾病，从而为医生诊断提供辅助依据。未来，患者服药方式也将变得更加智能化，不再需要采用"一日三次、一次一片"这种固定的方式，智慧医疗系统会自动检测到患者血液中的药剂是否已经代谢完成，只有当药剂代谢完成时才会自动提醒患者再次服药。此外，可穿戴设备的出现，让医生能实时监控病人的心率、睡眠、血压等信息，及时制定各种有效的治疗方案。

16.3　生物信息学

生物信息学（Bioinformatics）是研究生物信息的采集、处理、存储、传播、分析和解释等方面的学科，也是随着生命科学和计算机科学的迅猛发展、生命科学和计算机科学相结合形成的一门新学科，它通过综合利用生物学、计算机科学和信息技术，揭示大量而复杂的生物数据所蕴含的生物学奥秘。

和互联网数据相比，生物信息学领域的数据更是典型的大数据。首先，细胞、组织等结构都是具有活性的，其功能、表达水平甚至分子结构在时间维度上是连续变化的，而且很多背景噪声会导致数据不准确；其次，生物信息学数据具有很多维度，在不同维度组合方面，生物信息学数据的组合性要明显大于互联网数据，前者往往表现出"维度组合爆炸"，比如所有已知物种的蛋白质分子的空间结构预测，仍然是分子生物学的一个重大课题。

生物数据主要是基因组学数据。在全球范围内，各种基因组计划被启动，有越来越多的生物体的全基因组测序工作已经完成或正在开展，随着一个人类基因组测序的成本从 2000 年的 1 亿美元左右降至如今的 1000 美元左右，未来将会有更多的基因组大数据产生。除此以外，蛋白组学、代谢组学、转录组学、免疫组学等也是生物大数据的重要应用场景。每年全球都会新增 EB 级的生物数据，生命科学领域已经迈入大数据时代，生命科学正面临从实验驱动向大数据驱动转型的问题。

生物大数据使我们可以利用先进的数据科学知识，更加深入地了解生物学过程、作物表型、疾病致病基因等。将来我们每个人都可能拥有一份自己的健康档案，档案中包含了日常健康数据（各种生理指标，饮食、起居、运动习惯等）、基因序列和医学影像（CT、B 超检查结果）；用大数据分析技术，可以从个人健康档案中有效预测个人健康趋势，并为其提供疾病预防建议，达到"治未病"的目的。由此生物大数据将会产生巨大的影响力，使生物学研究迈向一个全新的阶段，甚至会形成以生物学为基础的新一代产业革命。

世界各国非常重视生物大数据的研究。2014 年，美国政府启动计划加强对生物医学大数据的研究，英国政府启动"医学生物信息学计划"，投资约 3200 万英镑大力支持生物医学大数据研究。国际上，已经有美国国家生物技术信息中心（National Center for Biotechnology Information，NCBI）、欧洲生物信息研究所（European Bioinformatics Institute，EBI）和日本 DNA 数据库（DNA Data Bank of Japan，DDBJ）等生物数据中心，专门从事生物信息管理、汇聚、分析、发布等工作。同时，各国也纷纷设立专业机构，加大对生物大数据人才的培养，促进生物大数据产业的快速发展。

16.4　案例：基于大数据的综合健康服务平台

随着我国经济社会的持续快速发展，人们的生活质量正从基本温饱向全面小康迈进，经济水平的提升和对更美好生活的追求，使人们对健康服务的需求从传统的患病求医转为更加重视疾病预防和日常保健，全社会对健康管理、健康咨询等各种健康服务的需求正快速增加。目前，随着医疗信息化的深入，医疗健康大数据不断累积，成为一座蕴含巨大价值的"数据金矿"。因此，科技部 2015 国家科技支撑计划就明确提出，可以充分利用大数据技术构建基于大数据的综合健康服务平台，实现对健康大数据资源的整合应用，优化医疗健康服务流程，打造以医院、社区、平台为主的，"三位一体、相互协同"的综合健康服务新模式，充分发挥医院、社区、检查检验、健促中心、网站服务、移动服务、智能设备自动采集等线上线下（O2O）相结合的综合健康服务优势，提供更加丰富、更高质量的综合健康服务，实现未病先防、已病早治、既病防变、愈后防复，从而全面提升人民群众身心健康水平。目前，我国包括厦门在内的一些城市正在积极构建基于大数据应用的综合健康服务平台，下面简要介绍一些城市正在建设的这类平台的业务架构、体系架构和关键技术。

16.4.1　平台概述

平台将健康管理服务、医疗咨询服务与移动健康服务融合为一个提供"以人为中心"的、线上线下相结合的综合健康服务生态系统，突出基于大数据技术的综合健康服务模式与运营机制的示范性应用。平台以健康评估与个性化诊疗技术为核心，以大数据技术为依托，综合应用健康服务平台数据标准化、医疗健康数据集成、健康评估、个人隐私安全、信息安全等技术，提供健康档案建档、健康教育、风险筛查、健康计划、健康跟踪、医疗协同等服务功能。鉴于用户人群覆盖广、所属区域分散、健康信息数据量大，更新速度快等特点，基于大数据的综合健康服务平台应满足如下需求。

（1）综合性。平台应能提供多种形式的健康服务，支持线上线下相结合的服务；可提供线下面对面的健康管理、呼叫中心支持的健康追踪、网站或移动设备支持的线上咨询、智能设备自助式健康数据采集等全方位、立体化、全程式的健康服务；具有高效率的平台集成管理模式、运营支持和控制能力，满足开放式平台的运营要求。

（2）开放性。健康服务平台服务范围广、渠道多，服务的用户和机构等类型众多，所以应保证平台的开放性，使医院的医生、健康促进团队、社区医生、卫生管理机构、第三方服务提供商和健康会员等广大用户都能方便地接入和使用。

（3）高可靠性。由于平台中包括数据集成、医疗协同、移动健康服务等内容，因此要充分重视平台的高可靠性，构建包括网络环境、工作平台、各子系统和数据信息在内的综合安全体系，以保证平台的正常运行。除了选用高可靠、高可用的硬件、应用软件产品和技术外，还要通过周密的计划、安排和实施方案，保证平台的高可靠性。

（4）可扩充性和灵活性。在发展迅速的健康服务领域，应用环境、系统的硬件或软件都会不断地加以更新。因此，平台的可扩展性以及前后兼容性的好坏决定着平台能否顺利发展。也就是说，平台必须具有可扩充性，方便、灵活地满足规模扩充和应用扩充的要求。其平台软硬件系统建立在广泛的可升级的基础上。

（5）兼容性与规范性。平台各项设计规范、技术指标及产品均应符合国际标准或国家标准，以中华人民共和国国家卫生健康委员会健康档案数据标准为指导，并提供对第三方健康服务内容和医疗机构服务的兼容能力，可以有效保护投资，拓展应用范围。

（6）便捷性。由于健康服务面向的是健康人群、亚健康人群以及慢性病人群，人群覆盖和地域覆盖范围非常广泛，平台必须具备便捷的数据采集上传能力和通过移动设备接收健康服务管理、咨询的能力。

16.4.2 平台业务架构

综合健康服务平台总体业务框架如图16-2所示。这类平台通常依托传统医学、预防医学、临床医学、运动医学、营养医学、空间信息技术等专业领域知识，结合网站、移动终端、智能可穿戴设备、呼叫中心、健康促进中心、医疗机构、检查检验机构，构建"以人为中心"的综合健康服务生态系统，系统与区域医疗信息平台、医疗保险机构、体检中心、第三方检验/影像、主动医疗服务以及医保新农合等已有医疗服务资源进行规范化、标准化的整合与协同，为综合健康服务提供连续、完整的医疗健康大数据支撑，实现健康管理、医疗咨询以及移动健康服务等综合健康服务业务。

图16-2　综合健康服务平台总体业务框架

16.4.3　平台体系架构

综合健康服务平台体系架构需要统一规划并组织平台各层次功能模块，使得各模块之间层次结构明晰、功能划分合理、相互协同有效，确保实现平台的整体性、灵活性、可靠性、可用性、安全性、规范性和可扩展性。

综合健康服务平台体系架构的设计，需要从实现广泛异构数据源、大数据关键技术、健康评估，以及个性化诊疗技术、服务对象的深度融合入手。通过一体化的系统设计，可以有效整合医疗健康大数据资源，充分发挥大数据技术优势，有力提升健康评估和个性化诊疗技术水平，为用户提供有效的综合健康服务。借助门户网站、呼叫中心和移动终端等多种服务访问方式，可以为用户提供便捷、高效、灵活、个性化的综合健康服务。通过开放的平台设计，可以实现平台与第三方健康服务机构的应用、数据、用户等资源的共享，共同推动平台服务能力的提升和服务群体的拓展。

从技术实现的层面，按照平台体系功能的层次，综合健康服务平台体系架构可以划分为数据源层、技术支撑层、业务层、交互层和用户层。综合健康服务平台体系架构如图 16-3 所示。

图 16-3　综合健康服务平台体系架构

（1）数据源层。该层包含了平台的各种数据来源，包括个人用户、网络和各种机构（医院、独立体检机构、社区卫生服务机构、区域医疗信息平台、第三方检测机构、医保社保、新农合）。

（2）技术支撑层。该层包括大数据集成、基于大数据的健康评估技术、基于大数据的个性化诊疗技术、数据标准、安全隐私等模块，可以实现高效的个人健康信息整合、准确的健康风险分析评估、直观的评测报告可视化和个性化的健康计划制定等功能。

（3）业务层。平台对外提供多种服务，主要包括面向普遍人群的通用型健康服务，面向特定人群的主题式健康服务，面向健康服务机构的信息服务，面向决策、科研等机构的循证医学数据服务以及开放应用平台服务等。

（4）交互层。平台提供对外服务的渠道，包括门户网站、呼叫中心、移动终端和平台接入 API。

（5）用户层。平台的服务对象，包括个人用户、专业健康服务机构、医疗卫生机构、决策机构、科研机构、健康服务相关机构（保险公司、医疗器械厂商、药厂等）、疾控中心等。

16.4.4 平台关键技术

基于大数据应用的综合健康服务平台通常包含以下几个方面的关键技术：医疗健康大数据集成、存储和处理技术；基于大数据的健康评估技术；基于大数据的个性化诊疗技术。

1. 医疗健康大数据集成、存储和处理技术

综合健康服务平台数据来源广泛，包括医院、独立体检机构、社区卫生服务机构、区域医疗信息平台、第三方检测机构、新农合、医保社保、个人用户和网络等；平台数据内容多样，包括病史、体格检查、理化检查、居民基本健康档案、各类个人信息和网页等，涉及结构化数据、半结构化和非结构化数据；平台数据量巨大，通常要包含 1000 万以上个人用户的各种医疗健康数据。广泛的数据来源、多样的数据内容、海量的数据，构成了平台的数据基础——医疗健康大数据，这给数据集成和管理带来了很大的技术挑战。

2. 基于大数据的健康评估技术

健康管理的目的是"治未病"等。通过健康信息评估，可以对收集到的个体和群体的健康状态和疾病信息进行系统、综合、连续的科学分析与评价，目的是为个性化诊疗、维护、促进与改善健康、管理与控制健康风险提供科学依据。

健康评估是健康管理的核心技术。基于大数据的健康评估技术，以现代健康概念和新医学模式以及中医"治未病"为指导，通过采用现代医学、现代管理学、统计分析和数据挖掘的理论技术，在国际上现有的健康评估和健康风险评估模型的基础上，通过综合健康服务平台的"全样本"医疗健康大数据分析，综合考虑人的生理、心理、行为方式、生活习惯等各方面指标，建立适合我国不同人群的健康状态评估模型和健康风险评估模型，对国人的个体或群体整体健康状况、影响健康的危险因素、疾病风险进行全面检测、评估和有效干预。其目的是以最小的投入获取最大的健康效益，节省医疗资源，提升全民的健康水平和生活质量。

3. 基于大数据的个性化诊疗技术

已有的诊疗手段在很大程度上均来自医学专家知识，具有非实时性、一般性和普遍性的特点。从本质上来说，仍属于"以医疗为中心"的模式和范畴。使用大数据技术推动诊疗模式向"以人为中心"转变，可以消除由于信息不对称和信息贫乏造成的用户和医务工作者之间的鸿沟。一方面，广大用户缺乏医学领域的相关知识，无法有效地通过健康服务平台搜索符合自身的健康信息，并辨别其准确性和对自身的价值；另一方面，广大医务工作者由于缺乏数据支撑和参考知识，无法针对用户设计个性化的诊疗和预防方案。综合健康服务平台的医疗健康大数据和大数据技术，为建立"以人为中心"的新的诊疗模式提供了全面有效和准确客观的新手段。基于大数据的个性化诊疗技术，依托大数据平台，充分利用医学专家的经验知识、健康教育信息和健康管理技术，在健康评估技术的基础上，为用户提供更加个性化和精细化的医疗咨询服务，为医务工作者提供个性化的处方定制功能。

16.5　本章小结

本章介绍了大数据在生物医学领域的主要应用。基于大数据的流行病预测，已经受到广泛关注，谷歌和百度都纷纷推出相关应用，并证明了预测的有效性和巨大实用价值。目前，随着全球人口流动性的加强，疾病传播更加迅速，利用大数据及时、快速、准确地预测流行病，将为人类的健康带来福音。

进入大数据时代以后，智慧医疗变得炙手可热，各大城市都在加大力度推进医疗领域信息化，通过建设智慧医疗在线系统，实现在线预约、健康档案管理、社区服务、家庭医疗、支付清算等功能，提升城市的医疗服务水平。

大数据分析技术也让生物信息学的研究步入了一个全新的时代。现在，我们可以从个人健康档案中有效预测个人健康趋势，并为其提供疾病预防建议，达到"治未病"的目的。

本章最后介绍了一个基于大数据的健康综合服务平台案例，它可以让普通市民享受更加贴心的健康服务，在一定程度上提高居民的健康水平。

16.6　习题

1. 试述大数据在生物医学领域的应用。
2. 试述基于大数据的流行病预测的基本原理。
3. 请比较谷歌流行病与百度流行病预测的异同。
4. 试述智慧医疗的重要作用。
5. 试述基于大数据的综合健康服务平台的重要作用。
6. 试述综合健康服务平台的体系架构。
7. 综合健康服务平台有哪些关键技术？

第**17**章
大数据的其他应用

    大数据已经融入社会生产和人们生活的方方面面，其巨大价值日益得到显现。在物流领域，基于大数据技术的智能物流可有效提升物流系统的效率；在城市管理方面，大数据可以用于智能交通、环保监测等；在金融行业，高频交易、市场情绪分析和信贷风险分析离不开大数据的支持；在汽车行业，融合大数据技术的"无人汽车"将大大造福人类；在零售行业，大数据可以帮助我们发现客户关联购买行为和进行客户群体细分；在餐饮行业，大数据可以实现线上线下餐饮的有效融合；在体育和娱乐领域，大数据可以帮助训练球队、预测比赛结果和选择投拍影视作品；在安全领域，可以借助于大数据更好地防范网络攻击和预防犯罪；在政府领域，选举团队利用大数据技术助力竞选人竞选成功；在日常生活中，大数据让我们每个人可以获得更加贴心的个性化服务。

    本章介绍大数据在物流、城市管理、金融、汽车、零售、餐饮、电信、能源、体育、娱乐、安全等领域或行业的应用，并以一个生动的实例描述未来的大数据生活图景。

17.1　大数据在物流领域中的应用

    智能物流是大数据在物流领域的典型应用。智能物流融合了大数据、物联网和云计算等新兴IT 技术，使物流系统能模仿人的智能，实现物流资源优化调度和有效配置，以及物流系统效率的提升。自从 IBM 在 2010 年提出智能物流概念以来，智能物流在全球范围内得到了快速发展。在我国，阿里巴巴联合多方力量共建"中国智能物流骨干网"，计划用 8~10 年时间建立一张能支撑日均 300 亿元（年度约 10 万亿元）网络零售额的智能物流骨干网络，支持数千万家新型企业成长发展，让全中国任何一个地区做到 24h 内送货必达。大数据技术是智能物流发挥其重要作用的基础和核心，物流行业在货物流转、车辆追踪、仓储等各个环节中都会产生海量的数据，分析这些物流大数据，将有助于我们深刻认识物流活动背后隐藏的规律，优化物流过程，提升物流效率。

17.1.1　智能物流的概念

    智能物流，又称智慧物流，是利用智能化技术，使物流系统能模仿人的智能，它具有思维、感知、学习、推理判断和自行解决物流中某些问题的能力，从而可实现物流资源优化调度和有效配置、物流系统效率提升的现代化物流管理模式。

    智能物流概念源自 2010 年 IBM 发布的研究报告《智慧的未来供应链》，该报告通过对全球供应链管理者的调研，归纳出成本控制、可视化程度、风险管理、消费者日益增长的严苛的需求、全球化 5 大供应链管理挑战。为应对这些挑战，IBM 首次提出了"智慧供应链"的概念。

智慧供应链具有先进化、互连化、智能化 3 大特点。先进化是指数据多由感应设备、识别设备、定位设备产生，替代人为获取。这使得供应链实现动态可视化自动管理，包括自动库存检查、自动报告存货位置错误。互连化是指整体供应链联网，不仅包括客户、供应商、IT 系统的联网，也包括零件、产品以及智能设备的联网。联网赋予供应链整体计划决策能力。智能化是指通过仿真模拟和分析，帮助管理者评估多种可能性选择的风险和约束条件。这意味着供应链具有学习、预测和自动决策的能力，无须人为介入。

智能物流概念经历了自动化、信息化和网络化 3 个发展阶段（见图 17-1）。自动化阶段是指物流环节的自动化，即物流管理按照既定的流程自动化操作的过程；信息化阶段是指现场信息自动获取与判断选择的过程；网络化、泛在化阶段是指将采集的信息通过网络传输到数据中心，由数据中心做出判断与控制，进行实时动态调整的过程。

图 17-1　物流环节的自动化、信息化和网络化

17.1.2　智能物流的作用

智能物流具有以下 3 个方面的重要作用。

（1）提高物流的信息化和智能化水平。物流的信息化和智能化不仅限于库存水平的确定、运输道路的选择、自动跟踪系统的控制、自动分拣系统的运行、物流配送中心的管理等问题，而且物品的信息也将存储在特定数据库中，并能根据特定的情况做出智能化的决策和建议。

（2）降低物流成本和提高物流效率。由于交通运输、仓储设施、信息发布、货物包装和搬运等对信息的交互和共享要求较高，因此可以利用物联网技术对物流车辆进行集中调度，有效提高运输效率；利用超高频 RFID 标签读写器实现仓储进出库管理，可以快速掌握货物的进出库情况；利用 RFID 标签读写器建立智能物流分拣系统，可以有效地提高生产效率并保证系统的可靠性。

（3）提高物流活动的一体化。通过整合物联网相关技术，集成分布式仓储管理及流通渠道建设，可以实现物流中包装、装卸、运输、存储等环节全流程一体化的管理模式，以高效地向客户提供满意的物流服务。

17.1.3　智能物流的应用

智能物流有着广泛的应用。国内许多城市都在围绕智慧港口、多式联运、冷链物流、城市配

送等方面，着力推进开发物联网在大型物流企业、大型物流园区的系统级应用；还可以将射频标签识别技术、定位技术、自动化技术以及相关的软件信息技术，集成到生产及物流信息系统领域，探索利用物联网技术实现物流环节的全流程管理模式，开发面向物流行业的公共信息服务平台，优化物流系统的配送中心网络布局，集成分布式仓储管理及流通渠道建设，最大限度地减少物流环节、简化物流过程，提高物流系统的快速反应能力；此外，还可以进行跨领域信息资源整合，建设基于卫星定位、视频监控、数据分析等技术的大型综合性公共物流服务平台，发展供应链物流管理。

17.1.4　大数据是智能物流的关键

在物流领域有两个著名的理论——"黑大陆说"和"物流冰山说"。管理学家 P.E.德鲁克提出了"黑大陆说"，他认为在流通领域中物流活动的模糊性尤其突出，是流通领域中最具潜力的领域。提出"物流冰山说"的日本早稻田大学教授西泽修认为，物流就像一座冰山，其中沉在水面以下的是我们看不到的黑色区域，这部分就是"黑大陆"，而这是物流尚待开发的领域，也是物流的潜力所在。这两个理论都旨在说明物流活动的模糊性和巨大潜力。对于如此模糊而又具有巨大潜力的领域，我们该如何去了解、掌控和开发呢？答案就是借助于大数据技术。

发现隐藏在海量数据背后的有价值的信息，是大数据的重要商业价值。大数据是打开物流领域这块神秘的"黑大陆"大门的一把金钥匙。物流行业在货物流转、车辆追踪、仓储等各个环节中都会产生海量的数据，有了这些物流大数据，所谓的物流"黑大陆"将不复存在，我们可以通过数据充分了解物流背后的规律。借助于大数据技术，我们可以对各个物流环节的数据进行归纳、分类、整合、分析和提炼，为企业战略规划、运营管理和日常运作提供重要支持和指导，从而有效提升快递物流行业的整体服务水平。

大数据将推动物流行业从粗放式服务到个性化服务的转变，甚至颠覆整个物流行业的商业模式。通过对物流企业内部和外部相关信息的收集、整理和分析，可以为每个客户量身定制个性化的产品和提供个性化的服务。

17.1.5　中国智能物流骨干网——菜鸟

1. 菜鸟简介

2013 年 5 月 28 日，阿里巴巴集团联合银泰集团、复星集团、富春控股、顺丰集团、"三通一达"（申通、圆通、中通、韵达）、宅急送、汇通以及相关金融机构共同宣布，联手共建"中国智能物流骨干网"（China Smart Logistic Network，CSN），如图 17-2 所示，又名"菜鸟"。菜鸟第一期将投入 1000 亿元人民币，计划在 8～10 年建立一张能支撑日均 300 亿元（年度约 10 万亿元）网络零售额的智能物流骨干网络，支持数千万家新型企业成长发展，让全中国任何一个地区做到 24 h 内送货必达。不仅如此，菜鸟还提供充分满足个性化需求的物流服务，例如用户在网购下单时，可以选择"时效最快""成本最低""最安全""服务最好"等多个快递服务组合类型。

菜鸟网络由物流仓储平台和物流信息系统构成。物流仓储平台将由 8 个左右大仓储节点、若干个重要节点和更多城市节点组成。大仓储节点将针对东北、华北、华东、华南、华中、西南和西北 7 大区域，选择其中心位置进行仓储投资。物流信息系统整合了所有服务商的信息系统，实现了骨干网内部的信息统一，同时该系统将向所有的制造商、网商、快递公司、第三方物流公司完全开放，有利于物流生态系统内各参与方利用信息系统开展各种业务。

图 17-2　菜鸟的投资方

2．大数据是支撑菜鸟的基础

菜鸟是阿里巴巴创始人马云整合各方力量实施的"天网+地网"计划的重要组成部分。所谓"地网"，就是指阿里巴巴的中国智能物流骨干网，最终将建设成为一个全国性的超级物流网。所谓"天网"，是指以阿里巴巴旗下多个电商平台（淘宝、天猫等）为核心的大数据平台，由于阿里巴巴的电商业务量大，在这个平台上聚集了众多的商家、用户、物流企业，每天都会产生大量的在线交易，因此这个平台掌握了网络购物物流需求数据、电商货源数据、货流量与分布数据以及消费者长期购买习惯数据等。物流公司可以对这些数据进行大数据分析，优化仓储选址、干线物流基础设施建设以及物流体系建设，并根据商品需求分析结果提前把货物配送到需求较为集中的区域，做到"买家没有下单、货就已经在路上"，最终实现"以天网数据优化地网效率"的目标。有了"天网"数据的支撑，阿里巴巴可以充分利用大数据技术，为用户提供个性化的电子商务和物流服务。用户从"时效最快"、"成本最低"、"最安全"、"服务最好"等选项中选择快递服务组合类型后，阿里巴巴会根据以往的快递公司的服务情况、各个分段的报价情况、即时运力资源情况、该流向的即时件量等信息，甚至可以融合天气预测、交通预测等数据，进行相关的大数据分析，从而得到满足用户需求的最优线路方案供用户选择，并最终把相关数据分发给各个物流公司使其完成物流配送。

可以说，菜鸟计划的关键在于信息整合，而不是资金和技术的整合。阿里巴巴的"天网"和"地网"，必须把供应商、电商企业、物流公司、金融企业、消费者的各种数据全方位、透明化地加以整合、分析、判断，并将其转化为电子商务和物流系统的行动方案。

一年一度的"双 11 购物狂欢节"是中国网民的一大"盛事"，也是对智能物流网络的一大考验。在每年的"双 11"活动中，阿里巴巴都会结合历史数据，根据进入"双 11"的商家名单、备货量等信息进行分析，提前对"双 11"订单量做出预测，精确到每个区域、网点的收发量，所有信息与快递公司共享，这样快递公司运力布局的调整将更加精准。菜鸟网络还将数据向电商开放，如果某个区域的快递压力明显增大，菜鸟网络就会通知电商错峰发货，或是提早与消费者沟通，快递公司可及时调配运力。2014 年度天猫双 11 购物节数据显示，大数据已经开始全面发力，阿里巴巴搭建的规模庞大的 IT 基础设施已经可以很好地支撑购物节当天交易额为数百亿元的惊人交易，6 小时处理 100 PB 的数据，每秒处理 7 万单交易，同时以大数据为驱动，借助智能物流体系——菜鸟，天猫已经实现预发货，买家没有下单，货就已经在路上。

3. 菜鸟未来畅想

外界猜测，菜鸟更倾向于打造基于大数据的中转中心或调度中心、结算中心，打通阿里内部系统与其他快递公司系统，通过转运中心，将买家从不同卖家购买的商品包裹实现合并，节省配送费用。图 17-3 演示了菜鸟未来可能的运作模式。在这种模式下，不同快递公司可以实现运输资源和货物资源的整合，多个快递公司"接力"完成某个客户的包裹的配送工作。在货物整合方面，由于每家快递公司在夜间只能收到很少的快递订单，单独为这些少量订单进行配送需要较高的成本，因此可以在夜间整合汇集多家快递公司的少量包裹，形成批量货物，实现夜间货物的低成本批量配送。在运输资源整合方面，以前，用户选择快递公司 A 运输包裹，要求把包裹从厦门快递到北京，如果快递公司 A 接到快递包裹后错过了自己公司指定的航班，就不得不推迟到几个小时后甚至一天后的航班。有了菜鸟，各大快递公司可共享运输资源信息，当快递公司 A 发现无法赶上自己公司指定的航班时，不必长时间等待发货，而是直接把货物交给最近有航班的快递公司 B 来运送该用户的包裹，确保该包裹以最快的速度到达目的地。

图 17-3 菜鸟网络未来可能的动作模式

通过有效的信息共享和资源整合，在未来，通过菜鸟可以实现随时下单，随时发货，随时转运，甚至随时派件。在 24 小时内将货物运抵国内任何地区，将不再是遥不可及的梦想。

17.2 大数据在城市管理中的应用

大数据在城市管理中发挥着日益重要的作用，主要体现在智能交通、环保监测、城市规划和安防等领域。

17.2.1 智能交通

随着汽车数量的急剧增加，交通拥堵已经成为亟待解决的城市管理难题。许多城市纷纷将目光转向智能交通，期望通过实时获得关于道路和车辆的各种信息，分析道路交通状况，发布交通诱导信息，优化交通流量，提高道路通行能力，有效缓解交通拥堵问题。发达国家数据显示，智能交通管理技术可以使交通工具的使用效率提升 50%以上，交通事故死亡人数减少 30%以上。

智能交通将先进的信息技术、数据通信传输技术、电子传感技术、控制技术以及计算机技术等有效集成并运用于整个地面交通管理，同时可以利用城市实时交通信息、社交网络和天气数据来优化最新的交通情况。智能交通融合了物联网、大数据和云计算技术，其整体框架（见图 17-4）主要包括基础设施层、平台层和应用层。基础设施层主要包括摄像机、感应线圈、监控视频器、交通信号灯、诱导板等，负责实时采集关于道路和车辆的各种信息，并显示交通诱导信息；平台层是将来自基础设施层的信息进行存储、处理和分析，支撑上层应用，包括网络中心、信号接入和控制中心、数据存储和处理中心、设备运维管理中心、应用支撑中心、查询和服务联动中心；应用层主要包括卡口查控、电警审核、路况发布、诱导系统、信号控制、指挥调度、辅助决策等应用系统。

遍布城市各个角落的智能交通基础设施（如摄像机、感应线圈、监控视频等），每时每刻都在生成大量感知数据，这些数据构成了智能交通大数据。利用事先构建的模型对交通大数据进行实时分析和计算，就可以实现交通实时监控、交通智能诱导、公共车辆管理、旅行信息服务、车辆辅助控制等各种应用。以公共车辆管理为例，今天，包括北京、上海、广州、深圳、厦门等在内的各大城市，都已经建立了公共车辆管理系统，道路上正在行驶的所有公交车和出租车都被纳入实时监控，通过车辆上安装的 GPS 设备，管理中心可以实时获得各个车辆的当前位置信息，并根据实时道路情况计算得到车辆调度计划，发布车辆调度信息，指导车辆控制到达和发车时间，实现运力的合理分配，提高运输效率。作为乘客，只要在智能手机上安装了"掌上公交"等软件，就可以通过手机随时随地查询各条公交线路以及公交车当前位置，避免焦急地等待。如果自己赶时间却发现自己等待的公交车还需要很长时间才能到达，就可以选择打出租车。此外，晋江等城市的公交车站还专门设置了电子公交站牌，可以实时显示经过本站的各路公交车的当前位置，大大方便了公交出行的群众，尤其是很多不会使用智能手机的中老年人。

图 17-4 智能交通整体框架

17.2.2 环保监测

1. 森林监视

森林是地球的"肺"，可以调节气候、净化空气、防止风沙、减轻洪灾、涵养水源，以及保持水土。但是，在全球范围内，每年都有大面积的森林遭受自然或人为因素的破坏。比如森林火灾会给森林带来最有害甚至毁灭性的后果，也是林业最可怕的灾害；再比如，人为的乱砍滥伐导致部分地区森林资源快速减少，这些都给人类生存环境造成了严重的威胁。

为了有效保护人类赖以生存的宝贵森林资源，各个国家和地区都建立了森林监视体系，比如地面巡护、瞭望台监测、航空巡护、视频监控、卫星遥感等。随着数据科学的不断发展，近年来，人们开始把大数据应用于森林监视，其中谷歌森林监视就是一项具有代表性的研究成果。谷歌森林监视系统采用谷歌搜索引擎提供时间分辨率，采用 NASA 和美国地质勘探局的地球资源卫星提供空间分辨率。系统利用卫星的可见光和红外数据画出某个地点的森林卫星图像。在卫星图像中，每个像素都包含了颜色和红外信号特征等信息，如果某个区域的森林被破坏，该区域对应的卫星图像像素信息就会发生变化。因此，通过跟踪监测森林卫星图像上像素信息的变化，就可以有效监测到森林变化情况。当大片森林被砍伐破坏时，系统就会自动发出警报。

2. 环境保护

大数据已经被广泛应用于污染监测领域，借助于大数据技术，采集各项环境质量指标信息，将信息集成、整合到数据中心进行数据分析，并利用分析结果来指导制定下一步环境治理方案，可以有效提升环境整治的效果。把大数据技术应用于环境保护具有明显的优势：一方面，可以实现 7×24h 的连续环境监测；另一方面，借助于大数据可视化技术，可以立体化呈现环境数据分析结果和治理模型，利用数据虚拟出真实的环境，辅助人类制定相关环保决策。在我国，环境监测领域也开始积极尝试引入"大数据"，比如由环保人士马军创建的环保 NGO 组织——公众与环境研究中心，于 2006 年开始，先后制定了"中国水污染地图""中国空气污染地图"和"中国固废污染地图"，建立了国内首个公益性的水污染和空气污染数据库，并将环境污染情况以直观易懂的可视化图表方式展现给公众，公众可以进入全国 31 个省级行政区和超过 300 个地市级行政区的相应页面，检索当地的水质信息、污染排放信息和污染源信息。

在一些城市，大数据也被应用到汽车尾气污染治理中。汽车尾气已经成为城市空气重要污染源之一，为了有效防治机动车污染，我国各级地方政府都十分重视对汽车尾气污染数据的收集和分析，并为有效控制污染提供服务。比如山东省于 2014 年 10 月 14 日正式启动机动车云检测试点试运营，借助现代智能化精确检测设备、大数据云平台管理和物联网技术，可准确收集机动车的原始排污数据，智能统计机动车排放污染量，溯源机动车检测状况和数据，确保为政府相关部门削减空气污染提供可信的数据。

17.2.3 城市规划

大数据正深刻改变着城市规划的方式。对于城市规划师而言，规划工作高度依赖测绘数据、统计资料以及各种行业数据。目前，规划师可以通过多种渠道获得这些基础性数据，开展各种规划研究工作。随着我国政府信息公开化进程的加快，各种政府层面的数据开始逐步对公众开放。与此同时，国内外一些数据开放组织也在致力于数据开放和共享工作。

城市规划研究者利用开放的政府数据、行业数据、社交网络数据、地理数据、车辆轨迹数据等开展了各种层面的规划研究。利用地理数据，可以研究全国城市扩张模拟、城市建成区识别、地块边界与开发类型和强度重建模型、中国城市间交通网络分析与模拟模型、中国城镇格局时空演化分析模型，以及全国各城市人口数据合成和居民生活质量评价、空气污染暴露评价、主要城市市区范围划定以及城市群发育评价等。利用公交 IC 卡数据，可以开展城市居民通勤分析、职住分析、人的行为分析、人的识别、重大事件影响分析、规划项目实施评估分析等。利用移动手机通话数据，可以研究城市联系、居民属性、活动关系及其对城市交通的影响。利用社交网络数据，可以研究城市功能分区、城市网络活动与等级、城市社会网络体系等。利用出租车定位数据，可以开展城市交通研究。利用住房销售和出租数据，同时结合网络爬虫获取的居民住房地理位置和周边设施条件数据，就可以评价一个城区的住房分布和质量情况，从而有利于城市规划设计者有针对性地优化城市的居住空间布局。

比如，甄峰等人就利用大数据开展城市规划的各种研究工作，他们利用新浪微博网站数据，选取微博用户的好友关系及其地理空间数据，构建了城市间的网络社区好友关系矩阵，并以此为基础分析了中国城市网络体系；利用百度搜索引擎中城市之间搜索信息量的实时数据，通过关注度来研究城市间的联系或等级关系；利用大众点评网餐饮点评数据来评价南京城区餐饮业空间发展质量；还通过集成在学生手机上的 GPS 定位软件，跟踪分析一周内学生对校园内各种设备和空间的利用情况，提出校园空间优化布局方案。

17.2.4　安防领域

近年来，随着网络技术在安防领域的发展，高清摄像头在安防领域应用的不断升级，以及项目建设规模的不断扩大，安防领域积累了海量的视频监控数据，并且每天都在以惊人的速度生成大量新的数据。例如我国很多城市都在开展平安城市建设，在城市的各个角落密布成千上万个摄像头，7×24 h 不间断采集各个位置的视频监控数据，数据量之大，超乎想象。

除了视频监控数据，安防领域还包含大量其他类型的数据，包括结构化、半结构化和非结构化数据。结构化数据包括报警记录、系统日志记录、运维数据记录、摘要分析结构化描述记录，以及各种相关的信息数据库，如人口信息、地理数据信息、车驾管信息等；半结构化数据包括人脸建模数据、指纹记录；非结构化数据主要指视频录像和图片记录，如监控视频录像、报警录像、摘要录像、车辆卡口图片、人脸抓拍图片、报警抓拍图片等。所有这些数据一起构成了安防大数据的基础。

之前这些数据的价值并没有被充分发挥出来，跨部门、跨领域、跨区域的联网共享较少，检索视频数据仍然以人工手段为主，不仅效率低下，而且效果并不理想。基于大数据的安防要实现的目标是通过跨区域、跨领域安防系统联网，实现数据共享、信息公开以及智能化的信息分析、预测和报警。以视频监控分析为例，大数据技术可以支持在海量视频数据中实现视频图像统一转码、摘要处理、视频剪辑、视频特征提取、图像清晰化处理、视频图像模糊查询、快速检索和精准定位等功能，同时深入挖掘海量视频监控数据背后的有价值信息，快速反馈信息，以辅助决策判断，从而让安保人员从繁重的人工视频回溯工作中解脱出来，不需要投入大量精力从大量视频中低效查看相关事件线索，可在很大程度上提高视频分析效率，缩短视频分析时间。

17.3　大数据在金融行业中的应用

金融行业是典型的数据驱动行业，是数据的重要生产者，每天都会生成交易、报价、业绩报告、消费者研究报告、官方统计数据公报、调查、新闻报道等各种信息。金融行业高度依赖大数据，大数据已经在高频交易、市场情绪分析和信贷风险分析三大金融创新领域发挥重要作用。

17.3.1　高频交易

高频交易（High-Frequency Trading，HFT）是指从那些人们无法利用的极为短暂的市场变化中寻求获利的计算机化交易。比如某种证券买入价和卖出价差价的微小变化，或者某只股票在不同交易所之间的微小价差。根据相关调查显示，2009 年以来，无论是美国证券市场，还是期货市场、外汇市场，高频交易所占份额已达 40%～80%。随着采取高频交易策略的情形不断增多，其所能带来的利润开始大幅下降。为了从高频交易中获得更高的利润，一些金融机构开始引入大数据技术来决定交易，比如采取"战略顺序交易"（Strategic Sequential Trading），即通过分析金融大数据识别出特定市场参与者留下的足迹，然后预判该参与者在其余交易时段的可能交易行为，并执行与之相同的行为，该参与者继续执行交易时将付出更高的价格，使用大数据技术的金融机构就可以趁机获利。

17.3.2　市场情绪分析

市场情绪是在整体市场中所有市场参与人士观点的综合体现，这种所有市场参与者共同表现出来的感觉，即我们所说的市场情绪。比如交易者对经济的看法悲观与否，新发布的经济指标是否会让交易者明显感觉到未来市场将会上涨或下跌等。市场情绪对金融市场有着重要的影响，换句话说，市场上大多数参与者的主流观点决定了当前市场的总体方向。

市场情绪分析是交易者在日常交易工作中不可或缺的一环，根据市场情绪分析、技术分析和基本面分析，可以帮助交易者做出更好的决策。大数据技术在市场情绪分析中大有用武之地。今天，几乎每个市场交易参与者都生活在移动互联网世界里，每个人都可以借助智能移动终端（手机、平板等）实时获得各种外部世界信息，同时每个人又都扮演着对外信息发布主体的角色，通过博客、微博、微信、个人主页、QQ 等各种社交媒体发布个人的市场观点。英国布里斯托尔大学的团队研究了从 2009 年 7 月到 2012 年 1 月，由超过 980 万英国人创造的约 4.84 亿条 Twitter 消息，发现公众的负面情绪变化与财政紧缩及社会压力高度相关。因此，海量的社交媒体数据形成了一座可用于市场情绪分析的宝贵金矿，利用大数据分析技术，可以从中抽取市场情绪信息，开发交易算法，确定市场交易策略，获得更大利润空间。比如可以设计一个交易算法，一旦获得关于自然灾害和恐怖袭击等意外信息，就立即抛出订单，或者一旦网络上出现关于某个上市企业的负面新闻，就立即抛出该企业股票。2008 年，精神病专家理查德·彼得森在美国加州圣莫尼卡建立了名为 MarketPsy Capital 的对冲基金，并通过市场情绪分析确定基金交易策略，到 2010 年，该基金获得了高达 40%的回报率。

17.3.3　信贷风险分析

信贷风险是指信贷放出后本金和利息可能出现损失的风险，它一直是金融机构需要努力化解的一个重要问题，直接关系到机构自身的生存和发展。我国为数众多的中小企业是金融机构不可忽视的目标客户群体，市场潜力巨大。但是，与大型企业相比，中小企业具有先天的不足之处，主要表现在以下 4 个方面：贷款偿还能力差；财务制度普遍不健全，难以有效评估其真实经营状况；信用度低，逃废债情况严重，银行维权难度较大；企业内在素质低下，生存能力普遍不强。因此，对于金融机构而言，放贷给中小企业的潜在信贷风险明显高于大型企业。对于金融机构而言，成本、收益和风险不对称，导致其更愿意贷款给大型企业。据测算，金融机构对中小企业贷款的管理成本，平均是大型企业的 5 倍左右，且风险也高得多。可以看出，风险与收益不成比例，使得金融机构始终不愿意向中小企业全面敞开大门，这不仅限制了自身的成长，也限制了中小企业的成长，不利于经济社会的发展。如果能够有效加强风险的可审性和管理力度，支持精细化管理，那么，毫无疑问，金融机构和中小企业都将迎来新一轮的大发展。

今天，大数据分析技术已经能够为企业信贷风险分析助一臂之力。通过收集和分析大量中小企业用户日常交易行为的数据，判断其业务范畴、经营状况、信用状况、用户定位、资金需求和行业发展趋势等，解决由于其财务制度的不健全而无法真正了解其真实经营状况的难题，让金融机构放贷有信心、管理有保障。对于个人贷款申请者而言，金融机构可以充分利用申请者的社交网络数据分析得出个人信用评分。例如美国 Movenbank 移动银行、德国 Kreditech 贷款评分公司等新型中介机构都在积极尝试利用社交网络数据构建个人信用分析平台，将社交网络资料转化成个人互联网信用；他们试图说服 LinkedIn 或其他社交网络对金融机构开放用户相关资料和用户在各网站的活动记录，然后借助于大数据分析技术，分析用户在社交网络中的好友的信用状况，以此作为生成客户信用评分的重要依据。

"阿里小贷"就是采用大数据技术进行小额贷款风险管理的典型应用，在信贷风险控制技术的保障下，"阿里小贷"每年都向大量无法通过传统金融渠道获得贷款的弱势群体批量发放小额贷款，并且具有"金额小、期限短、随借随还"的突出特点。"阿里小贷"的放贷依据包括两个方面：一是会员在阿里巴巴平台上的网络活跃度、交易量、网上信用评价等；二是企业自身的财务健康状况。

"阿里小贷"的具体操作过程如下。

首先，通过阿里巴巴 B2B、淘宝、天猫、支付宝等电子商务平台，收集客户积累的信用数据，包括客户评价度数据、货运数据、口碑评价等，同时引入海关、税务、电力等外部数据加以匹配，建立数据库模型。

其次，通过交叉检验技术辅以第三方验证确认客户信息的真实性，将客户在电子商务平台上的行为数据映射为企业和个人的信用评价，通过沙盘推演技术对地区客户进行评级分层，研发评分卡体系、微贷通用规则决策引擎、风险定量化分析等技术。

最后，在风险监管方面，开发网络人际爬虫系统，突破地理距离的限制，捕捉和整合相关人际关系信息，并通过逐条规则的设立及其关联性分析得到风险评估结论，结合结论与贷前评级系统进行交叉验证，完成风险控制的双保险。

17.4　大数据在汽车行业中的应用

2004 年 3 月，美国国防部高级研究计划局组织了一次无人驾驶汽车竞赛，参赛车辆需要穿越内华达州的山区和沙漠地区，路况非常复杂，既有深沟险滩，也有峭壁悬崖，正常完成比赛是一件富有挑战性的事。最终，摘得此次比赛冠军的是来自斯坦福大学的参赛车辆，它在全程无人控制的情况下，耗时 6h53min 跑完了全程（212km）。这次比赛给我们的一个直观感受就是，无人驾驶汽车不再是遥不可及的梦想，在不远的将来必能成为现实。

无人驾驶汽车（见图 17-5）经常被描绘成一个可以解放驾车者的技术奇迹，谷歌是这个领域的技术领跑者。谷歌于 2009 年启动了对无人驾驶技术的研究，2014 年 4 月谷歌宣布其无人驾驶汽车现在可以在高速公路上自由穿梭，但暂时还无法在路况十分复杂的城市道路上驾驶。受到谷歌无人驾驶汽车的影响，英国正在修改高速公路法，以准备接受无人驾驶汽车在其道路上行驶，美国加利福尼亚州的机动车辆管理部门也计划颁发首个无人驾驶汽车行驶证。

谷歌无人驾驶汽车系统可以同时对数百个目标保持监测，包括行人、公共汽车、一个做出左转手势的自行车骑行者以及一个保护学生过马路的人举起的停车指示牌等。据称，谷歌无人驾驶汽车一共记录的里程数据已经达到了 70 万英里（112 万千米）。谷歌无人驾驶汽车的基本工作原理是：车顶上的扫描器发射 64 束激光射线，当激光射线碰到车辆周围的物体时，会反射回来，由此可以计算出车辆和物体的距离；同时，在汽车底部还配有一套测量系统，可以测量出车辆在 3 个方向上的加速度、角速度等数据，并结合 GPS 数据计算得到车辆的位置；所有这些数据与车载摄像机捕获的图像一起输入计算机，大数据分析系统以极高的速度处理这些数据。这样，系统就可以实时探测周围出现的物体，不同汽车之间甚至能够进行相互交流，了解附近其他车辆的行进速度、方向以及车型、驾驶员的驾驶水平等，并根据行为预测模型对附近汽车的突然转向或刹车行为及时做出反应，非常迅速地做出各种车辆控制动作，引导车辆在道路上安全行驶。

图 17-5　谷歌无人驾驶汽车

为了实现无人驾驶的功能，谷歌无人驾驶汽车上配备了大量传感器，包括雷达、车道保持系统、激光测距系统、红外摄像头、立体视觉、GPS 导航系统、车轮角度编码器等，这些传感器每秒产生 1 GB 数据，每年产生的数据量约 2 PB。可以预见的是，随着无人驾驶汽车技术的不断发展，未来的汽车将配置更多的红外传感器、摄像头和激光雷达，这也意味着它将会生成更多的数据。大数据分析技术将帮助无人驾驶系统做出更加智能的驾驶动作决策，比人类驾车更加安全、舒适、节能、环保。

17.5　大数据在零售行业中的应用

大数据在零售行业中的应用主要包括发现关联购买行为、客户群体划分和供应链管理等。

17.5.1　发现关联购买行为

谈到大数据在零售行业的应用，不得不提到一个经典的营销案例——啤酒与尿布的故事。在一家超市，有个有趣的现象——尿布和啤酒赫然摆在一起出售，但是这个"奇怪的举措"却使尿布和啤酒的销量双双增加了。这不是奇谈，而是发生在美国沃尔玛连锁超市的真实案例，并一直为商家所津津乐道。

其实，只要分析一下人们在日常生活中的行为，上面的现象就不难理解了。在美国，妇女一般在家照顾孩子，她们经常会嘱咐丈夫在下班回家的路上，顺便去超市买些孩子的尿布。而男人进入超市后，购买尿布的同时通常会顺手买几瓶自己爱喝的啤酒。因此商家把啤酒和尿布放在一起销售，男人在购买尿布的时候看到啤酒，就会产生购买的冲动，增加了商家的啤酒销量。

现象不难理解，问题的关键在于商家是如何发现这种关联购买行为？不得不说，大数据技术在这个过程中发挥了至关重要的作用。沃尔玛拥有世界上最大的数据仓库系统，积累了大量原始交易数据，利用这些海量数据对顾客的购物行为进行"购物车分析"，沃尔玛就可以准确了解顾客在其门店的购买习惯。沃尔玛通过数据分析和实地调查发现，在美国，一些年轻父亲下班后经常要到超市去买婴儿尿布，而他们中有 30%～40%的人同时为自己买一些啤酒。既然尿布与啤酒一起被购买的机会很多，于是沃尔玛在各个门店将尿布与啤酒摆放在一起，结果尿布与啤酒的销售量双双增长。啤酒与尿布，乍一看，可谓"风马牛不相及"，然而借助大数据技术，沃尔玛从顾客历史交易记录中挖掘数据得到啤酒与尿布二者之间存在的关联性，并用来指导商品的组合摆放，获得了意想不到的好效果。

17.5.2　客户群体细分

《纽约时报》曾经发布过一条引起轰动的关于美国第二大零售超市 Target 百货公司成功推销孕妇用品的报道，让人们再次感受到了大数据的威力。众所周知，对于零售业而言，孕妇是一个非常重要的消费群体，具有很大的消费潜力，孕妇从怀孕到生产的全过程，需要购买保健品、无香味护手霜、婴儿尿布、爽身粉、婴儿服装等各种商品，表现出孕妇非常稳定的刚性需求。因此，孕妇产品零售商如果能够提前获得孕妇信息，在怀孕初期就进行有针对性的产品宣传和引导，无疑将会给商家带来巨大的收益。如果等到婴儿出生，由于美国出生记录是公开的，全国的商家都会知道孩子已经出生，新生儿母亲就会被铺天盖地的产品优惠广告包围，那么商家此时行动就为时已晚，因为商家会面临很多的市场竞争者。因此，如何有效识别出哪些顾客属于孕妇群体就成为最核心的问题。但是，在传统的方式下，要从茫茫人海里识别出哪些是怀孕的顾客，需要投入惊人的人力、物力、财力，使得这种细分行为毫无商业意义。

面对这个棘手难题，Target 百货公司另辟蹊径，把焦点从传统方式移开，转向大数据技术。Target 的大数据系统会为每一个顾客分配一个唯一的 ID 号，顾客的刷信用卡、使用优惠券、填写调查问卷、邮寄退货单、打客服电话、开启广告邮件、访问官网等所有操作，都会与自己的 ID 号关联起来并存入大数据系统。仅有这些数据，还不足以全面分析顾客的群体属性特征，还必须借助于公司外部的各种数据来辅助分析。为此，Target 公司从其他相关机构购买关于顾客的其他必要信息，包括年龄、是否已婚、是否有子女、所住市区、住址离 Target 的车程、薪水情况、最近是否搬过家、钱包里的信用卡情况、常访问的网址、就业史、破产记录、婚姻史、购房记录、求学记录、阅读习惯等。以这些关于顾客的海量数据为基础，借助大数据分析技术，Target 公司可以得到客户的深层需求，从而达到更加精准的营销。

Target 通过分析发现，有一些明显的购买行为可以用来判断顾客是否已经怀孕。比如第 2 个妊娠期开始时，许多孕妇会购买许多大包装的无香味护手霜；在怀孕的最初 20 周内，孕妇往往会大量购买补充钙、镁、锌之类的保健品。在大量数据分析的基础上，Target 选出 25 种典型商品的消费数据构建得到"怀孕预测指数"，通过这个指数，Target 能够在很小的误差范围内预测到顾客的怀孕情况。因此，当其他商家还在茫然无措地满大街发广告寻找目标群体的时候，Target 就已经早早地锁定了目标客户，并把孕妇优惠广告寄发给顾客。而且，Target 注意到，有些孕妇在怀孕初期可能并不想让别人知道自己已经怀孕，如果贸然给顾客邮寄孕妇用品广告单，很可能会适得其反，暴露了顾客隐私，惹怒顾客。为此，Target 选择了一种比较隐秘的做法，把孕妇用品的优惠广告夹杂在其他一大堆与怀孕不相关的商品优惠广告当中，这样顾客就不知道 Target 知道她怀孕了。Target 这种润物细无声式的商业营销，使得许多孕妇在浑然不觉的情况下成了 Target 的忠实拥趸，与此同时，许多孕妇产品专卖店也在浑然不知的情况下失去了很多潜在的客户，甚至最终走向破产。

Target 通过这种方式，默默无闻地获得了巨大的市场收益。终于有一天，一个父亲通过 Target 邮寄来的广告单意外发现自己正在读高中的女儿怀孕了，此事很快被《纽约时报》报道，从而让 Target 这种隐秘的营销模式引起轰动，广为人知。

17.5.3　供应链管理

亚马逊、联合包裹快递（United Parcel Service，UPS）、沃尔玛等先行者已经开始享受大数据带来的成果，大数据可以帮助他们更好地掌控供应链，更清晰地把握库存量、订单完成率、物料及产品配送情况，更有效地调节供求关系。同时，利用基于大数据分析得到的营销计划，可以优化销售渠道，完善供应链战略，争夺竞争优先权。

美国最大的医药贸易商 McKesson 公司，对大数据的应用已经远远领先于大多数企业。该公司运用先进的运营系统，可以对每天 200 万个订单进行全程跟踪分析，并且监督超过 80 亿美元的存货。同时，该公司还开发了一种供应链模型用于在途存货的管理，它可以根据产品线、运输费用甚至碳排放量，提供极为准确的维护成本视图，使公司能够更加真实地了解任意时间点的运营情况。

17.6　大数据在餐饮行业中的应用

大数据在餐饮行业得到了广泛的应用，包括大数据驱动的团购模式以及利用大数据为用户推荐消费内容、调整线下门店布局和控制人流量等。

17.6.1　餐饮行业拥抱大数据

餐饮行业不仅竞争激烈，而且利润微薄，经营和发展比较艰难。在我国，餐饮行业难做也是不争的事实；一方面，人力成本、食材价格不断上涨；另一方面，房地产泡沫导致店面租金连续快速上涨，各种经营成本高企，导致许多餐饮企业陷入困境。因此，在全球范围内，不少餐饮企业开始进行大数据分析，以更好地了解消费者的喜好，从而改善他们的食物和服务，以获得竞争优势，这在一定程度上帮助企业实现了收入的增长。

Food Genius 是一家总部位于美国芝加哥的公司，聚合了来自美国各地餐馆的菜单数据，对超过 350 000 家餐馆的菜单项目进行跟踪，以帮助餐馆更好地确定价格、食品和营销的策略。这些数据可以帮助餐馆获得商机，并判断哪些菜可能获得成功，从而减少菜单变化所带来的不确定性。Avero 餐饮软件公司则通过对餐饮企业内部运营数据进行分析，帮助企业提高运营效率，如制定什么样的战略可以提高销量、在哪个时间段开展促销活动效果最好等。

2014 年 5 月上旬，我国知名餐饮连锁企业湘鄂情公告称其已与中国科学院计算技术研究所签订协议，共建"网络新媒体及大数据联合实验室"，基于大数据产业生态环境，未来将围绕新一代视频搜索、云搜索平台以及新媒体社交 3 个方向，展开产业模式创新、关键技术攻关和产业应用推广等全方位合作。

17.6.2　餐饮 O2O

餐饮线上到线下（Online To Offline，O2O）模式是指无缝整合线上线下资源，形成以数据驱动的 O2O 闭环运营模式，如图 17-6 所示。为此，需要建立线上 O2O 平台，提供在线订餐、点菜、支付、评价等服务，并能根据消费者的消费行为进行有针对性的推广和促销。整个 O2O 闭环过程包括两个方面的内容：一方面是实现从线上到线下的引流，即把线上用户引导到线下实体店进行消费；另一方面，把用户从线下再引到线上，对用餐体验进行评价，并和其他用户进行互动交流，共同提出指导餐饮店改进餐饮服务和菜品的意见。两个方面都顺利实现后，就形成了线上线下的闭环运营。

图 17-6　餐饮 O2O 模式

在 O2O 闭环模式中，大数据可以扮演重要的角色，为餐饮企业带来实际收益。首先，可以利用大数据驱动的团购模式，在线上聚集大批团购用户；其次，可以利用大数据为用户推荐消费内容；再次，可以利用大数据调整线下门店布局和控制店内人流量。

1．大数据驱动的团购模式

2014 年 5 月，百度糯米推出了"5·17 吃货节"，以百度糯米手机客户端为主阵地。5 月 16 日～18 日，网友可以通过百度糯米手机客户端参与吃货节活动，尽享特色美食。吃货节活动覆盖北京、上海、成都、西安和厦门 5 座城市，活动期间，每天 9:17 至 20:17，五大活动城市分别推出 12 道供秒杀的菜品及拥有最美味食物的数百家餐厅团单，秒杀菜品只售 5.17 元，网友只要登录百度糯米手机客户端就能参与秒杀活动。

百度糯米"5·17 吃货节"活动，依托百度平台，对用户在百度搜索引擎的搜索关键词、用户和餐饮店所在的地理位置以及用户浏览数据等信息进行综合分析，提炼出针对特定对象的有效数据，并以此辅助相关产品的运营和推广。这个活动属于典型的以大数据为驱动的团购模式。一方面，在线上，百度对餐饮 O2O 平台所累积的海量用户数据进行分析，找出某地用户最喜欢吃什么以及哪些好的餐饮店可以提供这类小吃，以此来吸引更多的用户产生消费；另一方面，在线下，百度邀请这些店来参加百度糯米团购，以此汇聚更多的餐饮店资源，增加在线推广的影响力和吸引力。

2．利用大数据为用户推荐消费内容

腾讯、百度、阿里是社区、搜索和网购三大领域的顶尖国内企业，普通网民的日常生活已经

与三大公司提供的产品和服务完全融为一体。我们每天需要通过 QQ 和别人沟通交流，通过百度搜索各种网络资料，通过淘宝在线购买各种商品。我们的日常工作和生活已经逐渐网络化、数字化，网络中处处留下我们活动的轨迹。凭借着海量的用户数据资源，三大公司都在致力于打造智能的数据平台，并把数据转化为商业价值。通过对海量用户数据的分析，三大公司很容易获得用户的消费喜好的数据，为用户推荐相关餐饮店，所以当用户还没有明确的消费想法的时候，这些互联网公司就已经为用户准备好了一切，它们会告诉用户今晚应该吃什么，去哪里吃。

3. 利用大数据调整线下门店布局

对于许多餐饮连锁企业而言，门店的选址是一个需要科学决策、合理安排的重要问题，既要考虑门店租金成本和人流量，也要考虑门店的服务辐射区域。"棒！约翰"等快餐企业已经能够根据"送外卖"产生的数据调整门店布局，使得门店的服务效率最大化。

"棒！约翰"通过"3 个统一"实现了线上线下的有效融合，即将订单统一到服务中心、对供应链进行统一整合、对用户体验进行统一，由此形成的 O2O 闭环，使得企业可以及时、有效地获得关于企业运营和用户的各种信息，长期累积的数据资源更是构成了大数据分析的基础，可以分析得到最优的门店布局策略，最终实现以消费者为导向的门店布局。

4. 利用大数据控制店内人流量

以麦当劳为代表的一些公司，通过视频分析等候队列的长度，自动变化电子菜单显示的内容。如果队列较长，则显示可以快速供给的食物，以减少顾客等待时间；如果队列较短，则显示那些利润较高但准备时间相对较长的食品。这种利用大数据控制店内人流量的做法，不仅可以有效提升用户体验，而且可以实现服务效率和企业利润的完美结合。

17.7　大数据在电信行业中的应用

我国的电信市场已经步入一个平稳期，在这个阶段，发展新客户的成本比留住老客户的成本要高许多，前者通常是后者的 5 倍，因此电信运营商十分关注客户是否具有"离网"的倾向（如从中国联通公司用户转为中国电信公司用户），一旦预测到客户"离网"可能发生，就可以制定有针对性的措施挽留客户，让客户继续使用自己的电信业务。

电信客户离网分析如图 17-7 所示，通常包括以下几个步骤：问题定义、数据准备、建模、应用检验、特征分析与对策。问题定义需要定义客户离网的具体含义是什么，数据准备就是要获取客户的资料和通话记录等信息，建模就是根据相关算法产生评估客户离网概率模型，应用检验是指对得到的模型进行应用和检验，特征分析与对策是指针对客户的离网特性，制定目标客户群体的挽留策略。

图 17-7　电信客户离网分析

在国内，中国移动、中国电信、中国联通三大电信运营商为争取客户，各自都开发了客户关系管理系统，以期有效应对客户频繁离网。中国移动建立了经营分析系统，并利用大数据分析技术，对公司范围内的各种业务进行实时监控、预警和跟踪，自动实时捕捉市场变化，并以电子邮件和手机短信等方式第一时间推送给相关业务负责人，使其在最短时间内获知市场行情并及时做出响应。在国外，美国的 XO 电信公司通过使用 IBM SPSS 预测分析软件，预测客户行为，发现行为趋势，并找出公司服务过程中存在缺陷的环节，从而帮助公司及时采取措施保留客户，可使客户流失率下降 50%。

17.8　大数据在能源行业中的应用

各种数据显示，人类正面临着能源危机。以我国为例，根据目前能源使用情况，我国可利用的煤炭资源仅能维持 30 年，由于天然铀资源的短缺，核能的利用仅能维持 50 座标准核电站连续运转 40 年，而开采的石油资源仅能维持 20 年。

在能源危机面前，人类开始积极寻求可以用来替代化石能源的新能源，风能、太阳能和生物能等可再生能源逐渐被纳入电能转换的供应源。但是，新能源与传统的化石能源相比，具有一些明显的缺陷。传统的化石能源出力稳定，布局相对集中。新能源则出力不稳定，地理位置比较分散，比如风力发电机一般分布在比较分散的沿海或者草原荒漠地区，风量大时发电量就多，风量小时发电量就少，设备故障检修期间就不发电，难以产生稳定可靠的电能。传统电网主要是为稳定出力的能源而设计的，无法有效消纳处理不稳定的新能源。

智能电网的提出就是因为传统电网的结构模式无法大规模适应新能源的消纳需求，必须将传统电网在使用中进行升级，既要完成传统电源模式的供用电，又要逐渐适应未来分布式能源的消纳需求。概括地说，智能电网指电网的智能化，是建立在集成的、高速双向通信网络的基础上，通过先进的传感和测量技术、先进的设备技术、先进的控制方法以及先进的决策支持系统技术的应用，实现电网的可靠、安全、经济、高效、环境友好和使用安全的目标，其主要特征包括自愈、抵御攻击、提供满足 21 世纪用户需求的电能质量、容许各种不同发电形式的接入、启动电力市场以及资产优化的高效运行。

智能电网的发展离不开大数据技术的发展和应用，大数据技术是组成整个智能电网的技术基石，将全面影响到电网规划、技术变革、设备升级、电网改造以及设计规范、技术标准、运行规程乃至市场营销政策的统一等方方面面。电网全景实时数据采集、传输和存储，以及累积的海量多源数据快速分析等大数据技术，都是支撑智能电网安全、自愈、绿色、坚强及可靠运行的基础技术。随着智能电网中大量智能电表及智能终端的安装部署，电力公司可以每隔一段时间获取用户的用电信息，收集比以往粒度更细的海量电力消费数据，构成智能电网中用户侧大数据，比如如果把智能电表采集数据的时间间隔从 17 分钟提高到 1 秒，1 万台智能电表采集的用电信息的数据就从 32.61 GB 提高到 114.6 TB；以海量用户用电信息为基础进行大数据分析，就可以更好地理解电力客户的用电行为，优化提升短期用电负荷预测系统，提前预知未来 2～3 个月的电网需求电量、用电高峰期和低谷期，合理地设计电力需求响应系统。

此外，大数据在风力发电机安装选址方面也发挥着重要的作用。IBM 公司利用多达 4 PB 的气候、环境历史数据，设计风机选址模型，确定安装风力涡轮机和整个风电场最佳的地点，从而提高风机生产效率和延长使用寿命。以往这项分析工作需要数周的时间，现在利用大数据技术仅需要不到 1 小时便可完成。

17.9　大数据在体育和娱乐领域中的应用

大数据在体育和娱乐领域也得到了广泛的应用，包括训练球队、投拍影视作品、预测比赛结果等。

17.9.1　训练球队

《点球成金》是 2011 年受到市场好评的一部美国电影，讲述了一个小人物运用数据击败大专家的故事。在美国职业棒球大联盟（Major League Baseball，MLB）中，电影主人公比利所属的奥克兰运动家棒球队败给了财大气粗的纽约扬基棒球队，这让他深受打击。屋漏偏逢连夜雨，随后球队的 3 名主力又相继被其他球队重金挖走，对于奥克兰运动家棒球队而言，几乎看不到未来赛季的希望。在管理层会议上，大家都苦无对策、满脸愁容，只有比利暗下决心改造球队。很快，事情迎来了转机，比利在一次偶然的机会中认识了耶鲁大学经济学硕士彼得，两人一拍即合、相谈甚欢，他们在球队运营理念方面可谓"志同道合"。于是，比利聘请彼得作为自己的球队顾问，一起研究如何采用大数据打造出一支最高胜率的球队。他们用数学建模的方式挖掘上垒率方面的潜在明星，并通过各种诚恳的方式极力邀请对方加盟球队。在这个过程中，球队管理层其他人员时常表现出冷嘲热讽的态度，但是两人丝毫不受外界干扰，只是全身心投入球队技能、战术方案研究中。终于，新的赛季开始了，通过获取和运用大量的球员的统计数据，比利最终以顶级球队 1/3 的预算，成功打造出一支攻无不克、战无不胜的实力型棒球队。

上面只是电影中的场景，但实际上类似的故事正在我们的身边悄悄上演，比如大数据正在影响着绿茵场上的较量。以前，一个球队的水平一般只靠球员天赋和教练经验，然而在 2014 年的巴西世界杯上，德国队在首轮比赛中就以 4∶0 大胜葡萄牙队，有力证明了大数据可以有效帮助一支球队进一步提升整体实力和水平。

德国队在世界杯开始前，就与 SAP 公司签订合作协议，SAP 公司提供一套基于大数据的足球解决方案 SAP Match Insights，帮助德国队提高足球运动水平。德国队球员的鞋、护胫以及训练场地的各个角落，都被放置了传感器，这些传感器可以捕捉包括跑动、传球在内的各种细节动作和位置变化，并实时回传 SAP 平台进行处理分析，教练只需要使用平板电脑就可以查看关于所有球员的各种训练数据和影像，了解每个球员的运动轨迹、进球率、攻击范围等数据，从而深入发掘每个球员的优势和劣势，为有针对性地提出对每个球员的改进建议和方案提供重要的参考信息。

整个训练系统产生的数据量非常巨大，10 个球员用 3 个球进行训练，10 分钟就能产生出 700 万个可供分析的数据点。如此海量的数据，单纯依靠人力是无法在第一时间内得到有效的分析结果的，SAP Match Insights 采用内存计算技术实现实时报告生成。在正式比赛期间，运动员和场地上都没有传感器，这时 SAP Match Insights 对现场视频进行分析，通过图像识别技术自动识别每一个球员，并且记录他们跑动、传球等数据，如图 17-8 所示。

正是基于海量数据和科学的分析结果，德国队制定了有针对性的球队训练计划，为出征巴西世界杯做了充足的准备。在巴西世界杯期间，德国队也用这套系统进行赛后分析，及时改进战略和战术，最终顺利夺得 2014 年巴西世界杯冠军。

图 17-8　2014 年巴西世界杯决赛中德国队队长拉姆的技术数据

17.9.2 投拍影视作品

在市场经济下，影视作品必须能够深刻了解观众的观影需求，才能够在市场上获得成功。否则，就算邀请了金牌导演、明星演员和实力编剧，拍出的作品可能依然无人问津。因此，投资方在投拍一部影视作品之前，需要通过各种有效渠道了解到观众当前关注什么题材，追捧哪些明星等，从而做出决定投拍什么作品。

以前，分析什么作品容易受到观众认可，通常是专业人士凭借多年市场经验做出判断，或者简单采用"跟风策略"，观察已经播放的哪些影视作品比较受欢迎，就投拍类似题材的作品。

现在，大数据可以帮助投资方做出明智的选择，《纸牌屋》的巨大成功就是典型例证。《纸牌屋》的成功得益于 Netflix 公司对海量用户数据的积累和分析。美国 Netflix 公司是世界上最大的在线影片租赁服务商，在美国有约 2700 万订阅用户，在全世界则有约 3300 万订阅用户，每天用户在 Netflix 上产生 3000 多万个行为，如用户暂停、回放或者快进时都会产生一个行为，Netflix 的订阅用户每天还会给出约 400 万个评分以及 300 万次搜索请求，询问剧集播放时间和设备。可以看出，Netflix 几乎比所有人都清楚大家喜欢看什么。

Netflix 通过对公司积累的海量用户数据进行分析后发现（见图 17-9），奥斯卡影帝凯文·史派西、金牌导演大卫·芬奇和英国小说《纸牌屋》具有非常高的用户关注度，于是 Netflix 决定投拍一个融合三者的连续剧，并对它的成功寄予了很大希望。事后证明，这是一次非常正确的投资决定，《纸牌屋》播出后，一炮打响，风靡全球，大数据再一次证明了自己的威力和价值。

凯文·史派西

大卫·芬奇

英国同名小说《纸牌屋》

大数据分析

风靡全球的美剧《纸牌屋》

图 17-9　大数据与《纸牌屋》

17.9.3 预测比赛结果

大数据可以预测比赛结果是具有一定的科学依据的，它用数据来说话，通过对海量相关数据进行综合分析，得出一个预测判断。从本质上而言，大数据预测就是基于大数据和预测模型去预测未来某件事情发生的概率。2014 年巴西世界杯期间，大数据预测比赛结果开始成为球迷们关注的焦点。百度、谷歌、微软和高盛等巨头都竞相利用大数据技术预测比赛结果，其中百度预测结果最为亮眼，预测全程 64 场比赛，准确率为 67%，进入淘汰赛后准确率为 94%。百度的做法是，检索过去 5 年内全世界 987 支球队（含国家队和俱乐部队）的 3.7 万场比赛数据，同时与中国彩票网站乐彩网、欧洲必发指数数据供应商 Spdex 进行数据合作，导入博彩市场的预测数据，建立了一个囊括 199 972 名球员和 1.12 亿条数据的预测模型，并在此基础上进行结果预测。

17.10 大数据在安全领域中的应用

大数据对于有效保障国家安全发挥着越来越重要的作用，比如应用大数据技术防御网络攻击、警察应用大数据工具预防犯罪等。

17.10.1 大数据与国家安全

2013 年"棱镜门"事件震惊全球，美国中央情报局工作人员斯诺登揭露了一项美国国家安全局（National Security Agency，NSA）于 2007 年开始实施的绝密电子监听计划——棱镜计划。该计划能够直接进入美国网际网络公司的中心服务器挖掘数据、收集情报，对即时通信和既存资料进行深度的监听。许可的监听对象包括任何在美国以外地区使用参与该计划的公司所提供的服务的客户，或是任何与国外人士通信的美国公民。国家安全局在棱镜计划中可以获得电子邮件、视频和语音交谈、影片、照片、VoIP 交谈内容、档案传输、登录通知以及社交网络细节，全面监控特定目标及其联系人的一举一动。

为了支持这一计划，美国国家安全局在盐湖县与图埃勒县交界处修建了美国最大最昂贵的数据中心，耗资 17 亿美元，占地 48 万平方米，采用运行速度超过 100 亿亿次的超级计算机，每年的运转费用将达 4000 万美元，能够存储 100 亿亿 MB 的数据，即约 1 000 000 000 000 000 GB。该数据中心主要是用来收集、存储及分析信息，为情报部门服务，并且保护国家的电子信息安全，数据中心每 6 小时可以收集 74TB 的数据。

时任美国总统奥巴马强调，这一项目不针对美国公民或在美国的人，目的在于反恐和保障美国人的安全，而且经过国会授权，并置于美国外国情报监视法庭的监管之下。需要特别指出的是，虽然棱镜计划符合美国的国家安全利益，但是从其他国家的利益角度出发，美国这种做法不仅严重侵害了他国公民基本的隐私权和数据安全，也对他国的国家安全构成了严重威胁。

17.10.2 应用大数据技术防御网络攻击

网络攻击是利用网络存在的漏洞和安全缺陷，对网络系统的硬件、软件及其系统中的数据进行攻击。早期的网络攻击并没有明显的目的性，只是一些网络技术爱好者的个人行为，攻击目标具有随意性，只为验证和测试各种漏洞的存在，不会给相关企业带来明显的经济损失。但是，随着 IT 技术深度融入企业运营的各个环节，绝大多数企业的日常运营已经高度依赖各种 IT 系统。一些有组织的黑客开始利用网络攻击获取经济利益，或者受雇于某企业去攻击竞争对手的服务器，使其瘫痪而无法开展各项业务，或者通过网络攻击某企业服务器向对方勒索"保护费"，或者通过网络攻击获取企业内部商业机密文件。发送垃圾邮件、伪造杀毒程序，是渗透到企业网络系统的主要攻击手段，这些网络攻击给企业造成了巨大的经济损失，直接危及企业生存。企业损失位居前三位的是知识产权泄密、财务信息失窃以及客户个人信息被盗，一些公司甚至因知识产权被盗而破产。

在过去，企业为了保护计算机安全，通常购买瑞星、江民、金山、卡巴斯基、赛门铁克等公司的杀毒软件安装到本地运行，执行杀毒操作时，程序会对本地文件进行扫描，并和安装在本地的病毒库文件进行匹配。如果某个文件与病毒库中的某个病毒特征匹配，就说明该文件感染了这种病毒，发出报警，如果没有匹配，即使这个文件是一个病毒文件，也不会发出报警。因此，病毒库是否保持及时更新，直接影响到杀毒软件对一个文件是否感染病毒的判断。网络上不断有新的病毒产生，网络安全公司会及时发布最新的病毒库供用户下载或升级用户本地病毒库，这就会导致用户本地病毒库越来越大，本地杀毒软件需要耗费越来越多的硬件资源和时间来进行病毒特征匹配，严重影响计算机系统对其他应用程序的响应速度，给用户带来的一个直观感受就是，一运行杀毒软件，计算机响应速度就明显变慢。因此，随着网络攻击的日益增多，采用特征库判别法显然已经过时。

云计算和大数据的出现，为网络安全产品带来了深刻的变革。今天，基于云计算和大数据技术的云杀毒软件，已经广泛应用于企业信息安全保护。在云杀毒软件中，识别和查杀病毒不再仅依靠用户本地病毒库，而是依托庞大的网络服务，进行实时采集、分析和处理，使得整个互联网就是一个巨大的"杀毒软件"。云杀毒通过网状的大量客户端对网络中异常的软件行为进行监测，获取互联网中木马、恶意程序的最新信息，传送到云端，利用先进的云计算基础设施和大数据技术进行自动分析和处理，能及时发现未知病毒代码、未知威胁、0day 漏洞等恶意攻击，再把病毒和木马的解决方案分发到每一个客户端。

17.10.3　警察应用大数据工具预防犯罪

谈到警察破案，我们头脑中会迅速闪过各种英雄神探的画面，从外国侦探小说中的福尔摩斯和动画作品中的柯南，到国内影视剧作品中的神探狄仁杰，这些人物无一不是思维缜密、机智善谋，能够抓住罪犯留下的蛛丝马迹获得案情重大突破。但是，这些毕竟只是文艺作品中的人造英雄，并不是生活中的真实故事，现实警察队伍中，很少有这样的神探。

可是，有了大数据的帮助，神探将不再是一个遥不可及的名词，也许以后每个普通警察都能够熟练运用大数据工具把自己"武装"成一个神探。大数据工具可以帮助警察分析历史案件，发现犯罪趋势和犯罪模式，甚至能够通过分析闭路电视、电子邮件、电话记录、金融交易记录、犯罪统计数据、社交网络数据等来预测犯罪。据国外媒体报道，美国纽约警方已经在日常办案过程中引入了数据分析工具。通过采用计算机化的地图以及对历史逮捕模式、发薪日、体育项目、降雨天气和假日等变量进行分析，警察更加准确地了解犯罪模式，预测出最可能发生案件的"热点"地区，并预先在这些地区部署警力，提前预防犯罪发生，从而减少当地的犯罪率。还有一些大数据公司可以为警方提供整合了指纹、掌纹、人脸图像、签名等一系列信息的生物信息识别系统，从而帮助警察快速地搜索所有相关的图像记录以及案件卷宗，大大提高办案效率。洛杉矶警察局已经能够利用大数据分析软件成功地把辖区里的盗窃犯罪案件降低 33%，暴力犯罪案件降低 21%，财产类犯罪案件降低 12%。洛杉矶警察局把过去 80 年内的 130 万条犯罪记录输入了一个数学模型，这个模型原本用于地震余震的预测，由于地震余震模式和犯罪再发生的模式类似——在地震（犯罪）发生后在附近地区发生余震（犯罪）的概率很大，于是被巧妙地嫁接到犯罪预测，获得了很好的效果。在欧洲，当地警方和美国麻省理工学院研究人员合作，利用电信运营商提供的手机通信记录绘制了伦敦犯罪事件预测地图，如图 17-10 所示。这份地图帮助警方大大提高了出警效率，降低了警力部署成本。

图 17-10   伦敦犯罪事件预测地图

17.11   大数据在政府领域中的应用

大数据对美国总统选举的重要影响，一直被人们所津津乐道。民主党和共和党的竞选团队都在利用大数据来辅助产生竞选流程各个环节的关键决策，从此，基于直觉与经验决策的竞选人士的优势在急剧下降，大数据成为政治人物角力的关键因素之一。

对于竞选团队来说，最重要的工作就是要全面掌握选民线上线下的相关情况，了解选民的关注话题、政治诉求和投票立场。以前，这种信息收集工作不仅成本高昂，而且很难做到。在大数据时代，事情不再那么艰难，社交媒体记录了选民每时每刻的最新动态，通过与社交媒体合作，竞选团队可以把已经获得的选民资料和选民的在线信息实现无缝集成。在美国总统大选中，奥巴马团队就成功实现了将从民调专家、筹款人、选战一线员工、消费者数据库以及"摇摆州"民主党主要选民档案的社会化媒体联系人与手机联系人那里得到的所有数据都聚合到一起，构建了一个庞大的单一数据库。有了这些与选民相关的实时数据，竞选团队就可以利用大数据工具分析选民的行为模式，从而及时调整竞选策略增加胜算。大数据分析结果可以在很多方面指导竞选团队开展工作：指出候选人在哪些州的胜算较大，从而合理配置竞选资源；帮助候选人在选择演讲内容的时候做到有的放矢，说到选民的心坎上；对于处于摇摆状态的选民，通过什么方式可以促使他们明确立场；竞选广告应该投放到哪里才会更有效果；候选人在不同的竞选时期应该去哪里拉选票。

17.12   大数据在日常生活中的应用

大数据正在影响着我们每个人的日常生活。在信息化社会，我们每个人的一言一行都会以数据形式留下轨迹，这些分散在各个角落的数据，记录了我们的通话、聊天、邮件、购物、出行、住宿以及生理指标等各种信息，构成了与每个人相关联的"个人大数据"。个人大数据是存在于"数据自然界"的虚拟数字人，与现实生活中的自然人一一对应、息息相关，自然人在现实生活中的各种行为所产生的数据都会不断累加到数据自然界，丰富和充实与之对应的虚拟数字人。因此，分析个人大数据就可以深刻了解与之关联的自然人，了解他的各种生活行为习惯，比如每年的出差时间、喜欢入住的酒店、每天的上下班路线、最爱去的购物场所、网购涉及的商品、个人的网络关注话题、个人的性格和政治倾向等。

了解了个人的生活行为模式，一些公司就可以为用户提供更加周到的服务。比如开发一款个人生活助理工具，可以根据你的热量消耗以及睡眠模式来规划你的个人健康作息时间，根据你的个人兴趣爱好为你选择与你志趣相投的恋爱对象，根据你的心跳、血压等各项生理指标为你选择合适的健身运动，根据你的交友记录为你安排朋友聚会维护人际关系网络，以及根据你的阅读习惯为你推荐最新的相关书籍等，所有服务都以数据为基础、以个人为中心，让我们每个人能够获得更加舒适的生活体验，全面提升我们的生活品质。

下面是网络上流传的一个虚构故事，畅想了我们在大数据时代可能的未来生活图景。当然，由于国家对个人隐私的保护，普通企业实际上无法获得那么全面的个人信息，因此部分场景可能不会真实发生，不过从中可以深刻感受到大数据对生活的巨大影响……

未来畅想：大数据时代的个性化客户服务

某必胜客店的电话铃响了，客服人员拿起电话……

客服：您好，这里是必胜客，请问有什么需要我为您服务？

顾客：你好，我想要一份……

客服：先生，烦请先把您的会员卡号告诉我。

顾客：1896579××××。

客服：陈先生，您好！您是住在××路一号 12 楼 1205 室，您家电话是 2646××××，您公司电话是 4666××××，您的手机是 1391234××××。请问您想用哪一个电话付费？

顾客：你为什么会知道我所有的电话号码？

客服：陈先生，因为我们联机到客户关系管理系统。

顾客：我想要一个海鲜比萨……

客服：陈先生，海鲜比萨不适合您。

顾客：为什么？

客服：根据您的医疗记录，您的血压和胆固醇都偏高。

顾客：那你们有什么可以推荐的？

客服：您可以试试我们的低脂健康比萨。

顾客：你怎么知道我会喜欢吃这种的？

客服：您上星期一在国家图书馆借了一本《低脂健康食谱》。

顾客：好。那我要一个家庭特大号比萨，要付多少钱？

客服：99 元，这个足够您一家六口吃了。但您母亲应该少吃，她上个月刚刚做了心脏搭桥手术，还处在恢复期。

顾客：那可以刷卡吗？

客服：陈先生，对不起。请您付现款，因为您的信用卡已经刷爆了，您现在还欠银行 4 807 元，而且不包括房贷利息。

顾客：那我先去附近的提款机取款。

客服：陈先生，根据您的记录，您已经超过今日取款限额。

顾客：算了，你们直接把比萨送我家吧，家里有现金。你们多久会送到？

客服：大约 30 分钟。如果您不想等，可以自己骑车来。

顾客：为什么？

客服：根据我们全球定位系统的车辆行驶自动跟踪系统记录，您登记有一辆车号为 XD-548 的摩托车，而目前您正在五缘湾运动馆马卢奇路骑着这辆摩托车。

顾客：……

17.13　本章小结

本章介绍了大数据在物流、城市管理、金融、汽车、零售、餐饮、电信、能源、体育、娱乐、安全等领域和行业的应用，从中我们可以深刻地感受到大数据对我们日常生活的影响和重要价值。我们已经身处大数据时代，大数据已经触及社会每个角落，并为我们带来各种欣喜的变化。拥抱大数据，利用好大数据，是每个政府、机构、企业和个人的必然选择。每个人每天都在不断生成各种数据，点点滴滴汇成大数据的海洋，我们贡献数据的同时，也从数据中收获价值。未来，人类将进入一个以数据为中心的世界，这是一个怎样精彩的世界呢？时间会告诉我们答案……

17.14　习题

1. 试述智能物流的概念和作用。
2. 试述大数据在智能交通领域的应用。
3. 试述金融行业如何借助大数据实现市场情绪分析。
4. 试述大数据在零售行业中的应用。
5. 试述大数据在餐饮 O2O 中可以扮演的重要角色。
6. 试述基于大数据的电信客户离网分析的基本流程。
7. 试述大数据对于国家安全的重要作用。
8. 试述大数据对于个人生活的重要影响。

参考文献

[1] 陆嘉恒. Hadoop 实战. 第 2 版. 北京：机械工业出版社，2012.

[2] Tom White. Hadoop 权威指南（中文版）. 周傲英，等，译. 北京：清华大学出版社，2010.

[3] 维克托·迈尔-舍恩伯格，肯尼思·库克耶. 大数据时代：生活、工作与思维的大变革. 盛杨燕，等，译. 杭州：浙江人民出版社，2013.

[4] 王鹏. 云计算的关键技术与应用实例. 北京：人民邮电出版社，2010.

[5] 黄宜华. 深入理解大数据——大数据处理与编程实践. 北京：机械工业出版社，2014.

[6] 蔡斌，陈湘萍. Hadoop 技术内幕——深入解析 Hadoop Common 和 HDFS 架构设计与实现原理. 北京：机械工业出版社，2013.

[7] Nick Dimiduk, Amandeep Khurana. HBase 实战. 谢磊，译. 北京：人民邮电出版社，2013.

[8] 刘鹏，黄宜华，陈卫卫. 实战 Hadoop. 北京：电子工业出版社，2011.

[9] 罗燕新. 基于 HBase 的列存储压缩算法的研究与实现. 广州：华南理工大学出版社，2011.

[10] 周春梅. 大数据在智能交通中的应用与发展. 中国安防，2014（6）. 33-6.

[11] 秦萧，甄峰. 大数据时代智慧城市空间规划方法探讨. 现代城市研究，2014（10）. 18-24.

[12] 车志宇，段云峰. 电信客户离网分析法. 电信技术，2004（10）. 17-18.

[13] 项亮. 推荐系统实践. 北京：人民邮电出版社，2012.

[14] Anand Rajaraman, Jeffrey David Ullman. 大数据：互联网大规模数据挖掘与分布式处理. 王斌译. 北京：人民邮电出版社，2013.

[15] 吴甘沙，尹绪森. GraphLab:大数据时代的图计算之道. 程序员，2013（8）. 90-94.

[16] 林子雨，赖永炫，林琛，等. 云数据库研究. 软件学报. 2012,23(5):1148-1166.

[17] Grzegorz Malewicz, Matthew H Austern etc. Pregel: A System for Large-Scale Graph Processing. In Proc. of SIGMOD2010:135-145.

[18] Jeffrey Dean, Sanjay Ghemawat. MapReduce: Simplified Data Processing on Large Clusters. In proceedings of OSDI'04: 137-150.

[19] Ramakrishnan R. , Gehrke J. . Database Management Systems. 3rdEdition. NewYork:McGraw Hill. 2003.

[20] George P Copeland, Setrag Khoshafian. A Decomposition Storage Model. In Proc. of SIGMOD 1985:268-279.

[21] Sergey Melnik, Andrey Gubarev, Jing Jing Long, etc. Dremel: Interactive Analysis of Web-Scale Datasets，PVLDB 3(1): 330-339 (2010).

[22] 孟小峰，慈祥. 大数据管理：概念、技术与挑战. 计算机学报，2013（8）. 146-169.

[23] Rajiv Ranjan. Streaming Big Data Processing in Datacenter Clouds[C]. IEEE Cloud Computing 1(1): 78-83 (2014).

[24] Ning Wang, Yang Yang, Liyuan Feng, etc. SVM-Based Incremental Learning Algorithm for Large-Scale Data Stream in Cloud Computing, TIIS 8(10): 3378-3393 (2014).

[25] 姚宏宇，田溯宁. 云计算：大数据时代的系统工程. 北京：电子工业出版社，2013.

[26] 胡铮. 物联网. 北京：科学出版社，2010.

[27] Quinton Anderson. Storm 实时数据处理. 卢誉声，译. 北京：机械工业出版社，2014.

[28] 阿里巴巴集团数据平台事业部商家数据业务部. Storm 实战：构建大数据实时计算. 北京：电子工业出版社，2014.

[29] 曹伟. MySQL 云数据库服务的架构探索. 程序员，2012(10). 90-93.

[30] Eric Redmond. 七周七数据库. 王海鹏，等，译. 北京：人民邮电出版社，2013.

[31] 陆嘉恒. 大数据挑战与 NoSQL 数据库技术. 北京：电子工业出版社，2013.

[32] Tom White. Hadoop: The Definitive Guide.3rd Edition. CA: O'Reilly, 2012.

[33] 范凯. NoSQL 数据库综述. 程序员，2010 年第 6 期. 76-78.

[34] Katarina Grolinger, Wilson A Higashino, Abhinav Tiwari1 and Miriam AM Capretz. Data management in cloud environments: NoSQL and NewSQL data stores. Journal of Cloud Computing: Advances, Systems and Applications.2013 2:22.

[35] 于俊，向海，代其锋，等. Spark 核心技术与高级应用. 北京: 机械工业出版社，2016.

[36] 王道远. Spark 快速大数据分析. 北京: 人民邮电出版社，2015.

[37] 埃伦·弗里德曼，科斯塔斯·宙马斯，科斯塔斯·宙马斯 著，王绍翾 译.Flink 基础教程，人民邮电出版社，2018 年 8 月.

[38] 张利兵.Flink 原理、实战与性能优化，机械工业出版社，2019 年 6 月.